# 基于自然的解决方案

## 基本原理与应用

余兆武 王军 咨涛 杨高原 赵斌 · 著

复旦大学 出版社

# 序　言

　　气候变化、生物多样性丧失、环境污染以及土地退化是当今人类社会面临的重要挑战，作为一种综合性、系统性与整体性的方案，基于自然的解决方案（nature-based solutions, NbS）已经成为全球应对这些挑战的重要途径、方法与手段。NbS作为一个新兴的学科概念，尽管其内涵、特征与外延目前尚有争议，但NbS已经成为国内外学术界、各国政府与包括联合国在内的国际组织日益关注与广泛讨论的议题。NbS是集生态学、地理学、环境科学、规划与设计等相关学科于一体的一个新兴交叉领域，目前国内还未有系统性阐述的教材或专著。因此，《基于自然的解决方案：基本原理与应用》的出版有效弥补了这一领域的不足，是一本及时的、系统完整的著作。

　　本书作者涵盖国内知名高校、科研院所、行业管理部门的专家学者，从理论、实践与管理等多个维度阐述了NbS的全貌。具体而言，本书首先论述了NbS的提出背景、产生与发展的过程，并与相关概念进行了比较，便于读者全面了解NbS提出的基础与意义，从而加深其对实施NbS以应对各种迫切挑战的理解。其次，通过详细阐述NbS在气候减缓和适应、碳存储、生物多样性保护、空气污染防治、水安全、人群健康、能源节约、再生食物系统等方面的作用，让读者深入理解NbS的核心、关键与难点，为运用与实施NbS创造更好的基础。再次，通过阐述应对不同挑战的具体案例，让读者进一步理解NbS的实践应用。随后，进一步深入探讨与NbS相关的标准、指南以及投融资，为读者、从业者实施NbS提供更具体的指导和参考。尤其是本书通过阐述NbS投融资的现状和资金缺口、投融资过程的挑战和应对措施等方面，更好体现了NbS的跨学科属性。此外，本书还通过阐述中国的国土空间生态修复实践，让读者更好地了解NbS在中国的实践。最后，本书进一步提出了NbS面临的理论、实践与社会挑战，以及未来在跨学科合作、利益相关方、多元化的项目渠道以及公平性等方面的研究展望。

总而言之，该书的出版适应了新时代中国生态保护修复与美丽中国建设的需要，面向国际学术前沿，是一本针对性强、专业性高，值得相关领域学生、学者与管理人员研读的著作。本书对相关领域/行业的教学、科研与管理具有较高的参考价值，有望为NbS在中国的发展和应用发挥重要作用。衷心希望本书能够得到广大读者的关注和认可，成为学习了解NbS领域的重要参考资料，共同推动NbS的发展和应用，为实现联合国可持续发展目标和我国生态文明建设作出贡献。

中国科学院院士
中国科学院生态环境研究中心研究员

# 前　言

基于自然的解决方案（nature-based solutions，NbS）作为一个新兴的概念，于2008年由世界银行（World Bank）首次提出，目前已经成为应对世界所面临的多种生态环境问题（包括气候变化，生物多样性丧失，水、粮食、能源安全等）的一种重要手段与解决方案，并且日益受到国际社会的关注与认可。目前，世界自然保护联盟（International Union for Conservation of Nature，IUCN）关于NbS的定义广受认同，即保护、可持续管理和恢复自然的和人工的生态系统的行动，能有效且适应性地应对社会挑战，同时提供人类福祉和生物多样性效益。NbS一般被认为是利用自然和人工生态系统服务来实现可持续发展目标（sustainable development goals，SDGs）的"伞形"概念，是与自然合作应对社会挑战的行动。这些解决方案利用自然生态系统提供的生态系统服务功能，通过生态系统保护、修复与管理等在内的一系列干预措施实现生态环境保护和可持续发展的双重目标。NbS的重要性已得到国际社会的普遍认可：联合国环境规划署（United Nations Environment Programme，UNEP）和IUCN将NbS作为实现SDGs的关键方法；欧盟也将NbS确定为资助和研究的优先方向领域；而包括中国在内的许多国家正在将NbS作为其环境政策的核心组成部分。

作为一个多学科交叉的概念与理论体系，NbS近年来已经成为相关学术研究与政策实践的前沿与热点，但是目前国内外还没有专门论述NbS的教材或相关学术著作。因此，本书旨在全面介绍NbS的提出背景、发展与内涵，并着重阐述NbS应对多重社会挑战的典型实践案例、相关标准及政策、投融资、在我国的运用与实践（国土空间规划与国土空间生态修复）、发展与展望等内容。据此，本书分为7章。第1章通过详细阐述NbS的背景与历史，以及相关概念辨析，让读者理解NbS应对各种社会挑战的价值和意义。第2章通过重点阐述NbS应对八种重大的社会挑战来系统剖析运用NbS解决各类挑战的优势、路径和潜在风险及其规避方法，从而全面了解NbS的潜力和重点发展方向，为相关研究、决策与实践提供全面的知识框架。第3章通过介绍典型案例，让读者进一步理解理论与实践的差异，从而了解NbS在实践中运用的方法和优势。第4章通过阐述IUCN、欧盟委员会、美国、英国、法国、加拿大及中国关于Nbs的相关标准、指南与政策等，让读者从政策端理解NbS的实施逻辑。第5章通过阐述NbS投融资的现状、挑战与潜在提升机制等方面，让读者从更广泛的视角理解NbS的实施与发展所面临的挑战。第6章通过系统阐述NbS在中国的具体实践（国土空间规划与国土空间生态修复）中的基础逻辑、启示与案例，让读者将NbS理论及概念与中国国土空间规划实践相结合。第7章通过阐述NbS在理论、实践与社会三个层面的挑战及Nbs在跨学科、利益相关者参与、多元化项目资金渠道、自上而下与自下而上规划程序与公平公正方面的展望，让读者进一步认识NbS的发展方向。

本书的目标读者是关注气候变化、生物多样性、碳达峰与碳中和、水资源管理、土地利用变化、粮食与能源安全及城市规划与设计等领域的学生、学者和专业人士，亦可供对NbS感兴趣的社会大众了解相关知识。本书旨在为读者提供深入了解NbS的机会，探索NbS的实践和应用，以及了解NbS在解决环境问题方面的潜力和限制。本书将理论与实践、基础与前沿、深度与广度有机结合，可以成为生态学、环境科学、地理遥感、气候气象、景观建筑与规划设计相关专业学生、学者、政府决策机构及相关从业人员的重要学习参考资料。此外，在本书写作过程中，我们对引用的文献与相关研究成果进行了严格标注，避免出现侵权行为。尽管如此，编写过程中对一些引用难免挂一漏万，敬请相关作者谅解与指正。此外，受限于编者水平，相关资料翻译可能存在理解准确性问题，敬请读者对不妥之处提出宝贵意见，以便在今后修订工作中进一步完善。

本书编写过程得到了以下研究生的大力支持：陈佳琪、李思恒、沙小涵、周思齐、白欣玉、穆艳霞、姚希晗、熊浚祺、马维源、马文娟、高岩和杨崇曜。他们进行了资料收集、初稿写作与统筹校稿等大量工作，为本书成稿与出版贡献了不可或缺的力量，在此对他们表示感谢。同时也对为本书提出诸多宝贵意见的专家表示感谢。此外，本书还得到了国家自然科学基金面上项目（42171093）、复旦大学研究生教材出版资金、上海市浦江人才计划项目（21PJ1401600）、上海市领军人才（青年）项目、上海市自然科学基金面上项目（21ZR1408500）、中国生态学学会生态学青年托举人才项目以及国家重点研发计划国际合作项目"重塑绿色——培育面向中欧城市智慧、绿色和健康转型的基于自然解决方案"（2021YFE0193100）的大力支持，在此一并感谢。

余兆武
2024年6月

# 目　　录

第1章　基于自然的解决方案的概念与发展 ………………………………… 1

1.1　背景 ……………………………………………………………… 1

1.2　产生与发展 ……………………………………………………… 5

1.3　定义 ……………………………………………………………… 13

1.4　相关概念辨析 …………………………………………………… 17

本章小结 ……………………………………………………………… 21

思考题 ………………………………………………………………… 22


第2章　基于自然的解决方案应对多重挑战 ……………………………… 23

2.1　气候减缓和适应 ………………………………………………… 24

2.2　碳存储 …………………………………………………………… 35

2.3　生物多样性 ……………………………………………………… 52

2.4　空气污染 ………………………………………………………… 61

2.5　水安全 …………………………………………………………… 75

2.6　人群健康 ………………………………………………………… 88

2.7　能源节约 ………………………………………………………… 99

2.8　再生食物系统 …………………………………………………… 111

本章小结 ……………………………………………………………… 121

思考题 ………………………………………………………………… 123


第3章　基于自然的解决方案典型案例 …………………………………… 125

3.1　气候减缓和适应案例 …………………………………………… 125

3.2　碳存储案例 ……………………………………………………… 135

3.3 生物多样性保护案例 ........................................ 141

3.4 空气质量改善案例 .......................................... 146

3.5 水安全案例 ................................................ 151

3.6 居民健康案例 .............................................. 156

3.7 能源节约案例 .............................................. 161

3.8 再生食物系统案例 .......................................... 167

本章小结 .................................................... 174

思考题 ...................................................... 174

第4章 基于自然的解决方案相关标准和政策 ...................... 175

4.1 标准和指南 ................................................ 175

4.2 政策发展 .................................................. 186

4.3 政策研究展望 .............................................. 198

本章小结 .................................................... 198

思考题 ...................................................... 199

第5章 基于自然的解决方案投融资 .............................. 201

5.1 投融资的基本概念 .......................................... 201

5.2 NbS 的投融资现状 .......................................... 204

5.3 NbS 的投融资风险 .......................................... 211

5.4 NbS 的投融资挑战 .......................................... 213

5.5 NbS 的投融资体系创新 ...................................... 216

本章小结 .................................................... 220

思考题 ...................................................... 221

第6章 基于自然的解决方案中国运用 ............................ 223

6.1 国土空间规划概述 .......................................... 224

6.2 国土空间生态修复 .......................................... 235

6.3 NbS 支持国土空间规划和国土空间生态修复 .................... 244

本章小结 .................................................... 260

思考题 ...................................................... 261

**第7章　基于自然的解决方案展望** ······················· 263

7.1　NbS 挑战 ············································· 263

7.2　未来展望 ············································· 269

本章小结 ················································· 273

思考题 ··················································· 274

**附录1　IUCN基于自然的解决方案全球标准使用指南** ·········· 275

**附录2　中英对照表** ······································· 293

**附录3　单位表** ··········································· 299

**参考文献** ··············································· 301

# 第 1 章

## 基于自然的解决方案的概念与发展

人类面临着气候变化、生物多样性（biodiversity）丧失、污染加重及土地退化等多重的全球性危机，这些危机相互促进并逐渐加剧，给环境、社会、经济带来了严峻的挑战，威胁着国家乃至全球层面的人类福祉。在这一全球环境变化的背景下，基于自然的解决方案（nature-based solutions，NbS）应运而生。NbS致力于应对这些挑战，通过保护、恢复、管理、增强或模仿自然生态系统[1]，提升自然生态系统的健康状况，对人类福祉作出贡献。

## 1.1 背景

### 1.1.1 气候变化、生物多样性丧失、污染加重以及土地退化

科学界已经达成广泛共识，人类活动是导致全球气候变化的重要原因。全球气候系统正经历着快速而广泛的变化，且部分变化已无法逆转[2]。联合国政府间气候变化专门委员会（Intergovernmental Panel on Climate Change，IPCC）于2018年发布的特别报告显示，截至2017年末，与工业化开始阶段相比，人类活动已造成全球变暖1℃[3]。根据IPCC气候模型的预测，在当前温室气体排放水平下，2030—2052年全球升温可达1.5℃左右。IPCC第六次评估报告的第一部分——《气候变化2021：自然科学基础》进一步提出，全球升温可能在20年内达到1.5℃临界值，并预测未来几

十年，热浪将越来越强，且暖季更长，冷季更短，所有地区的气候变化都将加剧。当全球升温达到2℃时，极端高温将到达农业和人体健康的容忍阈值。

全球变暖加剧了极端气候事件（如极端温度和降水）发生的频率和强度。北半球的一些高纬度、高海拔地区将面临更严重的极端降水风险，而一些非洲国家则将面临更严重的干旱。

在气候变化背景下，物种灭绝和生物多样性丧失的速率显著加快。政府间生物多样性和生态系统服务科学政策平台（Intergovernmental Science-Policy Platform on Biodiversity and Ecosystem Services，IPBES）于2019年发布的《关于生物多样性和生态系统服务的全球评估报告》（Global Assessment Report on Biodiversity and Ecosystem Services）显示，由于气候和人为原因，许多生态系统正逐渐退化和消失，其中被誉为"地球之肾"的湿地生态系统退化尤为严重（与18世纪相比减少了85%）[4]。由于生态系统退化与栖息地破碎化，物种正以高于史前10～100倍的速度从地球上消失，在全球变暖2℃的情景下，5%的现存物种将面临灭绝危险[4]。此外，全球变暖导致海洋酸化和含氧量下降，这将对海洋生物多样性造成严重冲击，例如珊瑚礁生态系统的退化。

为了解决气候变化和人类活动带来的生物多样性危机，各缔约方在2010年生物多样性大会上签订了《爱知生物多样性目标》（Aichi Biodiversity Targets），并将2011—2020年定为"联合国生物多样性十年"（United Nations Decade on Biodiversity）。然而，在过去的10年中，20个生物多样性目标中只有4项成功达成。2022年，《联合国气候变化框架公约》（United Nations Framework Convention on Climate Change, UNFCCC）缔约方会议第27届会议（COP27）召开之时，气候变化与生物多样性危机依然是全球面临的重要难题。

此外，污染问题也日益严重。空气污染对人类健康产生了严重影响，根据世界卫生组织（World Health Organization, WHO）的数据，每年约有700万人因室内和室外空气污染导致的疾病而过早死亡。水体污染也是一个全球性问题，许多水源已经被污染物（如有害化学物质和塑料垃圾）所污染。土壤污染也威胁到农业生产和食品安全。

土地退化是另一个引起担忧的问题。土地退化包括土地侵蚀、土地荒漠化和土地污染。根据联合国粮食及农业组织（Food and Agriculture

Organization of the United Nations，FAO）的数据，全球每年大约有1 200万hm²农田受到土地退化的影响，这对粮食安全和可持续发展构成了严重威胁。

根据《IUCN基于自然的解决方案全球标准使用指南》（Guidance for using the IUCN Global Standard for Nature-based Solutions），其综合多方数据得出如下结论[5]。

- 与早期估计的状态相比，自然生态系统平均退化了47%。
- 在大多数被研究的动植物种群中，大约25%的物种已经面临灭绝威胁。这意味着，如果不采取行动减少生物多样性丧失的驱动因素，大约有100万种物种面临灭绝，其中许多将在几十年内灭绝。
- 生物完整性——自然存在的物种丰富度——在陆地群落中平均衰退了23%。
- 全球野生哺乳动物的生物量下降了82%。自1970年以来，脊椎动物丰度指标迅速下降。
- 在原住民和当地社区制定的指标中，有72%对他们至关重要的自然要素正在恶化。
- 影响最大的直接变化驱动因素是土地和海洋利用的变化、生物体的直接利用、气候变化、污染，以及外来物种入侵。
- 据估计，人类活动造成的全球升温比工业化前的水平高出约1.0℃，范围可能在0.8℃～1.2℃。
- 气候变化对土地造成了额外的压力，加剧了对人类生计、生物多样性、人类和生态系统健康、基础设施和粮食系统的风险。

1997—2011年，由于土地覆被变化和土地退化造成约6万亿～11万亿美元的损失，对生物多样性丧失不采取行动导致生态系统服务方面的损失每年达到4万亿～20万亿美元。气候环境、生态系统（包括生物多样性）和人类社会作为一个耦合的系统，正面临极大的威胁和挑战。IPCC最新发布的《气候变化2022：影响、适应和脆弱性》报告指出，气候变化将给生态系统、野生动植物和人类社会带来比预期更为严重的负面影响。全球变暖把地球上的大量生态系统推向了"人类适应的硬性极限（hard limits）"——在到达这个极限后，人类社会将没有能力再适应更多的变化[6]。

全球气候变化给人类带来了许多健康问题，例如由城市热浪引发的"高温疾病"（如热射病）和传染性疾病（如疟疾和登革热）的扩散。由于全球变暖对特定群体（如原住民、农业和沿海渔业人口）、部分国家（海岛国、全球最不发达国家）和部分生态系统（极地生态系统、干旱地区）的负面影响高于全球平均水平，"气候正义"（climate justice）正逐渐成为备受关注的社会议题。

### 1.1.2 运用NbS应对全球环境变化

2005年，WHO、联合国环境规划署（United Nations Environment Programme，UNEP）和世界银行（World Bank）第一次对全球生态系统进行了多层次的综合评估，并发表《千年生态系统评估》（Millennium Ecosystem Assessment，MEA）。该报告指出自然生态系统与人类福祉有着密切关系，既要充分考虑人类对生态系统服务（ecosystem services）日益增长的需求，也要促进生态系统的保护、修复和可持续管理[7]。以此为契机，越来越多的生态系统和生物多样性研究表明，保护生物多样性和良好的生态系统管理是增加人类福祉和寻找气候变化解决方案的基础[8]。因此，加强应对气候变化与生物多样性保护统筹融合，是解决气候变化和生物多样性丧失"双重危机"的关键。因此，NbS的提出，旨在通过与自然合作来解决重大社会挑战，并同时保障人类福祉和生物多样性双重效益[2]。作为气候变化背景下增强环境、经济及社会复原力与韧性的潜在解决方案，NbS利用生态系统功能和潜力，帮助实现应对气候变化和保护生物多样性的协同增效。

MEA报告在生态系统服务与人类福祉评估框架中指出，生态系统提供的支持、供给、调节和文化等服务不仅影响着人类安全，还决定了人类福祉。它为人类维持高质量生活提供基本物质条件，并促进健康良好的社会关系。MEA报告将生态系统服务定义为"人们从生态系统中获取的惠益"[9]。这些服务功能的可持续供给是人类社会可持续发展的基础，与人类福祉息息相关。人类福祉是生态系统服务研究的根本出发点，也是进行生态系统服务管理的重要目的之一。

合适的生态系统管理能够有效应对气候变化，从而保护与改善人类福祉。就保护生物多样性而言，世界银行将保护生物多样性对气候变化的作用分为两部分：减缓气候变化和适应气候变化[2]。第一，利用生物手段减少温室气体排放的方式，包括但不限于保护和增加自然碳库（如森林和湿地），以及使用生物质（biomass）取代化石能源[2]。据世界银行估计，通过保护森林资源、植树造林和可持续的森林管理最多能在2050年前减少10%～20%的化石能源温室气体排放（约1 000亿t）[2]。第二，除了直接减缓气候变化，保护生物多样性也可间接提升生物对气候变化的适应性。比如，建立保护区和生态走廊有助于连接破碎化的自然栖息地，从而提升生态系统和物种对气候变化的适应性[2]。除此之外，生态系统管理不仅能够保护物种多样性以确保人们能够可持续地从自然中获取资源[2]，还能确保如水资源供给、减少水土流失和局部气候调节等生态环境服务的可持续提供。

最初提出NbS主要看重其在缓解和适应气候变化方面的作用，然而在过去十年中，NbS应对一系列社会和环境问题的更广泛潜力得到越来越多的认可。NbS在改善水土流失、提高粮食生产和降低洪涝灾害等全球性环境问题方面具有显著成效。与传统的自然保护与经济发展相对立的观点不同，NbS的提出标志着人们对自然的观点从无限索取的对象转变为合作对象，并以此作为新"绿色经济"的基础[2]。

## 1.2 产生与发展

在应对气候变化与生态环境保护背景下出现的NbS概念与框架，是人们为了不再仅仅依赖传统工程干预（如构筑海堤、硬化城市河道）手段，而寻求与生态系统合作的解决方案，以减缓和适应气候变化带来的影响，从而持续改善人类福祉与保护自然生态系统和生物多样性。

NbS概念提出后得到越来越多的关注，越来越多国家与相关国际自然保护团体将NbS纳入国家生物多样性和气候变化战略中。随着全球对NbS研究与实践日益增多，NbS的定义逐渐明晰，理论和行动框架逐渐丰富，知识化程度和可操作性都有了很大提高。图1-1显示的时间线突出了NbS概念发展中的里程碑事件。

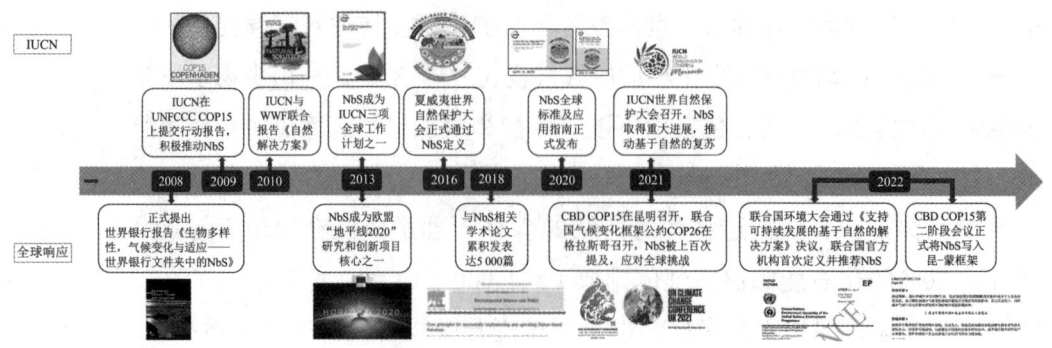

图1-1　NbS发展时间轴

### 1.2.1　历史渊源

尽管NbS是一个相对较新的概念，但是围绕自然或生态系统探索解决方案的想法与讨论有较长的历史，最早可以追溯到将自然生态系统用于人类各种功利目的（如人类如何向自然攫取资源）的研究与实践。

20世纪上半叶，政策制定者通常将自然保护看作国家发展和国际议程的次要方面，往往以经济增长为导向而采取粗放的发展模式。随着科学研究发展和宣传教育普及，人们逐渐达成了共识——自然对人类的生存和良好的生活质量至关重要。绝大多数的生态系统都能广泛提供多种生态效益，同时也是自然资源存续的基础。20世纪70年代，环境或生态系统服务的概念开始在现代科学文献中出现，逐渐受到学界关注。20世纪80年代末，联合国布伦特兰委员会（Brundtland Commission）定义了可持续发展（sustainable development）的概念[10]；同一时期，Edward Osborne Wilson主编了论文集 *BioDiversity*，"生物多样性"一词开始应用于保护生物学领域[11]。1992年，在应用生态学和生态经济学领域，Robert Costanza提出了自然资本（natural capital）的概念[12]。1997—1998年，生态系统服务的概念被提出[13]。然而，这些概念仅仅反映了人与自然关系的某一面向，而提出一种更系统的理解人与自然之间关系的方法渐成共识。

20世纪末21世纪初，最初的NbS概念被提出，用于指导人类从自然中学习，这个阶段在不同领域产生了许多与自然相关的应用和实践方案[14]。Janine Benyus基于仿生学理论提出了NbS的概念[15]，成为NbS最初的应用雏形。R. Arvind Singh等人在研究人造表面的疏水性和减摩性能时，通过模拟防水叶的形貌来解决机械系统中的磨损问题[16]。

除了仿生学，这一时期各种生态管理方法也开始发展，包括森林景观恢复、可持续土地管理、综合水资源管理和综合海岸带管理等。农业领域，NbS被用于解决病虫害综合治理、农田径流减缓等农业问题[17]。例如Jennifer M. Blesh和Gary W. Barrett曾试图将生态学与农业实践相结合，作为保障粮食可持续性生产的手段[18]。土地使用规划以及水资源管理的讨论中也出现了NbS的概念，如利用湿地进行废水处理，并且将湿地生态系统服务作为一种流域管理的解决方案[17, 19]。此类生态系统管理方法能够将自然保护的成果转化为社会收益，例如提供就业、提高土地生产力等。

### 1.2.2 提出和发展

#### 1.2.2.1 NbS因在减缓和适应气候变化、保护生物多样性中的作用而被提出

2008年，世界银行在《生物多样性、气候变化和适应：世界银行投资中的基于自然的解决方案》（Biodiversity, Climate Change and Adaptation: Nature-Based Solutions from the World Bank Portfolio）报告中首次正式提出NbS。该报告指出，NbS作为一种新的解决方案，既能缓解和适应气候变化，又能保护生物多样性[2]。NbS的正式提出标志着对人与自然关系的更系统的理解：人类不仅是自然利益的被动受益者，也要积极主动地保护、管理或恢复自然生态系统，为应对重大社会挑战作出贡献。

2009年，世界自然保护联盟（International Union for Conservation of Nature，IUCN）在提交给UNFCCC COP15的意见报告中建议将NbS纳入减缓和适应气候变化的整体计划和战略，利用健康、多样化和管理良好的生态系统为解决全球性问题提供解决方案。

2010年，IUCN与大自然保护协会（The Nature Conservancy, TNC）、联合国开发计划署（United Nations Development Programme，UNDP）等多机构联合发布报告《自然解决方案：在保护区帮助人们应对气候变化》（Natural Solutions: Protected Areas Helping People Cope with Climate Change），呼吁UNFCCC与《生物多样性公约》（Convention on Biological Diversity，CBD）共同承认和支持保护区在帮助应对气候变化中的作用[20]。

2014年，BiodivERsA在布鲁塞尔组织了一次"地平线扫描研讨会"

（Horizon Scanning Workshop），以探讨NbS概念提出后欧洲生物多样性研究面临的主要挑战和政策需求。BiodivERsA由欧盟第七框架计划（7th Framework Programme，FP7）资助，主要职责是保障欧盟生物多样性战略的实施。基于BiodivERsA成员、政策制定者及一系列利益相关者（非政府组织、企业、从业者等）的讨论，该研讨会深入了解了NbS并确定了潜在研究优先事项清单，提高了人们对未来NbS以及生物多样性研究工作重要性的认识[21]。

### 1.2.2.2　NbS概念化和理论化

NbS作为一个新的概念，仍在不断发展中。为了进一步定义NbS，同时使其概念更为明确和清晰，国际组织与学者不断界定和修正NbS。IUCN在相关报告中几次调整对NbS概念的定义和阐述，制定了关于什么类型的干预措施可以/应该/不应该被视为NbS的指南。2014年，IUCN在巴黎气候变化谈判中提出NbS是"作为减缓和适应气候变化，保障水、食品和能源供应，减少贫困和推动经济增长的一种重要方式"。2016年，世界自然保护大会上IUCN成员通过了《定义基于自然的解决方案》决议（IUCN第WCC-2016-Res-069号决议[22]），将NbS定义为"保护、可持续管理和恢复自然的和人工的生态系统的行动，能有效且适应性地应对社会挑战，同时提供人类福祉和生物多样性效益"。该决议首次定义了利用自然同时造福于生物多样性和社会福祉。这一定义关注自然本身，并强调了利用NbS处理社会事务的重要性。

由于欧洲城市人口密度较高，亟须充分利用自然应对人类健康、气候变化和自然资源退化等各类挑战，因此欧盟委员会（European Commission）提出的NbS概念框架更侧重于城市生态系统（例如城市再自然化与韧性城市等）[23]。除此之外，世界银行、雨林联盟（Rainforest Alliance）等机构分别就自身所关心的领域给出了NbS相关定义。例如，雨林联盟的概念侧重于森林生物群区的韧性，银行和保险机构主要将NbS用于灾害风险管理等。

NbS与其他相关概念常常被混用，如基于自然的气候变化解决方案（natural climate solutions，NCS）、绿色基础设施（green infrastructure，GI）、基于生态系统的适应（ecosystem-based adaptation，EbA）等，导致对NbS概念及其实际应用的混淆（详见下文）。基于此，Cohen-Shacham等人[24]在2016年提出，NbS是涵盖一系列基于生态系统方法的伞形概念，包含生态恢复、生态工程、森林景观恢复、基于生态系统的适应、基于生态系统的缓解、基于生态系统的减少灾害风险、绿色基础设施、基于生态系统的管理以及各种基于区域的保护方法，如保护区管理。

总体而言，NbS最初被认为是保护自然的基于科学的解决方案。如今，通过考虑为人类和更广泛的环境提供可持续利益的必要性，采取了更具社会驱动力的观点，即强调NbS在提供更多社会效益方面的作用。

### 1.2.2.3　从概念走向应用，知识生成和可操作化

2014—2015年，欧盟理事会（Council of the European Union）召开了多次区域/国际会议（例如在比利时布鲁塞尔、意大利米兰、比利时根特等城市召开的会议），这些会议旨在通过NbS应对各项环境挑战，并由此改造城市。来自公共政策机构的专家参加会议，围绕"如何利用NbS的概念来解决知识、政策和实践方面的空白"，促进了涉及自然和城市福祉的多个研究，实现了政策和实践领域的广泛对话。

为了推进NbS的知识生成和广泛实施，这一时期，以NbS为重点的出版物[25,26]和科研项目普遍增加。2015年，欧盟将NbS纳入"地平线2020"（Horizon 2020，即"第九框架计划2014—2020"）科研计划并重点投资，NbS成为欧盟研究和创新项目的核心。这项科研计划耗资约770亿欧元，是世界上规模最大的官方综合性科研计划之一。

同年，欧盟委托"基于自然的解决方案和再自然城市"委员会（Expert Group on "Nature-Based Solutions and Re-Naturing Cities"）编写了一份报告，用以指导和推动NbS研究和实施，题为《迈向基于自然的解决方案和再自然城市欧盟研究与创新政策议程》（Towards an EU Research and Innovation Policy Agenda for Nature-Based Solutions & Re-Naturing Cities）[27]。此报告已经成为欧盟关于NbS议程最重要的报告之一[28]，全面研究了NbS如何应对人类社会面临的各种环境、社会和经济挑战。

该报告明确规定了4个关键目标：

（1）促进可持续的城市化；

（2）恢复退化的生态系统；

（3）适应和减缓气候变化；

（4）改善风险管理和应变能力。

该报告还建议采取7种NbS行动：

（1）通过NbS进行城市更新；

（2）利用NbS改善城市地区的福祉；

（3）建立NbS以提高沿海适应能力；

（4）多功能，基于自然的流域管理和生态系统恢复；

（5）通过NbS实现物质和能源的可持续利用；

（6）通过NbS提高生态系统的保险价值；

（7）通过NbS增加碳汇。

2016年，IUCN发布报告《基于自然的解决方案应对全球挑战》（Nature-based Solutions to Address Global Societal Challenges），系统地阐述了NbS的概念和内涵，NbS在应对水安全、粮食安全、人类健康、自然风险和气候变化中的作用，以及与生态系统有关的NbS方法，并提供了10个相关的NbS案例研究以及案例经验分享[24]。

2017年，EKLIPSE（"地平线2020"项目之一）专家工作组发布《评估和实施基于自然解决方案综合效益的框架》（A Framework for Assessing and Implementing the Co-benefits of Nature-based Solutions in Urban Areas）[23]提出了NbS的评价指标体系和操作流程，并基于该框架进行了与特定社会挑战相关的NbS的共同收益和成本综合评估[29]，总结了知识差距以及未来的研究和实践方向[29]。该报告标志着NbS从最初的概念化和理论化转变为对NbS知识生成和操作化之间不断整合和相互加强的过程。

2017年，TNC联合15家机构针对全球层面识别出的20个最重要的NbS实施路径进行研究，证明这些路径在实现《巴黎协定》（The Paris Agreement）达成的2030年2℃升温目标中可作出37%的贡献，是为实现该可实施目标的一个具有成本效益的解决方案。该研究量化了NbS不同路径在减缓气候变化中的作用，还对其在空气、水、土壤和生物多样性方面的协同效益进行了评估[1]。

### 1.2.2.4　全球知识共享，标准产生

随着对NbS知识理解的提升和技术应用增加，NbS研究人员、企业和民间组织等逐渐意识到在全球范围内共享、交流、合作和优化NbS的重要性。由于NbS具有可复制性、可扩展性和适应性，这将有助于其在更大范围内应对多样的社会问题和环境挑战。

2019年9月，联合国气候行动峰会确定NbS为应对气候变化的全球九项重要行动之一，并由中国和新西兰牵头，在联合国气候行动峰会上发表《基于自然的气候解决方案宣言》（The Nature-Based Solutions for Climate Manifesto）。宣言指出，NbS是全球实现《巴黎协定》气候变化目标整体策

略和行动的重要组成部分。NbS注重以人与自然和谐相处为主要基调的生态建设和以人为本的全面应对气候变化，对于实现脱碳、降低气候变化风险以及提升气候韧性具有重要意义。

同年，欧盟与巴西联邦共和国科技创新部共同起草了一份有关NbS的报告[30]。该报告以欧盟成员国25个NbS最佳实践为例，说明了有望适用于巴西的做法，从而助力巴西形成独特的NbS战略。该报告重点介绍如何在巴西及其他拉丁美洲国家发挥NbS的潜力[30]。显然，NbS作为一种创新思想和可行工具，已经从欧盟内部扩展到跨洲知识的产生和共享。

为使NbS项目在规划、设计和实施过程中更加规范化，2020年7月23日，IUCN发布了第一版《IUCN基于自然的解决方案全球标准》(IUCN Global Standard for Nature-based Solutions)[31]和《IUCN基于自然的解决方案全球标准使用指南》[32]，为应对全球挑战的NbS提供了第一套全球标准。该标准的目标是帮助各国政府、企业和民间组织确保NbS的有效性，系统地将NbS纳入其决策过程，最大限度地发挥其潜力，以帮助解决全球范围内气候变化、生物多样性丧失和其他社会挑战。

基本准则的内容如下：

- 准则1：NbS应有效应对社会挑战
- 准则2：应根据尺度来设计NbS
- 准则3：NbS应带来生物多样性净增长和生态系统完整性
- 准则4：NbS应具有经济可行性
- 准则5：NbS应基于包容、透明和赋权的治理过程
- 准则6：NbS应在首要目标和其他多种效益间公正地权衡
- 准则7：NbS应基于证据进行适应性管理
- 准则8：NbS应具可持续性并在适当的辖区内主流化

在中国，2020年NbS被写入《山水林田湖草生态保护修复工程指南（试行）》(自然资办发〔2020〕38号)，2021年NbS被写入《中国本世纪中叶长期温室气体低排放发展战略》。全球学界、商界、非政府组织积极组建各类NbS平台（如爱思唯尔2021年正式出版的关于NbS的学术期刊 *Nature-based Solutions*，这也标志着NbS概念已经得到学术界的关注与研究），引发社会各界对NbS的广泛关注。

### 1.2.2.5 进一步受到全球范围认可，引入各国际公约

2021年10月在昆明召开的联合国《生物多样性公约》第十五次缔约方大会（CBD COP15）通过的《昆明宣言》中提出，"增加生态系统方法的运用，解决生物多样性丧失问题，恢复退化的生态系统，增强复原力，缓解和适应气候变化，支持可持续粮食生产，促进健康和应对其他挑战，通过强有力的环境和社会保护保障措施，加强一体健康和其他整体性办法，确保可持续发展带来经济、社会和环境层面的惠益"，并特别指出"基于生态系统的办法又称'基于自然的解决方案'"。

2022年2月召开的第五届联合国环境大会第二阶段会议通过了题为《支持可持续发展的基于自然的解决方案》（Nature-based Solutions for Supporting Sustainable Development）的决议，这是联合国官方机构首次定义并推荐NbS。决议内容明确了NbS的定义，并提出了NbS的实施原则与推动倡议。

2022年11月，UNFCCC COP27通过的《沙姆沙伊赫实施计划》（Sharm el-Sheikh Implementation Plan）也明确提出："强调所有生态系统完整性的重要性、生物多样性的重要性以及气候公正的重要性，以全面和协同的方式解决气候变化和生物多样性丧失。在减缓方面，强调保护和恢复自然生态系统，通过森林及其他陆地和海洋生态系统发挥碳汇与碳库的作用，采取生物多样性保护行动，并鼓励各国减少发展中国家毁林现象和森林退化导致的排放。鼓励各国考虑采用基于自然的解决方案和基于生态系统的方法。"

2022年12月召开的CBD COP15第二阶段会议通过的《昆明-蒙特利尔全球生物多样性框架》（The Kunming-Montreal Global Biodiversity Framework）进一步在行动目标中明确提出应用NbS，包括行动目标8——"通过缓解、适应和减少灾害风险行动，包括通过基于自然的解决方案和/或基于生态系统的方法，最大限度地减少气候变化和海洋酸化对生物多样性的影响，提高其复原力，同时减少气候行动对生物多样性的不利影响并促进积极影响"，以及行动目标11——"恢复、维持和增进自然对人类的贡献，包括生态系统功能和服务，例如调节空气、水和气候、土壤健康、授粉和减少疾病风险，以及通过基于自然的解决方案和/或基于生态系统的方法造福人类和自然"。

联合国会议和一系列公约中明确纳入NbS表明了其在全球范围获得更为广泛的接纳和认可，并将在未来全面应用于全球生态环境治理乃至于经济社会发展的各个领域。

## 1.3　定义

由于NbS是一个相对较新的概念，没有一个完全明确的定义，这增加了其被滥用的风险。本节比较了NbS的多种定义，并进行分类，总结了各机构对实施NbS的原则、目标、行动等，分析提出该概念的重要性和可行性。

### 1.3.1　定义和分类

不同机构和学者对NbS的定义在侧重点和使用的术语上往往存在显著差异（见表1-1），但其核心内容都是围绕生态系统及其服务的有效管理和利用来解决气候变化、生物多样性下降及快速城市化产生的重大挑战及其叠加效应，同时非常注重NbS所能带来的一系列环境、社会、经济等协同效益[33]。

**表1-1　NbS在不同文件中的定义**

| 出处 | 年份 | 概念 |
| --- | --- | --- |
| Balian等人[1] | 2014 | 利用自然来应对气候变化、粮食安全、水资源或灾害风险管理等挑战，包括如何以可持续方式保护和利用生物多样性等更广泛的定义 |
| 欧盟委员会[2] | 2015 | NbS旨在帮助社会以可持续的方式应对各种环境、社会和经济挑战。它们是受自然启发、由自然支持或仿效自然的行为；使用和加强现有的应对挑战的解决方案，以及探索更多新颖的解决方案，例如模仿非人类生物和社区如何应对极端环境 |
| Cohen-Shacham等人[3] | 2016 | 利用自然的潜在力量在气候变化、粮食安全、社会和经济发展等领域为全球挑战提供的解决方案；通过保护、可持续管理和恢复自然或人工生态系统的行动，有效和适应性地应对社会挑战，同时提供人类福祉和生物多样性益处 |
| Kronenberg等人[4] | 2017 | 有意识地利用自然，帮助城市居民应对各种环境、社会和经济挑战 |
| Joachim Maes & Sander Jacobs[5] | 2017 | 任何向减少不可再生自然资本消耗、增加可再生自然过程投资的生态系统服务利用的过渡 |
| van der Jagt等人[6] | 2017 | 多功能的绿色干预措施，提供可持续发展的社会、经济和环境支柱 |
| Short等人[7] | 2019 | 软工程方法，旨在提高受气象事件影响的地区和社会的复原力，从而减少这种事件造成的经济、功能、文化和社会破坏的干扰 |

续表

| 出处 | 年份 | 概念 |
|---|---|---|
| Albert等人[8] | 2019 | 缓解明确定义的社会挑战的行动（挑战导向），采用空间、蓝色和绿色基础设施网络的生态系统过程（生态系统过程利用），并嵌入可行的治理或商业模式中进行实施（实际可行性） |
| Seddon等人[9] | 2020 | NbS涉及与自然合作并加强自然，以帮助应对社会挑战 |

注：

1. BALIAN E, EGGERMONT H, LE ROUX X. Outputs of the strategic foresight workshop "nature-based solutions in a BiodivERsA context" [C] // BiodivERsA Workshop Report. BiodivERsA Brussels, Belgium, 2014.

2. European Commission. Directorate General for Research and Innovation. Towards an EU research and innovation policy agenda for nature-based solutions and re-naturing cities: final report of the Horizon 2020 expert group on "Nature-based solutions and re-naturing cities" [M]. Luxembourg: European Commission Publications Office, 2015.

3. COHEN-SHACHAM E, WALTERS G, JANZEN C, et al. Nature-based solutions to address global societal challenges [M]. Gland, Switzerland: IUCN International Union for Conservation of Nature, 2016.

4. KRONENBERG J, BERGIER T, MALISZEWSKA K. The challenge of innovation diffusion: nature-based solutions in Poland [M] // KABISCH N, KORN H, STADLER J, et al. Nature-based solutions to climate change adaptation in urban areas. Springer Cham, 2017: 291−305.

5. MAES J, JACOBS S. Nature-based solutions for Europe's sustainable development [J]. Conservation Letters, 2017, 10(1): 121−124.

6. VAN DER JAGT A P N, SZARAZ L R, Delshammar T, et al. Cultivating nature-based solutions: The governance of communal urban gardens in the European Union [J]. Environmental Research, 2017, 159: 264−275.

7. SHORT C, CLARKE L, CARNELLI F, et al. Capturing the multiple benefits associated with nature-based solutions: Lessons from a natural flood management project in the Cotswolds, UK [J]. Land Degradation & Development, 2019, 30(3): 241−252.

8. ALBERT C, SCHRÖTER B, HAASE D, et al. Addressing societal challenges through nature-based solutions: How can landscape planning and governance research contribute?[J]. Landscape and Urban Planning, 2019, 182: 12−21.

9. SEDDON N, CHAUSSON A, BERRY P, et al. Understanding the value and limits of nature-based solutions to climate change and other global challenges [J]. Philosophical Transactions of the Royal Society B: Biological Sciences, 2020, 375(1794): 20190120.

其中，欧盟委员会和IUCN对NbS的定义经常被引用，它们的总体目标均是通过有效利用生态系统和生态系统服务来应对重大社会挑战，但作为政府组织的欧盟委员会更加注重绿色经济发展，IUCN则偏向于生态系统的修复。

　　IUCN的定义强调了自然保护和恢复的重要性，其总体目标是"实现可持续发展目标，并通过反映文化和社会价值的方式维护福祉与生态系统的更新和服务能力"[24]。而欧盟委员会则认为NbS是将当前所面临的挑战转化为创新的机遇，将自然资本转化为绿色经济增长的源泉[25]。与IUCN的定义相比，欧盟委员会的定义具有更广阔的视野，同时将可持续发展的三大支柱，即经济、社会和环境的可持续性纳入考量[25]。欧盟委员会独特的解读视角突破了长期以来人们将经济发展与生态保护视为对立面的固化思维，将二者统一为相辅相成、相互促进的要素[25]。

　　NbS定义的适用范围广泛，并涉及多种性质不同、规模差异大的行动。欧盟提出了310项符合NbS标准的潜在行动，包括重新造林、土壤保持、湿地管理和屋顶绿化等[27]；其他建议的行动包括防止作为"汇"的生态系统丧失或恢复沿海生态系统以减少极端天气的影响[34]。一些学者建议根据对生态系统的干预水平对NbS进行分类，主要参考的是Hilde Eggermont等人[25]提出的NbS类型学。此分类系统将NbS分为三种类型：类型1是对现有生态系统不干预或干预最少，例如保护沿海地区的红树林；类型2是通过合适的管理改善现有生态系统的可持续性或功能，例如规划设计农业景观以提高其多功能性；类型3是涉及设计或管理全新的生态系统，例如绿色屋顶和墙壁[25]。Kinga Krauze和Iwona Wagner[35]根据不同的城市管理区域对NbS进行分类，沿着城市外围转向城市中心，NbS的作用也从"保护自然"变为"增强自然"。

　　由于与市中心的距离和人们对生态系统管理干预的水平往往存在显著的负相关关系，将Hilde Eggermont等人的NbS类型学与Kinga Krauze和Iwona Wagner的NbS分类框架相结合，可以看到NbS从类型1到类型3的转变与其和市中心距离的缩短是一致的（如图1-2所示）。但这并不意味着类型1的NbS不能在城市的中心地区找到，只是观察到的一般模式，即当接近城市中心时，NbS所需的管理干预水平会增加。

　　2022年世界环境大会在已有的NbS定义的基础上，综合考虑NbS的各方面内容，对其定义进一步进行了补充和细化，提出了更为完善的定义，即"基于自然的解决方案就是采取行动保护、养护、恢复、可持续利用和管理自然或经改造的陆地、淡水、沿海和海洋生态系统，以有效和适应性地应对社会、经济和环境挑战，同时对人类福祉、生态系统服务、复原力和生物多

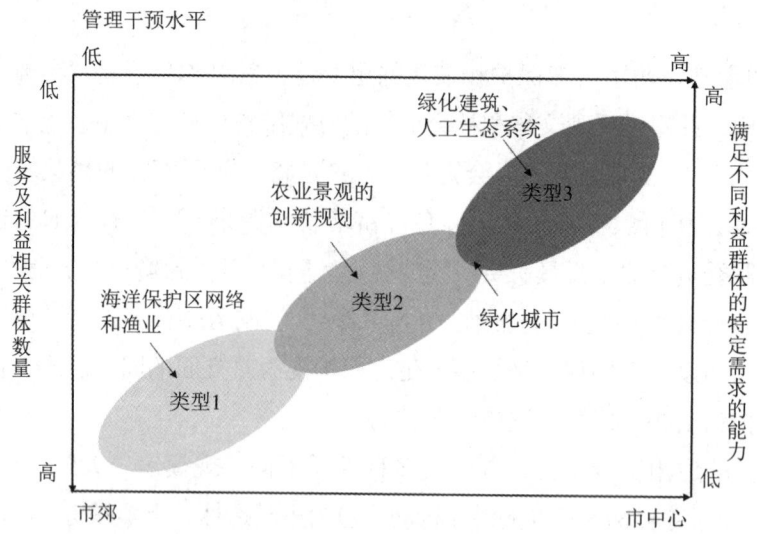

**图1-2　NbS的类型和分布范围示意图**

资料来源：BOWLER D E, BUYUNG-ALI L, KNIGHT T M, et al. Urban greening to cool towns and cities: A systematic review of the empirical evidence［J］. Landscape and Urban Planning, 2010, 97(3): 147-155; KABISCH N, KORN H, STADLER J, et al. Nature-based solutions to climate change adaptation in urban areas—Linkages between science, policy and practice［M］// KABISCH N, KORN H, STADLER J, et al. Nature-based solutions to climate change adaptation in urban areas. Springer Cham, 2017: 1-11.

样性产生惠益"。该定义较为全面地反映了NbS的目标、方法及其对人类社会系统的贡献，目前已被国际社会广泛接受和采纳。

### 1.3.2　理论和行动框架

虽然NbS提出的时间较短，但已形成较多的理论和行动框架。2016年，IUCN在其报告《基于自然的解决方案应对全球挑战》中提出以生态系统作为基础的NbS框架，并发展出生态系统修复方案、相关特定的生态系统方案、绿色基础设施和自然基础设施方案、基于生态系统的管理方案、基于生态保护的方案5个具体解决方案，同时将其应用于解决水资源安全、食品安全、人类健康、灾害风险、气候变化等6种社会挑战[24]，该研究框架的核心是人类福祉和生物多样性。

根据NbS概念，IUCN与学者制定并发展了对应的NbS原则（见表1-2），以便更好地定义NbS的应用范围。

表1-2　IUCN的NbS原则内容

| 旧NbS七项原则 | 新NbS八项原则 |
|---|---|
| 2012年 | 2016年 |
| （1）运用自然有效地解决国际主要挑战；<br>（2）提供生物多样性效益，包括多样的、管理完好的生态系统；<br>（3）相比其他措施成本效益更高；<br>（4）基本原理能被简单、有说服力地传达；<br>（5）能够被衡量、证实和复制；<br>（6）尊重并强化当地社区对自然资源的权利；<br>（7）同时利用公共和私人资金来源 | （1）接受自然保护的规范（原则）；<br>（2）可以单独实施，也可以与其他解决方案（比如利用科技和工程手段的解决方案）一起用于解决社会挑战；<br>（3）由包括传统、地方性和科学知识在内的特定地点的自然和文化背景决定；<br>（4）以促进透明度和广泛参与的方式，以公平和公正的方式产生社会效益；<br>（5）维持生物和文化多样性以及生态系统随时间演变的能力；<br>（6）在景观尺度上应用；<br>（7）认识到并解决为发展带来的几个直接经济利益的生产与生产各种生态系统服务的未来备选方案之间的权衡问题；<br>（8）是应对特定挑战的政策、措施或行动总体设计的一个组成部分 |

2017年，欧盟委员会在《评估和实施基于自然解决方案综合效益的框架》[23]中提出了NbS的评价指标体系和操作流程。同时，该文件在评价框架的基础上进一步提出灵活循环的实施流程，其中涉及7个非完全独立的阶段——定义问题和机会、选择和评估NbS、设计NbS的实施流程、实施NbS、经常和利益相关者沟通并交流共同利益、转移和提升NbS、监测和评估协同效益，各个利益相关者需要在不同的阶段进行相互沟通以促进项目实施。

## 1.4　相关概念辨析

### 1.4.1　基于生态系统的适应

EbA这一概念最早在2009年联合国生物多样性大会上被提出，旨在"通过生物多样性和生态系统服务来帮助人们应对气候变化带来的负面影响"[36]。EbA主要关注通过可持续的自然生态系统管理、保育与修复来应对气候变化。除此之外，EbA也考虑可持续生态系统管理带来的社会、经济和文化效益[37,38]。尽管目前EbA主要应用于农业和林业[39,40]，但是作为一种多功能、可用于计算成本效益的手段，EbA在城市规划领域的应用日渐受到关注[41]。在城市中，EbA概念经常用于蓝绿基础设施（green and blue infrastructures）的设计与改善[42]，通过城市自然生态系统提供的生态系统服务来改善城市的气候适应能力[43,44]。然而，由于缺少将EbA系统整合进城市规划的途径和相关立法，目前EbA在城市管理中的运用仍然不多见[45]。

### 1.4.2　绿色基础设施

绿色基础设施代表支持本土物种、维持自然生态过程、维护空气和水资源、为健康和生活质量作出贡献的各种连通的绿色空间。绿色基础设施的概念起源于20世纪90年代，主要是为了应对美国不受控制的城市扩张[46]。Mark A. Benedict和Edward T. McMahon认为，绿色基础设施不应是处理建筑或基础设施开发后留下的空间，而应着重于识别城市中具有重要生态价值的空地及合适开发的区域来积极影响空间规划[47]。

绿色基础设施类似于欧洲已应用的生态网络方法，即核心栖息地、垫脚石和具有高自然价值地区走廊的网络[48]。在美国，绿色基础设施作为一种可持续的雨水管理概念受到了美国环境保护署（Environmental Protection Agency，EPA）的倡导，通常与低影响开发（low impact development，LID）或可持续城市排水系统（sustainable urban drainage systems，SUDS）之类的方法互换使用[49]。作为一个比较宽泛的概念，绿色基础设施被欧洲许多国家引入空间规划以达成《爱知生物多样性目标》。因为绿色基础设施服务目标广泛，包括雨洪管理、可持续自然资产利用和绿色经济发展，一些学者认为绿色基础设施的定义取决于不同专家对该概念的理解[50]。

### 1.4.3　生态系统服务

生态系统是生产食物、清洁水和空气的基础。生态系统中的基础元素（如植物）可以净化空气、通过增加下渗和蓄水以减少洪涝风险。同时，生态系统也能为人们提供社会效益，比如提供环境教育的机会。生态系统提供的生态和社会效益被囊括在"生态系统服务"这一概念中。因此，2005年的MEA报告将生态系统服务定义为"人类从自然生态系统中获得的所有惠益"，这也是目前最流行的定义。生态系统服务概念起源于20世纪70年代，而"服务"（service）这一名词被用来指代对人类有益的生态功能。之后，针对生态系统服务的研究飞速发展，尤其是针对生态系统服务的评估方法，以及如何将这一概念整合到政策中以解决环境公平等问题。MEA报告将生态系统服务分为四个基本类别：供应服务、调节服务、文化服务和支持服务。这些类别又可以由大量的单个生态系统服务组成，例如：供应服务包含生态系统提供的食物或淡水；调节服务包含湿地提供的防洪减灾；等等。

自20世纪90年代以来，生态系统服务这一概念也被广泛应用于城市生态系统，不断增加的研究表明城市生态系统服务这一概念对连接城市与生物圈、减少城市的生态足迹（ecological footprint）有着关键作用，其还能促进城市居民的生活质量与健康。

### 1.4.4　概念的共性和差异

NbS、EbA、绿色基础设施和生态系统服务这四个概念是相互关联的，它们都集中于生态系统对人类的福祉上，主张人类所获得的环境、社会和经济利益本质上都来自自然生态系统及其服务，因此都提倡在人类主导的世界中更好地保护自然生态系统与生物多样性。同时，它们都以解决问题为核心，是补充、改善甚至取代传统工程方法的选择之一，主张运用跨学科的方法解决广泛的社会挑战。例如，EbA综合运用来自生态学、气候科学与政策科学等多学科的概念应对气候变化挑战[41]。更重要的是，这四个概念旨在不从根本上挑战经济体系的前提下，探索更好地将自然保护纳入社会经济体系的方式。

这四个概念大体上基于相同的原则，例如多功能性和参与性。多功能性不仅意味着提供多种生态、社会或经济功能，还意味着寻求这些功能之间的协同作用，同时最大限度地权衡取舍。该原则使这些方法与单一功能的传统工程解决方案以及集约化农业景观区别开来。参与性强调了各种利益相关方在决策和计划制定中的参与，例如私营企业、规划部门、保护主义者、公众和一系列政策制定者。

这四个概念的定义及其应用的广度存在一些差异。根据目前研究，NbS被认为是在EbA、绿色基础设施和生态系统服务等概念基础上的"伞形"

概念；EbA更具体地强调了生态系统在适应气候变化中的作用，可以将其视为NbS的一个子类别[51]；绿色基础设施是规划中出现的一个概念，它有助于开发战略方法，将NbS和EbA系统地整合到各种尺度的城市规划中；生态系统服务则是一个更为抽象的概念，相较于其他更加实用并面向解决方案的概念，其更重视生态系统服务价值。在应用方面，与NbS概念类似，EbA在不同尺度和行业中得到应用[40,41]。例如，在城市中，EbA措施的范围可以从建筑或花园级别的微观尺度到城市级别的宏观尺度[44,52]；绿色基础设施概念已进入城市空间规划实践，且被全球各大城市应用；生态系统服务概念已在理论上得到明确，并且在城市环境中也开发了各种各样的生态系统服务评估工具。但是，在城市决策中系统地采纳生态系统服务仍处于起步阶段，如何将其纳入城市规划与发展仍存在不足，这也是重要的发展方向。这四个概念的定义与应用方面存在的差异具体见表1-3。

表1-3　四个概念的比较

| 概念 | 定义和起源 | 当前重点 | 治理重点 | 在城市环境中使用 | 在（计划）实践中的应用 |
|---|---|---|---|---|---|
| NbS | 新概念，定义仍在辩论和发展中；起源于减缓和适应气候变化 | 应对多种社会挑战；生物多样性被视为解决方案的核心 | 采用综合治理的方法 | 从一开始就关注城市 | 仍然有待开发，但重点放在行动上（解决问题） |
| EbA | 相当新的概念，其定义仍在争论中；起源于适应气候变化 | 气候变化适应 | 以人为本，需要自下而上和参与式的方法 | 最初主要关注更广泛的农业和林业，但现在越来越关注城市 | 仍然需要开发 |
| 绿色基础设施 | 在欧洲具有大约20年历史；定义相当完善，但存在分歧；起源于控制城市扩张、生态网络创建以及雨水管理 | 广泛的社会生态关注，在景观设计和景观生态学中起主要作用 | 参与式计划过程受到青睐 | 完善 | 非常完善 |
| 生态系统服务 | 定义有很长的发展历史，尽管仍存在争议；起源于生物多样性保护 | 通过对自然提供的服务进行（经济）评估来保护生物多样性 | 专注于治理层面 | 城市生态系统服务只是最近才成为焦点 | 已部分建立，但需要通过其他概念（例如绿色基础设施、NbS）进行操作 |

　　总体而言，这四个概念并不矛盾，甚至可以说是相辅相成的。例如，生态系统服务可以通过计算生态系统的价值来支持NbS的设计和实施，通过区分和评估四大类别中的细分服务，为定义和确定政策目标以及监测其结果提供了必要的基础。但如果想要运用这些概念对当前城市发展实践做出重大改变，则必须将诸如多功能性、连通性、自适应性和采用社会包容性方法等核心原则付诸实践。

　　值得一提的是，基于自然的解决方案、源于自然的解决方案与受自然启发的解决方案也有所不同，需要进一步分析。基于自然的解决方案是将运行良好的生态系统的力量作为基础设施，以提供生态系统服务，从而对人类社会产生惠益。源于自然和受自然启发的解决方案虽然也是实现低碳和可持续发展所需的，但却各有不同。源于自然的解决方案包括风能、波浪能和太阳能，所有这些能源都来自自然界。通过源自自然的生产方法，帮助满足低碳能源需求。虽然这些能源来自自然，但它们并不直接基于生态系统的功能。受自然启发的解决方案包括创新设计和生产，以生物过程为模型并受自然界启发的材料、结构和系统。例如，仿生学是一种向自然学习和模仿自然的策略并解决挑战的做法，这些设计的灵感来自大自然——比如模仿壁虎爬墙的适应性而特制的黏性手套，但并不是基于运作中的生态系统[5]。

　　此外，基于生态系统的减缓（ecosystem-based mitigation，EbM）、基于生态系统的灾难风险恢复（ecosystem-based disaster risk recovery，Eco-DRR）、基于生态系统的管理方法（ecosystem-based management，EbMgt）、气候适应服务（climate adaptation services，CAS）等相关概念都与NbS存在联系与区别，需要在具体问题中具体分析。

## 本章小结

　　气候变化给生态系统和人类社会带来极大的挑战和威胁。在气候变化与生态环境保护背景下提出的NbS概念与框架，是人类社会为了减少对传统工程干预手段的依赖，而寻求与生态系统合作的解决方案。NbS利用生态系统功能和潜力，适应和减缓气候变化带来的影响，从而持续性地改善人类福祉，保护自然生态系统和生物多样性。

　　2008年世界银行在报告中首次正式提出NbS，之后各国逐步将NbS纳入国家生物多样性和气候变化战略中，从而使其得到了全面迅速的发展。在研究人员、政府、环保组织的积极推动下，NbS的定义逐渐明晰，理论和行动框架逐渐丰富，知识化程度和可操作性都有了很大提高。不同组织（如欧盟和IUCN）对NbS定义的侧重都不相同，但是其核心内容都是围绕通过生态系统及其服务的有效管理和利用来应对重大挑战，进而带来环境、社会、经济多重效益。不同机构和学者还基于不同主题构建了不同的NbS行动框架，使NbS的内涵进一步丰富和具体。

NbS可以看作利用自然和人工生态系统服务来实现SDGs的伞形概念，包含诸多基于生态系统的方法，例如EbA、绿色基础设施与生态系统服务等。在实际涉及某一领域的NbS措施时，可优先使用该领域专有的基于生态系统方法的术语，例如当应用于适应气候变化时，可使用EbA。

## 思考题

1. 在环境保护和生态恢复中，NbS与传统工程方法相比有何优势和局限性？请从气候变化适应、生物多样性保护以及社会经济效益等方面进行分析比较。

2. NbS合并了生态学、经济学、城市规划和环境科学等多个学科的原理和知识，它是如何促进不同学科之间的对话和合作的？在NbS的定义和理论框架中，哪些元素反映了这种跨学科的交融？

# 第 2 章

## 基于自然的解决方案应对多重挑战

气候变化减缓和适应、碳存储、生物多样性、空气污染、水安全、人群健康、能源节约、再生食物系统等挑战对于当今人类社会发展都具有较大的影响，IUCN也在其NbS全球标准中总结了NbS应对的7项主要社会挑战，即气候变化减缓和适应、防灾减灾、经济与社会发展、人类健康、粮食安全、水安全、生态环境退化与生物多样性丧失。任何一项社会挑战对于人类社会的发展都具有较大的负面影响，但不同的社会挑战实际上也具有其内在的关联性。NbS相较于传统的解决思路，提出了更高的实施目标，即协同应对多项社会挑战。如果从更广泛的角度考虑，NbS致力于恢复"自然对人类的贡献"（nature's contributions to people, NCP）的社会流动，从而产生一系列社会与经济效益，推动人类福祉的改善。NbS所具有的这一特性也使其被视为目前为数不多的具有统筹推进CBD、UNFCCC以及《联合国防治荒漠化公约》（United Nations Convention to Combat Desertification，UNCCD），推动实现SDGs的重要手段之一。

本章将阐述针对特定挑战的NbS。必须指出的是，这些NbS是相互关联的（即在相关措施、路径与风险等方面存在共同点），但是这并不影响本章分别讨论并深入分析其背后的逻辑。通过分析特定挑战可以更系统深入地了解NbS的核心、关键、难点及趋势，为理解、运用与实施NbS创造更好的基础。

## 2.1 气候减缓和适应

气候变化作为人类社会面临的最重要挑战之一，导致了物种灭绝、生物多样性下降等一系列危机，不仅极大地影响了能源与粮食等安全，还严重威胁到人类健康与发展。因此，气候减缓与适应成为全球环境改善的共同目标，也是可持续发展的重要环节。

1979年，第一次世界气候大会（World Climate Conference）在瑞士日内瓦召开，气候变化首次被提上议事日程[53]。随着联合国气候变化框架条约的提出，针对气候变化的响应与相关行动逐渐增多。1992年，UNFCCC决定引入两个不同的战略以应对气候变化：气候减缓（mitigation）和气候适应（adaptation）（详细释义见2.1.1节）[54]。

相比之下，NbS作为一个完整概念被提出的时间尚短，近十年才被提出并开始用于应对气候变化挑战[55]。2009年，IUCN向UNFCCC COP15提交的意见书中，首次表示NbS将成为减缓和适应气候变化战略的重要组成部分[56]。

随后，IUCN继续将NbS作为2013—2016年计划的核心，巩固其在应对气候变化方面的工作[57]。2017年，以TNC为主的多个国际机构从全球层面提出了NCS。NCS主要指在自然生态系统中减少温室气体排放和增加碳汇的措施[1]，可以归类为减缓气候变化的NbS。随后，NbS作为应对气候变化手段的影响力持续增强。在2019年联合国气候行动峰会上，NbS被列为应对气候变化的策略之一，并由中国和新西兰牵头，共同推动该方面工作。综合IPCC《气候变化与土地特别报告》（Special Report on Climate Change and Land）与TNC提出的各个NbS路径，应对气候变化的NbS可以理解为"通过对生态系统的保护、恢复和可持续管理减缓气候变化，同时利用生态系统及其服务功能帮助人类和野生生物适应气候变化带来的影响和挑战"[58]。

气候变化是人类社会面临的挑战之一，减缓与适应气候变化刻不容缓。应对气候变化的措施主要包括调整产业结构、优化能源结构、提高能效、增加碳汇，以及提升适应气候变化能力等一系列措施[55]。NbS作为众多应对气候变化措施中的一类，以生态系统及其服务功能为切入点，旨在通过与大自然合作的方式来应对气候变化的挑战。本节将从气候变化减缓与适应的定义出发，围绕NbS作用路径，阐述其在气候变化领域的作用和潜力。

### 2.1.1　气候变化减缓与适应概述

#### 2.1.1.1　定义

自气候变化减缓与适应提出以来，全球不同机构对"减缓"与"适应"进行了不同的定义诠释，其中具有典型代表性的定义见表2-1。

表2-1　气候减缓与适应的不同定义

| 机构 | 减缓定义 | 适应定义 |
| --- | --- | --- |
| IPCC | 为减少排放或增加温室气体汇而进行的人为干预 | 在人类系统中，对实际或预期气候及其影响进行调整的过程，以减轻危害或利用有利机会；在自然系统中，适应实际气候及其影响的过程，人为干预可能有助于对预期气候及其影响进行调整 |
| 美国白宫环境质量委员会（Council on Environmental Quality，CEQ） | 作为一种干预手段，旨在控制气候变化的原因，如减少排放到大气中的温室气体 | 在自然或人为系统中的调整，它能够在一个新的或者变化着的环境中，利用有益机会或缓和负面影响 |
| 联合国 | 减少或防止温室气体排放的努力（UNEP） | 适应是一个过程，通过该过程，缓和、应对和利用气候事件的后果的战略得到加强、发展和实施（UNDP） |
| UNFCCC | "减缓"即"减排"，减少温室气体排放，以使大气中的温室气体浓度达到某一稳定值，避免人为干扰气体系统造成危险后果 | 对生态、社会或经济系统的调整，以响应实际或预期的气候刺激及其影响，它指的是流程、实践和结构的变化，以减轻潜在的损害或从与气候变化相关的机会中受益 |
| 美国宇航局（National Aeronautics and Space Administration，NASA） | 减少气候变化，包括减少这些气体的来源，加强吸收热量的温室气体进入大气的"汇"积累及其储存 | 适应不断变化的气候中的生活，包括适应实际或预期的未来气候 |
| 欧洲环境署（European Environment Agency） | 通过防止或减少温室气体排放到大气中来减轻气候变化的影响 | 预测气候变化的不利影响并采取适当的行动来防止或尽量减少它们可能造成的损害，或利用可能出现的机会 |

| 机构 | 减缓定义 | 适应定义 |
|---|---|---|
| 中国生态环境部、国家发展和改革委员会、中国气象局等17个部门（《国家适应气候变化战略2035》） | 通过能源、工业等经济系统和自然生态系统较长时间的调整，减少温室气体排放，增加碳汇，以稳定和降低大气温室气体浓度，减缓气候变化速率 | 通过加强自然生态系统和经济社会系统的风险识别与管理，采取调整措施，充分利用有利因素、防范不利因素，以减轻气候变化产生的不利影响和潜在风险 |

目前，普遍理解的气候减缓主要是指减少人类活动带来的温室气体排放，从而缓解并阻止气候变化的发生。减缓的目标是避免人类对气候系统产生重大干扰，并"在一个足够的时间框架内稳定温室气体水平，使生态系统能够自然地适应气候变化，确保粮食生产不受威胁，并使经济发展以可持续的方式进行"[59]。

适应气候变化本质上是增强人类在不断变化的气候条件下可持续生存和发展的能力。其目标是降低人类对气候变化有害影响的脆弱性（如海平面侵蚀、更强烈的极端天气事件或粮食不安全），并充分利用与气候变化相关的潜在有利机会（例如更长的生长季节或某些地区的产量增加）。

### 2.1.1.2 措施

全球尺度上，减缓气候变化的措施包括调整产业结构、节能并提高能源效率、发展新能源与可再生能源、增加森林碳汇、减缓草原退化等。例如，在以化石能源为主的阶段，节能可以减少化石能源开发和利用过程中的污染物与温室气体排放；而培育森林、草地、湿地等绿色植被，既能保护生态与水资源、绿化环境、净化空气，又能起到吸收二氧化碳（$CO_2$）的碳汇作用。城市尺度上，在提倡减缓的目标下，西方发达国家率先提出了低碳城市的建设模式。低碳城市主张通过城市生产组织、消费模式、技术手段和空间形态等要素的转型重构，降低城市运行过程中的碳排放水平，从而减缓对全球气候变化的负面影响。低碳城市规划尤其强调通过物质空间形态的规划调整，来实现城市交通出行的低碳化。

气候适应是在气候变化已经发生的情况下，各国社会皆不可避免气候变化带来的各种后果，因而需要增强自身的各种能力去更好地适应这一变化，从而降低气候变化对生命、财产以及健康带来的各种损失和影响。全球尺度上，气候适应以建设防灾减灾的基础设施和提高人类及生物适应气候变化的生存能力为主要行动内容，比如改善防洪抗旱的基础设施，保护水资源，保护海岸线，改进农林产品品种、土壤和栽种技术。更具弹性的基础设施可以减少未来气候冲击的影响，提高生产力，并带来社会和环境效益。城市尺度上，应当把低碳作为考核指标，除了政府对基础设施的直接融资之外，还包括鼓励私营部门进行适应、灾害后的社会保护，以及对气候变化因素造成的影响进行预算和规划的整体战略。总体而言，有效的适应策略包括三个阶段：第一个阶段是降低对气候变化的脆弱性和暴露性，通过与其他目标形成共赢，在改善健康、生存环境、社会经济福利和环境质量的同时提高适应能力；第二个阶段是制订适应规划和实施方案，即在各个层面上开展适应规划和实施方案，充分考虑多样性的利益诉求、环境、社会文化背景和预期；第三个阶段是实现气候恢复力路径和转型，走减缓和适应相结合以降低气候变化影响的可持续发展之路。由于发展状况不同，各个国家对于减缓和适应的实践情况见表2-2，目前我国仍处于适应为主、减缓为辅的阶段。

表2-2　发达国家与发展中国家的地方实践比较

| 项目 | 发达国家 | | 发展中国家 | |
| --- | --- | --- | --- | --- |
| 行动选择 | 前期减缓为主，后期减缓与适应并举 | | 适应为主、减缓为辅 | |
| | 减缓措施：<br>建筑节能<br>蓝绿基础设施<br>交通减排 | 适应措施：<br>气候适应性城市基础设施<br>防灾减灾的法规和控制方案 | 减缓措施：<br>碳封存<br>废弃物处理<br>供水系统 | 适应措施：<br>气候适应型农业<br>防洪抗旱<br>防风治沙 |
| 制度保障 | 国家级与城市级气候政策、交通政策、能源政策等配套体系相对完备 | | 配套政策较少，以政府计划为主 | |
| 参与组织 | 政府、企业、社会团体、私人多方参与 | | 以政府单方参与为主，需要国际援助 | |

资料来源：杨东峰，刘正莹，殷成志.应对全球气候变化的地方规划行动——减缓与适应的权衡抉择[J].城市规划，2018，42（1）：39.

### 2.1.2　NbS减缓气候变化

#### 2.1.2.1　途径

应对气候变化的NbS路径或措施很多，比较重要的包括造林（再造林）、森林可持续管理、避免毁林和森林退化、混农（牧）林系统、保护性耕作（覆盖作物、减耕、免耕、秸秆还田）、稻田管理、平衡施肥、避免秸秆燃烧、可持续放牧、草地保护和恢复、泥炭地保护和恢复、滨海湿地保护和恢复、生物炭等[58]。NbS减缓气候变化的主要途径见表2-3。

表2-3 NbS减缓气候变化的主要途径

| 生态系统 | 途径 | 说明 |
|---|---|---|
| 森林 | 造林 | 包括再造林 |
| | 避免毁林和森林退化 | 森林保护 |
| | 天然林管理 | 低强度用材林管理 |
| | 人工林管理 | 人工同龄用材林轮伐期从经济成熟延长为技术成熟 |
| | 避免薪材使用 | 减少取暖和生活用材 |
| | 林火管理 | 森林防火、有计划烧除 |
| 草地 | 避免草地转化 | 草地保护，减少草地（包括稀树草原和灌木地）转化为农田 |
| | 最适放牧强度 | 草畜平衡，避免超载、低载放牧 |
| | 种植豆科牧草 | — |
| | 改进饲料 | 高能量和高营养饲料，提高肉类营养质量，从而减少畜牧梳理 |
| | 牲畜管理 | 通过牲畜育种提高牲畜繁殖率和生长量 |
| 农田 | 生物炭 | 用作物秸秆生产生物炭并施于土壤中 |
| | 增加粮食生产力 | — |
| | 混农（牧）林系统 | 包括农田（牧场）内及其周边的防护林带 |
| | 农田养分管理 | 平衡施肥，减少肥料超量施用并改进施肥方式（肥料种类和配比、施用时间、位置），增加有机肥比例 |
| | 保护性耕作 | 经济作物间歇期种植覆盖作物 |
| | 稻田管理 | 水管理和秸秆管理 |
| | 综合水管理 | — |
| 海岸带和湿地 | 避免海岸带湿地转化和退化 | 保护海岸带红树林、盐沼和海草床生态系统 |
| | 海岸带湿地修复 | 排干湿地还湿，红树林、盐沼和海草床的修复 |
| | 避免泥炭地转化和退化 | 淡水泥炭湿地的保护 |
| | 泥炭地修复 | 通过还湿等措施修复淡水泥炭湿地 |

续表

| 生态系统 | 途径 | 说明 |
|---|---|---|
| 其他 | 增加土壤有机碳含量 | — |
| | 减少水土流失和盐碱化 | — |
| | 减少粮食损失和浪费 | — |
| | 改进膳食结构 | — |

资料来源：张小全，谢茜，曾楠.基于自然的气候变化解决方案［J］.气候变化研究进展，2020，16（3）：339.

### 2.1.2.2　潜力

NbS可以增加陆地和海洋碳汇的规模，并减少人类活动驱动的温室气体排放。保护完整的生态系统，如森林、湿地、海带林和海草草地，可以限制$CO_2$排放；恢复原生植被覆盖可提高从大气中去除$CO_2$的能力；改善工作用地（例如种植园、农田、牧场）的管理可以显著减少$CO_2$、$CH_4$和$N_2O$的排放，并封存碳。2007—2016年，农业、林业和其他土地利用活动占温室气体人为净排放总量的23%左右（$12.0 \pm 3.0$ Gt $CO_2eq \cdot a^{-1}$，包括$CO_2$、$CH_4$和$N_2O$），其中$5.2 \pm 2.6$ Gt $CO_2eq \cdot a^{-1}$的净排放主要来自森林砍伐，部分被植树造林/重新造林以及其他土地利用活动的排放和清除所抵消[60,61]。此外，2010—2016年，全球粮食损失和浪费占人为温室气体排放总量的8%～10%。根据IPCC《气候变化和土地特别报告》，减少毁林和森林退化的技术潜力可达$0.4 \sim 5.8$ Gt $CO_2eq \cdot a^{-1}$，造林/再造林产生的植被和土壤的碳封存潜力为$0.5 \sim 10.1$ Gt $CO_2eq \cdot a^{-1}$[60,61]。到2050年，作物和畜牧活动以及农林业的总技术缓解潜力估计为$2.3 \sim 9.6$ Gt $CO_2eq \cdot a^{-1}$，饮食变化的总技术缓解潜力估计为$0.7 \sim 8$ Gt $CO_2eq \cdot a^{-1}$。通过这些陆地生态系统（terrestrial ecosystem）管理和农业改进减少温室气体来源以及增加碳汇可能达到在将温度上升保持在2℃以内的前提下，到2030年减少30%排放总量的目标[1,62,63]。其中，陆地生态系统的减缓潜力来自森林的恢复和管理以及对森林砍伐的遏制[60,61]，特别是在森林生长迅速且反照率降低没有不利影响的热带和亚热带地区（与北方地区不同）[1,64-66]。此外，具有较强治理能力与中等融资能力的国家，对NbS的关注将最有可能促进碳减排[67]。

TNC等机构对全球不同NbS路径进行分析并进行了减缓潜力排序，潜力由大到小分别为造林（再造林）、避免毁林和森林退化、天然林管理、泥炭地恢复、避免泥炭地转化和退化、稻田管理，种植豆科牧草、最适放牧强度、避免红树林破坏、避免薪材采伐[1]。在对中国NbS潜力的分析中，造林（再造林）仍然是减排潜力最大的NbS途径，其次是农田养分管理，最低的是避免红树林转化[58]。虽然NbS减缓气候变化的途径形式多样，但基本上可分为三类，即生态系统的保护、管理和恢复。不同类别之间的缓解潜力与速度都有所不同[68]。

　　一般来说，通过防止自然生态系统的损失或退化来减少排放比恢复受损的生态系统更具成本效益和直接性。在其他条件相同的情况下，第一步是保护生态系统不发生转化，第二步是解决生态系统退化的驱动因素，第三步是恢复生态系统[68]。例如，热带森林、泥炭地和红树林在所有自然陆地/海岸生态系统中每公顷碳储量最高[69]。在后两种生态系统中，大部分碳包含在土壤有机碳（soil organic carbon，SOC）中：全球泥炭地平均为1 375 t/hm$^{2[70]}$，红树林平均为361 t/hm$^{2[71]}$。当泥炭地和沿海湿地被排干或退化时，它们会通过氧化和偶尔的燃烧而失去土壤中的有机碳储存。考虑到压力下的生态系统的不同区域，避免森林转换可能是避免泥炭地转换影响的4～5倍，且是避免沿海湿地转换影响的10～12倍[1,72,73]。

　　至于生态系统的管理，减排潜力最大的包括自然森林管理、农业选择与增加土壤碳储量的行动。自然森林管理可以在自然森林中减少伐木数量和延长木材收获周期；农业选择（如农林复合和作物养分管理）可以减少二氧化氮（N$_2$O）排放；增加土壤碳储量的行动主要是保护农业和生物炭。

　　随着碳储量的积累，恢复生态系统的NbS可能需要多年时间才能充分发挥其潜力，但足以促进时间跨度长达几十年到几个世纪的气候缓解。与保护和管理生态系统的NbS一样，大规模实现生态系统的恢复需要适当的有利条件。与造林（再造林）、恢复高碳生态系统、开垦农林业和退化土壤等相比，保护泥炭地、湿地、牧场、红树林和森林等高碳生态系统往往见效更快[60]。

### 2.1.3　NbS适应气候变化

　　迄今为止，应对极端天气、自然灾害和气候变化带来的风险的主要方法涉及工程干预，例如海堤、堤坝或灌溉基础设施[74]。例如，在遭受极端气候变化影响和自然灾害的孟加拉国，其气候变化信托基金在2009—2016年批准的329个适应项目中有291个（88%）涉及工程干预措施（灰色基础设施），只有38个涉及NbS[75]。在新奥尔良、特克斯和凯科斯群岛等地的海防工程中，普遍使用硬质工程选项（堤坝）进行海岸保护[76,77]。然而，越来越多的证据表明，NbS能够为灰色基础设施提供强大的补充（或替代方案）[78,79]，它可以通过利用生物体、土壤及沉积物和景观特征来减少气候变化危害或城市特征对这些危害的放大效应[80]。此类策略可为技术策略提供替代或补充方法，并延迟人类迁移的需要，为加速减缓气候变化争取时间。除了对生态系统的积极作用外，NbS适应气候变化还具备一定的社会与经济效益。

### 2.1.3.1　途径

气候适应能有效降低海平面上升和沿海风暴的风险，缓解城市热岛效应与热浪，有效预防内陆风暴、洪涝与干旱等气候变化危害。NbS适应气候变化的主要途径见表2-4。

表2-4　NbS适应气候变化的主要途径

| 气候变化危害 | 影响机制 | 基于自然的适应途径 |
| --- | --- | --- |
| 海平面上升与沿海风暴 | 洪水、海岸侵蚀 | 红树林、湿地、沙丘、珊瑚礁 |
| 升温 | 城市热岛加剧、热暴露时间延长、冷却需求增加、空气污染物滞留 | 城市蓝绿空间、绿色屋顶 |
| | 干旱胁迫 | 耐旱种植 |
| 风暴（沿海或内陆） | 大风 | 抗风植物 |
| | 颗粒夹带风 | 过滤空气污染物的植物 |
| | 内陆河流泛滥、滩岸冲刷和崩塌 | 湿地通道恢复、植树、拓宽洪泛区 |
| | 内陆高流量洪水造成的损坏污染物从陆地输送到雨水系统 | 植树以促进拦截缓流、绿色基础设施减缓流动并促进渗透 |
| | 淹没低洼地区 | 湿地恢复 |
| | 合流污水溢流 | 绿色基础设施减缓流动并促进渗透、人工湿地 |
| 干旱 | 用水限制、水资源短缺加剧 | 绿色基础设施减缓流动、促进渗透以及地下水补给、抗旱园林绿化、保护上流流域 |
| | 水质下降 | 绿色基础设施促进养分吸收、湿地恢复 |

资料来源：HOBBIE S E, GRIMM N B. Nature-based approaches to managing climate change impacts in cities [J]. Philosophical Transactions of the Royal Society B: Biological Sciences, 2020, 375 (1794): 20190124.

### 2.1.3.2 多重效益

NbS具有潜在的生态、经济与社会综合效益。一方面，NbS能够通过造林（潜力最大的NbS途径）、可持续放牧、泥炭地保护等恢复、管理和保护措施来减缓气候变化，有望达成2030年全球$CO_2$减排目标总量的30%。另一方面，NbS通过种植红树林、抗风植物、建设绿色基础设施等途径适应气候变化，进而有效减轻海平面上升和沿海风暴、城市热岛效应与热浪、洪涝与干旱等极端现象。

#### 1）生态效益

一是关于海平面上升和沿海风暴。海平面上升将带来更高的风暴潮，而NbS可以降低沿海洪水和侵蚀日益增加的风险。NbS有利于保护和恢复近岸栖息地，如障壁岛、珊瑚和牡蛎礁、海藻和海草床，以及沙丘、红树林和盐沼等沿海栖息地，可以减少海水侵蚀并保护人类居住区[81]。这些栖息地能够消散波浪能量，减弱波高，减少风暴潮，并捕获和稳定土壤和沉积物[82]，因此比灰色基础设施具有更强的抵抗力（承受的破坏较少）和弹性（自我恢复能力）[83]。平均而言，沿海栖息地可将波浪高度降低35%～71%，其中珊瑚礁、盐沼、红树林及海草/海带床可将波高分别降低70%、72%、31%与36%[84]。如果沿海开发区和水线之间有足够的空间，红树林和盐沼之类的NbS方案在海岸堆积沉积物的速度有望赶上海平面上升的速度[82]。

二是关于城市热岛效应与热浪。以公园、沿街树木及绿色屋顶等形式出现的城市绿色空间具有降低城市热岛效应和缓解气候变化引起的热浪的潜力[85]。使用绿地作为一种热浪适应策略是有效的，大多数绿化方案都会大大减少热浪导致的住院人数[86]。对全球城市绿地降温效果的分析发现，公园区域平均比非公园区域低1℃；在西班牙巴塞罗那大都市区的生态系统服务评估中（包括气候调节、空气质量调节和碳存储），局部冷却是唯一被评为"高"的NbS[87]。在美国亚利桑那州凤凰城炎热的夏季，植被表面的温度可能比裸露的表面低25℃[88]。此外，对热带、亚热带和温带地区城市绿色屋顶的降温效果的研究发现，绿色屋顶和附近无植被屋顶之间的温差不一致[85]。一项美国城市气候变化模型研究发现，100%的绿色屋顶部署抵消了预计的温度上升[89]。因此，增加城市绿色基础设施可能减弱城市热岛效应的影响[90]。对2018年英国夏季热浪的研究表明，绿色屋顶在白天减少了76%的太阳辐射热，将室内空气温度降低了2.5℃[91]。

三是关于内陆风暴、洪水泛滥和干旱。绿色屋顶、雨水池、生物洼地、雨水花园和蓄水池等NbS措施可以促进渗透和地下水补给及蒸发，从而减少暴雨期间的径流量和流速[92,93]。如果将此类措施放置在景观中，即分散在整个景观并放置在道路附近，可以破坏高速径流，降低洪水泛滥的风险[94]。例如，在美国伊利诺伊州芝加哥流域的模拟中，若10%的景观区域位于绿色基础设施中，中等风暴相关的洪水风险将会降至最低。然而，风暴强度若增加到气候变化下的预期强度，绿色基础设施的面积将需要扩大两倍甚至更多以有效管理洪水[94]。事实上，雨水系统中许多基于自然的干预措施的实施规模太小，无法对大规模灾难性事件产生任何影响[95]。因此，需要大量的雨水绿色基础设施来管理预计将经历更严重风暴地区增加的洪水风险。增加城市植被冠层覆盖也能够减小雨水径流量[96]。通过将降雨拦截储存在树冠中并最终蒸发，树木可以减少雨水径流量并降低低强度暴雨期间的峰值流量[97]。

### 2）经济效益

越来越多证据表明，NbS比工程替代品更具成本效益（至少在非极端情景下）[98]。因此，计算NbS相对于灰色（或非自然）替代方案的成本和收益被提上日程[99]。全球适应委员会（Global Commission on Adaptation）报告，在适应方面每投入1美元可产生高达10美元的净经济效益，其中红树林保护和恢复的收益（即渔业、林业、娱乐和减少灾害风险）是成本的10倍[78]。自然栖息地可以避免气候变化相关灾害造成的损失[84,100]，带来了重大经济利益，例如，美国的沿海湿地估计每年可提供232亿美元的风暴防护价值[101]。沿海栖息地在保护海岸线免受洪水和侵蚀方面也具有很大潜力[84]，而盐沼和珊瑚礁作为NbS，其成本效益比工程结构的成本效益高2～5倍。综合考虑环境因素（在气候较冷的地区会增加更多的供暖成本，而在气候较干燥的地区会增加更多的灌溉成本），发现所有绿色屋顶策略的平均成本都低于传统屋顶[102,103]。

### 3）社会效益

NbS也具有潜在的社会协同效益。例如，城市绿地可以改善居民身心健康[104,105]，甚至减少城市中的暴力和犯罪活动[106]。此外，NbS还可以降低个人、社区和社会对气候变化的敏感性。它们可以确保或加强提供维持生计和福祉的生态系统服务，并提供多种收入来源以帮助社区适应气候或其他环境冲击。例如，肯尼亚退化的半干旱牧场恢复使农牧区免受干旱等气候冲击影响[107]。使用具有围栏的牧场拥有更健康、更高产的牲畜，更多样化的收入来源（例如木材、草屑、草种子、家禽产品、水果和蜂蜜）。同样，津巴布韦的森林可使农民在干旱期间生产蜂蜜，从而在其他作物歉收时确保一定的农业生产量[108]。农林业还可以提供替代收入来源（水果、木材），并减少受热、干旱、洪水和侵蚀的影响[109]。

### 2.1.4　NbS应对气候变化的潜在风险与规避

在气候变化背景下，植树造林等NbS更侧重于相对独立景观的气候减缓与适应，常常缺乏对保护和连接各种景观的完整生态系统的考虑。此外，大规模实施NbS可能对土地、能源或者水资源产生显著影响。例如，植树造林会与其他土地利用产生竞争关系，从而对农业、粮食系统、生物多样性以及其他生态功能和服务产生影响。如果没有充分考虑NbS的系统性影响，预期的服务和收益可能会变成负面的，导致生物多样性丧失、碎片化、流动模式变化、病虫害传播或当地和区域水资源可用性变化[110]。例如，中国三北防护林系统项目，作为一个在干旱和半干旱地区实施的大规模造林项目，旨在阻止沙漠化。但是，该项目在部分地区忽略了地形、气候和水文的关键差异，对土壤水分、水文和植被覆盖造成了消极影响[111]。此外，过量植树造林也会威胁到湿地保护。2000—2016年，中国森林面积的增加导致了1 300～1 500 km²（0.3%～0.4%）净湿地损失，如果按照《全国重要生态系统保护和修复重大工程总体规划（2021—2035年）》继续植树，到2035年湿地面积恐将再损失1 300 km²[112]，因此需要对植树活动进行合理空间优化，以平衡森林碳存储收益与湿地资源保护。

企业过度依赖NbS作为减缓政策的廉价抵消策略，可能会削弱其减排的积极性与效率，而非从根源上减少温室气体排放[113]。例如，高排放行业可以为生态系统恢复提供大量资金，但这也同时促进了与长期气候目标不相容的化石能源的持续使用。目前有许多高排放行业提议使用NbS来抵消其温室气体排放，包括机场、航空公司以及石油和天然气公司[114]。但是，NbS抵消持续化石能源排放的能力有限。土地面积和树木生长动态限制了植树或森林再生最终可以去除的碳存储量[115]，而储存的碳也有可能在以后释放。如果不淘汰化石能源的使用，随着植被受到压力、频繁发生火灾以及土壤和海洋变暖，气候变化可能会将排放汇转变成排放源[60,116]。在此情况下，通过利用和推广NbS，企业能够在不减少排放量的情况下宣称达到碳中和，从而延缓全球实现净零排放的进程[117]。

此外，对NbS的生命周期成本进行有效评估至关重要，这包括考虑与设计、建造和维护NbS正常运行相关的所有成本。例如，一些城市的自然环境维护通常涉及修剪树木、灌溉绿地或收集落叶等活动。然而，若资金不足或规划效率低下，可能导致管理不善，进而降低生态系统服务供给能力，导致事故增多，进而降低社会接受度，以及可能导致基础设施损坏等问题。举例而言，城市树木管理不善可能导致人行道等基础设施被倒下的树根损坏，需要支付昂贵的维修费用。

为了有效地规避NbS在应对气候变化中可能面临的潜在风险，需要综合考虑对独立景观和连续性景观实施NbS的利弊。我们需要采用一种更全面的方法来保护、恢复和连接陆地景观及海洋景观中的生态系统，这包括原生林地、灌木丛、稀树草原、湿地、草原、珊瑚礁、海草，以及可持续农业和城市绿色基础设施。确定哪些生态系统适合当地的生态和气候环境，并平衡当地对食物和材料的需求与支持生物多样性、适应气候变化和其他可持续发展目标的需求至关重要。此外，还应充分考虑潜在的损益，以确保在大规模实施NbS的同时，维护其他生态系统功能和服务[58]。例如，对实施NbS的土地规划进行统筹，采取土地管理措施（如农田管理、放牧管理、森林管理等），减少土地利用方式的改变，从而降低不同NbS路径之间的竞争。同时，可将资金用于计划周密且不会延迟脱碳的NbS项目，允许企业仅在满足其整个运营和供应链中减少排放的严格标准时才申请使用NbS进行抵消，并遵守IUCN制定的全球NbS标准以确保抵消项目的质量。在此基础上，还应深入了解NbS实施系统，并对NbS的生命周期、成本及其收益进行合理评估。

实施NbS进行气候减缓与适应，需充分考虑其系统性影响与潜在损益，阻止企业将NbS作为廉价的碳抵消策略，有效评估其生命周期（包括设计、建造和维护）成本并保证其实施质量，以避免NbS带来的潜在风险。

## 2.2　碳存储

巩固和提升自然生态系统的碳汇能力被认为是最经济可行和环境友好的

方法，也是重要的NbS碳存储方案。本节主要阐述自然碳汇的类型、碳存储机制和现状、全球不同类型碳汇的碳储量估算以及实现碳增汇的三种途径和存在的不确定性。

为提升自然碳汇能力，应尊重自然规律，依据自然条件，利用自然过程，因地制宜地制定碳汇提升方案。本节从保护、管理和重建三个方面入手，意在表明通过合理积极的人为干预如保护天然林、打造集约化农业、再造林等能够增加自然碳汇的碳储量。

## 2.2.1 碳存储概述

IPCC第六次评估第一工作组报告显示，2020年全球平均地表温度相较于1901—2000年的平均水平增加了1.09 ℃[118]，大气中$CO_2$浓度由1850—1900年平均的285 $ml/m^3$增加至2020年的414 $ml/m^3$。温度上升主要是由化石能源的使用和毁林等人为活动引起的，导致了以$CO_2$为主的温室气体浓度急剧增加，从而加剧了温室效应。

全球碳收支评估通过直接采集或使用模型估算化石能源燃烧的碳排放量、土地利用变化引起的碳汇损失量、大气$CO_2$浓度以及海洋碳储量的变化，来计算人为$CO_2$向大气的净输入。2022年全球碳收支评估报告显示，过去十年，因化石能源燃烧平均每年向大气释放9.6±0.5 Gt C（1 Gt C = 3.664 Gt $CO_2$），土地利用变化（森林向耕地、牧场的转变）释放1.2±0.7 Gt C[119]。这些人为排放的$CO_2$，约28%（3.1±0.6 Gt C）被陆地生态系统吸收固定，约26%（2.9±0.4 Gt C）被海洋吸收，剩下约46%（约5.2 Gt C）留存在大气中，导致大气中$CO_2$浓度在2021年达到414.71±0.1 ppm。

2022年，UNEP发布的《碳排放差距报告》（Emission Gap Report）显示，若继续保持2020年的排放水平，2030年全球将排放约58 Gt $CO_2$eq的温室气体[120]。若要实现《巴黎协定》规定的21世纪末升温幅度限制在比工业化前水平高2℃的目标，各国在落实有条件的国家自主贡献方案的基础上还要减少12 Gt $CO_2$eq的温室气体排放量。为阻止全球变暖趋势加剧，世界主要经济体先后公布自主减排目标，如中国力争2030年前实现碳达峰、2060年前实现碳中和。

碳中和是指碳排放主体在一定时间内人为直接或间接产生的$CO_2$总量。通过使用清洁能源取代化石能源、碳存储等方式，抵消自身$CO_2$排放量，达到相对"零排放"的动态平衡[121]。碳存储主体包括人工碳汇和自然碳汇。人工碳汇包括碳捕捉、利用和封存技术（carbon capture, utility, and storage, CCUS），即通过物理、化学和生物学等人为手段进行$CO_2$的捕集、封存和利用。目前由于相应法律监管缺失，较高投资要求和运行成本，以及公众认知度和接受度低等原因，CCUS 在短期内不会成为碳存储的主要方式[122]。自然碳汇是指陆地或海洋生态系统通过生物光合作用、海水溶解等过程将大气中的$CO_2$贮存在生物体内或环境中。碳汇大小是植被光合作用的碳吸收过程和生态系统呼吸的碳排放过程等共同作用的结果。通过巩固和提升生态系统碳汇能力，如植树造林、森林管理等 NbS 实现碳中和，是目前最为经济可行和环境友好地实现碳中和的途径。

## 2.2.2　NbS 实现碳存储的主体

### 2.2.2.1　绿色碳汇

陆地生态系统是指地表生物与其所处土壤环境构成的有机统一体，按生境特点和植物群落生长类型，可分为森林、草地、湿地、农田等。全球陆地生态系统每年从大气中捕获 112 ～ 169 Gt C[123]，植被贮存生物质约450 Gt C（380 ～ 536 Gt C），而优化土地利用后，其潜在的生物质储量可达 916 Gt C（771 ～ 1 107 Gt C）[124]。根据区域大气$CO_2$浓度变化反演结果，2010—2016 年，中国陆地生态系统每年吸收 $1.11 \pm 0.38$ Gt $CO_2$，相当于同时期中国因人类活动排放$CO_2$总量的 45%[125]。过去几十年，中国陆地生态系统一直扮演着重要的碳汇角色[126]，总储量为 $84.55 \pm 8.09$ Gt C，每种生态系统类型碳储量及各部分分配如表 2-5 所示。

表 2-5　中国陆地生态系统碳储量及分配

| 生态系统类型 | 生物碳 | | 土壤有机质 | | | |
| --- | --- | --- | --- | --- | --- | --- |
| | | | 0 ～ 20 cm | | 0 ～ 100 cm | |
| | 密度/kgC·m⁻² | 储量/Gt C | 密度/kgC·m⁻² | 储量/Gt C | 密度/kgC·m⁻² | 储量/Gt C |
| 森林 | $5.86 \pm 1.62$ | $11.49 \pm 3.18$ | $5.27 \pm 1.05$ | $10.32 \pm 2.06$ | $11.53 \pm 2.24$ | $22.59 \pm 4.40$ |
| 草地 | $0.69 \pm 0.20$ | $1.94 \pm 0.55$ | $3.63 \pm 0.79$ | $10.18 \pm 2.22$ | $8.47 \pm 1.67$ | $23.75 \pm 4.68$ |

续表

| 生态系统类型 | 生物碳 | | 土壤有机质 | | | |
| --- | --- | --- | --- | --- | --- | --- |
| | | | 0 ～ 20 cm | | 0 ～ 100 cm | |
| | 密度/kgC·m⁻² | 储量/Gt C | 密度/kgC·m⁻² | 储量/Gt C | 密度/kgC·m⁻² | 储量/Gt C |
| 耕地 | — | — | 3.28±0.46 | 5.63±0.78 | 8.85±1.17 | 15.17±2.00 |
| 湿地 | 1.40±0.43 | 0.20±0.06 | 8.10±1.67 | 1.17±0.24 | 23.60±5.51 | 3.41±0.80 |
| 灌丛 | 0.56±0.13 | 0.44±0.10 | 4.13±0.71 | 3.21±0.56 | 8.98±2.47 | 6.98±1.92 |
| 其他 | 0.29±0.09 | 0.53±0.16 | 2.04±0.59 | 3.79±1.09 | 6.81±2.15 | 12.65±3.98 |
| 总共 | 1.58±0.35 | 14.60±3.24 | 3.71±0.36 | 34.31±3.37 | 9.13±0.87 | 84.55±8.09 |

资料来源：TANG X, ZHAO X, BAI Y, et al. Carbon pools in China's terrestrial ecosystems: New estimates based on an intensive field survey [J]. Proceedings of the National Academy of Sciences, 2018, 115(16): 4024.

此外，影响陆地生态系统碳汇能力的因素大致分为以下三类：一是气候因素（主要是降水和温度）；二是土壤性质、地貌、生物群落类型等非气候自然因素；三是人为干扰强度，如土地管理实践[127]。大气$CO_2$浓度升高、氮沉降和土地利用变化是陆地碳汇变化的主要驱动因素，而火灾和气溶胶等因素也会影响陆地生态系统碳平衡。

### 1）森林

森林作为陆地结构最复杂、生物多样性最高的生态系统，为超过80%的动植物提供栖息地。植物通过光合作用吸收$CO_2$，其固定的碳以根系分泌物和凋落物输入土壤中，与生物呼吸、微生物分解、土壤侵蚀、林火、砍伐和有机物挥发等过程实现碳汇动态平衡。

森林生态系统碳储量巨大，其变化将导致大气中$CO_2$浓度波动。因此，准确估算森林碳汇的规模及其变化趋势，不仅是全球变化研究的焦点问题，也为我国实现碳中和目标提供了基础支持。随着各国森林清查资料日趋完善、遥感技术和模型方法不断发展，学术界对全球森林生态系统碳汇已有较为完整的认知。不同时期全球森林生态系统年均净碳储量如表2-6所示。一项基于全球主要国家和地区森林调查资料及生态系统长期观测资料的研究发现[128]，全球森林碳汇达861 Gt C，分别储存在生物量（363 Gt C，占比42%）、土壤（383 Gt C，占比44%）、凋落物（43 Gt C，占比5%）和枯枝落叶（73 Gt C，占比8%）。从区域分布来看，热带森林471 Gt C（占比54.6%），寒带森林272 Gt C（占比31.5%），温带森林119 Gt C（占比13.8%）。基于通量塔的观测进一步从区域和全球尺度验证了森林生态系统的碳汇功能（如表2-6所示）[129,130]。

表2-6　不同时期全球森林生态系统年均净碳储量评估

| 时段 | 碳汇（Gt C） | 方法 |
|---|---|---|
| 1987—1990年[1] | −0.9 | 文献查阅 |
| 1990—2007年[2] | 1.1 | 森林清单、长期观测和模型 |
| 2001—2010年[3] | 2.15 | 森林年龄观测、陆地生物圈模型 |

注：

1. DIXON R K, SOLOMON A M, BROWN S, et al. Carbon pools and flux of global forest ecosystems [J]. Science, 1994, 263(5144): 185−190.

2. PAN Y, BIRDSEY R A, FANG J, et al. A large and persistent carbon sink in the world's forests [J]. Science, 2011, 333(6045): 988−993.

3. PUGH T A M, LINDESKOG M, SMITH B, et al. Role of forest regrowth in global carbon sink dynamics [J]. Proceedings of the National Academy of Sciences, 2019, 116(10): 4382−4387.

过去几十年，全球森林碳储量总体增长，但不同地区变化情况不同。例如，有研究发现1992—2015年，以针叶林、落叶林为主的北方森林和热带雨林对全球森林碳汇增长的贡献最大[131]。值得注意的是，巴西亚马孙热带雨林因气候变化引发的频繁干旱、火灾而发生不同程度的退化[132]。干旱胁迫不仅会降低森林的碳同化速率，还会增加碳同化在叶片中的平均停留时间，从而导致叶片光合作用所产生的碳向地下部分转移的速率降低[133]。2010—2019年，巴西亚马孙热带雨林地上生物量（above ground biomass）净损失为0.67 Gt C，森林退化（占比73%）对地上生物量损失的贡献率是砍伐（占比27%）的近三倍[134]。截至2015年的30年间，非洲热带森林地上生物量碳汇较为稳定，平均储碳达66 t/km$^2$。地球上未受外界干扰的热带森林在20世纪90年代已经达到了碳吸收固定能力的峰值，热带森林碳汇饱和及持续下降的趋势值得人们警惕[135]。

### 2）草地

草地占全球陆地表面积的40%，其中约49%的草地发生着不同程度的退化[136]。草地主要通过草本植物的光合作用从大气中吸收$CO_2$，然后通过根系向土壤转移，并通过根系的死亡、脱落和再生来增加土壤有机质含量[137]。此外，突发性火灾会导致有机碳氧化，激发草本植物根系的生长。然而，开垦耕作和过度放牧会导致土壤压实，阻碍植物再生，进而导致$CO_2$释放。

全球草地植被和土壤碳储量的中值分别为63 Gt C（50～120 Gt C）和423 Gt C（279～592 Gt C）[138]。在全球气候变化背景下，气温升高和大气中$CO_2$浓度升高将提高草地的初级生产力，但这受降水量、土壤湿度和养分可用性的影响。

目前，学术界关于全球草地是碳源还是碳汇尚有争议。例如，一项基于通量观测的研究表明，1982—2001年，全球草地年均净生态系统生产力（net ecosystem productivity, NEP）为$-1.9 \pm 0.1$ Gt C[139]；而一项基于实地数据的研究表明，全球草地在2003—2012年保持碳中性[140]；另一项基于过程的生态系统模型结果表明，1990—2007年，全球草地是个显著的碳汇，年均碳储量为$0.37 \pm 0.19$ Gt C[134]。此外，全球草地碳源汇大小存在明显的地理差异。充当碳汇的草地主要分布在北美、欧洲和俄罗斯，而拉丁美洲、非洲和南亚的草地由于畜牧业发展而普遍成为碳源[134]。

以中国为例，中国草原分布地域广，自然条件复杂多样，草原植被类型和土壤碳密度空间分布高度异质。自20世纪90年代以来，国内专家学者利用不同方法对我国草原的生物量碳库和土壤碳密度进行了估算，其中草原植被碳储量在10.0亿～33.2亿t，草原土壤碳储量在282亿～563亿t。我国的高寒草甸和高寒草原面积广阔，由于受到气候条件的限制，植被的碳密度较低。然而，这些地区的土壤碳储量巨大，对全国总生物量碳储量的贡献最为显著。沼泽草原、山地草原和亚热带-热带草丛由于优越的生长条件，地上部分生物量碳密度最大，但由于面积较小而总储量并不大[141]。

草地对实现碳中和目标的作用不可忽视。第一，大部分草地由砍伐林地和废弃的农业耕地演变而来。与森林和耕地相比，草地更多的碳储存在土壤中。例如，草甸草原、典型草原和沙漠草原的地下/地上生物量比值分别为7.04、5.16和5.32[142]。第二，碳储量丰富的草地主要分布在高寒、高海拔、人口密度低、经济开发程度较低的地区，人类活动干扰相对较少，这有利于碳的积累。第三，由于气候、地形等因素的影响，草原和森林大多分布于不同的地区，它们之间发挥着空间互补的作用。此外，分布于林下或周边的草地能够帮助森林固定所依赖的土壤，并为森林提供水分涵养和养料，从而促进了林业碳汇的形成。

### 3）淡水湿地

根据《湿地公约》（Convention on Wetlands）的定义，"湿地系指不问其为天然或人工、常久或暂时之沼泽地、湿原、泥炭地或水域地带，带有或静止或流动、或为淡水、半咸水或咸水水体者，包括低潮时水深不超过六米的水域"。水文条件是湿地属性的重要影响因素，包括水的来源、水深、水流方式，以及淹水的持续期和频率，这些因素决定了湿地的多样性。本小节讨论的是非潮汐性淡水湿地，它们最常见于沿河和溪流洪泛区、被旱地包围的孤立洼地、湖泊和池塘的边缘区域，以及地下水拦截或降水充分浸润土壤的其他低洼地区。

和其他陆地生态系统一样，湿地主要靠植被光合作用吸收固定$CO_2$。此外，植物还能够拦截径流中的有机物颗粒，加速其沉降，并将其捕获至土壤中，供微生物利用。不同的是，湿地土壤长期处于低氧状态，这会抑制微生物对有机质的分解，但会产生温室气体$CH_4$。$CO_2$和$CH_4$通量主要受氧气量、水位、土壤温度和植被类型的影响[143]。随着水位升高，$CO_2$通量一般会减少（即汇或较少的源），而$CH_4$通量一般会增加（即源或较少的汇）[144]。

据估算，全球湿地面积达$1.21 \times 10^7$ $km^2$，占地球陆地面积的8.16%，其中92.8%是淡水湿地[145]。湿地碳储存量取决于其类型、面积、植物种类、水位、养分水平和酸碱度。一项全球湿地碳储量评估显示，全球湿地生态系统地上部分碳储量为21.2 ～ 29.6 Gt C，地下部分为498.6 ～ 680.0 Gt C，总储量为519.8 ～ 709.6 Gt C，其中高纬度湿地贡献了88%的总量[146]。全球不同纬度带湿地碳储量如表2-7所示。

**表2-7　全球不同纬度带湿地碳储量估算**

| 湿地类型 | 地上储量/Gt C | 地下储量/Gt C | 总储量/Gt C |
| --- | --- | --- | --- |
| 热带泥炭地 | 8.5 ～ 9.6 | 69 ～ 129 | 77.5 ～ 138.6 |
| 北方湿地（不包括永久冻土层） | 10.0 ～ 15.0 | 400 ～ 500 | 410 ～ 515 |
| 温带湿地（美国本土+中国） | 1.2 ～ 3.2 | 27.3 ～ 38.1 | 29.5 ～ 41.3 |
| 总计 | 21.2 ～ 29.6 | 498.6 ～ 680 | 519.8 ～ 709.6 |

资料来源：POULTER B, FLUET-CHOUINARD E, HUGELIUS G, et al. A review of global wetland carbon stocks and management challenges［M］//KRAUSS K W, ZHU Z, STAGG C L. Wetland carbon and environmental management. American Geophysical Union, 2021: 1-20.

在中国$3.6 \times 10^6$ km$^2$的湿地中，植被和土壤碳储量的中值分别为0.27 Gt C和7.6 Gt C（3.7 ~ 16.7 Gt C）[138]。中国湿地面积在21世纪10年代较20世纪80年代相比减少了近50%，导致土壤碳储量从15.2 Gt C降至7.6 Gt C[146]。

在水分充足且有机物分解率较低的区域，有机物在矿物基质之上逐渐积聚形成了厚度约为30 ~ 40 cm的有机质层，这种地貌被称为泥炭地。泥炭地仅占地球陆地面积的3% ~ 4%，却储存了全球1/3的土壤碳，是全球森林生物质碳储量的两倍[147]。80%的泥炭地位于北半球高纬度地区，其中俄罗斯拥有最多的泥炭地，面积高达$1.185 \times 10^7$ km$^2$。

全球变暖和降雨模式的改变将使泥炭地更加干燥，特别是在高纬度永久冻土土层解冻的情况下，缺氧限制解除，微生物活性增强，分解速率加快，从而释放更多的温室气体，进一步加剧气候变化。此外，泥炭地还面临着抽干排水被开垦为耕地和种植园、表面压实等人类活动的威胁，尤其是排干后的泥炭地极易引发火灾。目前约有12%的泥炭地已经退化到不再形成泥炭或正在损失累积的泥炭碳储量[147]。若无气候变化政策干预，到21世纪末，全球泥炭地的地下水位下降将导致$CO_2$年均排放量增加1.13（0.88 ~ 1.50）Gt CO$_2$eq，CH$_4$年均排放量减少0.26（0.14 ~ 0.52）Gt CO$_2$eq，净效应为每年0.86（0.36 ~ 1.36）Gt CO$_2$eq的排放量[148]。

### 4）农田

农田作为人类和自然耦合的生态系统，受人为干扰程度较高，成为碳汇或碳源的不确定性较大。由于定期收获作物，大部分作物碳在短时间内重新返回大气，因此农田生态系统碳汇研究主要集中在其土壤碳库的变化。

农田土壤碳储量主要取决于根系和残留物的碳输入量与微生物呼吸消耗量之间的平衡，而这种平衡受到气象条件、农艺管理实践等因素的影响。据测算，2019年全球耕地面积达$1.244 \times 10^7$ km$^2$，年均净初级生产量（net primary productivity, NPP）为5.5 Gt C。2003—2019年，全球耕地面积增加了9%，主要增长地区为非洲和南美洲，其中49%的新增耕地面积来自清除自然植被的开垦。[149]。

自20世纪90年代起，长期定点观测、荟萃分析、空间代替时间采样和基于生态系统过程的模型等方法已经被广泛用于评估全球和区域农田土壤碳储量及其碳汇潜力[138]。Scharlemann等人[150]通过整理过去70年27项关于全球耕地SOC储量的研究结果发现，全球耕地SOC储量的中位数为1 460.5 Gt C（504 ~ 3 000 Gt C）。Ren等人[151]利用基于农业生态系统过程的模型（DLEM-Ag）并结合多种网格化环境数据，量化了1901—2010年全球农田SOC储量变化趋势和空间分布。结果表明，气候变化导致全球SOC储量减少约3.2%，亚洲农田的土壤碳储量最大，约占全球总量的1/3，欧洲和北美的农田各占21% ～ 22%，而非洲和澳大利亚的土壤碳储量最小。就SOC密度而言，俄罗斯乌拉尔地区和印度尼西亚苏门答腊岛最高，而印度德干高原、中国华北平原、非洲萨赫勒地区和澳大利亚东南部最低[152]。全球和中国耕地碳密度和碳储量如表2-8所示。

表2-8　全球和中国耕地碳密度和碳储量

| 区域 | 耕地面积/<br>$10^4$ km$^2$ | 土壤深度/<br>cm | 碳密度/<br>t/hm$^2$ | 碳储量/<br>Gt C | 数据源和方法 |
| --- | --- | --- | --- | --- | --- |
| 全球 | 1 518.0 | — | 108.0 | 164.0 | 全球土壤清单 |
| | 1 730.0 | — | 112.1 | 194.0 | 全球土壤文献系统 |
| | 1 631.0 | 0 ～ 30 | 86.0 | 140.3 | 全球土壤文献系统+土地覆盖数据 |
| | 1 667.0 | 0 ～ 50 | 69.0 | 115.0 | 基于过程的生态系统模型 |
| 中国 | 93.7 | 0 ～ 50 | 126.2 | 11.8 | 基于过程的生态系统模型 |
| | 171.3 | 0 ～ 30 | 43.9 | 7.5 | 碳收支计划的田间数据 |

资料来源：ZOMER R J, BOSSIO D A, SOMMER R, et al. Global sequestration potential of increased organic carbon in cropland soils［J］. Scientific Reports, 2017, 7(1): 15554.

一般来说，保护性农业技术，例如减少或避免耕作、优化轮作和种植覆土作物等，有助于提高农田的固碳能力[153]。一方面，少耕或免耕可以减少人为干扰，避免对土壤团聚体的破坏，有利于SOC的积累；另一方面，多样化的轮作制度和作物秸秆的掺入能增加外源有机物的量，从而促进SOC的积累[154]。此外，种植多年生作物和深根作物，施用土壤改良剂以及提高灌溉效率等措施，都将提高农田的碳汇能力[155]。

### 2.2.2.2　蓝色碳汇

2009年，UNEP、FAO和联合国教科文组织政府间海洋学委员会（UNESCO-IOC）联合发布《蓝色碳汇：健康海洋固碳作用的评估报告》，首次提出"蓝碳"概念，即由海洋生物捕获的碳。此后，蓝碳的定义不断发展和延伸。IPCC于2019年发布的《气候变化中的海洋与冰冻圈特别报告》

将蓝碳定义为利用海洋生物吸收大气中的$CO_2$，并将其固定在海洋中的过程、活动和机制，并特别提到红树林、滨海盐沼和海草床在吸收温室气体，缓解气候变化方面的重要作用[156]。

与森林将大部分碳储存在其生物质（树枝、根和叶）不同，蓝碳生态系统将大部分碳储存在土壤中。此外，潮湿的沿海土壤的含氧量比森林土壤低得多，导致有机碳需要更长时间分解。因此，储存在沿海土壤中的碳能够滞留较长时间，使得蓝碳生态系统单位面积的碳储量更大。

### 1）红树林

红树林泛指生长在热带海岸最高潮线以下及平均高潮线以上的灌木或乔木，因植物体内含大量鞣质，当与空气接触后氧化，其附着的枝干呈现红褐色，故得此名。

全球红树林联盟（Global Mangrove Alliance，GMA）于2022年发布的报告显示[157]，全球现有红树林面积为14.7万 $km^2$，主要分布在东南亚和加勒比海地区沿海，仅印度尼西亚就拥有全球红树林储量的1/5。1996—2020年，超过1.17万 $km^2$的红树林遭到破坏，其中东南亚的情况最严重——红树林退化面积达2 457 $km^2$，这主要是由于当地贸易快速发展，红树林被改造成水产养殖场地。

红树林储存的碳不仅来自根系分泌物和凋落物的分解，还包括植物群落与大气间的垂直交换，以及各种形态的碳在潮汐作用推动下的横向输运或被拦截[158]。

据估算，目前全球红树林碳储量达$6.23 \pm 2.3$ Gt C[157]，向邻近海域输运$24\,000 \pm 21\,000$ t的溶解有机碳（dissolved organic carbon，DOC）和$21\,000 \pm 22\,000$ t的颗粒有机碳（particulate organic carbon，POC）[159]。由于红树林生长在相对恶劣的潮间带和泥滩环境中，为应对潮汐洪水侵蚀和高盐高温环境，红树林将更多碳分配到地下部分，且主要分布在土壤表层以下$0.5 \sim 3$ m的区域，其碳储量约占整个系统的49%～98%。

尽管红树林仅占全球热带森林面积的0.7%，但由于红树林退化造成的温室气体排放量可能高达因森林砍伐导致全球温室气体总排放量的10%[160]。全球现有红树林面积每减少1%，相当于释放0.23 Gt $CO_2eq$[157]。红树林锐减的主要原因包括为建造水产养殖池塘而被砍伐以及其他形式的不可持续沿海开发。在全球气候变化背景下，热带气旋、干旱、极端高温频发和海平面上升等因素导致红树林大规模死亡，进而引发红树林向高纬度和内陆迁移[156]。

2）海草床

海草是一类生长在海洋中的开花植物的统称，大多数位于深度不到3 m的透光带，根部固定在沙滩或泥沙底部。如图2-1所示，海草通过光合作用吸收溶解在海水中的$CO_2$，掩埋有机碎屑和捕获潮汐流输送的陆地沉积物，并形成有机碳-矿物复合物，从而阻止其被微生物分解[161]。

海草分布在除南极洲外所有大陆的海岸带。据估计，全球约有16万 $km^2$的海草床，其中澳大利亚拥有31%及以上[162]，而海草种类最丰富的区域位于东南亚热带海域。海草床基质年均碳储量约19.9 t，占海洋沉积物有机碳的10%[163]。自1879年有记录以来，29%的海草床已经消失。1980年以来，海草床以每年110 $km^2$的速度消失，下降的速度已经从1940年以前的每年0.9%加速到1990年以来的每年7%[164]。在海草床退化区域，碳储量和生物多样性相对较低的膜状体海藻正取而代之[165]。

海岸带过度开发、极端天气事件、营养盐和沉积物输入以及外来物种入侵被认为是海草床退化的主要因素。化肥中的氮、磷等营养元素通过地表径流汇入海洋，造成藻类大量繁殖，阻碍海草吸收生长所需的光线。人类过度捕捞大型捕食者会破坏食物链，中级捕食者有机会大量繁殖，消灭了低级的蠕虫和其他小型草食动物，而它们通常会清除海草上的藻类。此外，不断

图2-1　海草碳存储机制

上升的海水温度有可能超过海草的适应能力，而在气候变化背景下，剧烈风暴将更加频繁，增加水流扰动，从而可能破坏海草床的结构。

### 3）盐沼

盐沼是指通过有机质积累而形成的具有一定厚度的沿海潮汐湿地。盐沼的平均盐度大于0.5 g溶质/kg水，每年厚度最多可增加1 cm。盐沼的增长情况取决于潮差、土壤性质和悬浮物质的可用性。沿海湿地植物能够捕获悬浮物质（直接沉积在植物表面），并利用茎和致密的气孔减少湍流能量，从而加速悬浮颗粒的沉降[166]。

通过卫星影像分析，1999—2019年，全球范围内已有13 700 km²的潮汐湿地消失，另有9 700 km²因人为干预而恢复[167]。据估算，目前全球盐沼年均碳储量达53.65 Tg，其中30%的有机碳被掩埋在土壤中[168]。潮汐湿地的碳储量会对全球环境变化做出动态响应，其中27%的变化与人类活动直接相关，其余可归因于间接因素，包括气候变化背景下的强风暴、海平面上升等过程。

## 2.2.3　NbS实现碳存储的途径

NbS的核心理念是尊重自然规律，依据自然条件，利用自然过程，因地制宜地制定基于生态系统的碳汇增加方案[169]，优化区域布局、合理配置资源环境以实现社会、经济和生态环境效益的协调统一。

### 2.2.3.1　保护

泥炭地、红树林和原始森林等生态系统储存的碳发生损失需要几个世纪才能恢复，这远超过《巴黎协定》所规定的时间线，因此这部分碳被视为"不可恢复的碳"（irrecoverable carbon）。自2010年以来，农业开垦、商业性伐木和火灾造成了至少4 Gt C不可恢复的碳损失。而全球剩余的139.1±443.6 Gt C不可恢复的碳则面临着人类破坏和气候变化的双重风险[170]。但这些风险可以通过主动保护和适应性管理来规避。地球上一半不可恢复的碳集中在3.3%土地上，且主要分布在（亚）热带森林和（亚）热带泥炭地中，这表明可以通过实施更精准的保护措施实现更高效的碳存储[171]。

以原始森林为例，1990—2015年，全球原始森林面积从39.61万 km²减少到37.21万 km²[172]。部分原始森林被开垦成为耕地或改种经济林，再加上为了修建运输木材的道路和基础设施而将完整的森林碎片化，这些行为阻断了生态系统之间的交流与联系，加速了森林的退化，并导致SOC库的流失。这种人为干扰不仅会改变SOC库容量，还会改变土壤中有机质的结构组成。针对这类生态系统，应贯彻保护和修复方针，既要停止不当的人为干扰，又要遵循自然规律，辅以适当的人为干预，使受人为干扰程度较低的生态系统实现自我修复。

2020年，国家发展和改革委员会联合自然资源部发布《全国重要生态系统保护和修复重大工程总体规划（2021—2035年）》，以国家生态安全战略格局为基础，突出对国家重大战略的生态支撑，提出了以"三区四带"为核心的全国重要生态系统保护和修复重大工程总体布局（见表2-9）。

表2-9　中国"三区四带"分区域重点工作

| 序号 | 区域 | 重点工作 |
|---|---|---|
| 1 | 青藏高原生态屏障区 | 草原保护修复、河湖和湿地保护恢复、天然林保护、防沙治沙、水土保持 |
| 2 | 黄河重点生态区（含黄土高原生态屏障） | 天然林保护、"三北"等防护林体系建设、草原保护修复、沙化土地治理、河湖与湿地保护修复、矿山生态修复 |
| 3 | 长江重点生态区（含川滇生态屏障） | 河湖和湿地保护修复、天然林保护、退耕还林还草、防护林体系建设、退田（圩）还湖还湿、草原保护修复、水土流失和石漠化综合治理 |
| 4 | 东北森林带 | 天然林保护、退耕还林还草还湿、森林质量精准提升、草原保护修复、湿地保护恢复、小流域水土流失防控与土地综合整治 |
| 5 | 北方防沙带 | "三北"防护林体系建设、天然林保护、退耕还林还草、草原保护修复、水土流失综合治理、防沙治沙、河湖和湿地保护恢复、地下水超采综合治理、矿山生态修复和土地综合整治 |
| 6 | 南方丘陵山地带 | 实施天然林保护、防护林体系建设、退耕还林还草、河湖湿地保护修复、石漠化治理、损毁和退化土地生态修复 |
| 7 | 海岸带 | 退围还海还滩，岸线岸滩修复，河口海湾生态修复，红树林、珊瑚礁、柽柳等典型海洋生态系统保护修复，热带雨林保护，防护林体系等工程建设，加强互花米草等外来入侵物种灾害防治 |

资料来源：国家发展改革委，自然资源部．国家发展改革委　自然资源部关于印发《全国重要生态系统保护和修复重大工程总体规划（2021—2035年）》的通知：发改农经〔2020〕837号［A］．2020-06-03.

### 2.2.3.2 管理

IPCC发布的《气候变化与土地特别报告》指出，人为土地利用、氮循环和气候变化都会影响生态系统碳储量。在不改变土地利用类型或植被种类的情况下，仅通过优化土地管理可以使全球陆地植被每年额外储存13.74 Gt C[142]。未来需要更加强调可持续土地管理，即优化管理和充分利用土地资源，以满足不断变化的人类需求，同时确保长期生产潜力并维持其环境功能和生态效益。

1）森林

温度、降水量和光照是决定森林生长速率的关键因素，温度是影响森林碳储量最关键的因素。对生长在干旱地区的森林来说，水资源可利用性是提高森林碳储量最重要的驱动因素。

具体而言，应增加混交林比例，适当延长轮伐期，推行以增强碳汇能力为目的的森林经营模式。加强中幼林抚育和退化林修复，加大人工林改造力度，持续提高森林生态系统质量和稳定性以及对气候变化的抗性及恢复力。针对森林碳汇饱和问题，将碳更多地转移到木材制品中实现可持续森林管理。这些碳可以长期储存，并可以替代高排放材料，从而减少其他部门$CO_2$的排放。

2）草地

选择吸收$CO_2$能力更强的草种。例如，顶生须芒草、单枝稗、巴拉草等，这些草种更能更有效利用光照，且通常含有较多的木质素和纤维素，难以被微生物分解，进而延缓$CO_2$的释放[173]。

3）湿地

停止或减少湿地抽干排水。预防湿地火灾（长期干旱可能会增加火灾风险）。恢复多样化的植被，以防止气候变化导致入侵物种的扩散。促进泥炭地的复湿，在周围构筑森林屏障，避免泥炭地受到影响。

4）农田

农田作为人工干扰程度最高的陆地生态系统，适当的管理措施将实现更大的效益。首先，改变耕作方式，实行少耕、免耕或轮耕，这样可以大大减少土壤侵蚀和养分淋失；其次，覆盖残茬、施用有机肥，减少化肥在生产和使用过程中的温室气体排放。但是，当植物的枯枝落叶、根系分泌物及凋落物进入土壤后，会在短时间内促进或者抑制土壤中原有有机碳的矿化并释放 $CO_2$，这一现象便是激发效应[174]。因此，如何发挥绿肥对植物生长的促进作用，而不是重新成为碳源是必须进一步研究的问题。

### 2.2.3.3　重建

对于重建碳汇，从重要性和可操作性角度考虑，植树造林是最简单的 NbS，包括造林（afforestation，在近100年间未被森林覆盖的区域造林）和重新造林（reforestation，在曾是林地的区域或树木较少的林地造林）。但造林需要权衡与其他土地用途的关系，可能会产生高昂的建设成本，甚至比避免森林转换的成本更高。因此，可以考虑通过建立人工林产生经济效益，促进自然和辅助森林再生，让私营部门参与造林活动[175]。

全球最著名的造林运动，当属由德国政府和IUCN在2011年发起的"波恩挑战"（The Bonn Challenge）。该行动旨在恢复退化的土壤和被砍伐的森林，力争在2020年前完成1.5万 $km^2$ 再生林，2030年实现3.5万 $km^2$ 土壤恢复，其中最有效的种树区域位于热带和亚热带。

"波恩挑战"提出三种重建方案：一是将退化或废弃的农田等其他类型用地自我恢复成天然林；二是将低收益耕地转变为有商业价值的种植园，例如用于造纸的桉树或用于制造橡胶的巴西橡胶树；三是打造集约型农业，例如乔木下种植咖啡树，在林地中散布玉米，以达到固氮的目的。

第一种方案能够最大程度地实现碳存储目标。生物多样性与树木地上部分的碳储量呈正相关，根据生态位互补假设，森林冠层结构多样性的增加将导致更多的光渗透，从而更好地利用垂直空间[176]。第二种方案具有较高的经济价值，但种植园的定期收获和清理每10 ～ 20年就会将储存的 $CO_2$ 释放回大气中[177]。此外，单一物种经营模式将导致生物多样性下降，种植园应对病虫害、极端天气威胁的能力降低。第三种方案提供的是一种动态的、以生态为基础的自然资源管理系统，将林地纳入农业生产区域，并促使农业生产多样提质，寻求植树造林实现碳存储和农业种植提供农产品两者平衡。

值得提及的是，中国植树造林建设取得了举世瞩目的成绩。自1999年启动第一轮退耕还林还草工程以来，到2014年，共实施退耕还林56.25万 $km^2$、宜林荒山荒地造林106.03万 $km^2$、封山育林18.61万 $km^2$，造林总面积达189.89万 $km^2$。2014—2019年，22个工程省区和新疆生产建设兵团共实施新一轮退耕还林还草27.45万 km²（其中还林24.89万 km²、还草2.15万 km²、宜林荒山荒地造林4 046 km²）[178]。

自21世纪初以来，地球新增的植被叶面积相当于一个亚马孙雨林，2000—2014年中分辨率成像光谱仪（moderate resolution imaging spectroradiometer，MODIS）卫星数据显示，地球植被面积的扩大主要来自中国和印度，两国贡献了1/3的植被新增面积。此外，中国新增植被叶面积中有42%是森林，32%是农业用地，而印度绿化面积的扩大主要得益于农业用地的扩大（82%），森林的贡献较小（4.4%）[179]。这些都反映了中国实施的以退耕还林还草工程为代表的生态修复工程对提升生态系统碳汇和实现碳中和的巨大贡献。

综上所述，有效保护、合理管理、科学重建包括森林生态系统在内的绿色与蓝色碳汇是实现NbS碳汇的重要路径和手段。表2-10是NbS实现碳存储的12种具体途径[1]。

表2-10　基于自然的解决方案实现碳存储的途径

| 行动方向 | 具体途径 |
| --- | --- |
| 保护 | 避免林地、草地土地类型转化 |
| | 避免木材燃料使用 |
| | 封山育林 |
| 管理 | 改良人工林 |
| | 火灾管理 |
| | 施用生物碳 |
| | 农田树木 |
| | 营养管理 |
| | 合理放牧（达到最佳放养强度） |
| 重建 | 海岸恢复 |
| | 造林和再造林 |
| | 泥炭地恢复 |

资料来源：GRISCOM B W, ADAMS J, ELLIS P W, et al. Natural climate solutions [J]. Proceedings of the National Academy of Sciences, 2017, 114(44): 11645−11650.

#### 2.2.4　NbS实现碳存储的不确定性

NbS实现碳存储也存在不确定性，其中包括根据不同气候地理条件实施不同类型的NbS措施、不同NbS措施之间的权衡、成本收益与潜在不利影响的全面考量等方面的不确定性。下面以森林生态系统恢复与重建为例，阐述在NbS具体实践中需要注意的几个方面。

第一，植树造林和农业种植应该追求一个平衡点。由于地球土地面积有限，人口仍处于不断增长过程中（截至2022年世界人口已经超过80亿），因此需要研究应保留多少土地以满足人类对食物、燃料、牲畜饲料和生态系统服务的需求，能否通过完善农业政策、改变农作方法，达到既保证粮食稳产增产，又增加土壤碳汇的目的。

第二，植树造林需考虑当地气候条件。森林可通过影响水循环和能量交换调节区域气候。比如，热带森林冷却效应的2/3源于吸收并储存$CO_2$的能力，另外1/3来自它们产生云、加湿空气和释放冷却化学物质的能力[180]。在季节性积雪的高纬度地区，乔木和灌木覆盖面积的增加会引起地表反照率的降低，吸收更多的热量[181]。

第三，应该考虑再生林对其他自然生态系统的影响。例如，在我国北方干旱半干旱地区大规模植树造林增加蒸散量并减少了径流和土壤水分，导致输送到湿地的水量减少，从而对湿地生态系统构成威胁[182]。2000—2016年，我国总共有33万 $km^2$的造林面积，造成1 300 ～ 1 500 $km^2$湿地净损失（占全国湿地总面积的0.3% ～ 0.4%），且主要集中在中国北方和东北干旱区[149]。

第四，森林不是稳固的碳汇[183]。当树木成熟或土壤碳库达到饱和时，虽继续保持碳储量，但森林从大气中移除$CO_2$的能力下降。此外，植被和土壤中累积的碳面临着洪水、干旱、火灾、虫害等不可抗力或人为因素（如管理不善）等带来损失，甚至存在碳汇转为碳源的风险。

第五，人工林不能代替天然林。人工林是指由单一树种组成的为优先提供木材而专门建立起的高度集约化的森林。虽然许多人工林都符合FAO对森林的定义，即面积大于0.5 $hm^2$，树木至少高5 m，覆盖率超过10%，但两者的生态系统组成和结构、固碳能力、生物多样性不具有可比性，在实践中更不能为了植树去破坏已有的森林生态系统。

第六，植树造林可能会产生负面效应。例如，从森林中排放的萜烯（例如在北方森林中）和异戊二烯（在温带和热带森林中）等挥发性有机化合物是否会加剧气候变化还不确定，这可能取决于森林的地理位置和类型[184]。

## 2.3 生物多样性

目前全球生物多样性损失严重，生物多样性保护受到国际社会高度重视。使用NbS推进生物多样性保护能够推进可持续发展进程。然而，NbS实现生物多样性也存在潜在风险，包括破坏原生景观、导致单一栽培和威胁周围地区的生物多样性。

### 2.3.1 生物多样性概述

#### 2.3.1.1 定义

"生物多样性"（biodiversity）一词起源于"biological diversity"。美国生态学家Edward O. Wilson在1986年美国华盛顿特区举办的全国生物多样性论坛（National Forum on BioDiversity）上首次提出，之后被广泛使用[11,185]。一般认为，生物多样性是地球上生命的多样性及差异性，并可以从基因差异、物种多样性及生态系统多样性三个层次进行理解。全球相关机构对于生物多样性的定义见表2-11。

表2-11 生物多样性的不同定义

| 机构 | 生物多样性定义 |
| --- | --- |
| 联合国 | 所有来源的活的生物体的变异性，这些来源包括陆地、海洋和其他水生生态系统及其所构成的生态综合体；生物多样性包括物种内、物种之间和生态系统的多样性。或者可以说，生物多样性是一个地区遗传多样性、物种多样性和生态系统多样性的总和 |
| 联合国粮食及农业组织 | 生物体（包括物种内部和物种之间）及其所属的生态系统之间存在的变异性 |
| 生态系统服务政府间科学政策平台 | 所有来源的生物体之间的变异性，包括陆地、海洋和其他水生生态系统以及它们所属的生态复合体。这包括遗传、形态、系统发育和功能属性的变化，以及物种、生物群落和生态系统内部和之间的丰度和分布随时间和空间的变化 |

| 机构 | 生物多样性定义 |
| --- | --- |
| 欧盟 | 生物多样性是地球上生命的多样性，包括植物、动物、真菌、微生物以及它们生活的栖息地。这种生物网络形成了支撑所有经济和社会的生态系统 |
| 中华人民共和国生态环境部 | 生物多样性是生物（动物、植物、微生物）与环境形成的生态复合体以及与此相关的各种生态过程的总和，包括生态系统、物种和基因三个层次。生物多样性是人类赖以生存的条件，是经济社会可持续发展的基础，是生态安全和粮食安全的保障 |

### 2.3.1.2　分类

生物多样性是遗传多样性、物种多样性和生态系统多样性三个层次的统一。

#### 1）遗传多样性

一般所指的遗传多样性是指物种内的遗传多样性，是指生物所携带遗传信息的总和，是生物变异产生的结果[186]。遗传多样性实际上是物种的基因库，在塑造群落和生态系统中起着重要作用[187]。

由于生存环境等差异，不同种群之间存在遗传多样性。不同种群之间的遗传多样性主要有两种表现形式：第一，某些种群具有在另一些种群中没有的基因突变（等位基因）；第二，同一种等位基因在某些种群出现很多而在另一些种群中很少出现。种群之间存在的遗传多样性使种群能在局部环境中特定条件下更加成功地繁殖和适应。

同一个种群内也存在遗传多样性。一个种群中的某些个体常常具有基因突变现象，由此产生种群内的遗传多样性。具有较高遗传多样性的种群生存适应和发展演化能力较强，因为在遗传多样性较高的种群，某些具有独特基因的个体可以忍受环境的不利改变，并把它们的基因传递给后代[186]。一般来说，个体数量庞大的种群可以维持更丰富的遗传多样性，个体数量少的种群无法维持丰富的遗传多样性。

当物种遗传多样性降低时，物种的适应潜力和长期生存能力都将受到威胁。避免遗传多样性丧失最有效的方法就是维持庞大且连通性良好的种群。小而孤立的种群将迅速失去遗传变异，导致其适应能力、复原力和长期生存潜力减弱[188]。

### 2）物种多样性

物种多样性是指特定地区的物种数量，通常被衡量为物种丰富度（species richness）[189]，是衡量一定地区生物资源丰富程度的一个客观指标，代表地球上动物、植物、微生物等生物种类的丰富程度。

物种多样性是生物多样性的核心，是生物多样性最主要的结构和功能单位。多样的物种之间具有相互依存和相互制约的关系，它们共同维系着生态系统的结构和功能，提供了人类生存的基本条件（如食物、水和空气），保护人类免受自然灾害和疾病威胁（如洪水和病虫害）[190,191]。

### 3）生态系统多样性

生态系统多样性是指一个地区的生态系统差异或整个地球的生态系统差异，是生物多样性的最大尺度。生态系统多样性涉及生物和非生物的综合特征。每个生态系统内都存在着大量的物种多样性和遗传多样性[192]。种类丰富的生态系统可以保证其物种和基因的多样性，从这个意义上来说，保护生物多样性最重要的一点就是保护生态系统多样性[193]。

### 2.3.1.3 现状

由于人类活动和全球气候变化，目前全球生物多样性损失严重。根据MEA报告：在过去100年中，约有100种鸟类、哺乳动物和两栖动物已经灭绝；当前人类造成的物种灭绝速度比地球历史上典型的参照速度增长了1 000倍之多[9]。地球生命力指数（Living Planet Index）是一个衡量地球上生物多样性变化的指标，用来反映动物种群规模的平均比例变化。2020年，地球生命力指数显示：1970—2016年，受监测种群规模平均下降68%[194]。2019年，IPBES第7次全体会议在巴黎召开，发布了《生物多样性和生态系统服务全球评估报告》。该报告显示，目前全球正面临"史无前例"的自然衰退和物种灭绝率"加速"的局面，保护和恢复自然需要"变革性改变"。随着全球气候变化的日益加剧（预计2030年全球气温可能会比工业革命前增加1.5℃以上[195]），生物多样性保护面临着越来越多挑战。1990年以来，全球变暖造成的大气中水蒸气减少已经导致全球59%的植被区域生长速度明显下降[196]。气候变化还会带来火灾等自然灾害，在短时间内大规模地破坏某个地区的生物多样性。例如，2019年底至2020年初，澳大利亚有97 000 km$^2$的森林和周围的栖息地被大火摧毁。

我国是世界上生物多样性最丰富的12个国家之一，拥有高等植物34 984种，居世界第三位；脊椎动物6 445种，占世界总种数的13.7%；已查明真菌种类1万多种，占世界总种数的14%。但是，我国生物多样性正持续受到威胁，90%的草原正在经历不同程度的退化和荒漠化[195]，40%的主要湿地面临严重退化威胁[197]。我国生物多样性风险具体有三个表现：一是遗传资源不断流失，一些农作物野生近缘种的生存环境遭受破坏，栖息地丧失，野生稻原有分布点中的60%～70%已经消失或萎缩；二是物种濒危程度加剧，我国野生高等植物濒危比例达15%～20%，其中裸子植物、兰科植物等高达40%以上；三是部分生态系统功能不断退化，我国生物多样性减少的空间分布显示，我国生物多样性丧失程度在不同气候带和地理区域的分布差异显著，需要采取有针对性的政策和措施来防止不同地区生物多样性减少。总体而言，目前我国生物多样性下降趋势尚未得到有效遏制，生物物种资源流失严重的形势并未得到根本改变。

近年来，随着转基因生物安全、外来物种入侵、生物遗传资源获取与惠益共享等问题的出现，生物多样性保护日益受到国际社会高度重视。

## 2.3.2 NbS促进生物多样性保护的途径

NbS是保护生物多样性的最新概念与举措[198]，构建和应用的目标是利用生态系统相关方法解决社会挑战，其中涵盖很多与生态系统相关的方式。本节根据"涉及多少生物多样性和生态系统工程"将NbS促进生物多样性保护的途径分为三类：保护自然生态系统、修复退化生态系统和可持续管理人工生态系统[25]。

### 2.3.2.1 保护自然生态系统

保护自然生态系统是NbS最核心、最高效的措施[199]，对生物多样性保护发挥着不可替代的作用。受保护的生态系统为生物多样性提供避难所，并且限制人类对生物多样性的影响[200,201]。为了利用有限的资源保护更多物种，Norman Myers提出了生物多样性热点的概念[202, 203]。生物多样性热点指具有显著生物多样性但同时正受到来自人类的严重威胁的地区。世界上有超过50%的植物，超过42%的陆生脊椎动物生活在34个生物多样性热点地区[204]。虽然这些区域加起来只占地球表面积的2.3%，但生物多样性热点地区拥有大量的特有物种，而且每一热点地区都面临着巨大的威胁，其原始自然植被已丧失70%以上。保护这些生物多样性热点地区将对保护全球生物多样性产生巨大影响。如果优先考虑生物多样性，在生物多样性丰富的地区采取保护行动可以确保近95%的潜在生物多样性惠益[205]。

由于气候变化是全球生物多样性丧失的重要原因，NbS在局部地区可以通过其对减缓气候变化的贡献，在全球层面实现更多生物多样性收益[188]。亚马孙雨林是地球上生物多样性最为丰富的地区之一，同时也是一个巨大的碳储存库，其碳储量高达1 000亿t。有效保护其自然生态系统不仅能够储存温室气体、缓解气候变化，还能够防止全球变暖对生物多样性造成的影响。

建立自然保护区是保护自然生态系统最重要的措施。1990—2014年，全球自然保护区覆盖范围迅速增加，共有20.9万个保护区，覆盖了世界3.4%的海洋和15.4%的陆地表面[206]。

在中国，自然保护区从2001年的1 227个增加到2018年的2 750个，数量翻了一番，土地总覆盖率也从9.95%增加到14.83%[207]。我国自然保护区的分布特征可以概括为：西部地区面积大、数量少，以国家保护区为主；东部地区保护区面积较小，数量较多，以省市级保护区为主。此外，自然保护区覆盖率在海拔较高、气温较低、环境干燥、植被生产力较低的地区较高。这些自然保护区为超过300种受到威胁的野生动物和超过130种被列为中国一、二类保护物种的珍稀濒危野生植物提供了栖息地。85%的野生动物种群和65%的高等植物群落在自然保护区内受到保护，一些受威胁的野生物种仅或主要存在于自然保护区内，如金丝猴和扬子鳄[208]。此外，超过90%的陆地生态系统类型，20%的天然林面积和49.6%的天然湿地总面积在自然保护区内[209]。

### 2.3.2.2 修复退化生态系统

退化生态系统是指生态系统在自然或人为干扰下形成的偏离自然状态的系统[210]。根据生态学原理，修复退化生态系统是指通过一定的生物、生态以及工程的技术与方法，人为地改变和切断生态系统退化的主导因子或过程，调整、配置和优化系统内部及其与外界物质、能量和信息的流动过程及其时空秩序，使生态系统的结构、功能和生态学潜力尽快成功地恢复到一定的，或原有的，乃至更高的水平[210]。种类贫乏是退化生态系统的特征之一；恢复退化生态系统的主要任务之一是改善系统的环境，使生物多样性得以恢复[211]。

不同类型、不同程度的退化生态系统的修复方法不同。从生态系统的组成成分角度看，主要包括生物和非生物系统的恢复。生物系统的恢复技术包括植被、消费者和分解者的重建技术和生态规划技术的应用[212]。非生物系统的恢复技术包括水体恢复技术、土壤恢复技术和空气恢复技术[213]。

### 2.3.2.3　可持续管理人工生态系统

可持续管理人工生态系统旨在改善人工生态系统，使其模拟自然过程并为人类提供可持续的生态系统服务。这种类型的NbS主要通过防止资源过度开发和增加物种栖息地两种途径来增进生物多样性效益。人工生态系统的范畴包括农业生态系统、城市生态系统等。

#### 1）农业生态系统

可持续管理农业生态系统是NbS的典型应用场景。传统农业活动的目标是产量最大化，容易过度开发农业资源。由于生产技术落后和对资源的过度开发，传统农业生态系统抗御自然灾害的能力较差，水土流失现象严重[214]。根据欧洲经济区（European Economic Area）的报告，栖息地和物种压力大多数来自人类农业活动[215]。

实施可持续管理农业生态系统的NbS包括合理开展农业活动以及规划农业生态系统景观等。这些措施能够丰富农业生态系统的群落组成，恢复生态过程，并优化遗传谱系结构，从而进一步提升农业生态系统的稳定性和修复能力[24]，有效防止水土流失和土地荒漠化。此外，健康可持续的农业生态系统能够通过提供物种栖息地、增加生态系统连通性，为当地带来生物多样性效益[216]。

表2-12展示了将NbS运用于农业生产的框架。该框架旨在以NbS来解决农业面临的挑战。

表2-12　NbS生态农业景观框架

| 生态农业特征 | 功能 |
| --- | --- |
| 可持续种植<br>（以生产为重点） | 维持或增加农业生产量 |
|  | 在环境中增加动植物可用养分 |
|  | 通过调节水分、湿度、温度等，改善生态农业区域的微气候 |

续表

| 生态农业特征 | 功能 |
|---|---|
| 绿色基础设施<br>（水土保持） | 调节生态农业区域的水流流量和速度 |
| | 防止土壤侵蚀，保护表层土壤 |
| | 提高边坡稳定性，防止滑坡 |
| 改良生态功能<br>（应对气候变化） | 控制污染物 |
| | 恢复或刺激有益的生物群，以促进授粉或虫害防治 |
| | 清除或储存土壤或植物中的大气碳 |
| 保护生物多样性 | 保护并增加生物栖息地面积 |
| | 加强生态系统的连通性，维护生态系统健康 |

### 2）城市生态系统

城市生态系统是城市居民与其环境相互作用而形成的统一整体，也是人类对自然环境适应、加工、改造而建设起来的特殊的人工生态系统[217]。城市生态系统中的NbS措施包括城市公园、城市农业、绿色屋顶、绿色墙壁和生态廊道等（见表2-13）[25]。

表2-13 用于城市生态系统的NbS措施举例

| NbS措施 | 定义 |
|---|---|
| 绿色屋顶 | 指在建筑物屋顶上种植植被 |
| 绿色墙壁 | 指由攀援植物（如常春藤、三叶地锦等）覆盖的建筑外墙 |
| 生态廊道 | 指能够连接较为分散的生态景观单元的带状区域，具有连接破碎生境、保护生物多样性等多种功能 |

NbS主要通过以下两种方式提高城市生态系统的生物多样性。

一是提供栖息地。城市绿化为丰富的本地植物提供栖息地，其自身便具有较高的生物多样性[218]。此外，城市绿化作为栖息地能够在不同生态系统之间建立生态廊道，提高城市生态系统的连通性。具有良好连通性的生态系统通常具备良好的物种和遗传多样性[219]。

二是提供授粉媒介。传粉媒介有助于维持生物多样性、增加农业生产力[220]。在自然条件下，昆虫（包括蜜蜂、甲虫、蝇类和蛾等）和风是最主要的两种传粉媒介[221]。在城市中创造新的生态系统（例如绿色屋顶、绿色墙壁、生态廊道等）能够建立绿色和蓝色的栖息地网络，有利于昆虫和风为植物传粉，以增加城市植物的生物多样性。

### 2.3.3　NbS 推进生物多样性保护的意义

#### 2.3.3.1　推进可持续发展进程

可持续发展是指既满足当代人的需求，又不对后代人满足其自身需求的能力构成危害的发展[222]。例如，城市化是我们这个时代最紧迫的挑战之一。城市必须应对空气质量、热岛效应、洪水风险增加和极端事件等负面后果。可持续发展的概念要求我们保护生态环境、维持生态系统功能、节约资源，强调人与自然和谐发展，这与 NbS 的目标高度重合[223]。相较于传统的可持续发展手段，NbS 往往通过保护生物多样性来实现生态保护、气候变化减缓/适应以及社会经济等多重效益，是一个系统性的方法。

使用 NbS 推进生物多样性不仅能够保护自然，还能够利用自然提供的生态系统功能来应对可能的风险和挑战[222]。例如，保护红树林有助于固定土壤，防止风暴潮侵袭，减少沿海居民可能受到的气候变化带来的极端天气威胁；通过保护森林、草地、湿地等重要生态系统，以及修复退化生态系统等方式，能够增加陆地碳汇，并提供减缓气候变化的效益；建设城市绿地和中央花园不仅为居民提供必要的自然景观，也可在生物栖息地之间搭建廊道，实现生物多样性保护；海绵城市（sponge city）建设在调节城市内涝的同时，也为野生动植物提供了更多的栖息地[223]。此外，NbS 推进生物多样性具有显著的社会经济效益。生物多样性友好的 NbS 不仅能够直接提供生态系统服务，还能够间接带来多种效益，可能会超过实施和维护的成本。例如，仅在欧盟层面，实现保护 30% 的陆地和海洋的目标可以创造 50 万个新就业岗位，新建立的保护区还可以为欧洲带来每年数百万欧元的旅游收入[224]。

#### 2.3.3.2　推动生物多样性主流化进程

NbS 概念的提出可能是推动生物多样性在政策制定中主流化的机会。在 NbS 出现以前，生物多样性通常被决策者们看作国家发展和国际议程的边缘议题，被认为是阻碍经济发展的一项举措，难以融入社会经济发展各个领域的决策过程中[24]。但是应对气候变化是全球范围内的挑战，各国政府都高度关注。NbS以生态系统为媒介，将气候变化和保护生物多样性过程联系在一起，从而进一步将生物多样性与政府利益联系起来。

在过去几年中，世界上已经有很多国家和国际组织做出了涉及NbS的承诺。世界上66%的国家已承诺以某种形式实施NbS，以适应并缓解全球气候变化（《巴黎协定》签署方）[189,225]。NbS将生物多样性的价值引入那些更关注经济发展、基础设施建设、人类健康与福祉以及气候变化等问题的政策制定者的视野当中，使他们认识到生物多样性能够为实现这些目标作出贡献，从而将生物多样性保护纳入政府各个层级和各个领域中的主流议程，并带来额外的资源与资金，为推动生物多样性保护、修复和可持续利用提供一个变革性的、可以动员全社会力量的手段[226]。

### 2.3.4　NbS实现生物多样性的潜在风险

利用NbS的方式保护完整的生态系统、将退化的栖息地恢复到自然状态，并以更加可持续的方式管理土地，能够带来显著的生物多样性效益[227-230]。但是NbS可能会增加对自然系统的干涉，而且目前由于缺乏数据，科学家并不确定这种干涉对生物多样性的影响。在某些情况下，NbS的实施有可能损害原生生态系统、造成单一化栽培的局面，甚至可能损害周围地区的生物多样性。此外，过分强调NbS可能会导致当地社会经济发展的限制，出现人权与自然权的矛盾。具体而言，NbS实现生物多样性的具体潜在风险如下。

#### 2.3.4.1　破坏原生景观

如果NbS方案选择的非原生树种能够促进原生植被再生，那么在高度退化的地区建立非原生树木种植园或将有利于当地的生物多样性发展[231]。但在更多情况下，外来入侵物种可能会取代原生植物，占据主导地位，从而影响本土生物多样性，尤其是在古老的草原、泥炭地或林地等生态系统中。例如，"波恩挑战"创建的"森林恢复机会地图集"确定了可能适合植树的2 000万 km² "砍伐和退化"的土地[232]，但其中包括了适合大型哺乳动物种群的天然草原[233]。因此，这项措施可能会损害栖息在这片土地的原生哺乳动物的生物多样性。

### 2.3.4.2 导致单一栽培

商业种植园可以为土地所有者提供收入，为政府提供税收，为当地社区提供就业机会及纤维、食物或燃料资源，并降低森林被非法砍伐的概率[234]。因此，由于资金[235]、资源的限制与周围居民的需求，NbS项目下的退化土地很大一部分会被"修复"为商业种植园。例如，在热带地区，"波恩挑战"计划利用45%的退化土地建造商业种植园[236]。虽然这种造林活动可以导致森林覆盖率的总体增加，但它会促进单一栽培，从而导致该地区生物多样性降低[237,238]。

### 2.3.4.3 威胁周围地区的生物多样性

保护或恢复自然栖息地的NbS对其周围地区可能存在风险，因为人类活动破坏（例如森林砍伐）可能会简单地转移到未受保护的地区以满足对食物或生计的需求[239]。因此，在增加某一地区生物多样性的同时，也要充分考虑保护附近的区域。

以上列举的情况要求决策者实施NbS前做出权衡，需要根据特定案例的实际情况明确设计NbS，以证明它们可以为生物多样性带来利益。

## 2.4 空气污染

空气污染的全球性影响不仅对人类健康构成严重威胁，还对自然环境、建筑和文化遗产等方面造成严重危害。传统的减少空气污染的方法确实取得了一定的成效，但往往需要高昂的资金投入、复杂的技术设备和不可避免的环境风险。与之相比，NbS是一种成本低廉、环境友好、可持续的解决方案，被广泛认为是解决空气污染问题的重要途径之一。通过结合自然过程和生物系统来改善空气质量，NbS不仅可以有效地减少空气污染，还能提供多种生态系统服务，从而为人类健康和环境可持续发展作出贡献。

NbS通过恢复自然的生态系统或改良生态系统，提供自然的污染物汇，能够降低空气污染物浓度、改善空气质量，保障人类健康与福祉。虽然NbS在减轻空气污染方面具有很大的潜力，但其实施仍面临多种挑战和限制。科学家和政策制定者需要通过跨学科合作和共同努力，开发出更有效的空气污染解决方案，在最大限度地发挥NbS改善空气质量作用的同时，最大限度地减轻其可能带来的危害。

### 2.4.1 空气污染问题概述

空气污染是一个全球性的环境问题。按照国际标准化组织（International Organization for Standardization）的定义，空气污染通常指的是由于人类活动或自然过程引起某些物质进入大气中，呈现出足够的浓度、达到足够的时间，并因此危及人类的舒适、健康和福利的现象[240]。高人口密度和复杂的污染物排放源，导致城市地区成为高空气污染浓度的热点地区[241]。室内和室外环境都可能存在空气污染，有害空气污染物在室内空间的浓度甚至可能高于室外空间，常见的室内空气污染物有甲醛（HCHO）、苯系物等。据WHO报告，全球室外空气污染最严重的地区在西太平洋和东南亚[242]；2014年全球只有大约10%的人呼吸的是《世卫组织全球空气质量指南》（WHO Global Air Quality Guidelines）定义的清洁空气[242]。了解空气污染物在城市羽流中的"生命周期"有利于采取措施来控制与缓解空气污染，其中包括排放、扩散与输送、清除与转化三个主要过程。

#### 2.4.1.1 空气污染排放

根据形成过程可以将空气污染物分为一次污染物和二次污染物。一次污染物由污染源直接排放到大气中，主要包括颗粒物（particulate matter，PM）、黑碳（black carbon，BC）、硫氧化物（$SO_X$）、氮氧化物（$NO_X$）[包括一氧化氮（NO）和$NO_2$]、氨（$NH_3$）、一氧化碳（CO）、甲烷（$CH_4$）、非甲烷挥发性有机化合物（non-methane volatile organic compounds，NMVOCs）和多环芳烃（polycyclic aromatic hydrocarbons，PAHs）等[243]，主要排放过程有燃料燃烧、泄漏与蒸发、生物源排放等。二次污染物由一次污染物通过化学反应和微物理过程在大气中形成，主要包括PM、臭氧（$O_3$）、$NO_2$和几种氧化挥发性有机化合物（volatile organic compounds，VOCs）[243]。按来源可以将空气污染物分为自然、人为和混合来源：典型的人为来源有PM、CO、$NO_X$、VOCs、PAHs等；自然来源的空气污染物并不缺乏，例如生物源挥发性有机化合物（biological volatile organic compounds，BVOCs）和氡（Rn）[243]。造成空气污染物排放的主要部门包括运输、商业、能源供应、制造业、采掘业、农业、废弃物处理等领域[243]。

### 2.4.1.2　空气污染扩散与输送

在微观和局地尺度上，污染物的扩散主要依靠平均气流和湍流，这两个基本过程高度依赖于多种因素，包括机械因素（流入条件、热效应和车辆运动）和城市形态（城市密度、异质性和围合度）[117]。在气流平流输送和湍流混合过程中，空气污染物的浓度会被稀释[244]。因此，深入了解污染物扩散机制对于确定城市规划中的关键因素至关重要。合理的城市形态设计，可以充分发挥出稀释空气污染物的潜力，从而有效控制和减缓空气污染。

在一些情况下，局地的空气污染问题可能被转化为区域与全球的大气环境问题。部分污染物能够通过湍流从城市冠层内扩散到城市边界层中，在有区域背景气场的情况下，污染的城市边界层将以城市羽流的形式向下风方向延伸，从而使空气污染从局地尺度扩散到更大的尺度。这种情况一般发生在拥有长生命周期的空气污染物和温室气体中，例如 $CO_2$ 和 $CH_4$。

### 2.4.1.3　空气污染清除与转化

空气污染物的清除与转化过程包括干沉降、湿沉降、化学反应和衰变[244]。干沉降过程是由湍流扩散和重力沉降以及分子扩散等作用引起的，气溶胶粒子和微量气体成分被上述过程输送到各类表面（地面、墙壁、屋顶、植被），分子作用力使它们在表面黏附，从而从大气中清除[244]。湿沉降是指大气污染物由于降水冲刷而从空气中被清除的过程，包括作为凝结核形成云，以及通过溶解、碰并等方式进入云滴等。雨、雪等降水形式和其他形式的水汽凝结物都能起到清除大气污染物的作用。大气中的化学反应可能有助于污染物的分解和衰变，也有一些化学反应可能导致二次污染物的形成，按照引起化学反应的原因不同可以分为热反应和光化学反应，例如 $O_3$ 的光解反应[244]。

### 2.4.1.4　空气污染的危害

1）人类健康

空气污染是世界上最大的单一环境健康风险，每年造成约300万人死亡[242]。在典型城市环境中，人们会接触到大约200种空气污染物[245]，它们以不同的方式影响居民生活质量和福祉，增加呼吸系统和心血管疾病的发病率和相关的死亡率[243]。在欧洲，对人体健康危害最严重的污染物是PM、$NO_2$和地面$O_3$[243]。

一般来说，社会经济地位较低的群体暴露于空气污染的概率更高，老年人、儿童、孕妇和已有健康问题的人则更容易受到空气污染影响[243]。国际癌症研究机构（International Agency for Research on Cancer）证明空气污染与肺癌、膀胱癌等的患病风险增加有关，并将其与空气污染的主要组成部分（可吸入颗粒物）都归类为一级致癌物[246]。此外，空气污染暴露与认知障碍、2型糖尿病、肥胖和皮肤老化等众多健康问题存在相关关系[247]。

室内空气污染也可能对人类健康构成威胁。例如，发达国家90%以上的居民主要在室内环境中度过时间，因此室内空气污染是导致这些国家居民健康问题的重要因素。持续接触室内空气污染物可能导致病态建筑综合征（sick building syndrome）和建筑物相关疾病（building related illness）[124]。根据英国皇家内科医师学会（Royal College of Physician）2016年发布的报告，欧洲每年有约99 000人死于室内空气污染暴露，并且这一数目可能被严重低估[247]。

### 2）生态系统

空气污染直接影响自然生态系统，造成水和土壤酸化、水体富营养化、植物健康被破坏，进而对生物多样性产生负面影响。目前对生态系统造成最大破坏的空气污染物是$O_3$、$NH_3$和$NO_X$[243]。

液滴吸收空气中的二氧化硫（$SO_2$）和$NO_X$并形成硫酸和硝酸，带来酸雨、酸雾等酸性沉降，进而影响土壤和水生生态系统的健康[244]。某些空气污染物，如$O_3$、CO、$SO_2$、$NO_2$、NO、VOCs、PAHs等是植物毒素，可能引起植物光合色素减少、抑制某些生理过程、影响抗氧化剂代谢以及抗氧化酶活性变化[248]，从而降低其生长速度和产量[244]。氮化合物的沉积会导致富营养化，即营养物质供应过剩，破坏陆地和水生生态系统。例如，空气污染物$NO_X$和$NH_3$的过量排放会引入大量氮养分，导致水体富营养化。这种情况会导致水体中物种多样性的变化，以及新物种的入侵现象[243]。空气污染还会影响气候变化，对流层$O_3$、BC、$CH_4$等空气污染物会促进全球变暖，而PM中的有机碳、铵（$NH_4^+$）、硫酸盐（$SO_4^{2-}$）和硝酸盐（$NO_3^-$）则有降温作用[243]。

### 3）建筑和文化遗产

空气污染对文化遗产的影响同样是一个严重的问题，它会损害材料、财产、建筑物和艺术品，从而导致部分历史和文化的损失。损害包括腐蚀（由酸性化合物引起），生物降解和污染（由 PM 引起），以及风化和褪色（由 $O_3$ 引起）[243]。

因此，现实社会所面临的空气污染挑战是严峻且复杂的，亟须采取行动对其进行缓解与清除。

## 2.4.2 NbS 改善空气质量的优势

传统空气污染管理方案侧重于控制空气污染来源[249]，这种策略可以有效地减少新空气污染物排放，但无法解决空气中的已有污染物及其造成的影响。在减少空气污染暴露、减轻空气污染危害方面，根据空气污染扩散和清除机制，可考虑改善通风和污染物扩散的湍流水平，构建屏障以控制污染源-受体通路，引入污染物汇来捕获和减轻空气污染等策略。目前，常见的大气污染修复技术包括空气过滤（纤维材料）、静电沉淀（electrostatic precipitation，ESP）、吸附（吸附剂如活性炭、沸石、硅胶）、光催化氧化（photocatalytic oxidation）、紫外线光解等[250]。生态系统对人类福祉的重要性日益被人们所认识，因此，NbS 愈发在改善空气质量方面发挥重要作用，主要通过提供基于自然的污染物汇和构建屏障来实现[251]。

与传统空气质量改善的方法相比，NbS 除了能够减轻空气污染的有害影响，改善人们的生理健康，还能够提供广泛的协同效益[241]，对环境更为友好，并兼具审美价值，有利于人们的心理健康。另外，NbS 还具有成本效益[251]和较高的生态系统服务价值[241]，有利于节约能源。相较于一些空气污染修复技术，NbS 操作难度低，可用于长期修复，且针对多种污染物类型都有效，运用范围更为广泛。因此，NbS 被认为是可持续减少空气污染的有效方法[241]。

### 2.4.2.1 更加环境友好

一些空气污染控制修复技术会产生新的有害物质，或成为细菌或真菌滋生的温床，产生二次污染。例如 ESP 方法会产生有害带电粒子，吸附空气中的细菌并在吸附剂表面沉积形成新的危险废物，紫外线光解污染物会释放 $O_3$ 和有害自由基[250]。而 NbS 是受自然启发和支持的解决方案，其通过适应当地环境、高效利用资源和系统干预，以及恢复、增强或创建人类主导环境中的生态系统，提供了一系列生态系统服务[241]，对环境更为友好。

NbS能够提供以下生态系统服务，提高城镇宜居性。植物通过光合作用可以从大气中去除$CO_2$，增加碳储存[252]；通过蒸腾作用可以调节空气湿度，增加潜热通量，降低空气温度；既可以通过叶片直接去除空气污染，又可以通过改变小气候间接减轻空气污染，例如降低的环境温度会减慢光化学反应并减少$O_3$等二次空气污染物的产生[253]；城市绿地还可以为动物提供食物、栖息地和景观连通性，增强生物多样性[252]。树木可以拦截、吸收并暂时储存水分，减少地表径流[252]，改善水文；树木根部的网状结构可以充当自然雨水渠，有效防止水土流失和洪水等自然灾害的发生[241]。

### 2.4.2.2　更具审美与社会价值

与其他空气污染修复技术相比，NbS不仅能够满足人们改善空气质量等生理需求，还能够满足精神层面的需求，如提供娱乐、文化和审美享受等，从而促进心理健康。基于NbS的娱乐活动，能够提供人们在高生物多样性的环境下进行自然接触和人际交流的机会，鼓励人们进行体育活动[252]，对于某些心理状况如孤独症谱系障碍（autism spectrum disorder，ASD）[254]、注意缺陷多动障碍（attention deficit and hyperactivity disorder，ADHD）[255]的治疗存在正向影响。高植被覆盖率的地区犯罪率通常低于低植被覆盖率的地区，这表明植被与公共安全之间存在一定联系[256]。

### 2.4.2.3　更高的成本收益比

NbS具有更高的成本收益比。某些空气污染修复设备需要定期维护，这导致了使用成本的显著增加。例如，过滤法需要定期更换过滤器，而吸附法则需要定期更换吸附剂[250]。研究人员对改善空气质量的技术设备与实施NbS的成本进行了量化和比较，发现在被分析的美国各个县中，有75%的县使用NbS减少空气污染比实施技术干预更经济[251]。

由于NbS能够提供多重效益，因此在评估其总效益时需要结合多种效益的货币价值估算方法。例如，利用NbS进行空气净化的经济价值估计时可以用可避免的保健费或治疗费来衡量。提供生态系统服务及其间接效应价值也可以估算：室内能源节约可以用能源支出减少来量化；审美价值通常是通过"享乐定价"（增加财产价值）或"支付意愿"来估算；碳汇价值可以基于国际碳市场价格。树木覆盖率增加10%，可以减少5% ～ 10%（50 ～ 90美元）的总供暖和制冷能源使用[257]。在欧盟和美国城市，公民每在树木管理上投资1美元，就能获得1.4 ～ 4.5美元的收益，即树木所提供的固碳、节能、减少雨水径流、净化空气等服务的货币价值[258]。

#### 2.4.2.4　节能

维持空气污染控制设备运转需要大量能源，而NbS主要依赖太阳能，能源消耗量低。此外，城市绿色空间通过遮阴和蒸腾能够降低城市的温度，改善城市热岛效应[259]，从而间接促进能源节约。

### 2.4.3　NbS改善空气质量的可行性与途径

NbS用于改善空气质量，指的是将植被以公园、绿色屋顶和墙壁等各种形式引入城市景观，通过一系列过程减少空气污染，其核心是利用植被进行空气污染修复，在此过程中由植被及植被和微生物的相互作用共同发挥功能。

植被可以通过干沉降过程和微气候效应减少空气污染物。一方面，植物叶片可以通过气孔吸收去除气态空气污染物，污染物进入叶片内部，扩散到细胞间，有可能会被水膜吸收形成酸或与叶片内表面发生反应[260]，代谢、隔离和排泄空气污染物[260]；另一方面，植被可以将空气中的PM截留在其表面，其中一部分会被吸收到植物体内，大部分会被再悬浮到大气中、被雨水冲走，或随着枝叶掉落到地面[261]，掉落到土壤中的污染物进一步跟植物根系接触[260]。

植物与微生物之间的相互作用在植物修复空气污染的过程中发挥着重要作用，它们通过降解、解毒或隔离污染物并促进植物生长来清洁环境[262]。细菌和真菌等微生物能够通过代谢活动将污染物降解或转化为无毒或毒性较小的物质，这被称为微生物降解[263]。微生物几乎无处不在，包括植物的叶和根。被吸附在植物叶和根表面的空气污染物，部分被生活在其表面的微生物降解、转化或隔离，这些微生物被称为叶际（phyllosphere）微生物和根际（rhizosphere）微生物[262]。另外，部分被吸附的污染物进入植物内部，由内生（endosphere）菌对其进行降解和解毒[262]。

植物去除空气污染的能力取决于许多因素，包括季节变化、物种组成、冠层结构和排放源高度等。例如，由于气孔吸收率更高，阔叶树能比针叶树去除更多的$O_3$；地中海常绿乔木由于生长季节较长，能比落叶树种去除更多的$O_3$[264]。

已有研究定量评价了在特定地点实行NbS对$SO_2$、$PM_{10}$、$PM_{2.5}$、$NO_2$浓度的影响，结果表明NbS能够使空气污染物平均减少27%[251]。尽管目前对空气质量调节的生态系统服务的需求明显高于其供给，但在某些地区，植被仍然具备很大的抵消空气污染物排放的潜力，可以作为NbS来减轻空气污染。

NbS借助城市绿地规划来达到减轻空气污染的目的，存在两种途径：一是利用或恢复现有的绿色基础设施，包括公园、城市森林、行道树等；二是设计新的绿色基础设施和系统，如垂直绿化系统（vertical greening system，VGS）、绿色屋顶等。以下介绍三种利用NbS改善空气质量的常用方法。

### 2.4.3.1 VGS

VGS是指直接在建筑立面旁的植物引导结构上或在其帮助下种植植物，通常使用木质或草本攀援植物、藻类、地衣和小灌木[265]。VGS在降低温度、提高热舒适度[266]、增强建筑节能[267]和减轻空气污染[265]等方面的潜力已得到广泛的关注和研究。VGS通过其遮阴效应（减少太阳辐射）、冷却效应（植物的蒸腾作用）和绝缘效应（由于不同层的绝缘）提供隔热，有助于进一步节约能源[241]。VGS也可以成为空气污染源（例如道路）和建筑物之间的屏障。例如，在一项印度瓦拉纳西的研究中[265]，一些具有高大气污染忍耐指数（air pollution tolerance index, APTI）的攀缘物种，比如珊瑚藤、山牵牛、美丽马兜铃等被确定为开发VGS以减轻空气污染的理想植物物种[265]。因此，如果精心选择和设计，VGS可以为城市地区的空气污染提供解决方案。

### 2.4.3.2 **绿色屋顶**

绿色屋顶是指在建筑物屋顶上培育植被的系统，通常由几个部分组成，包括植被、基材、滤布、排水材料、根部屏障和绝缘层[268]。植被通常使用短草、高大的多年生草本植物，偶尔有灌木和小乔木。绿色屋顶可以减轻空气污染、城市热岛效应和噪声，减少能源消耗、固碳并管理雨水径流[269]。因此，绿色屋顶对于提供更美观宜人的住宅环境和生态系统服务方面都存在重要的意义[264]。

屋顶面积约占城市不透水面积的40% ～ 50%[270]，这为大规模实施绿色屋顶提供了机会。据估计，多伦多1.09 km²的绿色屋顶每年可以去除总共

7.87 t的空气污染物[261]。绿色屋顶减轻空气污染的性能与植物的状况、绿色屋顶的位置和环境气流条件有关。在阳光明媚的条件下，绿色屋顶可能会使附近地区的$CO_2$浓度降低2%左右[271]。

### 2.4.3.3　植树

在私人花园、街道沿线和城市公园等场所都可以通过植树增加沉积，减少空气污染。除了提供空气净化外，植树还能提供多种生态系统服务，包括减缓雨水径流、遮阴调节小气候、为生物提供栖息地和食物、噪声屏蔽，以及提供娱乐和文化服务等[252]。

植树对于减少空气污染的潜力很早就已受到关注。EPA于2004年将植树作为改善空气质量的州实施战略[272]。Nowak等人[253]通过模拟得到，2010年美国城市树木的空气污染物年去除量为1 740万t。

## 2.4.4　NbS对空气质量的潜在风险与规避

### 2.4.4.1　潜在风险

虽然在大多数情况下，NbS可以改善空气质量并提供一系列生态系统服务，但在某些情况下，NbS可能给空气质量带来潜在风险（如图2-2所示），这对NbS的实施提出了一些挑战。

#### 1）过敏原

许多植物都会产生和释放花粉，尤其是开风媒花的树和草类，它们是城市环境中最主要的空气传播过敏原之一，易过敏者接触可能导致支气管梗阻等过敏反应[245]。过敏性疾病对人类健康有很大影响，据估计，全球有10% ～ 30%的人口受到过敏性鼻炎的影响，超3亿人受到哮喘影响[273]。许多作为NbS引入的非本地观赏植物是引发过敏的重要源头[274]。

在城市地区，某些环境因素（例如空气污染）可能会通过影响花粉的生物学性状（形状、大小、孔隙率、生理特征、蛋白质、酶）来增加过敏和哮喘症状[264]，还有可能促进某些草本植物的花粉产量增加，从而导致更大的致敏风险[275]。例如，$CO_2$浓度升高会显著增加花粉数量，$O_3$可能造成过敏原蛋白减少，但同时也使得过敏原花粉数量增加，从而增加过敏原暴露[273]。

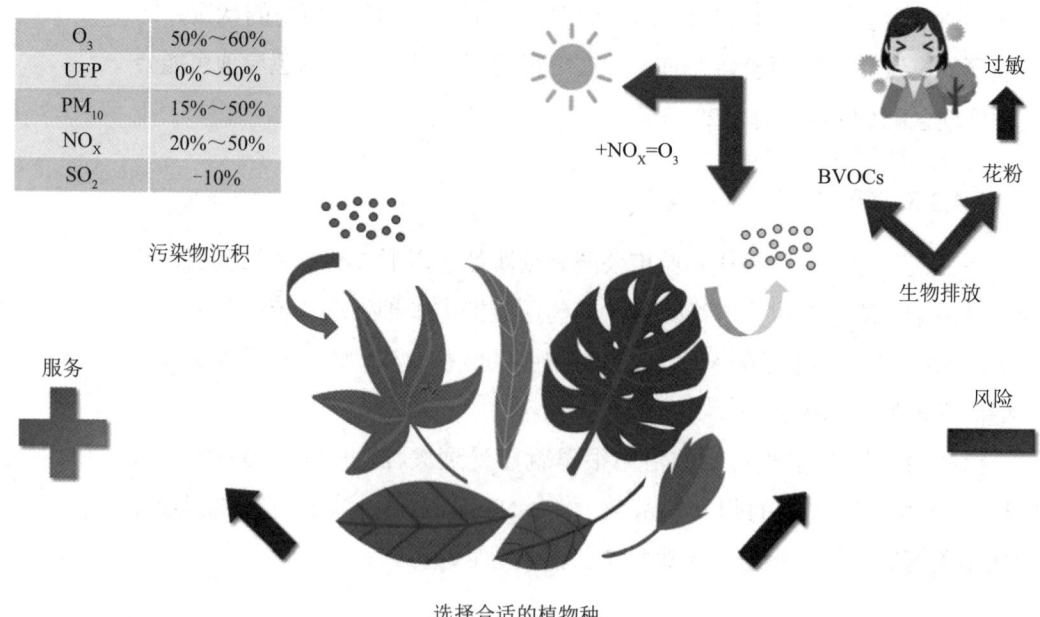

| O$_3$ | 50%~60% |
| UFP | 0%~90% |
| PM$_{10}$ | 15%~50% |
| NO$_x$ | 20%~50% |
| SO$_2$ | −10% |

O$_3$——臭氧；UFP——超细颗粒；PM——颗粒物；NO$_x$——氮氧化物；SO$_2$——二氧化硫；BVOCs——生物源挥发性有机化合物。

**图2-2　NbS提供的空气质量改善服务及潜在风险**

资料来源：表中数据为Abhijith等人推算的绿色墙面与绿色屋顶去除空气污染百分比。参见ABHIJITH K V, KUMAR P, GALLAGHER J, et al. Air pollution abatement performances of green infrastructure in open road and built-up street canyon environments – A review [J]. Atmospheric Environment, 2017, 162: 71–86。

### 2）空气污染

实施NbS所采用的植物，特别是树木，会排放BVOCs，其中排放量最大的两类为异戊二烯和单萜烯[276]。BVOCs排放量取决于树种、叶面积指数（leaf area index，LAI）、气温和其他环境因素[264]。某些城市环境条件，如高温、氧化应激等，在促进BVOCs排放方面发挥着重要作用[276]。BVOCs排放到大气中的影响大小与一些人为源释放的化合物有关，比如NO$_x$[276]。NO$_x$和BVOCs之间的光化学反应可以形成多种二次空气污染物，如O$_3$、CO、过氧乙酸、醛、酮、过氧化氢（H$_2$O$_2$）、二次有机气溶胶和PM，从而对空气质量产生危害。由树木排放BVOCs形成的CO可以抵消其在城市周边生态系统中沉积所捕获的数量[277]。

另外，在建筑密集、高度参差不齐的城市中，地面粗糙度高，导致市内风速低于郊区，不利于污染空气的扩散。绿化植被进一步降低街道峡谷的环流风速，使大气更加稳定，从而阻碍污染物向其他区域扩散，使其停留在街道峡谷的底部，形成局部高浓度污染区域[278]。采用植被绿化的街道峡谷比没有绿化的街道峡谷的污染浓度高7%[279]，但是这种效应取决于街道峡谷的高宽比。

### 3）空间可用性

城市中有限的可用空间限制了NbS策略的选择和实施。绿色屋顶和VGS所需的城市可利用空间小于城市树木，因此相比较而言更适用于土地资源紧缺的大城市；但由于其较低的气孔导度、表面粗糙度、LAI等，绿色屋顶和VGS在一些污染物（如$O_3$）的去除率方面不如乔木[264]。

虽然植树具有降低空气污染的巨大潜力，但是在人口密集的大城市，由于可利用空间小，使用NbS降低空气污染的潜力往往仅有很小的发挥余地，相比于空气污染物的排放量，其贡献相对较小[280]。例如，根据模型预测，在英国的两个大都市——格拉斯哥和西米德兰兹地区25%可用土地上植树仅分别减少0.4%和3%的$PM_{10}$浓度，在格拉斯哥所有可用土地上植树对减少$PM_{10}$浓度的贡献不超1.2%[281]。

### 4）维护和管理

NbS对于维护和管理的要求比较高。目前VGS设计往往存在较高的灌溉需求和相对较短的寿命[282]。城市地区的行道树如果管理不当，树木会遭受高温、缺水和营养缺乏等问题的威胁[252]。植物会根据其周围环境和所承受压力来调节其生理过程[283]，植物生理状态破坏会大幅降低其缓解空气污染潜力和生态系统服务供给能力。例如在缺水条件下，由于土壤水势下降，吸收养分减少，植物受到渗透胁迫，生长力大大下降[284]；同时植物关闭气孔减少水分散失，也会减少对空气污染物的吸收。

此外，不同NbS策略的安装与维护成本之间存在明显差异。一棵中等大小的树可以清除与19 m²绿色屋顶相同数量的空气污染物，它们种植或安装成本则分别为400美元和3 000美元。每移除1 kg $O_3$，城市树木需要的年维护成本约为300美元，绿色屋顶约为600美元，VGS约为1 300美元[264]。

### 2.4.4.2　风险规避

为了规避NbS实施中可能存在的风险，减少实施NbS可能存在的不利影响，在运用NbS改善空气质量时，需要慎重进行物种选择和城市绿地规划，在"对的地方"种"对的树"。考虑到不同城市的环境特征，如建筑和街道设计，将NbS与减排等其他策略相结合，才能最大程度地发挥NbS改善空气质量的潜力。

### 1）NbS策略选择

针对不同城市可采用的NbS策略在很大程度上取决于其空间配置，包括土地利用情况、可用空间以及街道配置等因素。

与绿色屋顶和VGS相比，城市树木具有最高的气态污染物去除潜力，并且城市树木设置和维护成本相对较低[261,270]。因此在可利用空间足够的情况下，采用植树的方法可以更有效地去除空气污染。但是，在城市人口稠密的地区，例如上海[285]和墨西哥城[277]，往往难以拥有足够的空间来支持植树策略，因此可以利用城郊造林的方式来补充城市树木在空气污染控制中的亏缺[264]。虽然绿色屋顶等去除污染物的效果不如树木，但由于与主要污染源距离较近，需要的可利用空间较少[286]，VGS和绿色屋顶也可以作为在空气污染控制中的补充[270]，以改善人口稠密城市的空气质量。公园形式的NbS策略在开垦荒地和垃圾填埋场上也得到了广泛应用，例如在印度的德里、加尔各答和班加罗尔等城市[241]。

为了最大限度地发挥NbS改善空气质量的作用，在选择NbS策略前需要首先评估可利用面积，仔细设计、规划并进行成本效益分析[264]，最后还需要综合评估所选NbS策略可能对空气质量产生的影响。

### 2）植物物种选择

在设计NbS来改善空气质量时，必须谨慎选择适合的植物物种，以最大限度地发挥其净化空气的作用，同时最大限度地减少其可能带来的风险和危害。在选择植物物种时，需要综合考虑空气污染物的去除效率（包括PM、$NO_2$和$O_3$等）、植被对空气质量的可能损害（花粉和BVOCs排放）和植被自身抵抗力（疾病、害虫、干旱、$O_3$等）三个方面[264]。

在选择植物物种之前，可以根据它们去除空气污染物的有效性对其进行排名。然而，在进行排名时，必须考虑到植物有机体的复杂性以及其对环境的适应能力。Pierre等人[264]提出了一种新的乔/灌木类空气质量指数（S-AQI），可用于评价不同树种去除空气污染的能力，指数中既包含常被认为与缓解空气污染最相关的树木特征，如植物体大小、冠层密度、寿命等，也包含用水策略、维护成本、BVOCs和花粉排放率。此外，了解植物有机体与环境中每种污染物之间的相互作用动态，也是对NbS去除空气污染性能进行可靠评估的重要一步[283]。

如今，大多数植物的花粉负荷和致敏潜力[275]、BVOCs排放和$O_3$形成的相对潜力[276]都已得到广泛研究。因此，在选择不同环境中的植物物种时，需要考虑这些特性以及环境驱动因素如何影响生物的排放能力。特别是在光化学风险较高的城市，需要有针对性地选择BVOCs排放较少的植物，以减少二次污染物的形成，从而尽量降低NbS可能对空气质量产生的负面影响。

植物物种耐受性和敏感程度取决于植物生理和空气污染物类型。APTI是Singh和Rao[287]共同开发的一种衡量植物对空气污染物耐受程度的指标，APTI值高的植物物种可用于减轻空气污染，APTI值低的物种因其高灵敏度可用作空气污染的生物监测器（如地衣、藻类等）。除了APTI外，还需要综合考虑其他因素，例如植物的冠层结构、栖息地类型、经济价值等。这有助于根据特定地点的空气污染特征从数据库中选择适合用于NbS的植物种类。例如，如果该地区工业污染突出，则可以选择特定污染物耐受的物种开发绿化带；在道路沿线，交通污染是最为严重的环境问题，则可以选择具有良好冠层结构、吸尘能力强、耐污染程度高的植物[269]。因此，根据植物耐受性、生理特征和栖息地等仔细选择植物物种将有助于在更大程度上减轻空气污染。

技术方面，目前应用最广泛的是美国农业部（United States Department of Agriculture）开发的i-Tree模型（前称UFORE，即城市森林效应），已在全球范围内得到广泛使用[288]。该模型能够对多种城市森林生态系统服务（例如空气污染物的沉积、年度碳汇）以及BVOCs的排放等进行量化，从而确定对改善当地空气质量最有效的树种。"Tiwary法"[289]是i-Tree模型的替代，可用于计算植被的污染减少量。今后应开发更多的模型模拟方法，以计算不同NbS在减轻空气污染方面可能的贡献，帮助进行植物物种选择。

### 3）城市规划

在减少空气污染方面，城市森林的有效性取决于干预类型和应用背景[290]，因此为了更好地利用NbS改善空气质量，降低潜在风险，进行更合理有效的城市规划至关重要。

一是环境方面。在设计NbS时，选择高或矮、茂密或稀疏的植被将直接对空气污染造成影响。在狭窄的街道峡谷中，高大的植被可能导致局部污染物浓度增加，这取决于植被结构（例如树木、树篱）和设计（例如密度、种植距离）。此外，在NbS的实施中还必须考虑到外来物种引入、生物多样性增加等问题。

二是社会方面。需要考虑到过敏性花粉等问题以及社会安全等因素。为了克服过敏问题，城市规划者可能需要在雌雄异株的情况下优先选择雌性植株，而不是雄性植株[291]。

三是经济方面。需要考虑NbS管理与维护所带来的额外成本，例如修剪、病虫害控制、灌溉，以及植被对城市基础设施可能造成的破坏等。考虑到维护活动（如修剪、浇水等），树木也可能成为$CO_2$的净排放源[292]。

基于此，在实际运用NbS来改善空气质量时，需要在规划与设计以及植物选择中注意以下几点，如表2-14所示。

表2-14 运用NbS改善空气质量时在规划设计和选择植被中的注意点总结

| 需考虑项目 | | 策略 |
| --- | --- | --- |
| 规划与设计 | 可利用空间 | 足够即优先植树，不够则可采用城郊造林、绿色屋顶等进行补充 |
| | 受污染程度 | 特别严重区域优先保护和恢复现有绿色基础设施 |
| | 街道配置 | 不宜种植过于高大和密集的树木 |
| | 外来树种 | 限制其引入 |
| | 生物多样性 | 保护和增加 |
| | 管理和维护 | 将其成本计算在内 |
| 植物种特点 | 空气污染物去除效率，尤其是$O_3$、$PM_{10}$和$NO_2$ | + |
| | BVOCs排放，$O_3$形成潜力 | − |
| | 致敏性 | − |
| | 对空气污染物耐受性 | + |
| | 耐病虫害 | + |
| | 耐旱 | + |
| | 对当地环境条件的适应性 | + |
| | 管理和维护难度 | − |
| | 寿命 | + |

注：植物种特点部分的策略中"+"表示选择该项目高的物种，"−"表示选择该项目低的物种。

## 2.5　水安全

水是人类生命的基础，水安全对于实现社会安定、经济可持续发展和人类福祉等方面起到了核心作用。水安全问题目前已经成为一项全球性的挑战，水资源供不应求、水质恶化和涉水灾害的风险增加对水安全构成了严峻的威胁。尽管世界各地政府和国际组织一直致力于解决这一问题，但气候变化和城市化等因素将进一步加剧这些危害，使水安全问题变得更加复杂和不稳定。

NbS作为一种可持续发展的水安全问题解决方案受到广泛关注。NbS利用自然系统中与水相关的物理、化学和生物过程影响水循环，通过恢复或改良生态系统改善水资源质量和数量，降低洪涝灾害和其他涉水风险，从而实现可持续的水资源管理。尽管NbS在解决水安全问题方面具有很大的潜力，但具体实施仍存在一些挑战和限制。随着跨学科合作和技术进步的不断推进，实现NbS从理论走向实践的目标将逐步实现，最终为全球水安全问题提供有效的解决方案。

### 2.5.1　水安全问题概述

#### 2.5.1.1　水安全概念与内涵

过去几十年，"水安全"一词被广泛使用，根据不同背景和学科观点，不同机构和学者对其有不同定义[293]。表2-15归纳了常被引用和参考的关于水安全的定义表述。

表2-15　水安全定义

| 学者/机构 | 时间 | 定义 |
| --- | --- | --- |
| 全球水伙伴（Global Water Partnership）[1] | 2000 | 每个人都能以负担得起的成本获得足够的安全水，以过上清洁、健康和富有成效的生活，同时确保环境得到保护和改善 |
| 陈绍金[2] | 2004 | 一个地区（或国家）涉水灾害的可承受和水的可持续利用能够确保社会、经济、生态的可持续发展 |
| David Grey、Claudia W. Sadoff[3] | 2007 | 为健康、生计、生态系统和生产提供可接受数量和质量的水，以及对人、环境和经济造成可接受水平的水相关风险 |

续表

| 学者/机构 | 时间 | 定义 |
|---|---|---|
| 联合国教科文组织政府间水文计划（UNESCO IHP）[4] | 2012 | 保障人们在流域基础上获得足够数量、可接受质量的水以维持人类和生态系统健康，并确保有效保护生命和财产免受与水有关的危害（洪水、滑坡、地面沉降）和干旱的能力 |
| 联合国水机制（UN Water）[5] | 2013 | 确保人们可持续地获得足够数量、可接受质量的水资源，以维持生计、人类福祉和社会经济发展，同时确保防止因水传播的污染和与水有关的灾害，保护生态系统处在和平安定的环境中的能力 |

注：

1. Global Water Partnership. Towards water security: a framework for action [M]. Stockholm: GWP, 2000.

2. 陈绍金. 水安全概念辨析 [J]. 中国水利，2004(17): 13-15.

3. GREY D, SADOFF C W. Sink or Swim? Water security for growth and development [J]. Water Policy, 2007, 9(6): 545-571.

4. DONOSO M, DI BALDASSARRE G, BOEGH E, et al. International Hydrological Programme (IHP) eighth phase: Water security: responses to local, regional and global challenges. Strategic plan, IHP-Ⅷ (2014-2021) [R]. UNESCO, 2012.

5. UNU-INWEH. Water security & the global water agenda: A UN-water analytical brief [M]. Canada: United Nations University, 2013.

　　表2-15所阐述的水安全定义包含一些共同主题：水的可用性（包括数量和质量方面）；人类对涉水灾害的脆弱性；对水资源的需求（与人口增长、经济发展等因素相关）和水资源可持续性[293]。实现水安全要求实现水资源分配公平、高效和透明；人人都能以负担得起的费用获得满足基本需求的水；收集和处理整个水循环过程中的水，以防止水污染及其可能导致的疾病；存在公平有效的机制来管理或解决可能出现的水资源相关争端或冲突[294]。

　　水安全涉及复杂而相互关联的挑战，这意味着水资源在地方到国际层面上都发挥着实现社会安定、经济可持续发展和人类福祉等方面的核心作用，几乎所有SDGs的实现都与水安全密切相关，同时SDGs也对水安全提出了更高的要求，即在管理水生环境及其伴随的服务时需要考虑长期视野[295]。

　　水安全涉及生物物理、基础设施、政治、社会、财政等各个领域。因此，水安全处于许多安全问题的中心（如图2-3所示）。解决水安全问题需要跨学科合作，并将有助于社会、经济、生态综合发展[294]。

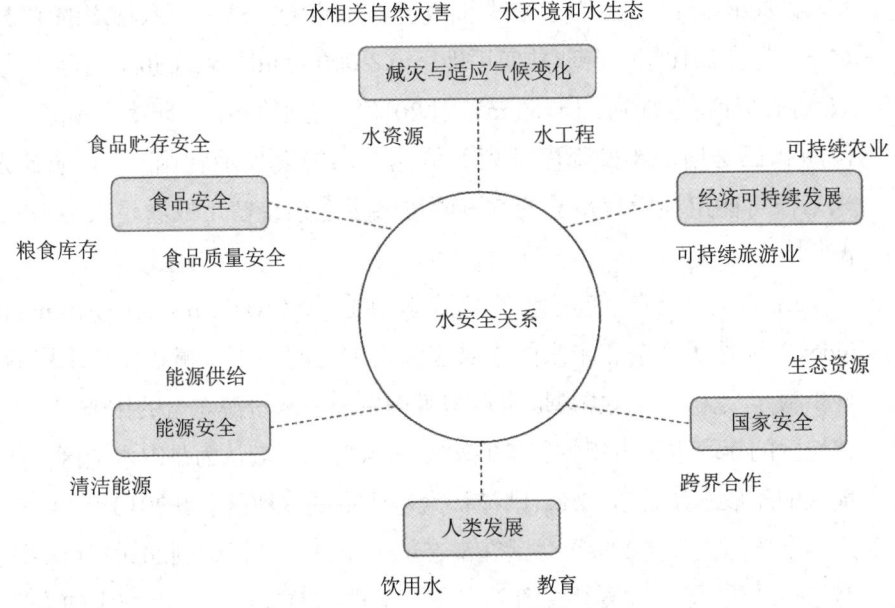

**图2-3 与水安全相关的多重挑战**

### 2.5.1.2 水安全问题现状与发展

据估计，世界上80%的人口面临高度水安全挑战或与水有关的生物多样性风险[296]，具体包括城市水系统管理、水资源过度开采、淡水供应、水污染、洪水、干旱等，对健康、环境和经济发展都造成严重影响。

#### 1）水资源需求与供应

由于人口增长、经济发展和消费方式转变等因素，过去100年间全球对水资源的需求量稳步增长，并且预计在未来20年内增速将进一步加快。当前全球需水量约为每年4.6万亿 m³，预计2050年将达到5.5万亿～6.0万亿 m³[297]。未来，水资源需求格局也将发生改变，虽然农业目前仍是用水最多的行业，但是工业用水和家庭用水正在大幅增加，农业/灌溉、工业、电力、家庭/城市供应之间的水资源竞争将进一步加剧[298,299]。同时，水资源需求增长主要来自发展中国家和新兴经济体[300]。

相对于用水需求的增长，地表水资源供给量的变化相对较小。一些2010年已经处于缺水状态的国家在未来可能面临更低的地表水可用性，例如西班牙和摩洛哥[297]。此外，在世界上很多地区，地下水开采速度快于其补充速度，导致地下水减少甚至枯竭。1960—2000年，地下水枯竭速率翻倍，达到每年2 800亿 m³以上[298]。农业灌溉已被确定为全球地下水枯竭的主要原因之一[301]。2010年，全球共使用地下水8 000亿 m³。到2050年，全球地下水取水量预计将增加到1.1万亿 m³，比2010年增加约39%。印度、美国、中国、伊朗和巴基斯坦（按降序排列）是地下水的五大消耗国[297]。照此发展，未来很可能出现没有足够的水资源可供生态系统使用或满足人类需求的情况[24]。

Burek等人[297]使用水资源脆弱性指数（water resources vulnerability index）评估了当前和未来的水供应和需求之间的不平衡程度。水资源脆弱性指数定义为每年人类总取水量与可再生地表水资源总量的比值[302]。如果该地区的年取水量占年供应量的20%～40%，则被认为是缺水地区；如果该地区的年取水量超过40%，则被认为是严重缺水地区。在2010年，约有19亿人（全球总人口的27%）生活在潜在的严重缺水地区，到2050年可能增加到27亿～32亿人。如果考虑到月变化，全球约有36亿人（近一半的人口）居住在缺水地区（一年中至少有一个月的缺水时间），而这一人口数量到2050年可能增长到48亿～57亿[300]。

### 2）水污染与水质

发展中国家有80%～90%的废水直接排入地表水体[303]，造成了严重的水污染。自20世纪90年代以来，在拉丁美洲、非洲和亚洲，几乎所有河流的水质都进一步恶化，包括病原菌污染、有机污染和盐度污染[304]。同时，拉丁美洲和非洲大部分大型湖泊还存在养分负荷增加的情况，即富营养化趋势[304]。人类活动导致了大量生化需氧量（biochemical oxygen demand, BOD）、氮和磷进入水体，对人类健康造成威胁。据统计，全球范围内每8人中就有1人面临BOD水污染风险；1/6的人面临氮污染风险，1/4的人面临磷污染风险[305]。

水污染和水质恶化进一步加剧了水资源紧张，降低了水生生态系统提供商品和服务的能力，包括对水的净化功能。淡水湿地具有过滤和改善水质的能力，然而自1900年以来，64%～71%的湿地面积已经消失[300]。

### 3）涉水灾害与极端事件

过去几十年，全世界与水相关的自然灾害数量有所增加，特别是洪水、干旱和风暴。这些涉水灾害往往导致大量人口受灾，并带来巨大的经济损失，而且这些损失呈现逐年增长的趋势。这一增长趋势的主要驱动力是人口增长、财富增加以及建成区扩张[298]。

　　洪水是由多种气象和水文因素共同引起的，包括降水量、水文前置条件和径流生成过程。在具有广泛不透水表面的城市环境中，雨水排放主要取决于下水道系统的结构和性能[306]。一旦降雨强度超过下水道管网的排水能力，雨水无法及时排放，就会导致严重的城市内涝。过去几十年来，全球城市洪水事件的发生频率显著增加，不仅在沿海低洼城市，而且在内陆城市如北京等地也出现了此类情况。例如，2012年7月，北京发生极端洪涝灾害，造成77人死亡，损失价值达19亿美元[307]。预计到2050年，世界面临洪灾风险的人数将增加到16亿人（几乎占世界人口的20%），面临风险的资产的经济价值约为45万亿美元，相比2010年增加340%[308]。

　　干旱是最常见的自然灾害之一，它影响地表水和地下水供应，恶化水质，减少作物产量，并对社会和经济活动产生广泛影响。例如，2012年美国干旱造成了超过120亿美元经济损失，并间接影响全球食品价格[309]。2022年夏季，蔓延北半球（从欧洲、北美洲再到亚洲）的极端高温与干旱事件在全球造成了广泛的经济、粮食及生命健康损失与挑战。水循环中各种要素的水平，例如降水量、蒸散量、土壤水分、地表水和地下水，与特定的干旱类型相关（即气象干旱、水文干旱和农业干旱）。长时间（即数月至数年）缺乏降水会导致气象干旱。气象干旱的影响在水循环中传播，往往导致河流流量短缺或水文干旱。若气象干旱、水文干旱未得到及时处理将导致土壤水分缺乏，从而造成农业干旱，作物产量下降。气候变化背景下，世界大部分地区的干旱风险将显著增加[310,311]。

　　风暴潮是指风暴期间海水水位异常上升，高于正常预测天文潮汐水位高度。风暴潮动态取决于海面条件和不同时空尺度的盛行风模式。风和海面之间的屏障会产生波浪，这些波浪在几秒到几分钟内上下推动水，从而引发沿海洪水和侵蚀。当海面被强烈推至暂时高于平均海平面数小时甚至数天时，就会发生严重的沿海洪水和侵蚀现象[312]。

　　总体而言，由于发展中国家在经济上更加依赖对气候敏感的初级活动，因而更容易受到与水相关风险的影响[313]。例如，在2010年的夏季风中，巴基斯坦面临特大洪水[314]，其20%的陆地面积（相当于英国的面积）在水下，2 000万人受到严重影响，2 000人丧生，170万所房屋被毁，经济损失达200亿美元。

　　在全球化的影响下，某一地区与水有关的风险、冲击及应对不力将产生溢出效应，带来全球性的重大金融、经济和政治影响。例如，2010年俄罗斯面临着一个世纪以来最严重的干旱，小麦产量大幅下降导致其8月份宣布小麦出口禁令，随后谷物价格飙升，依赖俄罗斯谷物进口的中东和北非面包价格在2011年初出现显著上涨[315]。随后，天价食品价格引发了民众愤怒，并迅速导致了2011年突尼斯、埃及和也门政权更迭。

### 2.5.1.3 影响水安全问题的主要因素

在全球范围内，水安全领域存在着水资源供不应求、水质恶化、涉水灾害数量增加等不同程度的问题。气候变化造成的水供应时空格局变化和城市化、土地利用变化等造成的水需求增加将进一步加剧这些现象[316]，从而增强对有限水资源使用和管理的压力。世界经济论坛（World Economic Forum）将水危机列为未来十年最大的全球风险[317]。具体而言，影响水安全问题的因素主要有以下两个方面。

#### 1）气候变化

据IPCC报告[318]，近几十年来，由于人类活动造成全球降水模式发生了前所未有的变化，深刻影响了水资源时空分布，导致人类活动和生态系统服务可用水供应量减少[311]。预计气候变化在未来会对全球水循环产生更多影响，许多干旱和半干旱地区可能会在21世纪末变得更加干燥。到21世纪末，巴西东北部气温将升高约4℃，降雨量将减少约40%，干旱强度或持续时间可能会增加[319]。

气候变化模型进一步预测极端事件（洪水、持续干旱）发生率将增加，增大季节性和年际水位变化幅度，进而在湖泊中产生水文压力（例如延长的水力停留时间）[320,321]。在地中海气候区和其他半干旱沙漠气候地区，与气候变化相关的水位、水力停留时间和盐度变化可能对湖泊生态系统结构和动态产生巨大影响[322]，如水生栖息地的破坏和生物多样性的丧失等。

气候变化可能加剧水体富营养化。一方面，气温升高驱动地表水温升高，可能使蓝藻和其他漂浮植物的生长处于优势，导致鱼类脱氧死亡[323]。温度升高还会增加集水区土壤的矿化率，从而增加营养物质的负荷[323]。另一方面，干旱和半干旱地区降水的减少将加剧水位波动，水位降低将导致湖泊和水库的养分浓度升高、浮游植物生物量增加以及水的透明度降低，进而加剧富营养化[324]。富营养化问题的加重将严重影响水质，进一步导致水资源短缺。

### 2）城市化和土地利用变化

城市化与人口增长促使土地利用/覆盖发生变化，改变了淡水生物多样性和水质、河流过程、流域水文状况和河流景观。城市污染物是河流水体和沉积物中污染物负荷的主要贡献者[325]。地表水作为污染物的受体，被城市化集水区或分水岭的地表径流冲走和携带。地表径流将颗粒物、营养物质、重金属、碳氢化合物和其他有毒物质带到受纳水体，导致沉淀、富营养化和水质、水生栖息地及公众健康退化[326]。农业径流主导水中营养物质负载，是营养负荷和其他污染物（如农药）的主要来源；城市和工业废水主导水中金属负载量，是水污染另一个主要来源[325]。

城市发展和居民区开发对风险区域的滥用增加了人们对自然灾害的暴露程度[327]。城市扩张引起的土地利用变化，包括植被地表被移除、原始土地被不透水路面取代、清理及填充天然池塘和溪流等，改变了城市流域水文过程，如入渗、蒸散、截留和侵蚀，从而使地表径流增加，导致洪水水位线达到峰值的时间减少，峰值流量在短时间内到达出口增加了洪水风险[328,329]。降水事件期间峰值增加可能导致雨水渠或联合排水系统溢出，城市流域流量可能比未城市化流域高出30%～100%[330]。

## 2.5.2　NbS解决水安全问题的途径

无论是科学界还是政府决策机构都日益认识到传统措施将无法应对因为气候变化和城市发展而加剧的水安全问题，这促使相关领域专家与政策制定者参与设计和实施更具适应性、更具弹性、更具成本效益比以及可持续和环境友好的水资源管理措施。NbS采用受大自然启发和支持的解决方案，包括保护或恢复自然生态系统和在人工生态系统中加强或创造自然过程，有助于改善水资源管理，帮助解决水安全相关问题，同时提供生态、社会和经济利益[300]。

### 2.5.2.1　NbS与其他水安全相关解决方案

为应对水安全问题，世界各地陆续提出并发展了一些解决方案以替代用传统灰色基础设施处理水文、水质、供水和景观规划相关问题，包括低影响开发、最佳管理实践（best management practices）、水敏感型城市设计（water sensitive urban design）、可持续城市排水系统、绿色雨水基础设施/绿色基础设施（green stormwater infrastructure or green infrastructure，GSI/GI）和海绵城市（见表2-16）。这些解决方案通常利用自然特征来进行现场水文控制，根据不同地区的情况采取系统和资源有效的干预措施，以改善水质、维护城市水系统，并重建城市水文过程。作为建设更具弹性的城市的手段，这些措施关注自然或生态保留、滞留、渗透和排水，旨在控制径流量并减少高峰流量[331]。

**表2-16 全球不同应用场景下NbS相关术语**

| 术语 | 应用地区/国家 | 应用尺度 | 提出时间 | 概念 |
|---|---|---|---|---|
| 低影响开发[1] | 美国 加拿大 新西兰 意大利 | 小 | 1977 | 通过微尺度控制措施来减少径流量、峰值流量和污染水，减轻城市化的不利影响 |
| 最佳管理实践[2] | 美国 | 大 | 1983 | 通过限制光、热、气、废水等排放来降低面源污染的管理措施 |
| 水敏感型城市设计[3] | 澳大利亚 新西兰 欧盟 | 全 | 1996 | 将城市地区的自然水系统与雨水和废水管理部门相结合，来应对各种规模的洪水或从洪水灾害中恢复 |
| 可持续城市排水系统[4] | 英国 | 全 | 1997 | 以在源头储存或再利用地表水为原则，通过实施措施，例如住宅区的洼地，在保护/维护水道的同时缓解洪水泛滥 |
| 绿色雨水基础设施/绿色基础设施[5] | 美国 加拿大 英国 德国 多米尼加 | 全 | 1999 | 包括一系列措施（例如生物洼地、雨水花园、透水路面、城市湿地和绿色屋顶），通过在整个降雨径流过程中的渗透、储存和蒸散来管理雨水，增强城市对自然灾害的抵御能力 |
| 海绵城市[6] | 中国 | 全 | 2014 | 在降水集中时期，使水在城市绿色空间中渗透、滞留和积聚；在干旱时期，释放储存的雨水，将水循环利用与排水相结合以供水 |

注：

1. BARLOW D, BURRILL G, NOLFI J R. A Research Report on Developing a Community Level Natural Resource Inventory System[M]. Madison: Center for Studies in Food Self-Sufficiency, Vermont Institute of Community Involvement, 1977.

2. BICKNELL B R, DONIGIAN A S, BARNWELL T A. Modeling Water Quality and the Effects of Agricultural Best Management Practices in the Iowa River Basin[J]. Water Science and Technology, 1985, 17 (6–7): 1141–1153.

3. MOURITZ M J. Sustainable urban water systems: policy and professional praxis[D]. Perth: Murdoch University, 1996.

4. BUTLER D, PARKINSON J. Towards sustainable urban drainage[J]. Water Science and Technology, 1997, 35(9): 53–63.

5. BENEDICT M A, MCMAHON E T. Green infrastructure: smart conservation for the 21st century[J]. Renewable Resources Journal, 2002, 20(3): 12–17.

6. 俞孔坚, 李迪华, 袁弘, 等. "海绵城市"理论与实践[J]. 城市规划, 2015, 39 (6): 26–36.

传统意义上, 这些解决方案的主要目的是控制径流、防洪、蓄水和去除污染物以改善下游水质。但是, 人们越来越意识到类似措施还具有改善环境(栖息地和景观增强、生物多样性、地下水保护)和社会服务(娱乐设施、美学)的功能[332], 这与NbS的内涵和目标是相同的。实施NbS可以保护或修复自然生态系统, 也可以在改造的或人工生态系统之中强化或创造自然过程, 这在微观和宏观层面都适用[300]。

### 2.5.2.2 NbS解决水安全问题的机制

NbS通过恢复自然或改良的生态系统来适应性地解决水安全问题, 利用的是生态系统中与水相关的物理、化学和生物过程, 这些过程会影响水循环中的水文路径, 包括蒸发、渗透、储存和径流。在NbS解决水安全相关问题的应用中, 植被、土壤和湿地(包括河流和湖泊)等主要生态系统的功能发挥着主要作用。

#### 1)植被

植物通过根部吸收的水分用于蒸腾作用, 促进了水循环。植物的蒸腾作用能提高大气湿度, 增加降水; 植物的茎叶接着雨水, 也能减缓雨水对地面的冲刷。植物根系有助于改善土壤结构和土壤健康, 影响其入渗和蓄水能力。除了在干燥、冰冻等极端景观下, 植物的自然衰老也能建立起覆盖土壤的关键有机质层, 这一层能够调节陆地侵蚀和蒸发[300]。植物, 尤其是水生植物, 具有强大的根系, 具有捕获和吸收水中污染物的能力, 在修复重金属和其他水污染方面被广泛使用[333]。

不同的植被覆盖类别对水循环存在不同的影响。例如, 在水土保持方面，森林种植往往受到最多关注，被广泛用作恢复措施，但草地和农田也非常重要。在黄土高原地区，相较于种林而言，草地和灌木等植被的恢复能进一步保持水土[334]。

### 2）土壤

土壤在水循环、水的存储和转化中发挥着重要作用。土壤涉及复杂的生命系统，其生态和健康状况影响着其中的水文生物过程。例如，土壤结构（土壤孔隙的几何形状及大小）影响着水从陆地渗透和蒸发的数量；土壤的表面条件（植被覆盖、土壤结构等）控制着降雨分配到地表径流和入渗的比例。在农业生态系统中，土壤的健康度（养分循环的能力）会对水质产生重大影响[335]。

### 3）湿地

包括河流和湖泊在内的内陆湿地在水循环过程中发挥着巨大作用。湿地保护通常从水文过程出发，包括地下水补给、洪水流量改变、泥沙稳定和改善水质[335]。沿海湿地在与水有关的减灾中也发挥着重要作用。例如，红树林的根部可以稳定沉积物，减少海浪和水流的能量，从而降低风暴潮造成的洪水风险。

基于以上机制，实施NbS的基础设施（例如绿色屋顶、渗渠、透水/多孔路面和蔬菜洼地/生物洼地）在建设后成为生态系统的组成部分，可以通过改变生态要素（例如植被和土壤）来影响水文过程。

### 2.5.2.3　NbS解决水安全问题的措施

实施NbS可以通过提高水的可用性、改善水质、降低涉水风险缓解和解决水资源供不应求、水质恶化、涉水灾害频发等问题，并创造额外的社会、经济和环境效益，从而强化整体水安全。NbS利用生态系统服务来促进水资源管理，常用的措施包括：天然湿地和人工湿地、可持续城市排水系统（包括绿色屋顶、生物滞留池、透水路面、渗滤沟、渗水坑等）、人工生态浮岛、雨水花园、生态缓冲区等[336]。

### 1）提高水的可用性

实施NbS解决供水问题的主要方式是调节降水、湿度、蓄水、渗透和传输，以改善人类获取水的地点、时间和数量条件，从而满足用水需求。由于泥沙淤积、径流减少、对环境担忧以及一些限制因素，建造更多水库这种方式在实用性方面日渐受到限制。在很多发展中国家，成本效益最高且可行的建库地点均已被占据殆尽。因此，需要采用对生态系统更具有保护作用的蓄水方式，如修复自然湿地、增加土壤湿度、提高地下水回灌效率等[300]。为了更好地理解蓄水的主体，Matthew McCartney 和 Vladimir Smakhtin[337] 引入了"蓄水连续体"的概念，即考虑到水资源易变性日趋凸显，流域和地区层面的蓄水规划应综合考虑地表和地下（或两者结合的）蓄水方式，以获得最佳的环境和经济效益。

### 2）改善水质

NbS 常使用一些基础设施来改善水质，例如沉淀池、人工湿地、滨岸缓冲带和峰值流量控制结构等，它们通常能够在污染水体进入受纳水体之前捕获其中的悬浮固体和营养物质。这些 NbS 在改善水质方面的表现取决于它们通过物理过滤、化学和生物过程降低流速和保留溶解营养物质的能力。芬兰的峰值流量控制结构可以将污染水体的流速降低 91%，悬浮固体减少 86%[338]。人工湿地、陆上流域和湿地缓冲区[338] 对于水质改善通常十分有效，因为其中生长的植被和微生物可以直接利用水和底部沉积物中的可溶性养分[332]。

### 3）降低涉水风险

NbS 作为防洪策略可以通过增加地表粗糙度、调节地表径流和渗透来帮助减弱洪峰并增强排水，从而降低洪水风险，具体措施包括湿地、树篱、防护林、堤岸和河岸缓冲带等[339]。在城市地区强降水事件期间，增加绿色空间可以显著减少水量[340]。将绿色基础设施和灰色设施混合，如可持续排水系统和生物滞留洼地，可以增加降雨径流水的渗透，使地下水位上升到正常水平以上，并有效处理雨水。NbS 也可以作为表面加固措施，例如多年生草本深根植物可以通过降低堤坝的破坏概率或提高洪水泛滥时堤坝失控破坏的条件来保护堤坝免受破坏。

NbS 抵抗干旱风险的措施有土壤保持（如轮作、覆盖作物）和改变景观连通性（通过减少景观联系来增加渗透或减少地表径流）等，这些干预性措施能够解决农业干旱问题[312]。例如，葡萄牙南部被称为"Montado"的农林牧系统，就是基于生态工程进行设计和部署，致力于实现可持续的供水和植被生产力，并提高对干旱的抵御能力。该系统的特点是分布着与动物放牧和耕作相关的开放橡树、橄榄树和栗树，同时也发现了大量的外生菌根真菌群落。由于对水和养分的竞争较低，这种生态系统有效地提高了对干旱的抵抗能力[341]。

作为风暴潮和海岸侵蚀防护的NbS措施（例如沿海岸线的珊瑚礁、牡蛎礁、植被和湿地），可以通过衰减海浪速度并减少人类社会对风暴潮的脆弱性来降低其影响。例如，2004年12月，印度洋海啸期间，红树林形式的沿海湿地受到的损害较小[342]。海岸线植被屏障通过将波高限制在0.3%～5%的范围内，有效地减少了海岸线侵蚀[343]。将灰色工程基础设施与绿色基础设施（如植被保留结构）相结合，可以更好地抵抗和消散水波能量，从而减轻海岸侵蚀和风暴潮的影响。

### 2.5.3　NbS解决水安全问题的优势

目前，水安全问题的解决方案仍然由传统灰色基础设施主导。与可能对环境产生负面影响的灰色基础设施相比，实施NbS具有一些明显优势。利用NbS解决水安全问题，不仅提供了有前景且具有成本效益的解决方案，还能从同等投资中获得额外的环境和社会经济效益[300]。

#### 2.5.3.1　环境友好

传统的灰色基础设施可能会使生态系统在长期内变得更加脆弱。例如，在城市中广泛实施的传统城市雨水管理系统（包括排水沟、雨水管和隧道）改变了自然水循环；防洪堤和水坝等防洪基础设施改变了自然河流的流态，切断了洪泛区与河流的联系，从而导致水生栖息地的退化[344]。与防水堤和水坝相比，保留洪泛区并将其重新连接到河流的NbS措施不仅可以改善洪水管理，同时也能保护生态系统的价值和功能。

#### 2.5.3.2　高成本效益比

与灰色基础设施解决方案相比，NbS投资成本在中长期规划中具有明显的优势[345,346]。NbS从战略上保护或恢复自然，可以同时解决多个复杂且动态的水安全问题，创造协同效益。比如，人工湿地在改善水质的同时还可以增强水的可用性并提供水生生态系统服务（缓解洪水风险等），因此可以提供更具生态弹性和成本更低的服务。

### 2.5.3.3　实现SDGs

实施NbS创造的协同效益对于实现SDGs具有很大潜力，能够促使社会向可持续发展转变。例如，用于改善水质的NbS可支持实现SDGs目标6，即"确保人人享有清洁饮用水和卫生设施及其可持续管理"的所有子目标；抵御涉水灾害的NbS是构建有抵御灾害能力基础设施的重要组成部分（SDGs目标9）。

实施NbS来解决水安全问题，不仅可以带来协同的社会经济效益，例如创造更多就业机会，而且在应对气候变化和人口增长所带来的水安全挑战以及其他相关领域中发挥着重要作用，这是传统的灰色基础设施无法达到的。当自然生态系统（如水域生态系统）发生变化时，它所提供的一些"天然效益"可能会减少或消失，并可能被变化后的效益所取代。在这个过程中，存在一个"临界点"，找到这个"临界点"就意味着找到了绿色和灰色基础设施的最佳组合，从而最大化总体效益和系统效率，同时最小化成本和权衡。

## 2.5.4　NbS解决水安全问题风险与规避

尽管实施NbS在解决水安全方面颇具前景，但仍然面临一些挑战和限制。

### 2.5.4.1　改善水质方面

事实上，NbS在清除某些污染物方面存在能力有限的情况，特别是在废水浓度较高的工业和采矿应用方面。因此，有必要认识到生态系统的承载能力存在着限制，并且需要确定污染物和有毒物质添加可能导致不可逆转的破坏阈值[300]。

此外，实施NbS去除一些污染物需要较长的滞留时间。水在湿地中相对缓慢流动，这样可以使病原体失去生存能力，或者提供足够时间让生态系统中的其他生物消耗它们[300]。然而，在这个过程中，湿地也可能积累有毒物质，从而损害湿地生态系统的功能和健康。因此，结合NbS与传统水处理技术的方法可能提供了更为适当的解决方案。

NbS在水质改善方面的具体应用受到多种因素的影响，但由于缺乏历史证据，其有效性仍需进一步证明。因此，与成熟的传统水处理技术相比，此类解决方案存在更大的感知风险与不确定性[300]。填补这种信息空白是使NbS从理论走向实践的关键之一。

### 2.5.4.2 减轻涉水风险方面

自然干旱、洪水发生频率以及年际、年内降雨量变化率等[347]复杂因素的存在增加了NbS应用的难度。实施NbS需要大量的参考信息，然而目前这方面依然存在巨大的缺失。因此，迫切需要专家和从业者之间的知识交流，以促进数据网络的建设，从而充分理解当前的社会生态并准确预测未来可能的情况[312]。

NbS相关政策的碎片化以及NbS设计的知识空白使其理论难以转化为实践。虽然许多论文已经讨论了NbS在管理极端事件中的作用，但仍缺乏对其运作机制的探究[348]，因此关于NbS能够真正提供什么以降低涉水风险的研究仍然不足。

## 2.6 人群健康

城市化和气候变化深刻影响着社会、经济与环境，并引发了一系列人群健康问题。NbS可以高效利用自然生态系统，以有效且强适应的方式应对人群健康挑战。NbS在促进人群生理健康（如改善身体质量、降低非传染疾病和传染性疾病影响）、心理健康（如改善心理健康和认知功能、缓解疗愈精神疾病）、社会健康（如自然空间存在特征促进社会健康、与自然空间互动提高居民间建立联系的机会、发展社区意识、提高社会韧性、增强地方或社区依恋、减少犯罪、提升抗灾能力）和通过提供生态系统服务来促进健康（如城市蓝绿空间降低城市热岛效应有助于防止与热相关的疾病的发病率和死亡率）等方面具有重要作用。

本节首先将论述NbS对人群健康的促进作用（生理、心理、社会）。其次，从自然暴露与自然干预两方面总结NbS促进人群健康的作用途径。最后，将论述NbS对人群健康潜在风险及如何规避这些风险。

### 2.6.1 健康问题概述

城市化与气候变化深刻影响着社会、经济、环境等多方面[349-352]，同时也带来了严峻的人群健康问题，如快速的生活节奏、日益加大的社会竞争压力、多坐少动等缺乏体力活动的生活方式[353]，以及城市发展所导致的景观格局日益破碎化、蓝绿空间面积减少、分布不均等[354,355]，成为诱发各类心理、生理和社会健康问题的重要因素[356-359]。

《世界卫生组织组织法》（Constitution of the World Health Organization）将"健康"定义为"不仅为疾病或羸弱之消除，而系体格、精神与社会之完全健康状态"[360]。据此，健康可分为生理健康、心理健康和社会健康。另外，自然环境提供了广泛的生态系统服务，特别是调节服务（如减少热量[361,362]）和支持服务（如维护生物多样性[363,364]），以降低疾病风险（如热发病率[105,359,365]），间接促进人群健康[358,366]，有学者将其定义为"生态系统健康"（eco-health）[367,368]，本书沿用这一概念，并纳入总体人群健康范畴中。

NbS旨在高效利用自然资源，以有效且强适应的方式应对一系列挑战，同时带来经济、社会和环境效益，而应对人群健康挑战正是其重要的目标之一[24,369,370]。本节的总体理论框架如图2-4所示。

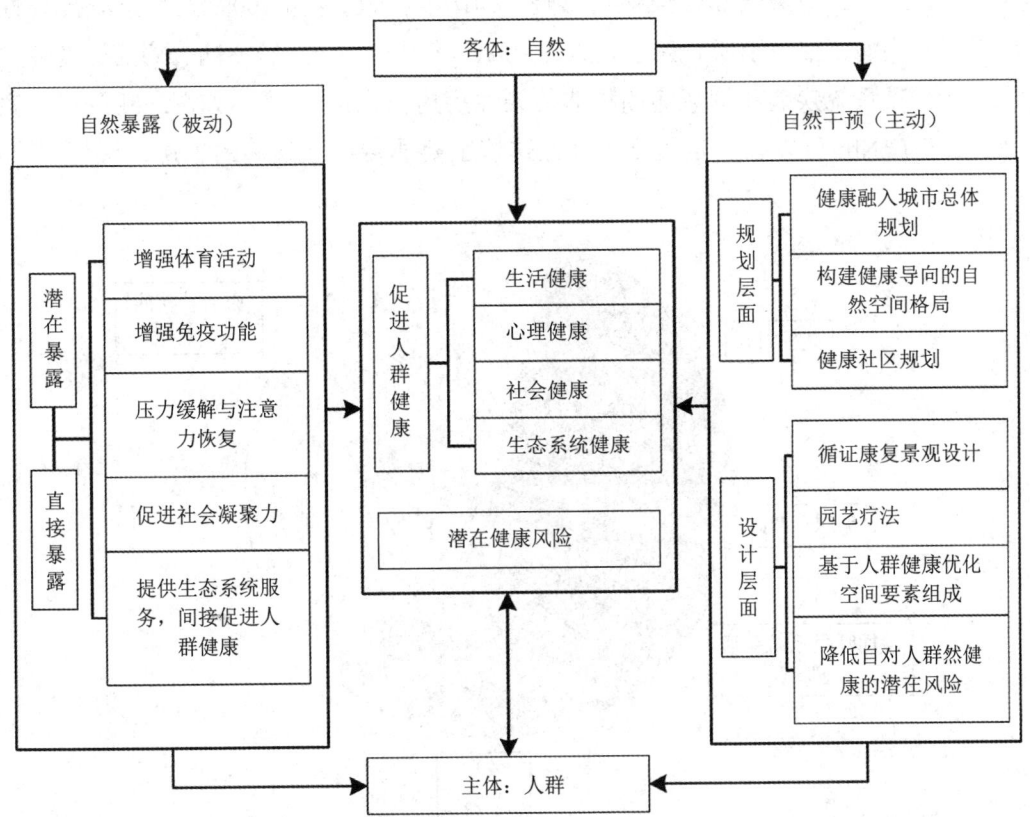

图2-4　NbS促进人群健康理论框架

### 2.6.2 NbS促进人群健康的分类

#### 2.6.2.1 促进生理健康

NbS对人群生理健康的促进作用可分为以下三种。

一是改善身体体质[371]。NbS对于增强身体健康、改善免疫系统功能、促进妊娠健康、降低全因死亡率以及延长寿命等方面都具有积极影响[356,370,372-375]。提高居住区周围蓝绿空间的暴露水平可以降低全因死亡率[376,377]、降低卒中死亡率[378,379]、提高老年人5年生存率（达到某年龄的老年人5年后仍然存活的概率）[380]，以及提高自我报告（self-reported）的健康状况[381]。不过，也有研究认为NbS与死亡率之间不存在相关关系，如Richardson等人研究发现美国49个最大的城市绿地可用性与总体死亡率之间不存在关联，这可能是由于城市蔓延格局和高度汽车依赖所致[382]，从侧面也反映出NbS对于公众健康的促进作用仍需进一步探索[383-385]。

二是降低非传染疾病影响。2016年全球约有4 100万人死于非传染性疾病，相当于所有死亡人数的71%，其中又以心血管疾病、癌症、慢性呼吸系统疾病和糖尿病四种非传染性疾病占比最多[386]（如图2-5所示）。实施NbS可以在一定程度上降低这些主要非传染性疾病的患病率[370,387-389]。

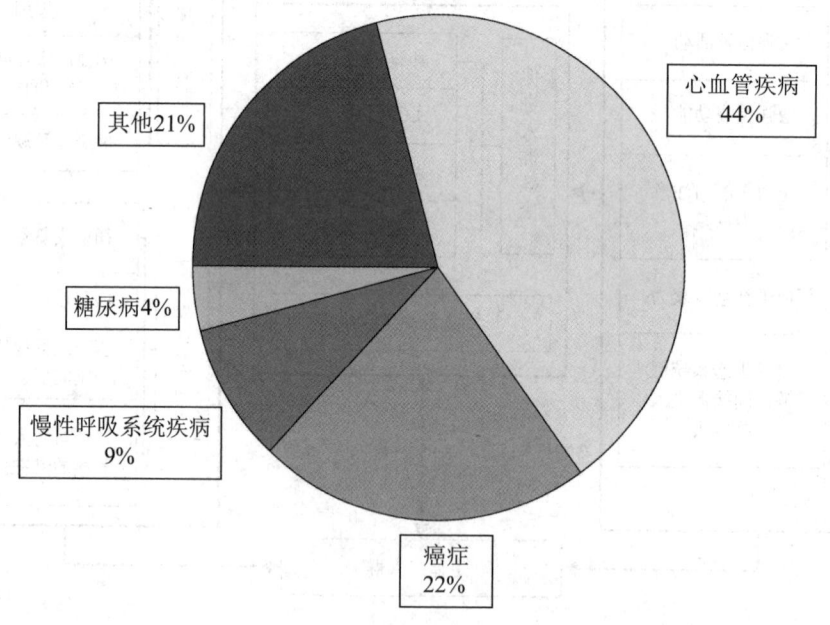

图2-5　非传染性疾病导致的过早死因构成

大量研究也表明改善绿地的可及性和提高绿地质量与降低心血管疾病死亡率有关[356,390]。当前全球超过20亿人超重或肥胖，这意味着全球约1/3人口受超重或肥胖相关健康问题的困扰[391]。相关研究表明绿地与降低肥胖相关指标有关[392]。此外，NbS对于多动症[255]、术后康复[393]、代谢性疾病[394]等非传染性疾病缓解也具有积极作用。

三是降低传染性疾病的影响。NbS（主要表现为居民的自然暴露）与传染性疾病的关系一直都被认知，并且是19世纪欧美公共卫生运动与城市公园运动背后的推动力之一[395]。但是，当时人们对这种联系背后的许多机制知之甚少，且缺乏严格的科学证据[396,397]。随着技术手段不断提高，自然暴露对传染性疾病的影响研究逐渐深入[398-400]，人们认识到自然暴露对传染性疾病防控的隔离传染源、切断传播途径、保护易感人群等关键环节具有积极作用[401,402]。例如，在突发公共卫生事件期间，大型自然空间展现出了为紧急医疗目的改造的潜力，其价值得到了广泛证明[403]。同时，自然也可以为人们提供开放的户外休闲空间，且偏远人少的区域更加受到人们偏爱[404-406]，这间接减少了新冠肺炎疫情的传播，揭示了NbS在降低传染性疾病影响方面的弹性价值。

### 2.6.2.2 促进心理健康

NbS对心理健康的促进作用主要体现在两方面：一是改善心理健康和认知功能（针对未患有心理疾病的人群）；二是对精神疾病的缓解疗愈（针对患有心理疾病的人群）。

在改善心理健康和认知功能方面，大量研究证明了自然暴露对促进心理健康的有效性[357,364,407-409]。居住在绿地周边的人群所承受的心理压力（抑郁、焦虑和压力等）较低，恢复能力更强，且更能集中注意力[410-413]，绿地体验等活动能够改善睡眠和减轻压力[414,415]，而这二者是人群罹患精神疾病（尤其是抑郁症）的主要因素[357,416]。此外，自然暴露对人们（特别是儿童）的认知发展存在有益影响。随着自然空间利用量的增加和住宅绿化程度的提高，儿童的行为发展改善，与此同时，ADHD和相关认知症状的发生率也有所降低。

在精神疾病的缓解疗愈方面，蓝绿生态空间暴露对于多种精神疾病有积极的疗愈作用[417]。例如，参与园艺活动对于阿尔茨海默病有预防和治疗作用[418-420]。日本一处养老设施为期6年的实验研究表明，在其设施内，经常在庭院中散步、从事园艺活动的老人无一患上阿尔茨海默病，而不经常在庭院中散步、不进行园艺活动的老人全部都患上轻重程度不同的阿尔茨海默病[421]。此外，让孤独症患者与自然接触对治疗有好处[422]，这可能是由于绿地体验（活动）可以使大脑内的前扣带回皮层、背外侧前额叶皮层和背内侧前额叶皮层的活跃度增强，从而有效降低罹患精神疾病的风险[410]。

### 2.6.2.3　促进社会健康

NbS对社会健康具有促进作用，在社区尺度上尤为显著[423-425]。首先，自然空间数量、大小、生物多样性、质量等特征对社会健康具有促进作用，包括提高邻里范围内社会凝聚力[385,426-429]、提高安全感[430]、减少攻击性行为[431]和降低犯罪率[432]。其次，人群与自然空间的互动会促进社会健康，如提高参与者与他人建立联系的机会，发展其社区意识，并从日常生活需求中重组人际关系[433]、提高社会韧性[434]。再次，社会凝聚力、安全感、攻击性行为和犯罪率等在NbS和社会健康之间的中介效应，也体现出NbS对人群健康的促进作用[105]。例如，社会凝聚力在邻里绿化感知和心理健康之间起着部分中介作用[435]。类似地，社会凝聚力在街景绿化数量和质量以及居民整体健康和心理健康之间起着中介作用[426]。此外，有学者将NbS对社会健康的促进作用分为增强地方或社区依恋、减少犯罪、加强抗灾能力、获得当地生产的食物、促进儿童社会化和他们的学校表现、助益社区治疗影响几种类型[436]。

不过，尽管人们普遍认同实施NbS对社会健康的积极影响[423,437]，但此类研究目前还比较薄弱[358]。首先，整体来看，相比生理健康、认知表现和心理健康，NbS与社会健康相关研究还较少[105]。其次，与社会健康相关的自然因素几乎没有得到深入研究，而这些因素可能对规划管理实践产生重要影响[438]。再次，关于NbS与社会健康联系的潜在机制，即社会凝聚力、攻击行为、犯罪恐惧和犯罪率等因素可能有重要的中介效应，然而这些因素在研究中并未得到广泛关注[105,358,409]。总之，NbS对社会健康的促进作用还需要更深入、更广泛的研究。

### 2.6.2.4　通过生态系统服务促进健康

实施NbS可以通过其提供的广泛生态系统服务，如清洁水源、减轻水害、改善空气质量、减少噪声、降低气温、保持生物多样性，进而促进人类健康[383,384,439]。例如，全球气候变化增加了极端气候事件的频率和强度，进一步加剧了热岛效应[440,441]，从而损害了城市居民的健康和福祉[442-445]。首先，城市树木和植被通过蒸散和遮阴减少热岛效应（气候调节服务），从而有助于减少与热相关的疾病的发病率和死亡率[361,446]，并且城市蓝色空间也有类似功能[447,448]。其次，城市绿地在降低城市空气污染方面具有调控潜力。空气污染会加重心血管和呼吸系统疾病[383]，通过科学的规划和设计，优化植物基因型、树冠密度和LAI之间的关系，可以有效降低空气污染水平[449,450]（详见本章2.4节），从而降低城市人群心血管和呼吸系统疾病的发病率。另外，洪水是对人类健康造成严重影响的一个重要风险因素。随着海平面上升，河流洪水、浅表洪水以及沿海洪水的风险都在增加[451]。实施绿色空间战略可以有效缓解极端降水和潜在洪水，降低居民受灾程度，进而提升居民的健康和福祉[452]。

### 2.6.3　NbS促进人群健康的途径

图2-6根据现有研究总结了NbS促进人群健康的途径。由图可知，NbS促进人群健康的途径总体来说可以分为两类。

第一类是基于自然（生态）暴露而引起的被动性促进。自然（生态）暴露是一个广义术语，指居民与自然空间或以自然为内核的景观环境直接或间接的接触与互动[357,376]，可分为潜在暴露/被动暴露（potential/passive exposures）和直接暴露/主动暴露（direct/active exposures）两类[355,357]。

自然环境可通过自然暴露和自然干预影响人群健康，这两种途径中不同作用过程和机制会受到社会人口、社会环境、气候等因素的影响。在自然环境和与人群健康结果之间的双头箭头表明它们是耦合互惠的关系（自然的健康与人的健康是共存互惠的）。NbS促进健康的两种途径（自然暴露和自然干预）中，多种促进机制和健康结果之间的双向箭头也说明了它们的相互作用关系，并且每一个都可能与其他所有的相关，而不仅仅与相邻的一个相关。

潜在暴露是指自然生态系统的存在可能对健康产生影响，而采用可获得性（availability）、可达性（accessibility）和吸引性（attractiveness）三种指标可以分别衡量自然潜在暴露的数量、结构和品质水平[355]，进而评估其对人群健康的潜在影响。直接暴露是指人们实际参与到自然体验对健康产生的

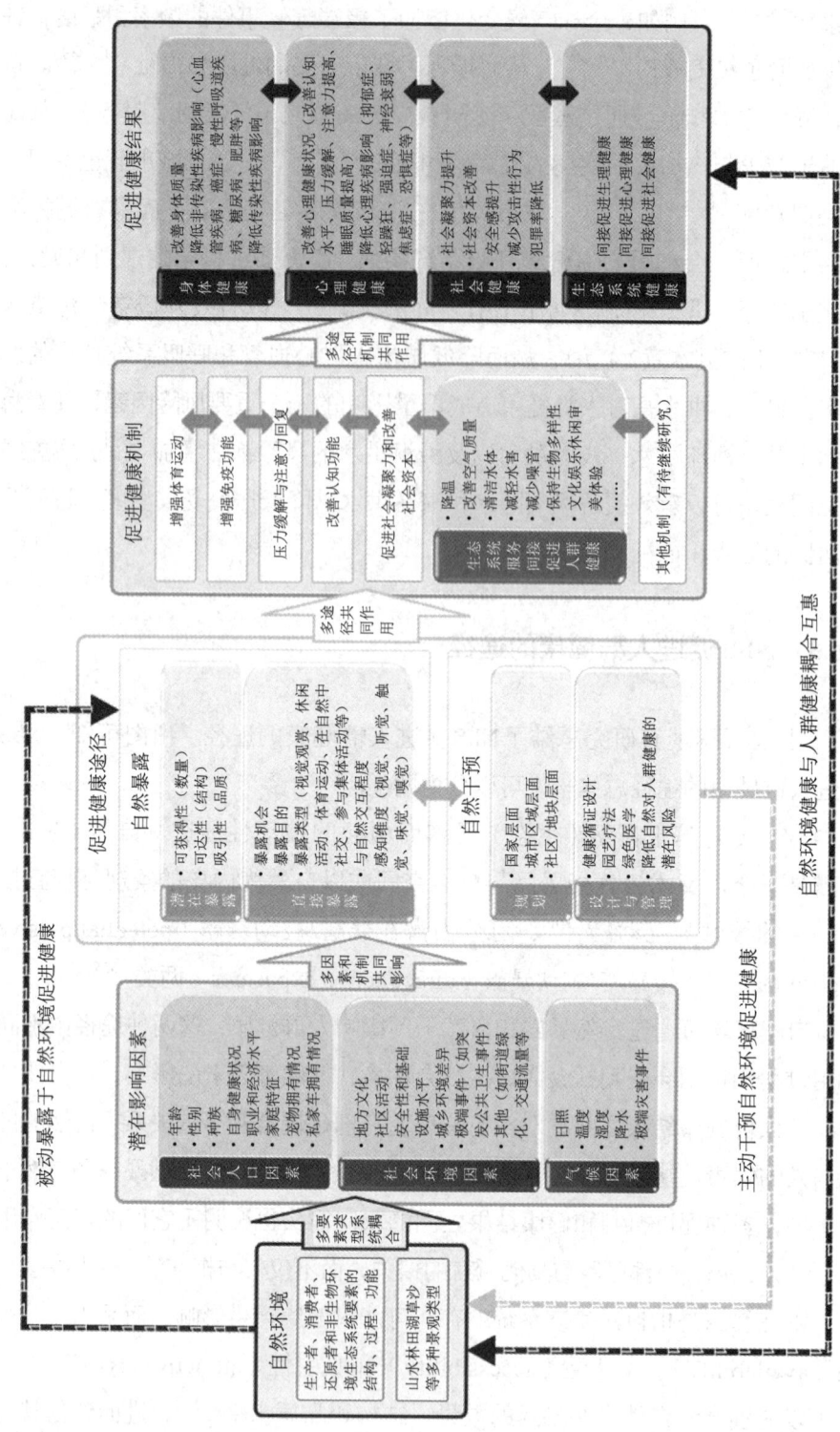

图2-6　NbS促进人群健康途径的框架

影响[453-455]。这两种暴露都可以通过多种机制直接或间接促进人群生理、心理、社会和生态系统健康。

一是增强体育活动。在绿色空间中进行体育活动比在室内环境中进行体育活动会产生更大的健康效益[409,456,457]。体育活动最大益处在于预防和治疗心血管疾病、降低相关疾病死亡率以及全因死亡率[402,458]。

二是增强免疫功能。暴露于自然微生物中可以增强免疫力[459]。

三是压力缓解与注意力恢复。自然环境刺激，或接触自然和绿色空间，有助于精神恢复和放松[105,460]，恢复注意力和幸福感[461,462]。

四是改善认知功能。自然环境可以促进认知能力，特别是儿童，这对于其认知发育具有重要意义。

五是促进社会凝聚力和改善社会资本。这主要是通过社会参与、社会支持、社会影响，以及社会交往（联系）等途径实现[463-466]。

六是提供生态系统服务。清洁空气和水、降噪、降温、防洪减灾、调蓄水源等，间接促进暴露于其间的居民的健康[409]。

第二类是基于对自然生态空间干预而产生的主动性促进，主要包括规划和设计两个层面的途径（具体案例可参见本书3.6节）。

规划层面的干预可分为国家、城市和区域、社区和地块三种尺度，具体措施包括NbS促进健康规划融入国家战略规划及城市区域总体规划，构建健康导向的城市蓝绿生态空间格局，提升蓝绿生态空间的暴露度（如提高其可获得性、可达性和吸引性），优化城市蓝绿生态空间的空间要素组成，构建网络状蓝绿生态空间格局，基于NbS进行健康社区规划，降低蓝绿生态空间对人群健康消极影响等方面[463]。

设计层面的干预包括健康循证设计、园艺疗法、基于人群健康优化自然空间要素组成模式[467]、针对特殊人群（如残障者）健康设计自然景观[468]等方面。本节以园艺疗法对人群健康的促进作用为例进行阐述。

园艺疗法是指身心健康需要改善的人群，在园艺疗法师的指导下，通过以植物为主体的解决方案进行相关干预，在生理、心理、精神、社会等方面达到与维持健康状态的一种辅助疗法，对于疾病预防、康复治疗，特别是慢性病、老年性疾病具有现代医学不易达到的功效[421]。

根据媒介（客体）和对象（主体）两种分类体系，可将现有的园艺疗法分为以下类型（见表2-17）。

表2-17  园艺疗法分类

| 分类 | 分类依据 | 内容 |
|---|---|---|
| 依据媒介分类 | 植物材料 | 花疗法、树木（气功）疗法、香草疗法、植物疗法、药草疗法、果树疗法、蔬菜疗法、草木疗法等 |
| | 操作活动 | 农业疗法、林业疗法、插花疗法、园艺疗法（狭义）、芳香疗法、花食疗法、冥想疗法、盆景疗法、田园疗法、箱庭疗法等 |
| | 实施场所 | 山地疗法、高原疗法、荒野疗法、阳台疗法、庭院疗法、花园疗法、市民农园疗法、森林康养等 |
| | 设施机构 | 植物园、医院、养老机构、学校、监狱、精神病院、居住区、退伍军人医院等 |
| 依据对象分类 | 健康状况 | 健康人群、亚健康人群、非健康人群 |
| | 年龄阶段 | 儿童、青少年、成人、老年人 |
| | 普遍病症 | 焦虑症、抑郁症、亚健康、自然缺失症、手机依赖症、睡眠障碍 |

资料来源：

1. ZHANG G, POULSEN D V, LYGUM V L, et al. Health-promoting nature access for people with mobility impairments: A systematic review [J]. International Journal of Environmental Research and Public Health, 2017, 14(7): 703.

2. 张高超，孙睦泓，吴亚妮.具有改善人体亚健康状态功效的微型芳香康复花园设计建造及功效研究［J］.中国园林，2016，32（6）：94–99.

3. STIGSDOTTER U K, PALSDOTTIR A M, BURLS A, et al. Nature-based therapeutic interventions [M] //Nilsson K, Sangster M, Gallis C, et al. Forests, Trees and Human Health. Dordrecht: Springer Netherlands, 2011: 309–342.

4. ULRICH R S. Effects of gardens on health outcomes: Theory and research [M] //MARCUS C C, BARNES M. Healing Gardens: Therapeutic Benefits and Design Recommendations. New York: Whiley, 1999: 27–86.

5. KIM K H, PARK S A. Horticultural therapy program for middle-aged women's depression, anxiety, and self-identify [J]. Complementary Therapies in Medicine, 2018, 39: 154–159.

园艺疗法对促进生理、心理以及社会健康都具有重要作用（见表2–18），并且在园艺疗法实施过程中，在对不同症状患者产生不同疗效的同时，对大多数患者都会产生身心与社会等方面的综合治疗效果。

表2-18  园艺疗法对于人群健康的促进作用

| 促进维度 | 具体促进内容 |
|---|---|
| 生理方面 | 刺激感官、强化运动机能 |

续表

| 促进维度 | 具体促进内容 |
|---|---|
| 心理方面 | 消除不安心理与急躁情绪、增加活力、高扬气氛、培养创造激情、抑制冲动、培养忍耐力与注意力、行动具有计划性、对未来充满信心、增强责任感 |
| 社会方面 | 提高社交能力、增强公共道德观念 |

园艺疗法是一种重要的实施NbS促进人群健康的主动干预设计及参与性实践途径，在未来利用NbS推进人群健康的自然干预措施中，具有广泛实施与普及前景。

总体来说，现有研究揭示了NbS对人群健康的一系列促进作用。但是，证实和证伪这种作用的证据均存在，且部分证据并不充分。[370,385]。自然暴露与人群健康效益关系的潜在机制是复杂且相互作用的，可能会通过多路径和机制产生作用（如图2-7所示），其中一些具有协同作用[358,397]。例如，生态系统服务（包括文化服务）还可以提供更好的审美环境和娱乐机会，从而促进身体活动，这与生理和心理健康呈正相关。此外，所有这些有益健康结果都可能受到潜在的调节和中介因素的影响，如社会经济地位、性别、年龄、偏好、职业、文化和个人感知[354,409,456,469,470]。因此，在应用NbS促进人群健康时，需要谨慎对待，因为仍然存在巨大的知识差距，未来需要进一步深入探索。

此外，过去大量研究已经证明，暴露于（城市）自然生态系统（定义为生态暴露）对健康有积极效应，提供了比处理具体疾病这种"下游健康"后果更有效的"上游预防"措施。生态环境与健康领域研究范式逐渐从聚焦环境污染物环境暴露对健康的负面效应到关注自然生态系统提供生态暴露积极健康效应的范式转变。然而，目前仍然缺乏一个整合自然生态系统、生态暴露和人群健康之间关系的统一框架。基于此，余兆武等人在先前诸多案例研究的基础上提出了一个新的理论框架——暴露生态学（exposure ecology）。暴露生态学研究范畴包括主体—客体、虚拟—现实组成的坐标系维度，并且过去所有研究都涵盖在这个坐标系内。并且，暴露生态学框架下生态暴露对健康的影响途径主要包括减少、恢复、提升能力和潜在危害。这一暴露生态学理论框架有望成为理解NbS与人群健康——上游健康的重要理论基础。

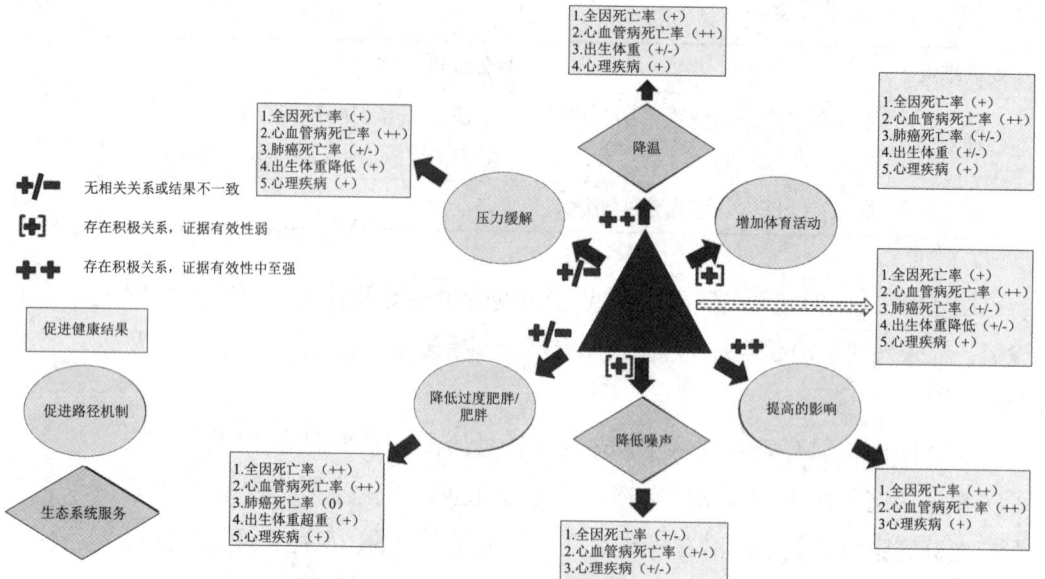

图2-7 NbS促进人群健康当前研究证据可靠性程度

### 2.6.4 NbS对人群健康的潜在风险与规避

实施NbS除了对公众健康产生众多好处以外，也有可能对人群健康产生一些潜在风险[398]，这些风险主要包括生物多样性、植物、水体、安全与受伤，以及犯罪等[397]。

第一，增加城市生物多样性可能会促进传染性疾病病原体的病媒或宿主生物的引入和存活，从而导致各种疾病的传播。在城市地区增加更多的绿色连接可能会加强老鼠和蜱虫在传染性疾病传播中的作用[398]。

第二，植物释放的BVOCs可能会增加空气污染，如提高臭氧浓度[471]，路边种植的高大树木可能影响空气循环[472]。某些植物会产生致敏花粉，这可能导致过敏性疾病[274]（详见2.4节）。然而，绿地与过敏之间的关系并不是一定的。一些案例研究表明，绿地可能与增加过敏风险有关，而在另一些地理区域的类似研究中则显示出了强烈的保护作用。

第三，水体和湿地为蚊子和有毒藻华提供了栖息地[398]，这给人群健康带来了一定风险，需要在实施NbS的时候充分考虑。

第四，尽管在自然中进行冒险和探险活动对儿童正常成长很重要，可以促进更多的社会互动、创造力和适应力，但也可能对其产生安全伤害[473]。此外，城市绿地的维护工作也可能对人群造成伤害[474]。

第五，特定类型的绿地，例如密植树丛，可能会增加公共伤害等犯罪行为的发生频率，这也成为实施NbS时需要考虑的潜在风险之一[475]。

不过，在大多数情况下，适当设计、经营和维护的NbS策略可以减轻健康风险[398]，潜在健康风险不应成为阻碍实施NbS的理由。相反，在NbS最早期阶段认识到潜在风险、将公共卫生意识和干预措施纳入NbS防范风险预案，有助于规避可能出现的健康风险，从而保证实施NbS可以充分发挥促进人群健康的潜力。

## 2.7　能源节约

世界各国对能源的需求随着工业社会发展逐步增加，多个国家地区出现化石能源匮乏问题，急需通过能源转型保证能源安全，实现自给自足。加之国际社会达成温室气体减排共识将加速能源低碳转型发展进程，现阶段如何抓住世界能源转型的历史发展机遇，确保能源供给安全已成为各国需要面对的重要问题。本节主要论述NbS如何通过保护、可持续管理和恢复自然的方式直接和间接实现能源节约，应对能源危机。

本节将论述NbS如何通过直接途径和间接途径促进能源节约及其产生的效益。其次将论述实施NbS促进能源节约的潜在风险及规避这些风险的方法。本节的总体理论框架如图2-8所示。

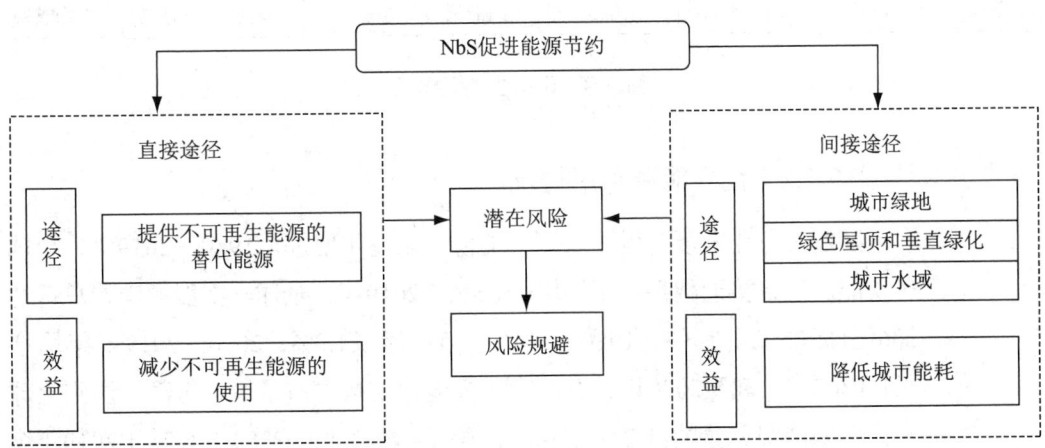

**图2-8　NbS促进能源节约理论框架**

### 2.7.1 能源问题概述

#### 2.7.1.1 能源分类

能量的来源即能源，自然界中能够提供能量的自然资源及由它们加工或转化而得到的产品都统称为能源。也就是说，能源指一定时期和地点，在一定条件下具有开发价值，能够满足或提高人类当前和未来生存和生活状况的自然因素和条件[476]。

能源根据加工转换可以分为一次能源和二次能源。一次能源是指在将能源中包含的能量转换成热量或机械功之前，那些直接由自然环境提取，无论是否清洁、分级、与原物料分离、纯化或浓缩的能源。一次能源可以分为可再生能源（renewable energy，RE）和不可再生能源（non-renewable energy，NE）。前者是指自然界不断补充的能源，包括风能、水能、地热能、潮汐能等（如图2-9所示）；后者则是指无法在短时间内再生的能源，而且它们的消耗速度远远超过它们再生的速度，如煤炭、石油、天然气等化石能源与核燃料、矿产等。二次能源是指由一次能源经过加工转换后得到的能源，包括电能、热能、汽油、柴油、液化石油气和氢能等。

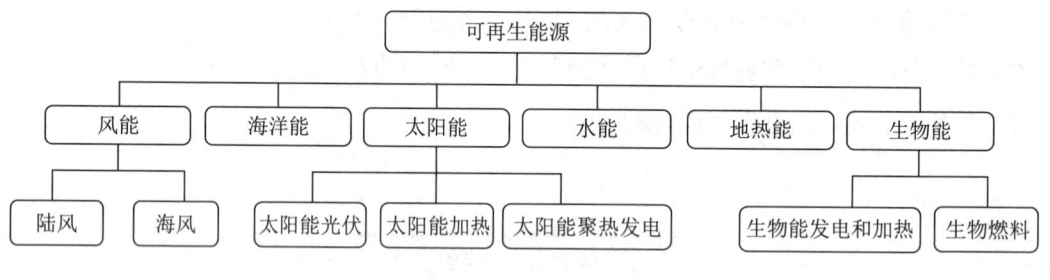

**图2-9 可再生能源概览**

#### 2.7.1.2 世界能源利用情况

随着工业化发展，世界各国的能源需求逐步增加。1980—2019年，全球一次能源消费接近翻番，年均增长1.8%。2019年，全球一次能源消费总量达206亿t标准煤。其中，1980—2010年年均增长1.9%，2010—2019年年均增长1.3%[477]。截至2020年，石油在世界能源结构中占了最大份额，达到全球一次能源消费总量的31.2%。煤炭是第二大燃料（27.2%），较其于2019年全球一次能源消费占比（27.1%）略有上升。天然气份额上升至24.7%，可再生能源份额上升至5.7%，均达到历史峰值，且后者一次能源消费占比已超过核能（4.3%）。水电在能源结构中占比达到6.9%，是2014年以来首次增长。在地区消费模式上，非洲、欧洲和美洲主要燃料为石油；天然气则在独联体国家和中东地区能源结构占比中超过50%，占主导地位；仅亚太地区主要燃料为煤炭[478]。

电力在能源中占据重要地位，通过电力技术的运用，化石能源、核能、水能、风能、太阳能等一次能源能够转换为传输使用方便、高效清洁的二次能源，因此发电燃料数据对于实现高效清洁发电和安全供应有重要意义。就全球总体情况而言，煤炭为主要发电燃料，但2021年其发电比重下降至35.1%，为历年统计数据最低值。与此同时，可再生能源份额则上升至历史峰值，达到11.7%。

北美洲、独联体、中东地区和非洲主要发电燃料为天然气；南美洲和中美洲超过一半电力来自水力发电。亚洲煤炭占发电结构57%，与其余地区差异较大。在欧洲，可再生能源（包括生物能源）是最大的发电源，占比超过核能（21.6%），达到23.8%。欧洲各类发电源占比相当均衡，其中天然气、水电分别占19.6%和16.9%。

总体而言，全球能源结构仍然以不可再生能源为主导。但近年全球一次能源消费显著降低，非化石能源消费占比持续提高。且燃煤发电量有所下降，可再生能源在全球发电总量中占比有所增长。

## 2.7.2　NbS实现能源节约的必要性

2015年，联合国《巴黎协定》提出将全球平均气温相较于前工业化时期升幅控制在2℃以内，争取控制在1.5℃以内的目标。在第26届联合国气候变化大会（26th UN Climate Change Conference of the Parties, COP26）召开前后，约150个国家递交了面向21世纪中叶的长期温室气体排放发展战略。这是人类共同应对气候变化"关键十年"的重要里程碑，约占全球经济和碳排放总量75%的国家和地区已承诺在21世纪中叶前后实现碳中和。能源消费贡献全球约3/4的碳排放，因此能源行业在未来数十年间可能面临能源形态、技术、结构、管理等能源体系结构的转变[479]。

2020年，新冠肺炎疫情席卷全球，给各国经济社会带来前所未有的冲击。聚焦能源领域，防疫封锁导致需求大幅下降，连锁式引发供给过剩、库存暴涨、价格骤跌、投资下滑[477]。但据国际能源署（International Energy Agency）估计，2021年12月碳排放量已经恢复到疫情前水平，这意味着由于封锁引发的能源消费和碳排放量下降趋势随着全球各国封锁政策的放宽以及经济活动的复苏出现逆转。在全球能源消费和碳排放量回升过程中，能源供给恢复较需求增长缓慢，导致化石能源供需偏紧、价格攀升，多个国家和地区产生能源电力供应短缺问题。加之国际社会达成温室气体减排共识，这成为能源转型的外部驱动力。另外，新能源成本大幅降低，低于或与化石能源发电成本持平，与传统能源形成竞争格局，成为能源转型的内部驱动力。现阶段如何抓住世界能源转型的历史发展机遇，确保能源供给安全已成为各国需要面对的重要问题。

NbS旨在通过保护、可持续管理和恢复自然的方式高效利用能源，以有效的方式来实现能源节约和可持续利用，同时增强人类社会应对能源危机的能力。NbS能够通过使用自然提供的工具解决如今资源利用不当——过度依赖不可再生能源——而导致的问题，推动世界能源转型，并刺激长期的经济、社会和环境效益。

### 2.7.3　NbS实现能源节约的途径和效益

#### 2.7.3.1　NbS实现能源节约的直接途径和效益

不可再生能源储量有限。根据2020年的储产比，全球煤炭还可以现有生产水平生产139年，全球石油还可以现有生产水平生产50余年，全球天然气还可以现有的生产水平生产48.8年，因此需要寻找化石能源的替代品以减少世界对不可再生能源的依赖。如今最常见的可再生能源是从玉米粒（淀粉）和甘蔗（蔗糖）中提取的乙醇。生物乙醇属于合成生物能源，其生产原料主要来自可再生生物质资源，因此可以降低温室气体净排放量，符合低碳环保的要求[480-482]。美国2005年能源政策法案就曾规定，到2012年，石油工业需要将0.284亿 m³的可再生燃料混合到汽油中。2021年可再生能源的份额已上升至历史最高水平，合成生物能源将继续在可再生能源中发挥重要作用[483]。

以常见合成生物能源——生物乙醇为例，目前美国和巴西的生物乙醇产量位居世界前两位，年总产量超过7 000万t，占据全球总产量的85%以上。如今工业化生产的生物乙醇大多以玉米等粮食作为原料[484]，而NbS能够通过可持续管理农田生态系统，增加粮食产量，在满足世界人口粮食需求的基础

上，为生物乙醇等合成生物能源提供原材料。此外，通过建设城市循环经济
（urban circular economy）能够充分利用原材料，实现原材料和产品的再利用。

1）可持续性农业

农业可持续性侧重于发展满足以下条件的技术：对于环境无害；对于农
民而言有效；增加粮食产量的同时对于环境商品和服务产生积极作用[485]。农
业可持续性并不意味着投入使用的资源减少，而是依赖于农业生产要素的改
变，例如从使用化肥转变为利用生物固氮途径等，强调资源集约化，充分利
用现有资源和技术[486]。现代农业生产过程中使用的化石能源通过收获农作物
以及其他副作用直接流出系统。为了逐渐向可持续农业过渡，则需要最大限
度地利用可再生能源，并维持其他生态系统功能。而在采取可持续性管理方
式的农田中，多数农作物类型的相对产量增加[487]，能够在应对未来人口增长
后的粮食需求基础上，提供合成生物能源的生物质原料（如图2-10所示）。

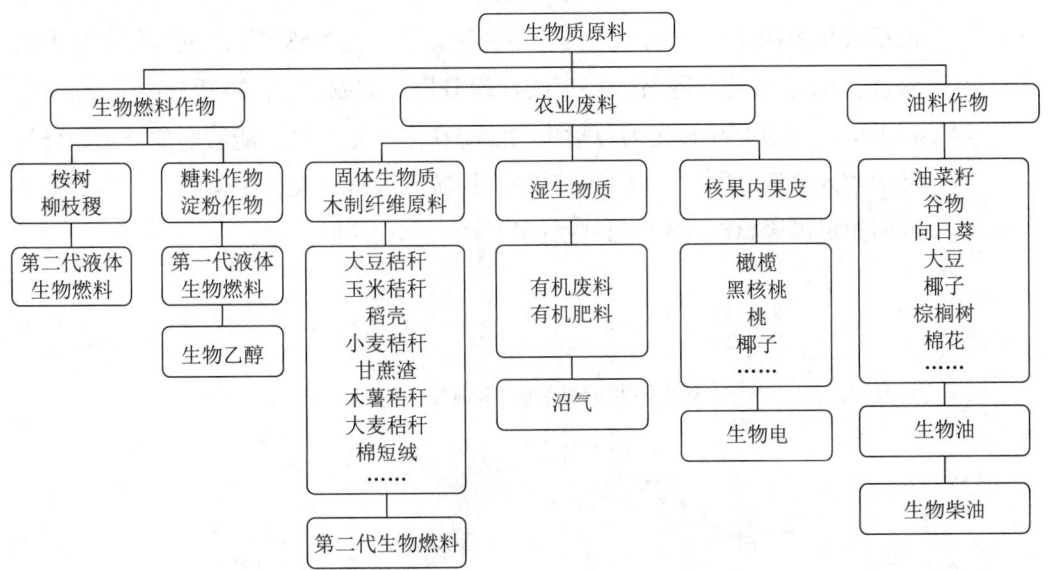

图2-10　农业提供合成生物能源生物质原料示意图

2）城市循环经济

生物柴油是欧洲和亚太地区主要生产的生物燃料（2020年，这两个地区
的生物燃料总产量中生物柴油分别占比83%和77%）。生物乙醇则是北美洲
（占总量的83%）和中南美洲（72%）主产的生物燃料。微生物全细胞介导

的生物柴油生产从成本效益的角度来看最具吸引力，以葡萄糖碳源、甘油、木糖、稻草水解物、废油甚至木质纤维素生物质为原料，而生物乙醇普遍以玉米等粮食作物以及蔗糖为原料。由于两者均以生物质为原料，未来可能存在规模限制和不可持续性。

为应对以上资源紧缺问题，许多国家提出将城市循环经济作为一种绿色且具备竞争力的手段[488,489]。在城市中进行粮食和生物质生产能够促进物质循环闭环，最大化资源利用率的同时减少城市对外部资源投入的需求。都市农业缩短了粮食生产商与消费者或商店之间的距离，使人们更容易对质量和原产地进行监督，有助于粮食安全[490,491]，且减少食品运输过程中化石能源使用[492]。另外，循环经济的三大原则强调"可再生性"[493]，决定了其以可再生能源为主要能源的特点，符合世界能源转型趋势。

"COST循环城市行动"（COST Action Circular City）将NbS定义为"由自然带入城市的技术，以及从自然中衍生出来的技术。它们以生物有机体作为载体，能够实现城市地区的资源回收以及生态系统服务的恢复"[494]。城市粮食和生物质初级生产力具体取决于如何实施NbS[495]。世界每年生产的粮食有1/3被浪费。随着人口集约化趋势日益加剧[496]，重新分配剩余食物，将不可食用的产品转化为包括生物能源在内的新产品，能够增加城市循环经济的收入来源[494,497]，同时循环经济将城市有机垃圾资源再利用，能够为生物能源提供原材料（如图2-11所示）。

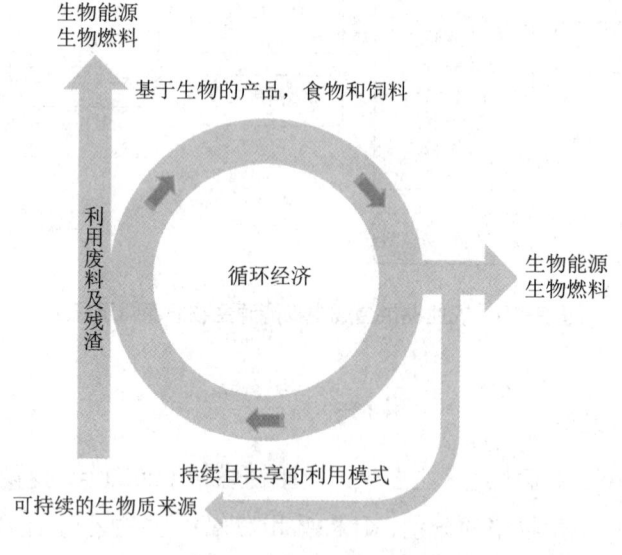

图2-11 城市循环经济示意图

### 2.7.3.2　NbS实现能源节约的间接途径和效益

合成生物能源产业需要实现能源产品的高效低成本生产，从而在与化石能源市场竞争中取得优势，实现能源转型。不可再生能源储量有限，实现能源转型仍然需要时间，因而需要通过NbS从间接途径实现能源节约，配合能源转型应对能源危机。

IPCC第一工作组第五次评估报告（Climate Change 2013：The Physical Science Basis）显示过去100年全球平均气温上升0.78℃（0.72℃～0.85℃）。在全球气候变化背景下，城市地区土地利用变化以及人为热源增加引起能量转换，导致城市热岛效应加剧[498]。城市热岛效应具有许多负面影响，其中包括增加城市能源和水资源消耗，从而进一步加剧能源危机。

欧盟委员会出版的书籍《基于自然的解决方案与再自然城市》（*Nature-based Solutions and Re-Naturing Cities*）指出了NbS四个相互关联的目标（如图2-12所示）：

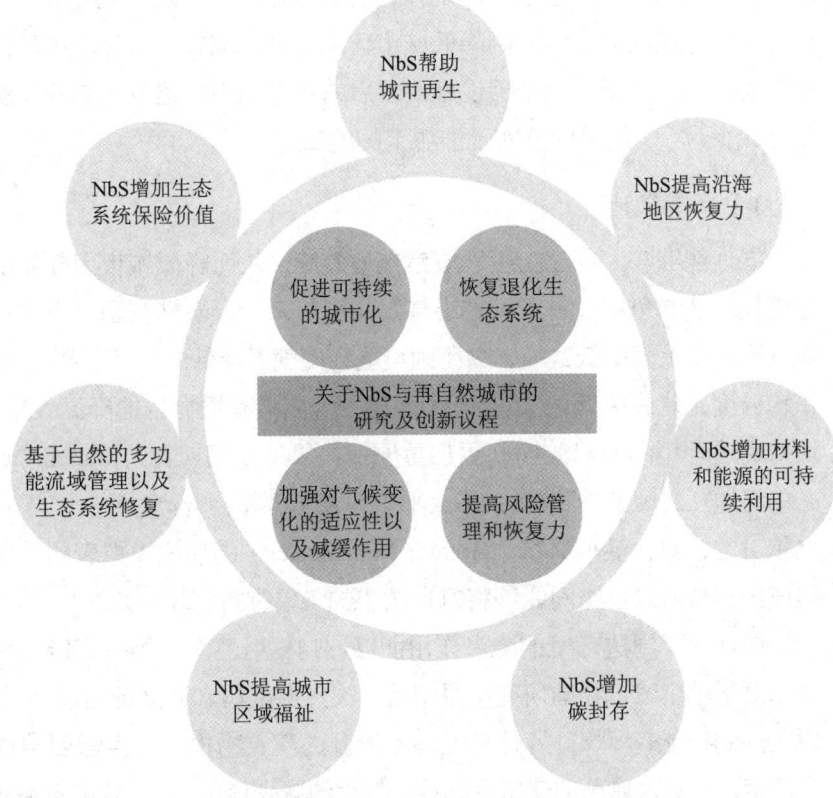

**图2-12　NbS与再自然城市的研究及创新议程**

- 通过确保基本生态系统功能得到保护以及运用基于自然的方法促进城市更新来促进可持续城市化；
- 恢复退化生态系统的服务和功能；
- 加强对气候变化的适应性以及减缓作用，其中包括将人造基础设施和生产系统重新设计为自然生态系统，或开发基于自然的"节约型技术"，通过整合灰色、绿色和蓝色基础设施来降低能源消耗；
- 通过使用基于自然的设计来提高风险管理和恢复力，其中结合了多种功能和收益，例如减少污染、碳储存、生物多样性保护、减少高温胁迫并增强保水性。

因此，城市范围内的NbS强调城市生态网络与城市公园设计，结合生活设施与绿色屋顶、垂直绿化等建筑系统，以及保留水体的街景微型设计等措施。具体而言，就是将城市绿色基础设施建设作为缓解热岛效应，降低城市能耗的手段[499]。城市绿色基础设施，即城市蓝绿空间，包含城市绿地系统以及河湖水系[500]。绿色基础设施通过蒸散作用[501]、提供遮阴[502]以及增加反射率等在内的多种机制降低城市环境温度，减轻建筑环境和居民受到的高温胁迫。而处于绿色基础设施改善后的热环境中，建筑物制冷及制热能耗就会减少[503]，能够间接实现能源节约的目标。

### 1）城市绿地

绿地能够较大程度上缓解城市热岛效应，从而降低城市因降温引起的能量消耗。从绿色空间对于区域小气候的影响来看，暴露在阳光下的草地表面温度比混凝土表面低24℃，树荫则可能会使气温降低5 ~ 7℃[504]。城市公园平均温度比建成区低1℃，且较大面积的公园具有更显著的降温效果[85]。绿地对周边环境的降温效应则更加重要。如果将曼彻斯特（Manchester）市中心的绿地从15%减少到4%，那么平均地表温度将会升高5.6 ~ 9.2℃[505]。与之相对的，对大曼彻斯特（Greater Manchester）的模型模拟表明，增加密集建成区10%的绿色空间能够将21世纪末的气温维持在现状水平[506]。

绿地对于周边环境的降温作用能够影响辐射范围内的建筑能耗。从个体树木对于单个建筑物的研究结果来看，炎热时期树木遮蔽的房屋能够节省3%以上的制冷能耗[507]；另外与无树木遮蔽的建筑物相比，若需要维持室内恒定温度，有树木遮蔽的建筑物制冷能耗大约减少13%[508]。城市树木能够拦截阳光，并通过蒸散作用降低城市气温，因此，为应对全球变暖与城市热岛效应双重作用导致的高温和建筑能耗剧增问题，增加绿色空间是一种有效方法。

### 2）绿色屋顶和 VGS

现代城市景观具备紧凑型城市特征，使城市绿色空间的建设受到限制，因此绿色屋顶与 VGS 可以作为传统绿地景观以外的绿化形式[509]，从而降低建筑降温对能源的消耗。VGS 和屋顶绿化能够造成建筑表面温度相较于裸露墙面最多降低 20℃[510,511]，一般情况下温差在 10℃以上[512-514]。绿色屋顶平均降低气温 3℃，降低墙体表面最高温度平均为 17℃。而 VGS 能够将最高气温平均降低 3℃，将最高表面温度平均降低 16℃。例如，新加坡为应对气候变化，自 2019 年起在新加坡总体规划（Singapore Master Plan）中设立了增加城市绿化的目标，并且受到新加坡景观替代政策（Landscape Replacement Policy）和新加坡建筑业监督管理局绿色建筑认证（BCA Green Mark Scheme）等政策支持，鼓励包括 VGS 和屋顶绿化在内的高层建筑绿化形式，通过绿化比率（green plot ratio）衡量绿色空间面积和 LAI[515]，确保为建筑提供足够的绿化供给，从而降低建筑能耗。

VGS 与屋顶绿化较地面绿化相似之处在于其通过改变蒸散作用、遮阴功能以及反射率的途径进行降温，同时也通过加强隔热性能，减少建筑向外以及外界向建筑内的热传递，白天降低建筑表面温度，夜间阻止热量从建筑物中流失，进而减少建筑能耗。

关于绿色屋顶的节能效应，地中海地区进行的几项研究发现，与配备传统屋顶的建筑相比，配备绿色屋顶的建筑制冷能耗减少了约 10%[516,517]。Jaffal 等人发现法国拉罗谢尔的一栋单层居民建筑采用绿色屋顶每平方米减少了 2.3 ～ 2.4 kW·h 的冷负荷[518]。Sfakianaki 等人发现希腊雅典住宅建筑中，配备绿色屋顶的建筑制冷能源需求比传统屋顶建筑减少约 10%[519]。Zinzi 和 Agnoli 发现地中海住宅建筑安装绿色屋顶后，对制冷能源需求减少了 10%[520]。

VGS 则增加了建筑围护结构的隔热性能，阻止了热量进入，降低空调需求，起到节能效果[521,522]。在西班牙莱里达，以爬山虎为主体的 VGS 能够在夏季实现 34% 的节能率[523]，且大规模的 VGS 能够在城市层面节约能源。对阿布扎比的模拟表明，全市范围内的 VGS 应用可以将空调能耗降低 8%[524]。Wong 和 Baldwin 则设想在香港所有高层住宅建筑安装 VGS，每年可节省 2 651×10⁶ kW·h 的冷负荷[525]。

Niachou 等人证明，安装绿色屋顶和 VGS 可以减少大约 2% ～ 48% 的能源消耗[526]。鉴于城市区域可利用的地面面积非常有限，因此大规模进行地面绿化建设相对困难，同时城市化减少了专用于树木种植的空间比例[527]，故VGS与屋顶绿化在未来城市建设过程中具有较强节能潜力。

### 3）城市水体

城市海岸、河流、湖泊、溪流、沟渠和湿地能够为城市人口带来积极影响，缓解城市热岛效应，调节城市微气候。与城市绿地相比，城市水体具有更大的降温潜力[528,529]。由于水的比热容比空气或其他介质大，因此水域在白天相较于周边空间气温较低。水体是热辐射的良好吸收器，表现出缓慢的热响应，包括：将短波辐射传播到一定深度；通过流动水体的热传递和对流确保了大量热量得失；通过蒸发作用形成一个高效的潜热源；由于比热容较大，能够在吸收大量热量同时产生较小的温度增量[530]。城市水域相对于周边环境能够提供平均2.5℃的降温效果[531]。

因此对于降低建筑能耗而言，城市水体比城市绿地更为重要。建筑物外部热环境受到空气湿度的影响。由于水体具有较大比热容并且增加周边空气湿度，导致水域周边区域的温度变化幅度较小，从而产生较为明显的降温效果。此外，水域面积越大，降低建筑能耗的效果越显著[532]。

## 2.7.4　NbS实现能源节约的潜在风险和规避

NbS在全球范围内实现能源节约存在一定潜在风险。其一，虽然合成生物能源技术在逐步发展，然而以现有技术水平而言，生产成本难以与化石能源竞争，未能展开规模化推广，产量是否能满足能源需求依然未知[533]。其二，绿色基础设施建设能够降低城市能耗，但周边环境对于降温潜力可能起到限制作用。

为规避以上风险，需要开展相应的科研攻关，尽快实现合成生物能源高效生产，为能源转型提供技术支撑。在城市规划设计过程中，应结合实际情况合理选取城市绿地和水域、绿色屋顶、VGS等基础设施类型，最大程度发挥绿色基础设施的降温潜力。同时，应推行激励政策并发展财政机制，以鼓励城市绿色基础设施建设，并关注既有建筑的改造潜力。

### 2.7.4.1　合成生物能源生产的不确定性

合成生物能源若要在与化石能源的竞争中取得优势，需要控制生产成本，获得合适的合成生物，将可再生原料转化为目标产品[534]。目前，合成生物能源生产成本高昂，技术成熟度较低，无法满足巨大的市场需求。因此，在未来较长一段时间内，需要突破纤维素乙醇与生物沼气的研发瓶颈。前者需要获取更优质的生物能源生产原材料[535]，开发低成本的纤维素降解酶系以及酶解工艺[536]，设计新代谢途径以提高发酵效率[537]。后者则需要挖掘不同菌群关系，实现人工菌群体系可控化，提高降解转化效率。

### 2.7.4.2　城市绿色基础设施降温潜力差异

城市绿色基础设施的确是降低建筑群内温度的有效措施，但其降温潜力存在差异。一味增加绿色基础设施的建设并不一定会立即产生明显的效果。因此，如何将其降温潜力最大化是城市规划设计上的重点和难点。

#### 1）城市绿地

对于城市绿地而言，树木比草地更能阻隔太阳辐射，且绿地面积应当在 $0.5 \sim 1 \text{ hm}^2$ 范围内以最大化其降温潜力[207]。行道树降温能力则受到城市几何构造及气候影响，在选择行道树类型时应当倾向冠幅更大的树种，确保在白天为人行道提供遮荫。不同地区城市绿地应当结合城市气候、经济效益以及文化因素等，综合考虑选择适宜的树种种植（见表2-19），确保降温潜力最大化。

表2-19　不同地区城市绿地可栽培树种

| 地区 | 绿地树种 |
| --- | --- |
| 热带地区 | 铁架木、盾柱木[1] |
| 亚热带地区 | 金风铃、豆科云实属树种[2] |
| 温带地区 | 锦葵科树种[3] |

注：

1. TAN P Y, WONG N H, TAN C L, et al. Transpiration and cooling potential of tropical urban trees from different native habitats[J]. Science of The Total Environment, 2020, 705: 135764.

2. DE ABREU-HARBICH L V, LABAKI L C, MATZARAKIS A. Effect of tree planting design and tree species on human thermal comfort in the tropics[J]. Landscape and Urban Planning, 2015, 138: 99–109.

3. RAHMAN M A, MOSER A, GOLD A, et al. Vertical air temperature gradients under the shade of two contrasting urban tree species during different types of summer days[J]. Science of The Total Environment, 2018, 633: 100–111.

### 2）绿色屋顶和VGS

绿色屋顶可以分为密集型绿色屋顶和粗放型绿色屋顶两种类型。密集型绿色屋顶土壤深度较深，能够承载大型灌木以及小型树木[538]，而粗放型绿色屋顶的土壤深度较浅，种植植物类型也被限制在小型灌木以及多肉植物等范围内[539]。因此，密集型系统表现出更强的热吸收能力，减少温度的波动[540]。密集型系统能够将表面温度降低30℃，并且将0.3 m处气温降低最高约4.2℃[511]；而以景天科植物为主的绿色屋顶仅能够将气温降低2℃以下[207]。

VGS也存在不同类型，包括载体系统以及支撑系统。前者植物基质分布在整个墙体上，而后者的基质则分布在底端，通过网状支架来支持攀援类植物。载体系统能够具备更好的隔热能力[541]，部分情况下两者对于表面温度的降温差异能达到近11℃。在能源消耗上，载体VGS能够节约23%的能耗，支撑VGS只能节约19%的能耗。

鉴于不同VGS特征存在差异，不透明围护结构可选取载体系统，能够提供更好的隔热效果以及覆盖面；而对于透明围护结构而言可以采取支撑系统，同时需要将视野、通风、可维护性等因素考虑在内。此外设计者可以将不同种类攀缘植物结合，来提供厚度更大且具有持续性的植被覆盖面。

绿色屋顶和VGS降温潜力基于遮荫和蒸散机制，因此其降温潜力会在相邻建筑物已经提供遮蔽以及接触不到阳光，蒸散作用无法进行的情况下受到严重影响[542]。由于绿色屋顶的安装高度较高，受影响较小，而VGS更容易被相邻建筑物所遮挡，因此相较于绿色屋顶，安装位置对于VGS降温潜力的影响会更为显著。VGS的位置和朝向都是重要影响因素。白天不同时段，东西两面VGS的最大降温潜力会随太阳的东升西落产生差异[543]，应当结合实际情况选取合适的朝向以及相对位置。

植物物种对于绿色屋顶和VGS的降温潜力有着直接影响。选取叶片较大的植物能够提供更大面积的遮荫范围，减少对于长波辐射和短波辐射的暴露，降低建筑表面温度以及建筑外气温，同时也降低传入建筑的热量。总体而言，系统的生长基质深度越深，植株越高大，植物冠层的遮荫作用越明显，因此具备更好的降温效果[544,545]。此外，叶片颜色、蒸散作用速率等植物特征会影响降温效果，而LAI和叶片气孔导度更大且叶片更薄、颜色更浅的植株能够提供更好的降温作用[546]。因此，应当全面考虑植株特征，结合围护结构和屋顶情况选取合适的植物种类。

### 2.7.4.3 既有建筑绿色改造潜力

商业及机构建筑通常每15～20年进行一次维修或翻新，这样实施绿色改造的绝佳机会往往会被忽视，应当在未来加以推广，以确保加快城市绿色基础设施建设。其中屋顶在城市区域占据很大比例，Akbari和Rose对四个美国城市的估计表明，对于人口密度较低或较高的城市，屋顶面积比例在20%～25%[547]。Wilkinson和Reed分析了澳大利亚墨尔本中央商务区既有建筑绿色改造潜力，认为大约15%的建筑适合进行绿色屋顶改造[548]。Stovin等人则强调在英国，部分中层办公楼内钢筋混凝土板足以支撑厚度800 mm的生长基质，甚至可能无须额外结构改造即可建设绿色屋顶[549]。对于大多数商业建筑而言，虽然绿色屋顶造成建筑额外荷载，但并不需要对建筑进行额外加固，绿色屋顶改造对于既有建筑结构要求较低。虽然部分既有建筑具备绿色改造的条件，但就生命周期成本而言，绿色屋顶的净现值在钢筋混凝土结构60年的使用寿命中较传统屋顶高10%～14%，初始成本较高。考虑到绿色屋顶较传统屋顶使用寿命增加45年，且生命周期内节省的能源和成本意味着绿色屋顶是更为环保的设计，国家及地区应适当推行激励政策并发展财政机制以鼓励对既有建筑的绿色改造。

## 2.8 再生食物系统

近年来，受饥饿问题威胁的人口数量持续增加。因此，急需建立可再生食物系统，在满足未来日益增长的食物需求基础上，恢复栖息地、保护清洁饮用水、增加生物多样性并减少温室气体排放，减缓气候变化。

### 2.8.1 食物系统问题概述

#### 2.8.1.1 食物系统不可持续

食物系统（包括食物的生产、运输、加工、包装、储存、零售、消费、损失和浪费）为全球80多亿人提供食物。自从20世纪中叶工业化农业的出现和快速普及，全球食物系统无论是在总量上还是国家平均产量上均实现逐年递增。1961—2020年，食物供应总量年均增长超30%[550]。现有食物系统的主要挑战是工业化导致人为驱动的物质循环过程与自然生物地球化学循环的匹配性失调，其本质是地球自然食物承载力不足以供给现有的人口规模。

由于人口数量增长，食物需求量随之增加。自2014年起，全世界受饥饿影响的人数持续增长，在2018—2019年增长了1 000万人[551]。同时，2019年底开始的新冠肺炎疫情加剧了食物供应不足的状况，IPCC《2021年世界粮食安全和营养状况》（The State of Food Security and Nutrition in the World 2021）报告显示，2020年营养不足发生率（prevalence of undernourishment，PoU）从8.4%上升至9.9%，全世界有7.2亿～8.22亿的人口面临饥饿问题，较2019年增加约1.18亿。由于新冠肺炎疫情封锁限制了粮食生产及购买，近1/3人口无法获得充足的食物[550]，世界正处于粮食危机边缘。

此外，食物获取存在地区上的不平等。2020年全球营养不足总人数（7.68亿人）中，超过一半（4.18亿人）生活在亚洲，超过1/3（2.82亿人）生活在非洲，而拉丁美洲和加勒比地区约占8%（60万人）[550]。

近年来饥饿人数增加的原因有很多，包括贫困及不平等、经济放缓和衰退等。气候变化及极端气候事件加剧了饥饿和贫困的恶性循环。不稳定的降雨及持续性的高温危及食物质量和安全，增加农产品污染以及病虫害暴发的风险。这些因素与政治制度驱动因素（冲突）、经济市场驱动因素（经济放缓和衰退）以及经济社会文化驱动因素（贫困和不平等）共同对食物系统产生多重复合影响。

从食物生产角度而言，除了其他社会、经济、技术等因素的综合影响外，气候变化及极端气候事件对农业生产的各类产业有深远影响，且打破各产业间原本存在的稳定供给关系，从而导致食物供应出现困难，加速了世界粮食危机进程。

### 1）气候变化影响种植业

对于农作物而言，气候变化主要通过影响粮食生产、储存、加工、分配和交换过程影响粮食供应。1981—2010年，全球范围内的气候变化相对于工业化前而言，已经造成部分常见农作物产量下降。例如玉米、小麦和大豆的全球平均产量分别下降了4.1%、1.8%和4.5%，且迄今为止的应对措施未能抵消气候变化产生的负面效应[552]。

具体而言，气候变化已经在全球范围内影响了粮食安全，影响机制包括产量下降和停滞、播种和收获日期的变化、病虫害侵扰增加以及某些作物品种的生存能力下降等。全球变暖可能不利于当地作物的生长，部分作物在较高温度下产量和适宜性会下降，这一现象在热带和亚热带地区尤为常见。而且，热应激会降低坐果率并加速一年生蔬菜的发育，导致产量损失、产品质量受损以及粮食损失和浪费增加。在冬季，一些水果和蔬菜需要一段时间的寒冷积累才能产生尚可的收成，因此冬季的异常升温可能会造成风险[553]。基于以上影响机制，在南美洲，气候变化正在影响作物产量并导致农民改变土壤管理策略以及不同品种作物的种植和空间分布[554]；在非洲，玉米、小麦、高粱等主要作物和芒果等水果作物的产量近年来有所下降[555]；在欧洲，自1989年以来的长期气温和降水趋势使整个大陆的小麦和大麦产量分别降低了2.5%和3.8%。

部分敏感地区的种植业更容易受到气候变化的影响，包括非洲等干旱地区以及亚洲和南美洲的高山地区等，对于发展中国家而言尤甚。这些地区占据地球陆地面积的40%以上，由于基础设施不完备、进入全球市场机会有限以及生产力低下等原因，无法有效应对作物产量下降[556]，因此更容易受到气候变化所导致的食物安全问题的威胁[557]。

### 2）气候变化影响畜牧业

除格陵兰岛及南极洲以外，全球45.5%的陆地面积由草地覆盖，为发展畜牧业提供了良好基础[558]。畜牧业是部分发达国家（如澳大利亚、新西兰等）以及许多发展中国家的农业主体产业。畜牧业产品（如肉类、鸡蛋、牛奶等）提供了全球蛋白质摄入总量的34%，因此畜牧业对于保障食物安全尤为重要。

但在全球气候变化背景下，畜牧业系统在气温升高、降水变化、大气 $CO_2$ 浓度升高等因素综合作用下受到极大影响。温度影响畜牧业供水、动物生产和繁殖以及动物健康。动物疾病则受到温度和降水的双重作用[559]。 $CO_2$ 浓度增加对于动物生物量和营养质量产生消极作用。此外，畜牧业与种植业两者关系紧密，气候变化还通过降低饲料产量和质量对于畜牧业起到间接影响。

### 3）气候变化影响水产养殖

水产养殖是世界上发展最快的食品工业，其产量已超过野生海鲜或牛肉，具有成为未来食物系统重要组成部分的潜力[560]。最近基于耐热性以及温度变化、初级生产和海洋酸化影响的气候变化对水产养殖影响的预测表明，到2100年海水养殖潜力将总体下降，且存在较大区域差异[560]。对养殖大西洋鲑鱼、军曹鱼和鲷鱼的建模分析还表明，气候变化会降低它们在海洋区域的生长潜力，预计温度将升高到这些物种的耐热范围之外的水平[561]。此外，气候变化也会影响水产养殖饲料的供应、引发富营养化、造成有害藻类大量繁殖以及引起海洋酸化等，这些均会降低水产养殖生产力。

4）气候变化影响海洋渔业

1951—2009年，对39个大型海洋生态系统以及公海的262种鱼类种群的数据分析表明，种群的平均补充量每十年下降了历史最大值的3%左右[562]。此外，近期对1930—2010年全球235种鱼类种群的荟萃分析（meta-analysis）表明，在此期间，这些种群的最大捕捞潜力下降了4.1%[563]。具体而言，温度是解释12%鱼类种群捕捞潜力变化的重要因素，其中在东亚地区，与气候变暖相关的种群下降幅度最大。在横跨大西洋、印度洋和太平洋的中纬度地区，热带金枪鱼（包括鲣鱼和黄鳍金枪鱼）的捕捞量与表层海洋温度的增加呈显著正相关[564]，说明潜在渔业产量已经受到气候变暖的影响。

## 2.8.1.2　食物生产加剧气候变化和生物多样性丧失

与其他类型人类生产与生活活动相比，食物生产对于地球影响更大。农业、林业及其他土地利用类型占据净人为温室气体排放量的25%。2000—2010年，全球农业平均排放量为5.0 ～ 5.8 Gt $CO_2$eq· $a^{-1}$，占据年均温室气体排放量的一半以上。非$CO_2$排放大部分来自农业，以农田土壤产生的$N_2O$排放以及畜禽肠内发酵及肥料管理产生的$CH_4$排放为主，2010年上述农业生产过程所产生的非$CO_2$排放总量为5.0 ～ 5.8 Gt $CO_2$eq· $a^{-1}$。此外，未来农业温室气体排放量还将持续增加。到2050年，食品需求预计将增长50%[565]，其中蛋白质需求将增长70%以上，而与此相对应的农田面积则需要增加90万～ 325万 $km^2$。为满足增长人口对食物的需求，温室气体排放将显著增加，进而对环境产生更为强烈的影响，加剧全球气候变化。

农业的发展加剧了全球变暖的趋势，同时也降低了生物多样性的适宜性，导致了敏感物种的灭绝。全球食物系统是导致生物多样性丧失的主要驱动因素之一，特别是陆地上农业扩张是全球80%原生栖息地丧失的主要原因之一，同时也降低了生境的质量。1 600年以来，农业用地增加到原先面积的5.5倍并且还在持续增长。在农业扩张的影响下，畜禽物种在全球生物量中占优势地位，如养殖鸡占据全部鸟类物种生物量的57%，而野生鸟类仅占29%[566]。农业用水占据了全球淡水使用量的70%，农业生产通过大量获取水资源以及对水质的破坏，对淡水野生动物产生了消极影响[567]。农药导致的下游污染也破坏了海洋生态系统，与水产养殖共同对海洋生态系统的生物产生负面作用。根据IUCN发表的红皮书显示，28 000种有灭绝风险的物种中，农业对24 000种物种均造成威胁[568]，表明农业基于破坏生境、增加畜禽物种生物量、过度获取水资源以及农药污染等机制对全球生物多样性产生负面影响。

　　总的来说，全球气候变化影响了食物系统各产业类型的食物生产过程，同时食物系统模式也是全球气候变化的主要驱动因素之一，两者形成了恶性循环。因此，现阶段食物系统的不可持续性，导致当今世界范围内存在粮食危机的隐患。

## 2.8.2　NbS构建再生食物系统的途径

　　联合国SDGs将实现粮食安全、改善营养和促进可持续农业设立为17个全球发展目标之一[569]。土地、健康的土壤、水和植物遗传资源是粮食生产的关键投入，但在世界许多地方上述资源日益稀缺。以土壤资源为例，全球约33%的土壤正在退化，若按照目前趋势持续下去，到2050年退化土壤比例将高达90%[570]，因此必须以可持续的方式进行使用和管理。鉴于目前全球土壤退化的程度，改善土壤健康对粮食安全和减缓气候变化的潜在效益是巨大的。在通过可持续农业实践提高现有农业用地产量的同时，通过NbS可以制止并扭转土壤退化。此外，改进灌溉和储存技术对稀缺水资源进行智能化管理也是非常重要的。这些措施有助于在提高生产力的基础上加强资源的可持续利用，同时在修复生态系统的过程中实现高效的食物生产，从而构建再生食物系统。

### 2.8.2.1　NbS构建陆地再生食物系统

1）种植业

在农业景观中实施NbS实例表明农业生产过程存在一定的协同效应。具体指除生产作用外，植物能够发挥多样化的生态系统功能。以此为基础，已有一系列综合农业系统构建低碳且具备气候适应性的路径，实现可持续食物安全以及生态系统健康。例如再生农业（regenerative agriculture）和保护性农业（conservation agriculture），在以生产为导向的同时，利用树木、植物和动物的多重生态系统功能，最大限度地减少生产对环境的负面影响。此外，气候智能型农业（climate-smart agriculture）侧重于农业生态原则[571]，而可持续集约化（sustainable intensification）则关注如何在同等面积的土地生产更多食物，且对环境影响较小[572]。以下选取两个具有代表性的种植业模式进行介绍。

一是有机农业（organic agriculture）。有机管理模式具体指禁止使用合成杀虫剂及肥料，禁止转基因生物以及禁止在畜禽饲料内使用抗生素。有机农业将有机覆盖物、覆盖作物、填闲作物、免耕以及梯田种植等种植技术与增加生物多样性、保护传统栽培品种以及从生物物理和社会经济角度实现可持续性的战略相结合。此外，有机农业通过碳封存对生态系统服务产生积极影响：使用有机农业可以增加SOC储量；确保通过植物残体或覆盖作物进入土壤的碳输入增加；通过最少耕作减少土壤有机质氧化；使用有机肥和稳定有机质；改善土壤结构和减少土壤侵蚀沉积物造成的碳损失。具体措施包括免耕、草带耕种、种植覆盖作物，以及将果树沿等高线种植等[573-575]。

其中免耕是指在未耕土壤开垦一个狭窄的槽、沟或带以达到足够的宽度和深度进行种子种植，但不进行其余耕种操作[576]。此外，作物轮作与覆盖作物也是免耕系统中的必要元素，土壤应当在免耕过程中被先前种植的经济作物或绿肥作物的作物残茬所覆盖，确保最小化耕作过程中对土壤的扰动[577]，以达到防止土壤侵蚀、保障耕地质量的目的。草带种植能够控制水土流失并恢复作物产量。草带种植作物，如岩兰草，不仅能够作为修复植物捕获磷，同时还可以加工成动物饲料，有效改善土壤的物理健康[573,578]。由于作物收获效率受到坡度[579]及根系结构等物理因素[580,581]的影响，对于海拔较高的地区而言，通过简单的杂草带可以在丘陵地区构建微型梯田，减少土壤侵蚀并控制养分流失，同时提高作物产量[582]。

总体而言，有机农业能够：

- 起到固氮作用，作为生物氮源带来经济与生态效益；
- 为作物提供遮荫，提高作物的产量及质量；
- 作为覆盖作物在主要经济作物前种植，抑制杂草生长[583]。

二是农林复合系统（agroforestry systems）。该系统将树木、灌木与农作物或畜禽相结合，在景观中增加树木及其他多年生植物，以减轻农业的有害影响。除去带来的环境效益外，农林业还可以提供木材、农作物、水果、草料等多样化的产品，带来短期到中期收入，降低农民风险。

农林复合系统具体包括间作（alley cropping）、林牧复合系统（silvopasture）等实例。间作指在成排树木之间种植作物[583]，种植树木可以收获木材、水果、坚果产品，作物品种包括各类粮食作物及蔬菜等。农作物可以提供短期收入，树木则带来长期收入。由于树木和作物生态位存在差异，可以相互增加产量[584]。例如在法国，核桃和冬小麦是较好的间作种植作物，在一年不同季节生长且生根深度存在差异，与单一种植相比可增加40%的产量[585]。林牧复合系统则将畜禽引入树木与牧场的混合系统中，树木间距经过规划能够为草场提供充足阳光，在夏季通过遮荫保护畜禽，冬季减少风量，提高牧草质量，并能够提供额外的木材产品[586,587]。

总体而言，农林复合农业能够提供经济、文化、生态综合效益。其多样化的作物系统以及自然林构成的食物生产系统能够提供薪材、农作物以及药用植物，具有更高的生物多样性，减少泥沙及营养物质流失，增强碳封存，为传粉者提供栖息地等。

### 2）畜牧业

全球土地总面积的25%用于经营草地畜牧业，这使草地畜牧业成为许多发展中国家的农业主体。现今畜牧业提供了全球13% ～ 17%的卡路里和28% ～ 33%的蛋白质消费量，预计到2050年全球对动物蛋白质的需求将增长73%[588]。因此，畜牧业在全球粮食安全中发挥着至关重要的作用。在供给侧方面，实施NbS能够通过提高对于放牧、植被、水资源和火的管理，充分利用土地能源和养分，从而降低温室气体排放量；将草原副产品和生物质回收至食物系统中，构建再生食物系统；通过将畜禽粪便回收形成沼气，加强替代燃料的生产和使用。总体而言，NbS在畜牧业的实施能够创造自然、社会、经济多维度的协同效应。

土地和土壤管理是一项关键的策略。作为全球最大的碳库，土壤表层的碳含量是整个大气的两倍，可以基于合理管理增加碳储存量。据估计，草原储存了全世界30%的土壤碳，通过控制土壤侵蚀和土壤恢复，能够将碳封存能力提升至全球碳排放量的5% ～ 15%。在放牧系统和混合系统中，加强草地管理并采取适宜的放养密度能够帮助增加土壤碳储量。例如，相较于连续放牧，多围场放牧（即在多个围场循环放牧，为牧草生长提供时间）能使草原有更佳的植被组成及生物量，同时使土壤碳储量增加并具备更强的保水能力和养分保持力[589,590]。

通过采取循环性畜牧业能够帮助实现食物系统的可持续发展。产业生态学首先提出了循环性的概念，旨在通过实现材料和物质的闭环循环来减少资源消耗和对环境的排放量[591,592]。在循环模式下，饲养动物能够在为人类提供食物方面发挥关键作用。这些动物不会消耗谷物等人类可食用的生物质，而是将人类不可食用的食物系统副产品以及草原生物质转化为有价值的食物、粪便以及其他生态系统服务[593]。在植物来源食品的生产和消费过程中，会产生多种副产品，例如作物残渣、工业食品加工的副产品、食物垃圾以及动物和人类排泄物。通过动物将这些副产品回收为人类生产动物性食物（animal-based food），然后将动物和人的排泄物回收到土壤中，既可以生产动物性食物，又可以提高土壤质量。初步估计表明，这一方式能够提供全球人类每日蛋白需求的1/3，并且无需使用额外的耕地（如图2-13所示）[593]。

通过以上管理模式（包括城乡融合来推动食品系统的循环化）能够提高畜牧业生产力，满足日益增加的肉类食品需求，同时降低畜牧业产生的温室气体排放量，减缓气候变化，促进食物系统的可持续发展。

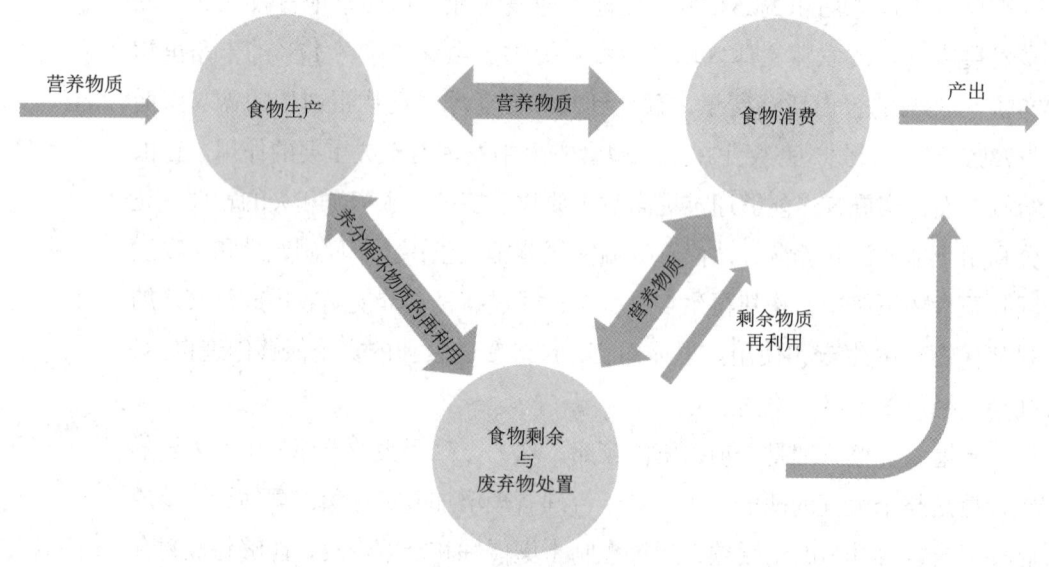

图2-13　循环性畜牧业系统

### 2.8.2.2　NbS构建水体再生食物系统

渔业生产的水产品包括各类海水及淡水产品，其中海洋渔业生产是水产品的重要来源——水产养殖总产量中海水养殖业占据1/3，野生捕捞总产量中海洋捕捞业占据近90%。因此，通过采取NbS手段实现可持续的海洋渔业生产具备满足未来动物蛋白需求的强大潜力，并将成为确保全球食物安全的重要环节[594]。

#### 1）海水养殖业

海水养殖是地球上增长最快的食物生产形式之一，提供了全球约一半的鱼类消费量。为实现可持续海水养殖，需要注意选择合适的养殖目标物种并配套使用替代饲料（包括陆生植物、海鲜加工废料、昆虫、藻类等）以及新型养殖系统等技术成果[595]。

部分目标物种的海水养殖具有提供生态系统服务的潜力，能够作为促进沿海生态系统恢复的手段[596]，打破食物系统与气候变化间的恶性循环。以恢复性水产养殖（restorative aquaculture）为例，它是无饲料、低营养海洋水产养殖的扩展形式，主要包括双壳贝类以及海藻这类从生命周期角度而言需要较低资源的产品。其中海藻养殖能够通过光合作用吸收$CO_2$，缓解海洋酸化过程[597]；部分双壳贝类和海藻物种能够从周围水域吸收养分，改善水质和透明度[598,599]。以牡蛎为例，单只美洲牡蛎每小时能够过滤1 L海水[600]，在美国切萨皮克湾，养殖场养殖每10万个美洲牡蛎能够移除2.7 kg氮磷营养物[601]；贻贝、蛤蜊和牡蛎水产养殖则可以提供鱼类栖息地并提高底栖生物群落多样性和产量[602-604]。另外一个海水养殖领域的例子是综合多营养水产养殖（integrated multi-trophic aquaculture），综合生产来源于不同营养级的水产品，将一个物种的未食用饲料和废物转换为另一物种的饲料、肥料和能量，例如在贝类及海藻的基础上养殖鱼类等。这一水产养殖形式为再生食物系统提供了潜在双赢机会，并且能够帮助恢复沿海生态系统。具体策略是通过贝类和海藻养殖业对养鱼场营养物质进行充分利用，从而缓解养鱼场对水质的负面影响[605]。上述基于自然的海水养殖实践具备发挥多重生态效应的潜力，能够改善水质，提高生物多样性并提供海产品。

#### 2）海洋捕捞业

海洋捕捞业为全球数百万人提供食物与就业岗位，通过捕捞业供给食物是海洋生态系统的重要生态系统服务。19世纪70年代以来，FAO所监测的全球近400种鱼类种群中，目前约有1/3未在可持续限度内被捕捞[606]，且常发生在具有食品安全问题的地区。过度捕捞导致鱼类资源枯竭，产业生产力降低，从而阻断了渔业的可持续发展。因此，保持健康的生态系统功能，减少过度捕捞等行为对于加强海洋捕捞业应对气候变化的能力至关重要[607]。NbS能够帮助重建过度捕捞的鱼类种群，增加野生渔业的长期产量[594,608]。

可持续捕捞业管理方式能够在保证产量的基础上确保鱼类数量，保护海洋生态系统，且对于渔业经济和沿海经济最为有利。全球范围内可持续渔业管理模式的实施，已被证明能够实现鱼类种群的重建，确保实现与自然相关的生物多样性目标，同时满足对海洋食物的需求[594]。此外，由于海洋捕捞业为水产养殖物种提供所需饵料，因此海洋捕捞业产量提升能够进一步促进水产养殖业的产量增长，对于水产养殖的可持续性至关重要[609]。实施基于生态系统的渔业管理（ecosystem-based fisheries management）或生态系统的渔业方法（ecosystem approach to fisheries management）可确保以整体的生态系统视角采取管理措施。其中，基于生态系统的渔业管理对特定区域的渔业管理采取有助于生态系统恢复和可持续性的系统方法，通过认识与渔业相关的生态系统的组成部分在物理、生物、经济和社会各个方面的相互关系，在一系列社会目标中将利益最大化。

通过上述NbS措施，根据特定物种具体情况制定针对性策略能够减轻捕捞压力、避免过度捕捞，维持海洋渔业资源可持续。具体包括以下手段：通过严格捕捞许可加强监管；通过严格渔具管理在鱼类繁殖期提供保护；限制捕捞；禁渔期，在一定时期禁止捕捞；设立禁捕区域；设立国际渔业管理组织[594]。

总体而言，应对全球不断上升的粮食需求，基于水体的再生食物系统能够减轻陆地食物生产的负担，具备独特优势，能够为食物供应以及未来全球食物和营养安全作出贡献，具有可持续食物生产的强大潜力。

### 2.8.3　NbS构建再生食物系统的潜在风险与规避

尽管实施NbS构建再生食物系统具有多重效应，但是也存在相关风险，目前进展也较为缓慢。

其一，不同措施在不同地区的效果存在差异，因此如何在特定地区选择效果最佳的措施仍然有待挖掘。这需要展开更深入的研究，解决诸如如何确定具体实施地点、选择何种NbS手段等实践性的问题。

其二，由于缺乏已建立的示范性案例，管理者在选择基于自然管理措施时的积极性不足。此外，不同地区适宜采取的措施也存在差异。例如在热带草原适度放牧会增加土壤碳储量，提高生产力和土壤保水力，但在中亚土壤较为干燥的草原放牧会减少植被覆盖，增加风蚀而导致草原成为碳源。在此基础上，若某一地区不具备示范性的NbS案例，管理者难以直观感受到NbS所具备的多重效益，导致该地区难以广泛应用NbS[610]。

其三，全球5.7亿农场中多数为小型农场，管理了世界上75%的农业用地，同时全球小型渔业的渔民人数占海洋渔业就业总人口的90%，这些管理者缺乏资金与专业知识实施NbS[611]。

因此，有必要对不同区域可再生系统的建设潜力进行评估。例如，在水产养殖领域，污染物浓度较高的地区所生产的贝类或海藻可能不适合食用[611]。针对该问题，恢复性水产养殖机会指数（restorative aquaculture opportunity index）可用于帮助识别出有巨大潜力受益于恢复性贝类和海藻水产养殖生态系统服务的海洋生态区。此外需要在更多的产业领域进行针对当地气候背景和不同产品种类的案例研究，使区域的规划和推广更具有针对性，并在管理者教育中加入生物多样性和生态系统服务等内容，帮助管理者更好地了解实施NbS所带来的生态效益，加强管理者与学术从业者的联系和合作。

## 本章小结

NbS提出后迅速得到国际学术界、政策制定者及国际组织的积极响应与实践，最重要的原因就是实施NbS能够有效应对多重挑战，例如气候变化减缓与适应、碳存储、生物多样性保护、空气质量、水安全、人群健康、能源节约与再生食物系统等。尽管针对特定挑战的NbS是相互关联的，但是系统深入分析NbS应对不同挑战可以更深刻理解NbS的核心与重要价值。因此，按照问题概述、利用NbS应对特定挑战的途径和意义、应用NbS的风险与规避等逻辑，本章详细论述了NbS应对的八种典型挑战。

第一，NbS减缓气候变化，减少温室气体排放，遏制海平面快速上升、城市热岛效应、洪涝和干旱等现象。相比灰色基础设施，NbS成本效益更高，具有经济和社会效益，减少对气候变化的敏感性。实施NbS需考虑影响，评估成本，保证质量，避免风险。

第二，NbS提升生态系统碳汇，包括绿色和蓝色碳汇，通过保护、管理、重建途径进行气候缓解。不确定性包括气候地理条件下不同NbS措施的实施、措施之间的权衡、成本收益和潜在不利影响的考量。例如，植树造林对气候和生态系统影响机制未明确，且受极端天气事件影响，需充分评估风险。

第三，NbS促进生物多样性保护途径包括保护自然生态系统、修复退化生态系统和管理人工生态系统。实施NbS有助于推动可持续发展议程，将生物多样性和气候变化联系起来，有助于生物多样性保护在世界各国主流化。然而，NbS也存在潜在风险，如破坏原生景观、导致单一栽培和威胁周围地区的生物多样性，需在实施过程中系统考虑以避免潜在风险。

第四，通过提供自然的污染物汇，NbS有助于改善空气质量，保障人类健康与福祉。NbS具有较高的经济效益，满足精神需求，与其他减少空气污染暴露的策略相比具有多重协同效益。实施NbS减轻空气污染有多种途径，包括VGS、绿色屋顶和植树，它们以生物修复为核心。然而，实施NbS面临多重风险，如过敏原释放、空气污染恶化、空间限制和管理不当可能减轻效果，造成资本浪费。选择NbS策略需考虑空间可用性和配置，慎重选择物种和城市绿化规划，最大程度发挥作用同时减轻潜在危害。

第五，NbS利用生态系统中与水相关的物理、化学和生物过程影响水循环，通过恢复或改良生态系统，改善水量、水质和降低涉水风险，保障水安全。与传统灰色基础设施相比，NbS环境友好、成本收益高，提供额外经济和社会效益。尽管NbS需求增长，但实施项目仍面临挑战，需填补知识空白，构建跨学科知识和数据网络，促进NbS有效应对水安全问题。

第六，NbS在促进人群生理、心理和社会健康方面发挥重要作用，主要途径包括自然暴露和自然干预。自然暴露包括自然特征对人群促进作用和直接接触自然增强体育活动、免疫功能等。自然干预则包括健康融入城市规划和循证康复景观设计等。尽管NbS对公众健康有益，但也可能存在潜在风险，因此在实施阶段应考虑相关风险并纳入预案，以最大限度发挥其促进人群健康潜力。

第七，作为能源节约的直接途径，通过可持续管理农田生态系统提高粮食产量，建设城市循环经济，以及提供合成生物能源降低化石能源依赖，缓解能源危机。在间接途径中，城市绿色基础设施可减缓热岛效应，降低城市能耗。通过绿地、绿色屋顶和 VGS 等手段改善城市热环境，降低能耗。然而，NbS 实施过程中存在风险，如与传统能源相比，其能源安全潜力有限，需要更多考虑。

第八，NbS 可帮助构建再生食物系统，增强其韧性，应对粮食危机。NbS 在陆地和水体上的应用可以改善食物安全和生态系统健康，但不同地区效果有差异。缺乏示范案例限制了 NbS 推广，需要进行潜力评估和案例研究，以实现针对性规划和推广。

总的来说，作为一种新兴概念与方法，NbS 具有应对多重社会挑战的优势，并且通常实施 NbS 会带来多重效益，因此是一种极具潜力的解决方案。然而，实施 NbS 常常伴随着诸多挑战和不确定性，因此在具体实施过程中需要进一步考虑。

## 思考题

1. NbS 在气候适应方面还会有哪些潜在的社会效益？请查找资料案例回答。

2. 不同国家实施 NbS 减缓气候变化的潜力如何？主要路径有何差异？

3. 除了保护、管理和重建，还有哪些新颖的方法可以增加自然碳汇？例如，生物工程或生态系统修复等新技术是否可以发挥重要作用？

4. 在碳汇管理中，如何权衡经济发展和生态系统保护之间的关系？有没有成功的案例可以作为借鉴？

5. NbS 在保护生物多样性方面有哪些优势？请举例说明 NbS 如何通过保护生物多样性带来社会经济效益。

6. 为什么说 NbS 被视为推动生物多样性主流化的重要机会？它是如何将生物多样性保护与政府利益联系起来的？

7. 请解释 NbS 如何通过植被和其他自然过程吸收或转化大气中的污染物，举例说明哪些具体的植物或生态系统在此过程中起着关键作用。

8. 请考虑物种选择、地理位置或气候条件等因素，列举在实施 NbS 减少空气污染的过程中还可能出现哪些挑战？

9. 请举例说明至少一种NbS策略，它是如何帮助保护水源地、提高水质或确保水供应的？

10. 从生态学和资源管理的角度出发，分析NbS在水资源保护中还可能遇到哪些技术或自然界的挑战？

11. NbS是否让人们变得更健康了？请举例说明。

12. 在城乡规划设计实践中，可以通过哪些措施规避NbS对人群健康潜在的风险？

13. 合成生物能源技术未能进行规模化推广受到了哪些因素的制约？

14. 除2.7节涉及的途径以外，NbS还能通过什么方式促进能源节约？

15. 除食物系统供给侧外，NbS还能通过什么途径帮助构建再生食物系统？

16. 在构建再生食物系统时，地区间采取相同的NbS措施为什么会产生不同的效果？

# 第 3 章

# 基于自然的解决方案典型案例

本章将介绍国内外关于NbS的典型案例，重点探讨NbS在气候缓解与适应、碳存储、生物多样性保护、空气质量改善、水安全、人群健康、能源节约与再生食物系统等领域的应用。这些案例来自不同地区和领域，展示了NbS在解决多重社会挑战中的作用和优势。通过深入分析这些案例，我们可以更好地理解NbS的理论基础，以及它如何在实践中为社会、环境和经济带来积极的影响。这些案例不仅提供了宝贵的经验和启示，还为推动更广泛、更有效的NbS应用提供了借鉴和指导。

## 3.1 气候减缓和适应案例

### 3.1.1 气候变化减缓案例

#### 3.1.1.1 印度尼西亚：中加里曼丹泥炭地恢复项目

印度尼西亚泥炭地约占热带泥炭地的36%和东南亚泥炭地的80%[612,613]，但1990年以来，印度尼西亚大面积的泥炭地被排干，泥炭沼泽森林被砍伐，以促进工业化种植园和以小农为基础的农业扩张。到2015年，苏门答腊和加里曼丹超过70%的泥炭地遭到破坏，它们在完整状态下提供的生态系统服务和利益受到严重损害。退化的泥炭地容易燃烧，印度尼西亚2015年的严重火灾产生了1.5 Gt $CO_2$eq 的温室气体排放量[614]，6 900万人暴露于污染物中，损失总计达160亿美元。

中加里曼丹位于加里曼丹岛南部，北接斯赫瓦纳山脉，中部遍布热带森林，南部低地以泥炭沼泽为主，有许多河流穿插其间。由于开展了失败的前超级水稻计划（ex-mega rice project，EMRP），中加里曼丹1.4万 km²土地受到密集伐木和系统排水的影响，遭到了森林火灾和过度排水的严重破坏。不可持续的农业实践和伐木活动对中加里曼丹当地和全球重要的泥炭地生态系统构成严重威胁。

国际社会、印度尼西亚与中加里曼丹地方政府日益认识到制止和扭转泥炭沼泽森林退化的紧迫性，在2005—2008年开展了中加里曼丹泥炭地项目（central Kalimantan peatlands project，CKPP）。CKPP的目标是维护和恢复萨班高（Sebangau）国家公园地区和EMRP项目其他部分的泥炭地，以改善约2万 km²泥炭地的生物多样性。为了实现这一目标，该项目的重点是改善森林和退化泥炭地的水文状况，使退化泥炭地重新绿化，并减少火灾的发生和破坏。

### 1）水文恢复

CKPP项目的水文恢复活动主要集中在EMRP北部和东部以及萨班高国家公园。恢复水文系统的干预措施包括水坝的开发、建造和维护，以及水文监测。CKPP项目采用的水坝可以在非常柔软的泥炭地土壤中承受巨大的水压，用于封锁主要的排水渠。在EMRP和萨班高国家公园，CKPP项目建造了24座大型水坝和263座小型水坝。这些水坝主要采用木结构，以圆木为材料建造，填充矿质土壤的沙袋，并在溢流道上覆盖木板和土工布/防水布以减少水坝压力。值得一提的是，CKPP项目在水坝上和水坝后面种植了大量树木。这些树木不仅有助于保持水坝内的土壤，还能在生长过程中逐渐与泥炭一起阻塞水渠，以替代水坝的功能。随着树木的生长，水渠将逐步关闭并消失。为了监测大坝对当地水文的影响，CKPP项目安装了47个地表水位计监测地表水波动，打了69口深井监测地下水波动。现场工作人员每月两次从这些仪器中收集数据，时间间隔相对固定。除了水文监测外，还监测了大坝对周围野生动物的影响。

### 2）再绿化

再绿化是恢复泥炭地的关键因素。植被覆盖可以使泥炭免受阳光直射，有助于保持土壤潮湿，储存水分，并减少地表水流。植被的根茎将泥炭固定在适当位置，也有助于储存和保持水分。CKPP项目的再绿化潜力巨大，适宜种植区域可达60 km²。为了开展再绿化，CKPP项目成立了社区绿化小组，他们发展了育苗苗圃，并对各组进行培训，以确保幼苗在苗期和种植期有良好的生长水平。当幼苗足够健壮时，便进行定植。苗木是由发展社区育苗单位提供的，该项目仅使用本地森林树种，主要是具有商业价值的树种，包括节路顿树、巴拉娑罗双木、越南黄牛木、蒲桃等，以提高当地人对项目的积极性。此外，为了帮助受威胁的动物生存，CKPP项目种植了具有食用价值的物种。CKPP项目还在第一年和第二年对树木的生长进行了维护和监测。

3）预防火灾

2006年，CKPP项目建立、培训和装备了25个乡村消防队，共399人。2006年9月至11月，该消防队的灭火速度从0.173 km²/h提高到1.75 km²/h。村民还接受了开发深井的培训，以便在旱季为消防和其他用途提供水源。E区共开发了50口井，跨加里曼丹公路沿线开发了75口井，其他位于萨班高国家公园缓冲区的村庄。此外，CKPP项目还在加里曼丹中部设置了气候预测和监测工具，通过预测降雨异常，对森林和泥炭地火灾的危险进行早期预警。

4）监测和执法

为了减少国家公园内非法采伐活动，CKPP项目进行了一系列联合巡逻，涉及国家公园当局、当地社区和非政府组织的代表。项目执行期间，执法人员使用超轻型飞机进行了空中巡逻27次，使用小型机动船进行了河流巡逻342次，陆上巡逻393次，以监测该地区内外的非法活动和火灾。此外，CKPP项目每35天进行一次监测，以确定土地覆盖的变化。在2006年6月的一次反非法采伐运动中，共有1 078 360根木材被没收，相当于134 795 m³。2006—2008年，锯木厂由147家减少到2家。

5）以社区为基础的农林业

由于泥炭地恢复与可持续生计密切相关，CKPP项目优先考虑改善泥炭地社区的福利。他们致力于让当地社区在泥炭地生态系统的生产和环境功能之间找到平衡。根据这些地区退化的历史数据，CKPP项目确定了适合每个退化土地区域的本土树种，并编写了开发管理手册。他们鼓励农民在社区管理制度下种植本土的具有重要商业价值的树种。项目结束时，已有25个村庄

（约3 540户家庭）采用了因地制宜、符合特定标准的技术进行可持续农业实践。此外，CKPP项目还优先考虑本地生产本地消费，这种模式能够在村庄和街道营销链中更平等地分享利润。CKPP项目促进建立了11个合作伙伴关系，并为1 094户农户开放了市场准入，覆盖了目标人口的36.5%。

CKPP项目恢复了萨班高地区100 km²的水文和EMRP中超过500 km²的排水和退化泥炭地区域。这些干预措施将地下水位提高了1 m，大大减少了泥炭的分解和沉降。目前，约2 500 km²泥炭地的火灾安全状况得到改善，25个村庄的灭火能力得到提高。该项目已在超10 km²泥炭地重新造林。更重要的是，CKPP项目的泥炭被重新湿润，每年的碳排放量每公顷减少到约70 t $CO_2$。仅通过减少泥炭分解，CKPP项目每年就可减少至少400万t $CO_2$排放，对缓解气候变化作出了巨大贡献。

### 3.1.1.2 中国塞罕坝机械林场治沙止漠项目

塞罕坝机械林场是河北省林草局直属的大型国有林场、国家级自然保护区和国家级森林公园，位于中国河北省承德市围场满族蒙古族自治县北部坝上地区，属内蒙古浑善达克沙地南缘，距北京市中心283 km。该地海拔1 010～1 940 m，地貌为高原和山地，气候寒冷，年均气温为−1.3℃，最低可达−43.3℃。受历史上开围募民、垦荒伐木等影响，塞罕坝原有森林在新中国成立初期已经退化为高原荒丘。未治理前，该地土壤受风蚀或水蚀危害较重，林草植被稀少，属于土地沙化敏感地区，与其周边的浑善达克沙漠构成了京津地区主要的沙尘起源地和风沙通道。1962年，当时的中国林业部决定建立塞罕坝机械林场，项目以改善当地自然环境、阻隔京津沙源、水源涵养、建设首都北部的生态屏障为目标，共投资12亿元，其中中央政府投资7亿元，地方投资5亿元。建场60年期间，林场不仅成功实现了防风治沙的愿景，还通过一系列NbS大大增加了林场碳汇，创造了减缓气候变化的双重效益。

NbS在塞罕坝机械林场治理措施中体现为植树造林和森林管理两个方面。

#### 1）植树造林

建场初期，为克服高寒、高海拔干旱瘠薄的沙地条件，塞罕坝机械林场采用乡土苗木造林策略，改进了苏联的造林机械和植苗锹，总结出了高寒地区"全光育苗技术"。"全光育苗技术"通过主动对幼苗进行强光照射以提高其对贫瘠条件的适应能力，可培育出根系发达、木条敦实、抗旱抗虫的优质壮苗。1964年春季，该育苗技术使得造林成活率由最初的8%提高至90%。在此基础上，塞罕坝机械林场使用创新的"三锹半人工缝隙植苗法""苗根蘸浆保水法"等技术，开展了大规模造林，包括机械造林、人工种植和封山造林。1962—1983年，塞罕坝林场的林地面积增加至4 451 km²，年$CO_2$吸收量约为77万t。

为进一步增林扩绿，塞罕坝近年来实施了荒山"清零"行动。该行动把绿化重点放在场内坡度大（15°以上）、土层瘠薄、岩石裸露的地块上，并探索出苗木选择与运输、整地客土、幼苗保墒、防寒越冬等一整套造林技术，进一步提升造林成效。截至2022年，塞罕坝共完成石质荒山攻坚造林约67 km²，造林保存率达到95%以上。

**2）森林管理**

1983年，全场从以造林为主转入以森林经营为主，进入了"以森林经营为核心，以造林保护为重点"的阶段。这一阶段内，塞罕坝机械林场采取了自然保护、经营利用和观赏游憩三大功能一体化的经营方式，通过疏伐、定向目标伐、块状皆伐、引阔入针等作业方式来培育"樟子松、云杉块状混交林"和"复层异龄混交林"。在调整资源结构、低密度培育大径材、实现林苗一体化经营的同时，促进林下灌、草生长，全面发挥人工林的经济和生态双重效能，提升森林质量。截至2022年，塞罕坝机械林场已累计抚育森林1.04万km²。

此外，为加强资源保护、预防火灾，塞罕坝机械林场还建立了完备的管理体系。该体系配备红外探火雷达、雷电预警以进行森林防火监测，同时通过火灾预警监测系统、生态安全隔离网、防火隔离带阻隔网三大措施进行防护。在此基础上，由9座望火楼、14个防火检查站与43个视频监控点共同构成森林资源管护平台，形成了地面巡护、人工瞭望和视频雷达监控组成的全天候、全方位、立体火情监控体系，确保塞罕坝机械林场无盲区的管理格局。

目前，塞罕坝林场的林地面积由970 km²增加到4 650 km²，森林覆盖率由林场初期的12%提高到82%，林木蓄积量由33万m³提高到1 037万m³。林场森林现每年释放氧气57.06万t，释放萜烯约1.05万t，吸收$SO_2$ 1.34万t、$NO_x$ 1 200 t、粉尘15.64万t。与林场初期相比，塞罕坝及其周边地区的小气候得到了有效改善。无霜期从52天增加到64天，年平均大风日数从83天减少到53天，年降水量从不足410 mm增加到479 mm。根据实际测量，森林内外平均温差为2.5℃，平均湿度增加了3.69%，已经成为北京和天津广阔的森林和重要的生态屏障。据中国林业科学研究院统计，塞罕坝森林和湿地总价值206亿元，生态服务价值142亿元。

在减缓气候变化方面，塞罕坝机械林场年$CO_2$吸收量高达86万t。2015年，塞罕坝启动了林业碳汇项目，截至2022年共完成造林和森林经营两个碳汇项目，获得国家发展改革委备案核证的减排量已达474万t，已完成销售16万t，实现收入309万元。

### 3.1.2　气候变化适应案例

#### 3.1.2.1　南太平洋珊瑚恢复适应气候变化项目

珊瑚礁是全球生物多样性最高的生态系统。尽管珊瑚礁覆盖的海底面积不到0.1%，却栖息着超过1/4的海洋鱼类。此外，珊瑚礁还能提供多种生态系统服务，例如食物生产、防洪以及维持渔业和旅游业。在全球范围内，珊瑚礁能够衰减97%左右的波浪能量，并降低84%左右的波浪高度，减少了40亿美元的洪水损失[615]，每年可固定9亿t碳[616]。全世界5亿多人的生计由珊瑚礁直接支持，其社会、文化和经济价值约为1万亿美元[617]。

气候变化对南太平洋地区珊瑚礁影响日益增加，它取代了过度捕捞、水质问题和珊瑚礁的物理破坏，成为珊瑚礁减少的主要原因。由气候变化引起的海洋变暖导致大规模的珊瑚白化与死亡，这将破坏过去几十年在珊瑚礁保护方面取得的大部分进展。面对大规模白化，无论是管理良好或野生的珊瑚礁还是过度捕捞和退化的珊瑚礁均会受到威胁。根据测算，到2100年，每年气候导致的珊瑚礁生态系统服务损失将高达5 000亿美元[618]。人类福祉需要依赖珊瑚礁生态系统继续产生有价值的商品和服务，而维持这种能力需要加强对珊瑚礁恢复力的保护以适应气候变化[619]。因此，珊瑚保护组织（Corals for Conservation）于2016年在斐济、基里巴斯、图瓦卢、萨摩亚、瓦努阿图和法属波利尼西亚等地，牵头开展了以适应气候变化为目标的南太平洋珊瑚恢复工作。

南太平洋珊瑚礁保护区的管理战略包括以珊瑚为重点的气候变化适应措施，即珊瑚抗白化能力建设、珊瑚苗圃建设以及抗白化珊瑚构成的恢复斑块建设。该工作的第一阶段，需要在大规模白化事件期间对未白化的珊瑚进行取样，在大面积珊瑚礁系统的自然热点区域（如浅层封闭的潟湖和珊瑚礁平潮池）中筛选出能够抵抗白化的种群。其中，需要重视对鹿角珊瑚属的取样，因为研究发现该物种特别容易受到白化和白化后死亡的影响，在受白化严重影响的珊瑚礁上，鹿角珊瑚属稀有甚至局部灭绝。此外，由于在大规模白化中捕食者可以在短短几个月内杀死大部分幸存下来的珊瑚，因此采样时间相当紧迫。工作人员需要从这些抗白化的珊瑚中提取碎片，在基因库苗圃中进行培养。为了避免捕食者的侵害，将这些苗圃建设于压力较小、较凉爽的水域条件下。工作的第二阶段，需要对苗圃中生长的珊瑚群碎片进行修剪，以便移植到退化珊瑚礁上的恢复斑块中。这些恢复斑块位于已建立的禁捕保护区内，其他压力因素已降至最低。

此外，该项目还建立了一项恢复战略：在七个南太平洋岛国建立珊瑚礁抗白化能力，帮助珊瑚礁适应不断上升的水温。他们将该战略传授给了当地的相关工作人员，并建立了国家和地方伙伴关系，将修复工作与当前的珊瑚保护工作联系起来。

该工作与斐济的主要合作基地位于马马努卡群岛（Mamanuca Islands）的种植园岛度假村。度假村赞助了15人作为专业珊瑚园丁为旅游业服务。2018年，度假村雇用了两名珊瑚园丁作为全职员工来维护和推进珊瑚的修复工作。2019—2020年，该度假村成功举办了三个国际修复讲习班，培训了来自13个国家的75人。

在基里巴斯，2015—2016年的大规模珊瑚白化持续了14个月，在这之前的60个月里，白化温度持续了30个月，少有珊瑚存活，许多物种已经在当地灭绝。在基里蒂玛蒂（圣诞环礁）苗圃遗址，几乎所有的分枝珊瑚都在大规模白化中被杀死。然而，工作人员仍然成功找到并繁殖了一些幸存的"超级珊瑚"。这些珊瑚具有苗圃中曾收集和繁殖的至少七类鹿角珊瑚属与两类杯形珊瑚属的一种以上的基因型。到目前为止，工作已经为两种鹿角珊瑚和一种杯形珊瑚建立了两个外植地点。

迄今为止，项目已经建立了22个基因库珊瑚苗圃：斐济（8个）、基里巴斯（1个）、图瓦卢（5个）、萨摩亚（4个）、瓦努阿图（3个）和法属波利尼西亚（1个）。每个苗圃都有几十个物种和每个物种的多个珊瑚基因型。在该工作的努力下，南太平洋珊瑚的恢复力逐渐增强，基里巴斯的白化事件也体现出该项工作对珊瑚适应气候变化的积极作用。通过提高珊瑚对气候的适应能力，可以保证珊瑚生态系统在气候变化的背景下提供可持续的生态系统服务，从而促进人类福祉。这是NbS适应气候的一个重要途径。

### 3.1.2.2 温州洞头"蓝色海湾"整治项目

气候变化导致的海平面升高威胁着许多滨海城市，使滨海景观沙滩受到台风、风暴潮等灾害频发影响，需要气候适应策略修复和改善海湾及滨岸带，以提高应对气候变化的韧性。为此，原国家海洋局于2016年实施"蓝色海湾"整治工程，通过海湾整治修复遏制生态环境恶化趋势，改善海洋环境质量，提升海岸、海域和海岛生态环境功能，维护海洋生态安全。该工程拟推动16个污染严重的重点海湾综合治理，完成50个沿海城市毗邻重点小海湾的整治修复。其中，浙江省温州市洞头区是全国首批"蓝色海湾"整治试点单位之一。

洞头区位于浙江东南沿海，是全国14个海岛区（市、县）之一，拥有302个岛屿和351 km的海岸线，总面积为2 862 km²，其中海域面积高达95%。随着经济社会的加速发展，洞头区海洋资源开发与保护的矛盾日益突出。主要问题包括近岸海域污染、岸线景观破碎化、台风和风暴潮灾害、非法挖砂和采砂等人为损害，以及整体面貌的破旧和凌乱。因此，洞头区先后于2016年和2019年开展了两期"蓝色海湾"整治项目，其中大量采用了NbS来进行生态保护和修复。

#### 1）海洋环境综合治理

海洋环境综合治理的主要内容之一是近岸构筑物的清理和清淤疏浚整治。在洞头，重点对中心渔港和东沙渔港等进行了清淤疏浚整治。中心渔港是洞头区国家级海洋公园核心区和打造5A旅游景区海上休闲运动的重要场所，而东沙渔港则是洞头第二大渔港，也是全区重点渔业区域。实施渔港海底清淤疏浚项目能够改善渔港水质，并满足各类渔船安全避风的需要。东沙渔港和中心渔港共清淤160万 m³，港内水深平均提升2.7 m。同时，洞头区开展了海洋环境监测和污染整治项目，于2016年9月启动陆源污染及近岸固体废弃物常态化清理，并进行整治修复区现场监视、重点排污口监测等，完成监测能力提升建设。

#### 2）沙滩整治修复

长期以来，洞头海岸线过度开发利用导致海岸侵蚀，沙滩退化，公众亲海空间日益缩减。因此，该项目先后修复了东岙、沙岙、凸垄底、韭菜岙等多个砂砾滩。首先清除沙滩下面的碎石，然后再铺底沙、中层沙以及面沙，并综合考虑了村庄排水管布设与本底的调洪排洪渠道。通过沙滩整治修复，既恢复了岸线原有的消浪、护岸和防灾减灾功能，又达到了过滤海水、改善生态环境的目的。东岙沙滩修复工程于2018年7月完成竣工验收，修复沙滩岸线长度135 m，面积1.84万 m²。半屏山韭菜岙沙滩修复工程修复沙滩面积达5.86万 m²，岸线长度663 m，于2019年8月完工。

### 3）海洋生态廊道建设

为了消除海洋生物生境破碎化，连接景观斑块，并恢复海洋生物的正常迁移，洞头进行了大沙岙生态廊道、南炮台山段生态廊道、仙叠岩段生态廊道、东沙段生态廊道、东岙段生态廊道、半屏山段生态廊道、洞头南岸段生态廊道等多处海洋生态廊道建设，将破碎化的海洋生态景观串联起来。该项目总面积约5.2万 m²，其中改造海堤长度约2 144 m，防护绿地1.2万 m²，设计内容主要包括防护绿地绿道设计、海堤景观化改造及亮化、码头护栏改造等。这不仅满足了景观需求，还阻断了外来务工者及部分当地百姓对仙叠岩、半屏山等附近岩礁贝藻类生物的采集通道，杜绝了过度开采破坏海洋生态系统的行为。

### 4）海岸带生态修复

海岸带生态修复包括生态海堤建设、元觉花岗岸线整治修复以及沙滩修复。生态海堤是对堤坝、护岸实行生态化改造，包括绿化施工、紫菜喷播、红树林种植与海螺礁牡蛎礁安装等，将15 km硬化海堤修复成为"堤前"湿地带、"堤身"结构带和"堤后"缓冲带，进而形成滨海绿色生态走廊。

元觉花岗岸线整治修复工程对800 m岸线涉及的海堤、防波堤和桥墩进行生态景观提升，并对海湾进行环境整治、沙滩修复及景观平台建设。

沙滩修复作为对一期项目的补充，对环岛西片沙滩与青山岛沙滩进行了修复，共完成修复面积16.8万 m²。

### 5）滨海湿地生态修复

滨海湿地生态修复分为破堤通海、生态海沟与红树林湿地生态修复三部分。

第一，灵霓大堤破堤通海工程。灵霓大堤于2006年建成，大大提升了洞头的交通便捷性，并在十年内极大促进了洞头的经济社会发展。但由于灵霓大堤的阻隔，瓯江口和霓屿岛之间的海域被分割为南北两片，汛期大量淡水流入北侧海域，使两侧海水环境差异显著，导致生活在瓯江流域的凤鲚、鲈鱼、鳗鲡、日本对虾等洄游性海洋生物因无法适应环境改变而死亡。为缓解生态压力，该项目破堤通海，在灵霓大堤上拆除247 m的缺口，重建堤头，并新建桥梁连接原有道路，以改善海湾水质和生态环境基础。

第二，生态海沟工程。项目在拟破堤新建桥梁下方形成300 m宽、3 000 m长的生态海沟，促进瓯江优势经济鱼虾类洄游，改善海水水质环境，修复海岸带的生态功能。

第三，霓屿西北面滨海红树林湿地生态修复。项目滨海湿地生态修复总面积0.925 km²，在霓屿种植了0.75 km²红树林、0.175 km²柽柳林，形成了全国唯一的"南红北柳"生态交错区，构筑了潮间带，增加了生物多样性。

### 6）海岛海域生态修复

海岛海域生态修复包括三盘港海域清淤疏浚，王山头、网寮鼻山体修复工程。

第一，三盘港海域清淤疏浚。项目清淤疏浚153万 m³，并清理海面养殖活动，全面清退了三盘港污染严重、效益低下的传统木质小网箱，推动传统渔业向都市休闲渔业转型，以实现退养还海。

第二，王山头与网寮鼻山体修复工程，通过锚杆、挂网、注浆、覆土、边坡格构、绿化喷播和植被种植进行山体修复，共完成修复面积0.198 km²。

通过"蓝色海湾"整治，洞头完成清淤疏浚157万m²，修复沙滩面积10.51万m²，建设海洋生态廊道23 km，种植红树林1.69 km²，修复污水管网5.69 km。工程实施后，洞头红树林、盐沼湿地新增常驻候鸟20余种，海藻场自然恢复了3 000 m²，周边海域一类、二类海水水质占比达到了95%左右。"南红北柳"年固碳近200吨，紫菜、羊栖菜年吸碳近14 000吨。沙滩、湿地恢复以及生态海堤的建设让洞头区在面对气候变化时得以更好地应对海平面侵蚀与沿海风暴，"南红北柳"与"破堤通海"则为生物提供了更具弹性的生存空间。整个"蓝色海湾"项目降低了洞头对气候变化危害的脆弱性，并增强了该区居民可持续生存和发展的能力，是NbS适应气候变化的典型案例。

## 3.2 碳存储案例

### 3.2.1 美国阿巴拉契亚废弃煤矿场地再造林项目

森林生态系统是地球上最大的陆地碳汇，以美国为例，森林每年可吸收化石能源燃烧释放 $CO_2$ 总量的15%[620]。目前，美国有约33万 $km^2$ 适合森林生长的土地，其树木覆盖率小于35%，其单位面积碳储量不到未受人为干扰森林单位面积碳储量的20%[621]。再造林工程是一种成本效益较高的NbS。若将美国大陆现有低密度林地树木覆盖率恢复至60%及以上，其年均潜在碳捕获量将达到0.9～1.6 Gt $CO_2eq$，相当于当前年均净人为排放量的21%[622]。

由于阿巴拉契亚地区（如图3-1所示）蕴藏丰富的煤矿资源，自20世纪以来，数家矿业公司通过砍伐森林、压实土壤等方式共开垦出超过9 712 $km^2$ 的露天煤矿场，每年生产300万～500万吨煤炭[1,623]，当地生态因此受到严重破坏。矿场废弃后，这些土地很快被适应性较强但没有商业价值的本地草本植物（如羊茅和绢毛胡枝子）或入侵植物覆盖，但再生草地的碳储量仅为未受人为破坏森林碳储量的14%[624,625]。虽然草地通过自然演替最终将成为碳存储水平更高的森林，但这一过程可能需要几个世纪，将无法满足减缓气候变化需求，因此需要进行适当的人为干预。

为改善当地生态，实现更高碳存储目标，美国内政部露天采矿复垦和执法办公室联合阿巴拉契亚地区当地的采矿监管机构于2004年发起阿巴拉契亚地区重新造林倡议（Appalachian regional reforestation initiative，ARRI）。该倡议的目标包括：种植更多高价值的硬质木；提高种植树木的成活率；通过自然演替加快建立森林栖息地[626,627]。

土壤是森林生态系统的基础，森林健康和生产力在很大程度上取决于土壤的性质[628]。但在ARRI实施之初，由于高毒性污染物残留、基本和微量营养物质缺乏、土壤紧实等问题，该地区土壤出现了不同程度退化，阻碍水分和空气传递，不利于树木生长[1,629]。为此，科学家和林业工作者开发了一套科学的实践方案——森林复垦法（forestry reclamation approach，FRA）。

FRA的第一步是创造合适的树木生根"培养基"，其深度不小于1.2 m，由表土、风化砂岩等组成。第二步是对选定的表层土或表层土替代物的松散程度进行分级，以确定需要用推土机松动的区域。第三步是测试矿场土壤化学性质（如酸度、盐度和有机质含量等），可通过添加石灰和微量元素进行

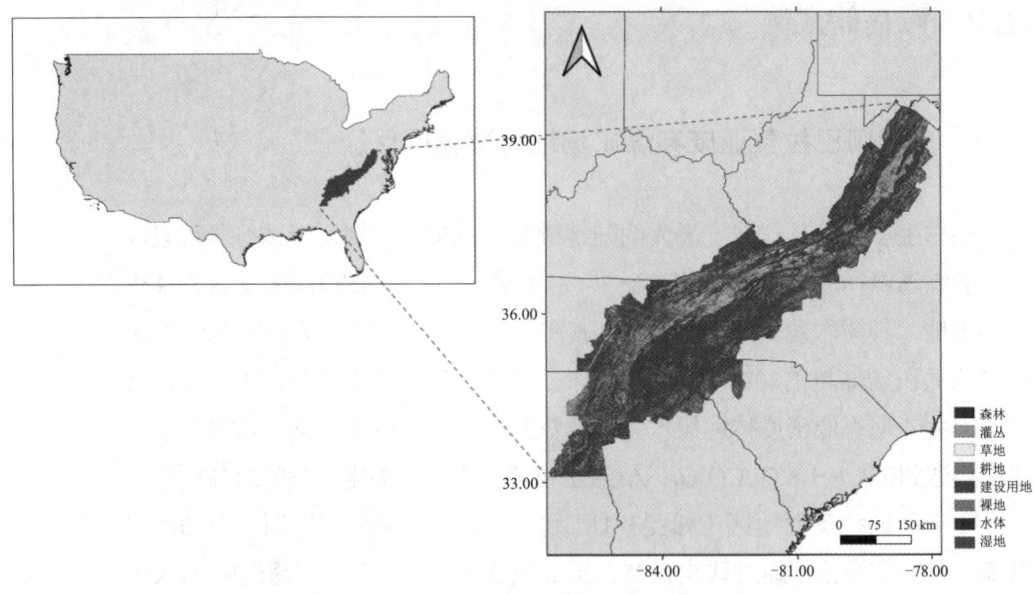

**图3-1 阿巴拉契亚地理分区**

改良，确保各项指标在适合树木生长范围内。第四步是选择合适树种，这是实现生态效益、完成碳存储目标、保障森林生物多样性的关键步骤。受采矿对土壤质地破坏和土壤修复时长的影响，在初始阶段，应种植生长速度快、耐受性较强的先锋树种，再种植本地硬质树种，包括红云杉、橡树、糖槭树、白蜡树、黑樱桃、杨树等，一般混合使用5～6种，合计每英亩600株（1英亩=4 046 m²）。为构建稳定的生态系统，选择山茱萸、山核桃、紫荆、海棠、白松和刺槐以吸引鸟类和野生动物，每英亩100株。坡度在10°～15°的区域可规划连片的松树种植园，提升经济价值。第五步是使用正确的人工培育技术。如前期种植的草本、灌木植物，或初期已有植被会跟树木竞争资源，需要加以控制，包括机器喷洒除草剂、人工定期清理和调整施肥策略等手段。豆科植物（如白三叶草）通过与根瘤中的固氮细菌共生从空气中固定氮，在外部低氮素输入的条件下，将树木和豆类植物间作，能减少对树木的氮胁迫，并加强豆科植物对大气氮的生物捕获[630]，同时促进光合作用，提高$CO_2$的吸收速率[631]。除此之外，还需加强后续管理，包括杂草控制、防火、防动物和人类侵入。此外，目前实施的FRA并不是最完美的方案，后期需进一步了解森林生态系统维持机制和森林恢复过程，以改进实践并实现更高的生态系统价值[632]。

由于覆盖层材料主要是不含有机碳的碎石，草地和再生林地起初SOC含量非常低，大约两年后两者的SOC含量拉开差距，再生林表现出更高的碳存储速率。ARRI实施2年后，当地植被类型主要由低于60 cm高的树木幼苗和杂草组成；实施13年后，森林平均树高为10～15 m，且由于封闭的树冠阻挡大部分阳光穿透到地面，基本没有杂草。

通过追踪研究和建模预测发现，修复林区土壤的碳存储速率在工程实施后前50年平均为$1.0 \ MgC \cdot hm^{-2} \cdot a^{-1}$，最高能达到$2.0 \ MgC \cdot hm^{-2} \cdot a^{-1}$，树木碳存储速率达$2.8 \ MgC \cdot hm^{-2} \cdot a^{-1}$，待树木碳储量达到$110 \ MgC \cdot hm^{-2}$后，碳存储速率将达到平衡。

ARRI实施14年后，SOC储量从$1.66 \pm 0.42 \ MgC \cdot hm^{-2}$增加到$22.25 \pm 32 \ MgC \cdot hm^{-2}$（见表3-1）。ARRI实施最早一批的再生林地SOC储量约为该地区未受干扰的森林SOC储量的17%，反映了再生林固碳的巨大潜力。通过测量不同年龄修复林地表层不同深度SOC含量发现，ARRI实施13年后的再生林0～5 cm SOC含量是2年后林地的6倍。

表3-1 ARRI实施后的SOC储量

| 再造林年龄 | SOC（$MgC \cdot hm^{-2}$） |
| --- | --- |
| 2 | $1.66 \pm 0.42$ |
| 5 | $6.91 \pm 1.45$ |
| 13 | $25.19 \pm 5.58$ |
| 14 | $22.25 \pm 32$ |

资料来源：FOX J F, CAMPBELL J E, ACTON P M. Carbon sequestration by reforesting legacy grasslands on coal mining sites [J]. Energies, 2020, 13(23): 6340.

自2009年以来，ARRI下的非政府组织Green Forests Work已在阿巴拉契亚地区约24.28 km²的土地上种植超过400万棵树。预计到2025年，该组织将恢复20 km²森林，这将进一步提升森林碳存储量。

### 3.2.2 英国海草恢复项目

海草作为地球"蓝碳"的重要组成部分，不仅可以通过光合作用吸收$CO_2$，还能捕获由河流或潮汐运输的有机物[633]。海草将大部分碳存储在沉积物中，降低氧气渗透和保护有机颗粒免受微生物分解，进而减少有机碳的再矿化[634]。据估计，全球海草生态系统碳储量在4.2 ～ 8.4 GtC[635]，在减缓气候变化中发挥着重要作用。然而，受人为干扰和气候变化影响，全球海草生态系统正发生着不同程度的退化。一方面，氮、磷等营养元素大量进入海洋导致水质恶化后海藻疯长，与海草竞争阳光和空间，对海草的生存造成巨大威胁[636]；另一方面，全球气候变化所引发的海平面上升、海洋酸化和温度升高（包括极端高温事件），造成海草草甸初级生产量下降、碳周转率加快以及碳储量损失[637,638]。

自1936年以来，英国至少有44%的海草已经消失，其中，仅1980年以来就消失了39%[639]。为发挥海草碳汇潜力，除保护现有海草草甸外，应积极恢复已消失的海草。Project Seagrass作为一个面向全球的环境公益组织，致力于修复受损海草生态系统，已在英国多地开展海草修复工作。项目具体地点、实施年份和目标如表3-2所示。

表3-2　Project Seagrass英国海草恢复计划开展地点、实施年份和目标

| | 地点 | 实施年份 | 修复目标（棵） |
|---|---|---|---|
| 1 | 圭内德（Guinede） | 2021— | 5 000 000 |
| 2 | 彭布罗克郡（Pembrokeshire） | 2019—2021 | 1 000 000 |
| 3 | 埃塞克斯和萨福克河口（Essex and Suffolk estuary） | 2022— | 200 000 |
| 4 | 怀特岛（Isle of Wight） | 2021— | 1 500 000 |
| 5 | 阿盖尔（Argyle） | 2021—2022 | 200 000 |
| 6 | 福斯湾（Forth Bay） | 2021— | 2 000 000 |

资料来源：https://www.projectseagrass.org/programmes/。

当下，海草恢复面临着海水温度变化、水流扰动、海底沉积物氧化等挑战[640,641]。目前主流方法是选择合适生境，进行大规模海草种子传播，从而通过扩大规模来分散风险并增加海草的存活率[642]。但潮汐流会迅速将种子从预定位置移开，并不能达到预期效果[643]。为此，科学家尝试将种子固定，如在表层沉积物中放置3 cm厚的可生物降解椰子纤维垫（膜），以减少沉积物在初期掩埋幼苗的威胁[644]，但成本相对较高。

Project Seagrass组织提出的"Bags of Seagrass Seeds Line"（BoSSLine）是将种子、沉积物和海草碎屑装在天然纤维麻袋中实现海草的初期培育和固定。具体流程是将收集来的大约100粒种子和100 cm³左右的健康海草草甸表

层5 cm的沉积物放入小粗麻布袋中。粗麻布袋规格在13 cm×7.5 cm，并布设有1 mm的孔。粗麻布袋不仅能防止种子因潮汐运动而散开，还可以保护种子免于被掩埋或被食用[638]。

由于采集到的沉积物可能营养物质不足且不包含足够的微生物，需添加50 cm³海草碎屑，以帮助海草种群完成微生物接种[644]，这些碎屑是来自开花芽的残骸。然后将袋子以1 m的间隔沿粗麻布绳系结和固定，每行绳索包含6个袋子。

结果表明，94%的袋子会长出成熟的海草芽，每袋有32±2.95个幼苗，每袋长出3.65±2.09个芽。这些袋子隔绝部分捕食者，确保种子能够顺利发芽。到2018年8月末，所有粗麻布袋已破碎，大部分已分解，根茎穿过粗麻布袋并嵌入周围的沉积物中。

在具体开展过程中，仍存在部分不确定性。首先，连接布袋所使用的粗麻绳在中途断开，使得大部分种子袋分散，监控单个袋子的生长情况变得困难，后期需要考虑材料的更换。其次，风暴潮能够扰动水体，导致布袋位置改变。此外，选址问题也很重要，靠近潮间带，很容易受到潮汐和流动的沙质基质的影响。海草繁殖是一个缓慢的过程，需要数年至数百年才能形成草甸，因此需加强后续监管以确保海草幼苗存活。

目前该组织已经完成英国海域内0.02 km²的海草恢复任务，预计到2030年将完成0.1 km²的修复目标。有学者结合不同种类的海草生长模型、存活率和单位面积碳储量来预测海草修复工程实施后不同年份的碳储量，并通过跟踪实验验证该模型的准确性[645]。模型结果表明，当种植密度为10 000种植单位/km²（株距为6 m）时，碳储量随时间迅速增长。而当种植密度超过10 000种植单位/km²，碳储量不会有明显的增长。

### 3.2.3　中国海南东寨港红树林修复项目

红树林是热带地区最大的碳汇之一[160]。和陆地森林一样，红树林主要靠光合作用从大气中吸收$CO_2$，树木固定的碳通过根系运输、凋落物分解等途径，按比例分配和转移到地下部分，最终形成沉积碳[646]。厌氧环境、全年充足的日照、高盐度和高硫酸盐浓度显著减少红树林地下部分因呼吸造成的碳损失[647]，因此，红树林具有更强的碳存储能力。红树林生态系统是地球上最脆弱的生态系统之一，自20世纪80年代以来，全球20%～35%的红树林因人为干扰和气候变化而丧失[648]。中国红树林92%分布在广西、广东和海南，由2002年的220.25 km²减少至2015年的203.03 km²[649]。为遏制红树林减少趋势，各国通过建立红树林自然保护区加强对现有红树林保护和开展受损红树林修复工作。

1986年设立的海南东寨港国家级红树林自然保护区是迄今为止我国红树林自然保护区中连片面积最大、树种最多、保育最好、资源最丰富的自然保护区。该地区年均气温23.3～23.8 ℃，年均降水量1 676.4 mm，典型的热带季风气候为红树林生长提供了良好的生存环境。据统计，保护区内共有红树植物种类17科33种，包括真红树植物9科22种，半红树植物8科11种，多属混交林，上面长有附生植物和藤本植物。此外，东寨港33.376 km²范围内，栖息着115种软体动物、160种鱼类、70多种蟹类、40多种虾类和219种鸟类。

早期由于过度捕捞、大规模水产和畜禽养殖及生活污水无序排放，红树林保护区水体严重富营养化，水虱在东寨港内大面积爆发，侵害红树林根系，导致大片树木根部坏死，鸟类和滩涂生物随之减少，东寨港红树林生态系统一度面临崩溃。2013年12月以来，保护区投入5 500万元实施退塘还林工程，完成填塘面积9.53 km²，该工程是迄今为止我国红树林保护中规模最大的退塘还林工程。

2020年以来，海口市依托海南东寨港国家级自然保护区湿地生态修复工程项目以及海南东寨港国家级自然保护区生态修复和资源保护项目开展红树林生态保护修复工作，新造红树林10.8 km²，修复现有红树林19.36 km²。其中，海南东寨港国家级自然保护区湿地生态修复工程项目已完工，新造红树林7.89 km²，修复红树林面积10.93 km²。海南东寨港国家级自然保护区生态修复和资源保护项目主要包括新造红树林2.91 km²，灾后修复造林8.43 km²。

红树林修复具体流程如下：首先根据土壤质地、海水盐度筛选出适合红树林生长的区域；然后通过炼苗，使其迅速适应定植环境，确保大面积种植的成活率。针对不同区域潮位特点与红树林生物特性，选择木榄、尖瓣海莲、秋茄、桐花树等10余种海南本地红树，采用混交林种植方式，每间隔20 m种植一个红树品种，以兼顾生态效益与景观效果。

为保证成活率，种植完成后，还需要经过1年的养护期，其间可能会因为潮位不足，导致树苗无法成活，需要及时补苗。养护期后，红树林的成活率一般可达85%。后续管理需加强监测和评估，提升红树林生态系统动态监测能力和生态修复跟踪评估水平。

红树林碳汇主要由地上生物量碳、地下根系生物量碳、枯枝落叶生物量碳、土壤沉积物碳组成。地上生物量主要通过遥感影像中提取的胸径指标，结合基于树木胸径的异速生长方程得到[650]。有研究通过UAV-LiDAR（安装在无人机上的光探测和测距传感器）结合Sentinel-2影像开发出G-LiDAR-S2模型，估计东寨港红树林高度和地上生物量，结果表明[651]，新造红树林的平均地上生物量可达11 926 MgC·km$^{-2}$。

2022—2025年，海口市林业局计划在东寨港国家级自然保护区内完成任务滩涂新造红树林0.74 km$^2$，修复现有红树林约24.89 km$^2$（其中2023年完成9.71 km$^2$，2025年完成15.17 km$^2$），在三江农场继续实施新造红树林4.97 km$^2$。

## 3.3　生物多样性保护案例

### 3.3.1　盐城黄海湿地遗产地生态修复项目

滨海地区所属的湿地与森林、海洋并称为地球三大生态系统，具有涵养水源、净化水质、调节气候、维护生物多样性等多种生态功能，被誉为"地球之肾"。湿地具有高效的碳吸收能力，如果不加以保护，湿地生态系统可能会向大气中释放大量温室气体[571]。盐城黄海湿地是太平洋西岸和亚洲大陆边缘仅存的、保存相对完好的、面积最大的滨海湿地，也是中国最大的沿海滩涂，面积达4 553 km$^2$。盐城黄海湿地有5个植被型组，11个植被型，73个群系以及19目52科416种鸟类。其中，湿地水鸟种类占全国水鸟种类的60%，鸟类多样性极高。此外，黄海处于东亚–澳大利西亚迁飞路线的中间地带，200多种近5 000万只水鸟在这个地区迁徙[652]。全球极度濒危鸟类勺嘴鹬90%以上种群在此栖息。2019年，第43届世界遗产大会上，中国黄（渤）海候鸟栖息地（第一期）被列入《世界遗产名录》，成为中国首处滨海湿地类世界自然遗产。

为保护湿地野生动物及其赖以生存的栖息环境，1983年以来，当地政府在江苏省盐城市海滨湿地上先后建立了江苏盐城湿地珍禽国家级自然保护区、江苏大丰麋鹿国家级自然保护区、江苏黄海海滨国家森林公园和盐城市条子泥市级湿地公园。经过多年的保护发展，在湿地生物多样性保护工作中取得重要成果。

### 3.3.1.1　江苏盐城湿地珍禽国家级自然保护区

珍禽保护区于1983年建立，1992年经国务院批准晋升为国家级自然保护区，经2007年、2013年调整，现保护区总面积为2 472.6 km²。

保护区主要保护丹顶鹤等珍稀野生动物及其赖以生存的滩涂湿地生态系统，区内有植物450种，鸟类402种，两栖爬行类26种，鱼类284种，哺乳类31种。其中，国家重点保护的一级野生动物有丹顶鹤、白头鹤、白鹤、东方白鹳、黑鹳、中华秋沙鸭、遗鸥、大鸨、白肩雕、金雕、白尾海雕、麋鹿、中华鲟、白鲟共14种；二级国家重点保护野生动物有85种，如獐、黑脸琵鹭、大天鹅、小青脚鹬、鸳鸯、灰鹤等。

保护区是挽救一些濒危物种的最关键地区，如丹顶鹤、黑嘴鸥、獐、震旦鸦雀等。每年来区越冬丹顶鹤达到1 000余只，占世界野生种群50%左右[653]；有3 000多只黑嘴鸥在区内繁殖；近1 000只獐生活在保护区滩涂。盐城还是连接不同生物界区鸟类的重要环节，是东北亚与澳大利亚候鸟迁徙的重要停歇地，也是水禽的重要越冬地。目前每年春秋有300余万只岸鸟迁飞经过盐城，有近百万只水禽在保护区越冬。保护区还是我国少有的高濒危物种地区之一，已发现有29种被列入IUCN的濒危物种红皮书中。因此，盐城保护区在国际生物多样性保护中占有十分重要的地位[654]。

### 3.3.1.2　江苏大丰麋鹿国家级自然保护区

江苏大丰麋鹿保护区于1985年建立，是世界上占地面积最大、野生麋鹿种群数量最多、拥有最大麋鹿基因库的自然保护区。1986年，当时的国家林业部和世界自然基金会（World Wide Fund for Nature，WWF）合作，从英国7家动物园引进39头麋鹿放养在江苏大丰麋鹿保护区。1997年经国务院批准晋升为国家级自然保护区，总面积为26.67 km²。至2013年底，大丰麋鹿产仔期结束，新生仔麋鹿数量405头，麋鹿总数2 027头，首次突破2 000头大关。截至2019年5月底，保护区麋鹿种群数量增至5 016头，其中野生麋鹿种群数量达到1 350头，在盐城黄海湿地成功恢复了野生麋鹿种群。保护区有兽类14种，鸟类182种，爬行两栖类27种。其中中华麋鹿园作为盐城黄海湿地的重要景区，植被覆盖率达70%以上，完好保存了麋鹿赖以生存的南黄海湿地生态系统，形成林、草、水、鹿、鸟共生的壮丽景象。

### 3.3.1.3 江苏黄海海滨国家森林公园

江苏黄海海滨国家森林公园位于东台市沿海经济开发区内，前身是1965年成立的东台市国有林场。2004年被批准为省级黄海森林公园，为国家4A级旅游景区、国家沿海防护重点建设基地和国家生态公益林区；2015年晋升为国家级森林公园。公园总面积为37.12 km²。其中林地面积为29.31 km²，全部为人工生态林。截至2022年，保护区内现有各类植物628种、鸟类342种、兽类近30种，森林活立木总蓄积量达21.6万 m³，形成了人与自然和谐共生的优良生态系统。

### 3.3.1.4 江苏盐城条子泥市级湿地公园

条子泥湿地作为潮间带滩涂、粉砂淤泥质海岸，被潮水周期性淹没，是海岸带最具生态价值和生物多样性的地带。因特殊的地质构造，条子泥湿地孕育了数百种底栖生物，维持了植物、水鸟、软体动物与鱼类等生物多样性，是全球最重要的滨海湿地生态系统之一。

盐城市条子泥市级湿地公园由盐城市人民政府于2019年设立，位于东台市境内，规划范围总面积达127.46 km²[655]。在条子泥市级湿地公园内，实行以生态自然修复为主、人工适度干预为辅的策略。在尊重自然规律的基础上，实施勺嘴鹬等小型鸻鹬类栖息地营造、裸滩湿地恢复、岛屿建设、黑嘴鸥繁殖地营造等措施。条子泥市级湿地公园建成后，来这里栖息的鸟类越来越多。

东台条子泥保护湿地是全球鸟类迁徙的重要驿站之一。这里每年吸引了包括勺嘴鹬、小青脚鹬、黑嘴鸥、斑尾塍鹬、黑脸琵鹭、半蹼鹬等在内的400多种、数百万只候鸟前来逗留停歇、繁衍生息。据统计，在条子泥栖息地观测到的候鸟数量已经增至6.5万。目前，条子泥湿地监测到珍稀物种小青脚鹬1 164只，而此前学界普遍认为该物种全球种群数量不足1 000只。号称"鸟中大熊猫"的勺嘴鹬全球仅余200余对，被IUCN列为"极危"。条子泥栖息地营建完成后，共记录到勺嘴鹬80只。

通过以上自然保护区实现"为鸟让路"的同时，盐城也充分考虑周边居民的生存与发展。除了给予生态补偿金，鼓励农民种植保护区内动物爱吃的作物，当地还大力发展生态旅游等，反哺当地居民及湿地保护。

依托世界自然遗产黄海湿地和湿地"三宝"（麋鹿、丹顶鹤、勺嘴鹬），盐城打造了最具魅力的城市形象。2021年10月，在云南昆明召开的CBD COP15上，盐城以恢复鸟类栖息地为目标的NbS——盐城黄海湿地遗产地生态修复案例，从全球26个国家的258个申报案例中脱颖而出，成为19个"生物多样性100+全球特别推荐案例"之一。

### 3.3.2 巴塞罗那绿色基础设施和生物多样性项目

随着全球进入城市时代，城市在保护生物多样性方面的作用变得日益重要。城市土地有效使用和自然生态系统管理可以使城市及其周边居民和生物多样性同时受益。城市成为遏制全球生物多样性丧失解决方案的重要组成部分，城市基础设施在生物多样性保护中发挥着重要作用。

巴塞罗那是欧洲人口最稠密的城市之一，面积超100 km²，居民有162万人。由于土地利用持续变化，导致城市绿地和生物多样性降低，破坏了自然地的连通性。过去50年里，该市以每年约10 km²的速度将农村土地转为城市用地。巴塞罗那大都会区和工业用地的无序扩张，加上交通基础设施发展，导致动植物栖息地和景观破碎化[656]。

巴塞罗那共有1 419 823棵树（街道和广场上种植有194 390棵），由本地物种和外来物种组成，共150个种类，最常见的是冬青栎（22.1%）、阿勒颇松（20.5%）、悬铃木（6.6%）和意大利松（4.9%）。城市的脊椎动物包括103种陆地物种和75种常见鸟类，并受法律保护[657]。

为了解决城市生境下降等问题，城市规划部门制定了《巴塞罗那绿色基础设施和生物多样性2020计划》（以下简称《巴塞罗那2020计划》），并于2010年发布。《巴塞罗那2020计划》列出了70多个项目和行动，其目标是：提供环境和社会服务，将自然引入城市，增加生物多样性，增强绿色基础设施之间的连通性以及使城市更具活力[658]。采用绿色走廊连接城市绿地，如森林、公园和蔬菜园，绿地与经过合理布局的城市街道树木可以使气温降低8℃，由此减少30%的空调使用需求[657]。

这项绿色基础设施及生物多样性保护计划基于NbS来考虑巴塞罗那三大生态系统（城市、沿海、森林）未来应对气候变化的能力，提出了五类目标主题：街道树木、绿色走廊、混合沙丘、城郊森林以及城市花园与绿色屋顶。巴塞罗那市采取的具体NbS措施如表3-3所示。

### 表3-3　巴塞罗那市NbS措施

| 方法 | 减缓与适应气候的方式 | 其他主要效益 | 理论依据 |
|---|---|---|---|
| 街道树木 | 吸收$CO_2$<br>增强高温天气适应力<br>缓解城市热岛效应 | 建立和改善生态系统连接性<br>减少雨水径流<br>增强城市吸引力与市民福祉 | EbA<br>GI |
| 绿色走廊 | 吸收$CO_2$<br>增强高温天气适应力 | 建立和改善生态系统连接性<br>增强城市机动性<br>优化骑行体验<br>增强雨水渗透，避免下水道溢流<br>增强城市吸引力与市民福祉 | GI<br>天然保水措施<br>（natural water retention measures，NWRM） |
| 城郊森林 | 吸收$CO_2$<br>缓解城市热岛效应 | 维护生态系统与生物多样性<br>提供绿色活动空间<br>缓解空气污染 | EbA<br>GI |
| 混合沙丘 | 适应海平面上升<br>减少洪水风险 | 维护生态系统与生物多样性<br>增强沿海地区吸引力 | EbA<br>Eco-DRR |
| 城市花园与绿色屋顶 | 吸收$CO_2$<br>增强高温天气适应力 | 提供公共绿地<br>提供食品<br>增强城市吸引力与市民福祉<br>对空置区域再利用<br>缓解空气污染 | GI |

　　在巴塞罗那，植树是"生物多样性计划"的重要内容。树木总体规划的估算为每年940万欧元，其中830万欧元用于树木管理，其余110万欧元用于必要的相关投资，主要用于改善土壤和水管理领域。例如，巴塞罗那市议会2016年开始将城市主要交通节点改造成一个大型的城市公园（0.13 km²）。"Canòpiaurbana"（城市雨棚）项目在巴塞罗那的Glòries广场上赢得了国际设计竞赛，超越了传统的公园设计，将微气候和生物多样性纳入主要设计领域。新公园将在某些区域设有茂密的树冠遮盖物，以便夏季可以在公园内享受凉爽的天气。该项目旨在在公园内创造良好的栖息地条件来提高城市生物多样性。

　　创建城市绿色走廊是实现巴塞罗那市生物多样性保护的重要措施。城市绿色走廊指只能供行人和自行车使用的有大量植被的条带。这些路径贯穿城市肌理，确保城市内各种绿地之间的连接。城市绿色走廊将自然/半自然区域与市中心的绿色空间和城市肌理连接起来，而非孤立的斑块，从而有效提高生态系统服务供给[61]。因此，巴塞罗那的发展特别强调构建城市绿色走廊，连接城市各部分绿色空间，融合外围自然区域与城市结构；通过增强现有的绿地与创造新的绿地以提高生物栖息地功能，形成一个功能性的城市绿色网络[659]。

目前，巴塞罗那的公园和花园中已经开发了一定的绿色基础设施，通过合理利用荒地或改善现有花园维护城市内生物多样性。下一步行动是将屋顶、阳台和外墙变成供社区使用的花园或菜园，使其成为城市绿色基础设施的新形式[569]。

## 3.4 空气质量改善案例

### 3.4.1 意大利米兰垂直森林项目

空气污染问题已经成为21世纪全球最严重的挑战之一，造成危害的程度和规模都达到一个新高度。许多科学领域都在寻求解决方案，其中植物修复凭借其环保、经济、非侵入性等特点被认为是一种实用的工具[660]，也是NbS改善空气质量的基础。然而，有限的城市可利用土地阻碍了该方案的实施[661]。为了满足增加城市绿色空间以改善城市空气质量的需求，意大利建筑师斯特法诺·博埃里（Stefano Boeri）提出了一种可持续的高层建筑类型——垂直森林，利用建筑立面空间种植更多的树木和其他植物。这种类型的建筑既可作商业用途，也可作住宅用途，促进了高层建筑环境友好性的实现，包括意大利、瑞士、中国在内的一些国家均采用其作为控制空气污染的手段。

全球第一个垂直森林是米兰新门区（Porta Nuova）的Bosco Verticale，由两座高度分别约111.25 m和约79.28 m的住宅楼组成[662]。楼的立面覆盖着茂密的植被——约800棵乔木（高度在3～9 m不等）、4 500棵灌木和15 000株草本植物[663]，相当于30 000 m²林地和灌木丛的植被数量。

Bosco Verticale建造的最初目标即缓解米兰新门区严重的空气污染。新门区从前是工业区，经城市复兴重建项目成为米兰市区新的中心。米兰在意大利的经济中发挥着关键作用，是其人口最稠密的城市之一，也是欧洲雾霾污染最严重的城市之一[243]。米兰主要的空气污染源包括车辆、供暖系统、铁路、机场、生活垃圾焚烧等[664]。地理和气象条件是米兰空气污染形成的重要因素。米兰地处波河平原（Po River Plain），被阿尔卑斯山环绕，频繁的地面低风速气象条件和逆温[665]，使大气对空气污染物的输送扩散能力大大减弱，在城市上空形成持续的雾[666]，污染物在当地长时间累积，造成高浓度空气污染及危害。

Bosco Verticale的立面植物设计在建筑的内部和外部之间形成了一个连续的空气过滤器，能够过滤城市环境中的颗粒物。Bosco Verticale对空气质量的改善作用不仅体现在建筑内部，同样也对整个城市的空气质量产生正面影响。这两座建筑每年吸收大约30 t的$CO_2$，每天产生大约52 kg的氧气。

Bosco Verticale赢得了许多国际奖项，包括2014年国际高层建筑奖（The International Highrise Award）和2015年全球最佳高层建筑奖（The Emporis Skyscraper Award）[667]。其复杂的植物选择和分布规划设计、适应植物种植的建筑结构设计、防风设计以及灌溉和维护系统的设计，构成了一个极具创新性的高层建筑项目。

植物种类的选择由植物学家和动物行为学家对当地植物进行为期三年的研究后进行。被安装在建筑上的植物首先在特殊的苗圃中进行预培养，而后通过专业修剪获得精确的尺寸，并且没有任何"形状缺陷"[667]。在考虑了空气湿度、光照、风力等参数的情况下对植物的方向和位置进行规划，使植物能够更好地生长。由于植物的季相变化，Bosco Verticale成为一个不断变化的城市景观。

Bosco Verticale的每个立面都从下至上建造了相互错列的阳台作为种植槽，因此呈现出错落有致的形态。容纳乔木的种植槽为1.1 m深、1.1 m宽，容纳其他植物的种植槽为0.5 m深、0.5 m宽[668]。种植槽内部用沥青防水层和防止植物根部渗透的保护膜进行保护。与传统基于藤蔓植物的VGS不同，Bosco Verticale具有大量用作种植槽的悬臂式露台。为增强支撑力和结构稳固性，整栋建筑完全由混凝土建成[669]。

面对在高楼层植树的安全问题，为防止树木被强风吹倒，博埃里针对不同树木的生长特性以及外形进行研究，以风洞实验测试其受风状况。根据测试结果设置了三重固定措施：作为临时安全装置的弹性绷带；作为基本固定装置的拉伸钢索；作为保险装置的金属笼架。种植槽中的土壤是农用土、有机物质以及火山物质的混合体，既能够减轻重量又能够稳固植物[670]。

Bosco Verticale使用自动灌溉系统，通过远程控制的探测器监控土壤湿度并获取植物的需水量，根据植物种类、生活阶段、建筑位置高度、气候因素等差异供给适宜的水分和养分。灌溉用水主要来自建筑的过滤废水，每年约3 500 m³。该系统的组成部分有中央控制计算机、传感器、数据采集系统、数据存储中心、控制中心及灌溉设备，灌溉设备包括管道、蓄水池、阀门、电磁阀、滴灌管等[663,667]。

Bosco Verticale的立面植被需要系统维护，在不影响树木美感的条件下，尽可能缩小树冠，以维持树木在建筑上的平衡。由公寓管理部门通过大楼内的两个集中监控站进行统一管理，园艺师和登山者组成专业团队进行维护，他们被称为"飞翔的园丁"。在2014—2016年每年进行6次维护，自2017年以来每年进行4次。维护Bosco Verticale的平均费用估计约为每年63欧元/m²，其中包括供暖、空调、灌溉、外墙清洁、植物维护、接待和安全[661]。

Bosco Verticale响应城市造林政策，能够提供多重的环境、社会和经济效益，反映了绿色建筑对于全球不断增长的城市可持续发展需求的重要性。该项目通过高度紧凑型设计，减少了城市扩张，创造了全新的米兰天际线；为鸟类和昆虫提供了食物和栖息地，也有助于保护和提高城市生物多样性[663]。

Bosco Verticale的植物能够调节小气候，通过蒸腾作用降低气温、增加空气湿度，在室内外产生2 ~ 3℃的温差[666]，从而降低夏季建筑能源消耗，减少有害气体排放。Bosco Verticale的植物还能够创造缓冲来抑制噪声污染，有效改善了周围居民的心理和身体健康[671]。

在垂直森林的基础上，博埃里工作室正在中国石家庄、柳州等地开发"森林城市"，基于NbS规划一种新型的可持续城市模式，改善整个城市的空气质量[670]。同时，对于垂直森林也有一些质疑的声音，其中包括：

● 建造支撑树木的高层建筑需要更多的混凝土、钢材等结构材料，这可能会影响其可持续性，增加碳足迹；

● 长期来看，树木可能在过小的种植槽中生长受到限制，影响其健康和生长；

● 一栋垂直建筑所能产生的氧气量可能相对有限，难以满足人口密集型城市中大量居民的需求[672]。

### 3.4.2 欧洲CityTree空气净化项目

根据WHO的数据，城市中超过91%的人呼吸的空气污染程度超过了限值[673]。空气污染物会对人体健康产生负面影响，例如颗粒物会导致肺部和心血管疾病。根据欧洲环境署的数据，欧洲每年有40万人因空气污染而过早死亡[674]，全球约有700万人[673]。

德国的一家初创科技公司Green City Solutions希望对城市空气污染问题采取有针对性的行动，为可持续、健康的城市发展作出积极贡献。2014年，该公司将苔藓天然的净化空气能力与基于云计算的传感器网络（物联网技术）结合，开发出了一个颗粒物智能生物过滤器——CityTree[675]，并在"地平线2020"计划的资助下进一步迭代[676]。

CityTree是街道设施和生物过滤器的结合体，新一代的产品外观上可以分为两部分，下面是椅子，上面是覆盖着苔藓的方柱，配有LED显示屏。CityTree的主要功能即过滤污染空气，集成的4 $m^2$苔藓相当于120 $m^2$的活性苔藓表面，可以吸附大量颗粒物。每个CityTree每小时可过滤5 000 $m^3$的空气，相当于大约10 000人每小时的呼吸量，实验证明它可以将附近的颗粒物污染减少达82%[677]。另外CityTree还能够吸收$CO_2$，释放氧气，有助于改善空气质量[678]。

与常用于VGS的维管植物不同，CityTree中使用的苔藓是非维管植物，只能通过叶片从空气中吸收水分和所需营养。这一特征使苔藓在演化过程中叶片不断变薄，让每层细胞都能通过腹、背两侧或单侧吸收足够的氧气和水分。苔藓叶片表面带负电荷，具有很强的静电吸附能力，可以吸附带有正电荷的颗粒物。大部分被吸附的颗粒物被生物代谢，提供苔藓自身所需的养分，最终被转化为生物质积累在体内[679]。另外，苔藓表面还有一层"细菌膜"，被吸附的颗粒物一部分被微生物降解，一部分被储存在沉积物中。得益于苔藓巨大的表面积，更多的空气污染物被过滤和吸收。苔藓能够吸收并固定多种有害空气污染物，如$NO_2$、$SO_2$和$O_3$等[680]。

在城市环境中，如何找到适宜苔藓生长的潮湿阴凉的环境是Green City Solutions应用苔藓净化空气所面临的挑战。通过CityTree各组件的协同作用，最终解决该问题，并使得CityTree的功能更加全面。主要包括以下几个部分：

- 垂直的苔藓模块系统具有最佳的空气渗透性，确保植物的稳定性，同时节省空间、减轻重量；
- 集成并内置环境传感器，用于监测土壤湿度、温度、水质，感知苔藓的需求并优化其护理，实时监控并显示的空气质量信息可用于衡量设施的空气净化性能；
- 内置通风系统，可通过风扇控制流经苔藓的气流强度，有助于颗粒物的沉降[681]；
- 内置自动灌溉系统收集雨水并进行重新分配；
- 配备光伏系统，由太阳能电池板保证电子元件的供电；
- 采用精选材料进行生态设计，优化碳排放[677]。

因此，CityTree净化空气的工作流程可以总结为以下四个步骤：第一，污染空气被集成风扇吸入；第二，空气流经垂直的苔藓表面，被清洁和冷却；第三，经过过滤和冷却的空气通过板条间的空隙流回城市环境；第四，集成的传感器技术用于自动浇灌苔藓，并实时监测其空气净化性能。

由于人类活动、污染耐受性和气候变化等因素，城市植被遭受了严重的破坏，部分植物无法适应城市环境，多样性大大降低。CityTree使用特殊的栽培技术，可以培育濒危的苔藓物种。此外，苔藓还可以被用作维管植物生长的最佳基质，形成共生关系，协同增强CityTree的空气净化能力。由于城市绿地有限且通常分布较为分散，CityTree创造的植物多样性平台能够为昆虫和微生物提供栖息地，改善城市的生物多样性[682]。

每个CityTree都是一个独立的VGS结构，无须地面锚固，可以不受城市土壤质量退化、地表封闭以及地下和地上基础设施冲突等限制，比传统的VGS具有更高的定位自由度。通常，把CityTree设置在污染的局部热点区域和城市居民高停留时间的地区，可以更好地发挥其净化空气的功能[683]。在CityTree投入使用前，常使用计算流体动力学模型进行特定背景的流量分析，根据可持续性设计、盛行风向、暴露于污染物和太阳的情况等定位其最优位置，以显著改善城市的空气质量，尤其是在街道峡谷中。

与其他防治空气污染的措施相比，CityTree可以在短期内改善空气质量。苔藓储存了大量水分，增加的蒸发面能够在城市产生冷却效果。在炎热气候下，CityTree可以将附近温度降低最高达4℃[677]。另外，CityTree还具有多种附加价值：通过LED屏幕和Wi-Fi热点显示热点信息；整合智能城市技术，如空气质量传感器和电动自行车充电站；通过座位和植被，为人们提供休闲的场所[684]。

目前CityTree已经在伦敦、布鲁塞尔、阿姆斯特丹、苏黎世、奥斯陆、巴黎、柏林、里斯本等多个城市投放，这是将自然与技术结合用于解决环境问题的一个很好的例子[685]。

尽管CityTree兼顾了多种功能，但高昂的成本可能会成为阻碍其发展的因素之一。在一座城市中，种植并维护传统树木，每十年的花费远低于1 000美元，而购买一个CityTree的花费则约为25 000美元。另外，为了调查特定环境下，何种植物配置和位置部署能最大程度减少污染，相关调研成本也比较高。因此，目前CityTree所存在的高成本、高技术和高组织要求等特点极有可能限制其应用[675]。

## 3.5 水安全案例

### 3.5.1 丹麦哥本哈根暴雨防控项目

哥本哈根是丹麦首都，位于西兰岛东岸，是丹麦的政治、经济、文化和交通中心。哥本哈根属于温带海洋性气候，四季温和；全年降雨量平均，夏、秋两季较多，年降水量450 ~ 750 mm[686]。

随着气候变化加剧，哥本哈根秋冬季发生暴雨事件的频率和强度都有所增加[331]，且由于海平面和浅层地下水位的上升，城市面临着巨大的内涝风险。因此，哥本哈根亟须采取气候适应型策略以管理城市雨水，降低城市内涝风险。

在2010年8月—2011年8月的一年内，哥本哈根遭遇三次大暴雨事件，其中最严重的是2011年7月2日特大暴雨事件。哥本哈根全市大面积区域遭受严重内涝积水灾害侵袭，暴雨淹没了城市中心区域大部分城市街道和地下空间。此次暴雨24小时平均降雨量达30 ~ 90 mm，部分地区降雨量半小时达63 mm，2小时内降雨达150 mm，共计造成约72亿元人民币的损失[331]。

极端降雨事件给哥本哈根城市水资源管理带来巨大挑战。为此，哥本哈根市政府决定协调和整合各项行动，分别于2011年及2012年制定完成《哥本哈根气候适应计划》（Copenhagen Climate Adaption Plan）和哥本哈根《暴雨管理规划》（Cloudburst Management Plan 2012），以指导未来城市排水防涝工程建设，降低暴雨造成的洪涝风险。此外，该规划也计划建设一个更加绿色、可持续和具有活力的城市，以满足哥本哈根市民未来的生活需求。

《暴雨管理规划》主要针对8个中心城市集水区，总面积为34 km²。该规划包括300个项目，预计将以每年15个的速度在未来20～30年内完工，总费用约42亿元人民币。它充分考虑到气候变化可能带来的极端天气情况，能够保护哥本哈根市抵御百年一遇的暴雨侵袭。针对极端暴雨所预期增加的40%降雨量，该规划预计可以容纳城市道路雨水高度提升10 cm，分担城市排水系统30%～40%的雨水泄流[687]。

为实现《暴雨管理规划》提出的目标，知名景观设计工作室安博戴水道（Ramboll Studio Draisaitl）以及哥本哈根工程咨询集团Ramboll共同推出了一个名为"哥本哈根暴雨防控方案"（the Copenhagen cloudburst formula）的项目，该项目计划采用蓝绿解决方案（blue green solutions）将雨水蓄留于地面之上进行管控。相比传统雨水管理方案，可进一步减少地下管道基础设施建设，并通过精细化、人性化的绿地和水域空间设计，合理组织城市地表径流，削减特大暴雨对居民生活的影响。该项目在2016年获得了美国景观设计师协会（American Society of Landscape Architects）分析与规划类别（analysis and planning category）的卓越奖[688]。

在解决城市水安全问题过程中需要跨专业合作。水利工程师与建模专家合作，以管理复杂的水利工程系统；景观设计和规划师提供全新的城市蓝绿空间设计；经济学家提供决策过程中的成本效益评估。

Lådegåds-Åen集水区位于哥本哈根市中心，由于极易受洪水和海平面上升侵袭被选为试点区域，进行暴雨管理模式、城市内涝治理策略及防涝措施工具箱的综合应用实践。首先，基于自然地理条件和详尽的数据资料，针对该地区构建包括气象、地形、下垫面、河道水系、排水管网等信息的高精度水力模型，开展内涝风险评估，详细分析内涝积水成因。然后，根据内涝现状模拟评估结果及未来建设计划，结合河网、绿色廊道、主要交通干道等通道，布置"五指"形的大排水通道（行泄通道），形成该地区的宏观暴雨管理格局。

针对街道、公园和广场等城市常见空间模式，项目团队给出了八种介入手段以减缓灾害，形成"暴雨工具箱"。该"工具箱"将传统水利工程（灰）与城市生态工程（蓝/绿）相结合，创造了一套普适性洪水缓解策略的模型。

根据实施节点的实际情况，从"工具箱"中选择合理的技术手段，开展精细化设计工作改造绿地、道路、广场。在充分尊重现状、避免大拆大建的基础上，通过精细化设计使得设施在满足排水防涝功能的同时，保障居民休憩和出行需求，并兼顾良好的景观效果。

例如，"绿色街道"方案通过设置两边高、中间低的带高差路面，并加上两条绿化带，划出"安全区"与"洪水区"。在洪水来袭时，绿化带和行车道就会变成蓄水区，两边的人行道仍能正常通行。

对于安装了两条排水管道的传统路面，项目组推出"V形城市运河"改造方案，改变原先蓄水能力极弱的坡度设置，在道路中央的绿带中创建大容量的雨水蓄留空间。下雨时，雨水能够从周边的房屋和街道流向该绿色空间，减少行人涉水。这种在暴雨时产生的"城市河流"能够容纳每秒 3 300 m³ 的雨水量[687]。

对于路面较宽的通行区，道路中部被改造成了一块 V 形绿化带，在暴雨来袭时可以发挥蓄水池的作用。

试验区内还有哥本哈根三大内城湖泊之一的圣约尔根湖（Sankt Jørgens）。由于水平面高于周边街道，在暴雨情形下该湖泊可能会加剧洪灾。过去哥本哈根市对这块区域的做法是加高堤坝，分隔出小单元街区。但这样的做法非常危险，一旦特大暴雨来袭，那些原先被堤坝保护起来的街道就会变成洪水的通行路线。针对该区域，项目新建了雨水滞留公园，拆除通往海滨的物理屏障，创建一条旁路隧道，通过蓝绿技术与灰色管道系统的结合，缓解洪水外溢的现象[689]。

湖畔原先被堤坝隔开的区域被改造成一块面积巨大的下沉式绿地，在暴雨时会被淹没用于泄洪，暂时容纳大量的积水，保障周边区域免受内涝灾害。此外，新的湖滨公园还创造了生物栖息地，它不仅有效提升了生物多样性，调节了环境微气候，还能为居民提供多样化的"慢生活"休闲空间。与建造体量巨大、费用昂贵的暴雨排水管道相比，这种休闲娱乐结合雨水排放以缓解洪水风险的方式，可节省大约10亿元人民币的地下雨水管道建造费用[687]。

这一案例展示了长效的、全面的、可持续的城市水安全问题解决方案。在哥本哈根的暴雨管理规划中，政府通过建设滞洪绿地和暴雨通道等不同的 NbS 来减轻洪水泛滥的负面影响。通过采用高比例蓝绿措施和最少的雨水管道改造的"蓝绿灰"方案，在发挥排水储水功能的同时，也能实现城市的重要服务功能，包括交通、娱乐、健康和生物多样性，从而确保城市的长期韧性和经济活力，有助于实现多个SDGs[690]。

### 3.5.2 印度东加尔各答湿地污水治理项目

印度东加尔各答湿地（East Kolkata Wetlands，EKW）位于大都市加尔各答的东部边缘，是世界上最大的废水灌溉水产养殖系统，最初是由低洼盐沼和淤积河流拼凑而成的[691]。EKW是一个巨大的湿地网络，它由人工湿地和天然湿地两个部分组成。EKW总面积达125 km²，其中有大约254个污水输入的鱼塘（当地称为bheris）、45.98 km²农业用地、6.03 km²垃圾处理场和0.92 km²居民区[692]。

加尔各答每天产生约7.5亿 L的废水和污水。EKW通过运河和渠道接收工业废水和生活污水，并在20天内完成生物除污。处理后的水富含营养物质，会被引入池塘用于大规模渔业养殖和灌溉。EKW的废水资源化处理使其渔业成为一种独具特色的水产养殖系统[693]，联合国将EKW视为使用NbS实现污水处理并得以资源化再利用的成功范例。2002年，EKW被提名为拉姆萨尔湿地。根据拉姆萨尔公约，由于它最大限度地减少了城市污水负荷以及在鱼类养殖方面发挥了重要作用，成为具有国际重要性的湿地之一[694]。该地区每年大约生产1.5万 t鱼、1 050 t吨大米和150 t蔬菜[691]。

污水输送渠和bheris是EKW污水处理系统的重要组成部分[695]。加尔各答的大部分城市污水通过复杂的运河网络流向EKW，随后在EKW的单池塘系统中进行处理。这种污水处理技术需要最少的人为或技术干预，并且在很大程度上依赖于与污水相关的营养物质的自然转化[693]。

加尔各答市政公司（Kolkata Municipal Corporation，KMC）管辖地区每天产生的污水，污水通过地下下水道流向六个终端泵站，随后被泵入明渠。1943—1944年，KMC总工程师BN Dey博士提出并实施了古尔蒂（Kulti）排水口方案。该计划包括建造两条平行的明渠——一是宽40 m的雨水流（storm weather flow，SWF），二是宽5 m但高水位的旱季水流（dry weather flow，DWF）。加尔各答约75%的废水通过SWF/DWF系统，并最终汇入加尔各答市以东约30 km处的古尔蒂河（Kulti River）。通过几个相互连接的闸门[696]，这些水闸由农民和渔民进行手动维护，以控制通道高度。

在传统的污水处理中，一般连续使用多个不同的处理池，常见的包括沉砂池、沉淀池、调节池、生化池、二沉池等。EKW废水处理系统的特点是只使用一个bheris，在此进行净化所需的所有物理化学活动。在接收污水后的一个月内，经生物氧化自然净化过程，便可在bheris进行鱼类饲养，其中的水也可用于灌溉农田或安全达标地排放至周边地区。废水输入的水产养殖流程包括鱼塘准备、生物修复过程，然后是鱼类养殖。

　　bheris的准备是水净化过程中至关重要的一步。在bheris准备阶段，渔民将bheris排干并在冬季到季风前季节之间（12月中旬到5月初）保持干涸。随后，将bheris底部的泥浆犁开，用氧化钙处理，并放置大约一个月。然后，未经处理的污水通过污水输送渠道进入bheris直至完全充满，深度约为60～90 cm。污水进入时，由于存在颗粒状无机物（particulate inorganic matter）、颗粒状有机物（particulate organic matter）、溶解和胶体有机物（dissolved and colloidal organic matters），此时污水颜色为深黑色。在充足阳光照射下，由于光合自养微生物和浮游植物的生长，3～4天内水逐渐变为绿色。这段时期的非白天时间段，渔民通过搅拌bheris的水以减少厌氧条件并促进底栖生物的发育。在7～10天内，bheris中的藻类生长饱和并发生富营养化。在接下来的2～3天里，渔民筛去光合自养生物群，使水变得清澈[697]。在接下来的10天里，将bheris保持原样，使阳光充分渗透到bheris中，剩余的有机和无机物质沉降下来，即可进行鱼类养殖。

　　在传统的污水处理厂中，浮游植物的大量繁殖会使水变得浑浊不堪，同时阻挡光线影响水生植物的光合作用，导致鱼类等水生动物死亡并淤积在河床、水库等，从而加重沉淀池和沉砂池的负担，甚至因淤积造成池体有效容积的减少，影响处理效果。然而，在EKW中，渔民将藻类清除并作为鱼类饲料。浮游生物在有机物的分解中起着重要作用，而鱼类则以浮游生物为食，维持系统平衡，并最终提高废水的清除效率。

　　微生物群落结构和湿地水文的变化在进行有效的废水处理方面发挥着重要作用[697]。关于处理效率，数据表明，经EKW的自然处理后，BOD去除率达70%以上、总氮去除率近60%、总磷去除率达50%以上、粪大肠菌群去除率达到98%[693]，由于水量、稀释度和水力停留时间的差异，处理效率在季节之间存在差异。对于加尔各答来说，EKW处理了大都市80%以上的污水，平均每年节省了约46.8亿卢比（约4.1亿元人民币）的污水处理费用[692]。

　　EKW形成了独特的生态环境，提供了环境、社会和经济等方面的多重效益。作为防洪平原，EKW提供了超过3 854万美元的环境利润，在过去90年里直接维持了约15万居民的就业[696]。除了废水的资源化处理、防洪，EKW还提供了许多其他协同效益，包括粮食生产、动物栖息地和生物多样性恢复等。

## 3.6 居民健康案例

### 3.6.1 成都中和旧城健康更新项目

18世纪中叶，伴随着工业革命，城市经济日益繁荣，但同时，由于大量农民涌入城市，集聚于工厂周围，形成贫民窟，加上城市基础设施的严重匮乏，为城市公共健康带来了严峻挑战。1848年英国《公共卫生法》、1898年"田园城市"、19世纪"城市公园"运动等即是通过利用自然应对公民健康问题而开展的城市规划建设实践。发展至今，利用NbS提升城市居民健康水平已成为城市规划决策者重点关注的领域[395,698]。相关规划成果可按照空间尺度分为国家、城市和区域以及社区和地块三种尺度。

成都市中和旧城位于成都市天府新区北部、高新区南部，西濒府河，东临中柏大道，南接中和大道，北靠世纪城路，总面积1.7 km²。中和旧城现状主要存在三点问题：一是街道环境不佳，道路交通系统亟待梳理，动静态交通缺乏引导；二是无法满足由天府新区发展带来的对高品质居住环境和公共服务的要求；三是局部空间使用不合理，存在违章搭建和垃圾处理不当等行为，导致公共健康问题和安全隐患。

针对以上问题，NbS融入规划设计应对公共健康问题，主要体现在三方面[698]。

第一，在中和旧城的更新改造中，规划者在不同街区内设置"邻里中心"，将生态空间作为文化、体育、卫生、教育、商业等综合性服务中心的背景基底，承载、连接着多种用地类型，为不同土地混合利用模式中的居民提供10分钟步行范围内的生态服务功能。同时，较小尺度的生态空间背景基底与其邻近周边的生态空间共同形成更大尺度和更为复合的生态基底。

第二，社区中的公共开放空间包括社区内部的慢行系统网络、口袋公园等。公共开放空间为居民活动和交往提供了良好的场所，是形成健康生活方式的物质空间基础。公共开放空间的营造需要考虑人性尺度，即人的步行距离、出行习惯、使用舒适性和安全性，形成人、自行车和自然有机结合的开放空间。

该项目在社区内部发展网络化的慢行系统，分为两部分。一是梳理原有街巷空间，激活街区内的"毛细血管"，对旧城街区内存在的许多小街、小巷进行清化、绿化、美化。首先，针对生活垃圾、车辆停放等问题，合理增加垃圾回收站，增加街区集中停车设施，增强对机动车停车的管理，不建议采用过多的宅旁停车方式。其次，对这些空间进行生态绿化，鼓励居民参与其中。这能够改善居住环境，促进居民步行、活动和邻里交互，有助于增益健康。二是对机动车道路进行生态化改造，拓展步行和骑行空间，增设步行和骑行专用道，与社区生态环境系统的改造相结合，改善步行和骑行体验。并且通过绿植将步行、骑行空间与车行空间进行分离，尽量减少机动车噪声和尾气污染。

同时，口袋公园作为本案例重点营造的社区公共开放空间，是城市公园绿地系统的重要组成部分和微观生态单元，也是最贴近市民生活的休闲活动场所。区别于综合公园的多功能，口袋公园的使用者主要从事的是简单而短暂的休憩活动，如饭后的散步、小坐和儿童游戏等。本项目中的口袋公园结合了特定使用需求，以日常、高频率活动为主，促使居民在日常生活中养成健康的休憩出行习惯，环境优美的小型绿地也为居民提供空气相对清新且有益身心健康的开放空间场所。

第三，本项目规划以针灸式有机更新推行"微绿网、微渗透、微体验"新理念，增强社区对不断变化的环境、干扰和灾害的应对能力，提升社区弹性。借助街道和步行通廊改造，解决旧城雨后积水问题，缓解热岛效应，实现可持续的雨水利用，增加社区避险空间，同时创建开放共享的社区公共空间。"微绿网"主要是指绿地系统网络规划，它综合考虑市民休闲、雨洪吸纳、热岛缓解、紧急避险等功能，由不同规模的公园绿地、广场绿地、道路附属绿地、住区附属绿地和公共设施附属绿地串联而成，形成"城市公园-口袋公园-绿色廊道"相交织的多层次健康社区绿色基础设施网络。"微渗透"通过改造沿主要交通道路的生态水道，建成完整的雨水流动网络。对老旧街区和道路实行雨污分流的管网改造，对老旧小区内的绿化进行提升并规划集雨型绿地，引入雨水花园作为主要的社区地面储水设施；结合屋顶绿化、透水路面和停车场下埋地下雨水管、下水管道下增设雨水收集箱、建筑中水回用改造等方式，整体打造生态系统渗透的健康社区。"微体验"为多元景观的开放共享，即将景观生态性与体验性相结合，提倡社区绿地、街头绿地等公共、半公共空间的开放共享，通过多元主题的景观设计，使市民与生态环境形成良性互动。

### 3.6.2 丹麦Nacadia森林疗愈园项目

NbS是改善人群健康和福祉的重要手段。除了通过规划改善生态格局分布外，还需要进行小尺度的精细设计，以确保改善人群健康水平并提升社会和环境效益。这意味着需要深入了解如何设计和实施有效的城市绿地健康性设计营造干预措施。出于这一考虑，众多学者致力于基于循证康复的景观设计、使用和验证实践，例如丹麦哥本哈根大学自然、健康与设计研究小组设计营建了瑞典斯德哥尔摩Alnarp康复园（建于2001年）、丹麦哥本哈根Nacadia森林疗愈花园（开放于2011年）、Octovia健康森林（建于2014年）等项目，并证明了这些NbS项目在改善人群健康水平方面的有效性[699]。

Nacadia森林疗愈花园位于哥本哈根北部30 km处的Hørsholm植物园。Hørsholm植物园占地面积约0.4 km$^2$，Nacadia森林疗愈花园占地0.025 km$^2$。Hørsholm植物园种植有北欧本土及源自北美和亚洲等地的异域树木、灌木多达两千余种，是目前丹麦境内植物种类最多的开放性植物园。Nacadia森林疗愈园是隐于植物园内的园中园，人们离开喧嚣的公路，进入Hørsholm植物园，闻着潮湿空气中弥漫着的枫树糖浆味道，穿过林间小路，再流连一会儿植物园中的奇花异草，最后不紧不慢地到达Nacadia。这体现了森林疗愈园区的选址和空间过渡在整个设计过程最初的重要性。

Nacadia森林疗愈园不仅为患有与精神压力相关的疾病患者提供康复疗程，还是进行相关疗愈性环境设计与应用的多学科实证研究基地。设计师考虑了不同程度病情患者的需求或疗程的不同阶段，将园区中用于疗愈的空间划分为个人感官体验区、园艺活动区、自由活动区、无庇护区四个功能区和一组温室建筑[700]，如图3-2所示。

- 个人感官体验区：植被茂密，种类丰富，体验者通过独自步行、小憩、采摘果实等低体力活动获得感官体验，平静心情，放松身心，所需医疗措施较少。
- 园艺活动区：可以从事播种、换盆、整地、浇灌、花卉收割以及水果蔬菜的采摘等有助于集中注意力、增强体力的活动。医疗师也可通过园艺活动，与患者进行个人沟通以了解患者的能力和需求，从而调整治疗方案和活动内容。
- 自由活动区：植被相对稀松，有较大空间可用于开展大型的项目和社交聚会。

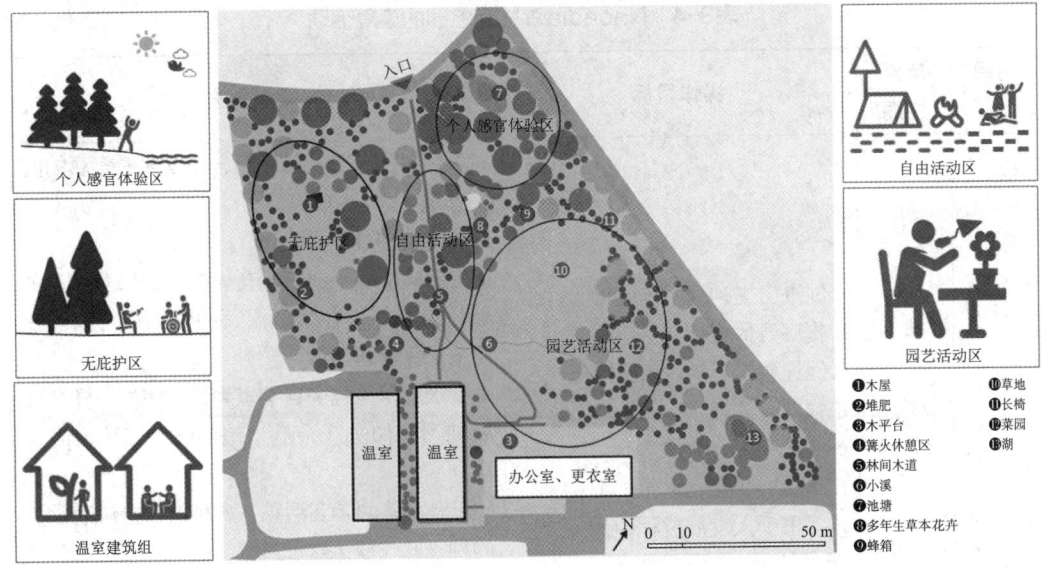

**图3-2　Nacadia森林疗愈园功能分区图**

- 无庇护区：是平坦开放的草坪空间，适合视线认知和情感能力较弱的患者，以及促进患者之间的相遇和交流。
- 温室建筑组：位于园区西南角，尺度宜人，氛围也更加温和、安逸，里面有不同品种的专类花园以及室外建筑，可以进行独处、放松或者正常的社交聚会等。

　　同时，各功能分区间的空间过渡也非常重要。虽然Nacadia森林疗愈园中的各个功能区特征分明、界限清晰，但各区之间的过渡采用了缓缓的沟坎、木桩、灌木篱笆，甚至只是植物高低、疏密、色彩的暗示等柔性而不易被察觉的界定方式。这种设计让患者能够在既受到保护，又不被任何人监视的情境中感到释然。这种自我放松的状态正是一切疗愈方法奏效的前提。

　　除了设计营建的整体森林疗愈园空间外，设计者还以促进目标人群的整体健康为目的，根据不同阶段的需求，导入了适合不同生理心理承受、社交能力的康复活动，帮助康复人群逐渐找回自我以及提高应对挑战的能力。目标人群在Nacadia森林疗愈园中会进行四个阶段约10周的康复活动，具体活动如表3-4所示。经过一系列的康复治疗，精神得到恢复的目标人群能够重新回归自我并融入社会。

表3-4　Nacadia森林疗愈园的康复活动

| 时间（周） | 康复主题 | 操作目标 | 操作方法 |
|---|---|---|---|
| 1—10 | 放松和新起点 | a.促进自主神经系统放松<br>b.提高身体意识<br>c.促进放松并学习放松技巧<br>d.强健身体<br>e.增强专注力<br>f.反思并接受生活<br>g.寻求个人发展过程中最高的生活质量 | a.疗养者自己去了解花园，去发现最喜欢的庇护场地<br>b.在花园中慢步、冥想<br>c.在森林中静坐或者躺在火炉旁放松身体、舒缓呼吸，如果在天气温暖的时候也可以躺在温室的干草堆上或者户外草地上<br>d.放松意识并且像自然里生长的植物一样做伸展练习，如像花朵从土地中破土迎接太阳一样伸展<br>e.开展简单的园艺活动，如种植一些快速生长的种子并收获果实和蔬菜<br>f.通过疗养师阅读与自然相关的故事来让人反思并融入园艺活动中<br>g.利用疗养者与自然元素相关的个人照片使其受到鼓舞，这些照片也用于他们的个人日记 |
| 4—8 | 基础和发现力量 | a.在疗养师的帮助下，检查并理解自主思维和情绪可能导致压力的方式<br>疗养师培训可以暂时脱离情境的能力，并评估疗养者的想法和行为<br>b.增强肌肉张力、身体意识<br>c.培养自我效能感和安全感<br>d.为了获得更高的生活质量要注意个人发展<br>e.疗养师在指导疗养者个体治疗时，重点关注上述目标a的工作 | a.开展不同复杂程度、社会互动的园艺活动，如移植幼苗，在移植过程中必须非常小心不能破坏根系，后续要施肥、修剪等照顾移植植物<br>b.开展符合疗养者身体要求的园艺活动，旨在适合患者的能力，如砍木头，清理需要重新栽植的区域<br>c.较长时间的个人散步，并且范围延伸到康复花园的整个园区<br>d.为个人日记收集材料，并进行写作记录<br>e.可以在小型庇护场地或花园的其他场地单独与心理学家会谈 |
| 7—10 | 成长与价值 | a.清晰目标<br>b.通过使用接纳承诺疗法中所有元素来提高心理上的变通性、灵活性，增强自我效能感<br>c.根据疗养者的个人价值和目标，通过工作、学习或其他活动，开始融入社会积极生活 | a.利用自然小故事、多种园艺活动、拍照、日记等作为疗养小组以及个人寻找发现价值目标的基础<br>b.在花园中独自或与其他疗养者合作开展更复杂、更自主的园艺活动<br>c.通过与治疗师和心理学家的单独交谈，来帮助患者做治疗之外的活动，与就业机构、工作评估和规划机构或教育机构建立联系，帮助其返回日常生活、工作中 |

总之，森林疗愈园本质上是以自然元素为基础构建的具有明确疗愈目标的空间环境（nature-based therapeutic setting）。因而，最合理也最经济的选址应该是在原始森林资源丰富的地区，以及主要依托自然动植物生态环境而设立的大型城市或郊野公园、农场、营地或者疗养机构中，从而以最自然的方式过滤掉那些频频出现在日常生境中引起人们紧张、焦虑等负面情绪的干扰因素。同时，森林疗愈园区设计的特殊之处在于它更侧重于大地景观设计范畴，其要点在于梳理和强化人们对自然环境的感知与体验方式，通过"虽由人作，宛自天开"的设计手法，将完全随机的自然构成元素组织和连接成有计划性地引导积极心理和行为的疗愈空间。

Nacadia森林疗愈花园的建设和运行已经有了比较成熟的经验。Ulrika Stigsdotter教授研究课题组在该花园的后续的跟踪研究表明，该项目在物理环境、环境体验、运营方式和活动、对目标群体的影响，以及健康与福祉改善等方面都取得了明显成效。值得注意的是，尽管绿色空间对居民健康的改善具有重要作用，但我们仍需务实、客观地看待其功效——绿色空间并不能直接治疗疾病，只有经过恰当的设计、维护和运用，才能真正改善人类健康水平，促进自然疗愈方法的实施[701]。

## 3.7 能源节约案例

### 3.7.1 印度尼西亚退化土地生产能源和粮食项目

合成生物能源是一种常见可再生能源，能够作为化石能源的替代燃料，在能源转型过程中发挥重要作用。其生产原料主要来自各类生物能源作物，而生物能源作物生产需要大量土地资源满足生物能源对于原材料的需求。印度尼西亚利用退化土地生产能源和粮食的案例，展示了开发退化土地生产生物能源作物的潜力。这种做法有望为合成生物能源提供生产原料，从而帮助实现能源转型，提供替代能源，进而节约能源。这个案例采用了保护性耕作模式，通过NbS来保障种植能源作物及合成生物能源的可持续性。这种方法有效地利用退化土地，确保了能源作物种植的可持续性，从而促进了能源节约。

考虑到未来由于化石能源耗尽可能导致的能源匮乏问题，印度尼西亚于2017年发布了《国家能源计划》[702]，激发生物能源产业的发展和投资。同时，生物能源产业的原料生产，即生物能源作物种植，存在一定土地需求，可能与粮食生产发生冲突，因此如何合理利用土地资源开展生物能源作物种植是尚待解决的重要问题[703]。1990—2015年，由于土地管理不善，印度尼西亚约有28万 km²的森林被砍伐或退化，与此同时，人口持续增长导致的农业用地扩张也加快了土地退化过程[704]。

生物能源作物具备在退化土地上种植的潜力，能够作为NbS措施确保能源作物可持续性种植以及合成生物能源可持续开发利用的基础。此外，生物能源作物可以作为混农林业作物起到土地恢复功能，生物能源作物与粮食作物间作的保护性耕种模式还可作为成本较低的土地恢复手段，因此被纳入低成本土地恢复的方法体系中[705]，通过提升耕地质量保障生物能源作物种植及在此基础上生物能源产业发展的可持续性。

2016年以来，国际林业研究中心（Center for International Forestry Research）及其合作机构在印度尼西亚位于加里曼丹中部普朗比绍（Pulang Pisau）的Buntoi村以及中爪哇省沃诺吉里（Wonogiri）的Giriwono村等地展开生物能源种植项目，旨在将生物能源作物与粮食作物（如水稻、玉米、菠萝、火龙果和花生）种植相结合，在节约土地资源之余确保粮食生产，挖掘在退化土地上种植生物能源作物的潜力，同时作为景观恢复工作的一部分。其中，Buntoi村土地总面积为162.62 km²，以森林和农业用地为主，在2015年受到森林大火影响烧毁了大量农业用地；Giriwono村土地总面积为12.75 km²，土地退化问题较为严重。

为了研究哪些生物能源作物可以在被烧毁而退化的泥炭地上生长，项目测试了四种生物能源作物——毒鼠豆、危地马拉朱缨花、三籽桐和红厚壳在退化泥炭地的成活率。同时，通过单一栽培和与菠萝间作两种种植方式，探究生物能源作物和粮食作物间作种植模式的潜力。项目发现三籽桐是适应性最强的物种（成活率88%），其次是红厚壳（成活率48%）。此外，与单一栽培处理相比，这两个物种在与当地粮食作物间作情况下的生长状况更佳。这种种植模式展示了三籽桐和红厚壳这两种生物能源作物在退化土地上的生长潜力，并且适合与粮食作物间作种植。通过在退化土地上种植这些作物，不仅可以为合成生物能源提供生产原料，还能够确保国家粮食安全。此外，这种种植模式还可以作为土地恢复工作的一部分，有助于降低土地恢复的成本[706,707]。

推广生物能源作物种植需要该产业具备一定利润，保证农民收入。在中爪哇省沃诺吉里县Giriwono村退化景观项目中，通过计算水稻、花生、玉米单一种植，三籽桐单一种植，以及利用三籽桐生产蜂蜜五种产业的净现值，比较其利润差异。其中产生最大经济利润的产业为蜂蜜生产，而水稻和花生的单一种植会导致负盈利。考虑到需要通过花生和玉米种植确保粮食安全，三籽桐与粮食作物（玉米、水稻、花生）的间作及其与蜂蜜产业的结合能够为农民提供收入来源，相较于粮食作物的单一种植模式产生了额外利润与就业机会[708]。

这种能源和粮食间作种植模式展示了一种可持续的土地管理方式，既可以满足燃料和食物需求，又可以保护自然环境并恢复退化土地。在印度尼西亚和其他热带地区，这种模式具有很大的可行性。三籽桐和红厚壳作为适合在退化土地上生长的植物，在加里曼丹中部的混农林业试验区表现良好，而在中爪哇省退化土地上种植三籽桐的成功案例也证明了这一点。这些植物对土壤的营养需求较低，因此非常适合在退化土地上种植，为土地的恢复和再利用提供了一种可行的选择。

在此基础上，该项目对印度尼西亚的土地退化状况及种植能源作物潜力进行了统计。截至2022年，印度尼西亚约有5.8万 km$^2$的退化土地，其中72%为严重退化土地，28%为极严重退化土地，苏门答腊退化土地总面积最大，达到1.8万 km$^2$[709]。

这些数据显示了在印度尼西亚退化土地上种植常见的能源作物所具备的潜力。约3.5万 km$^2$的退化土地具备种植能源作物的潜力，这为生物能源的生产提供了可持续的土地资源。通过实施NbS相关措施，不仅可以支持能源转型，还可以增加地表植被覆盖，提高耕地质量，并增强农田的生物多样性。这些措施不仅有助于提升能源生产的可持续性，还有助于改善生态环境，促进农业和生态系统的可持续发展。

退化土地采取间作种植模式是一种有效的NbS，可以帮助降低对土壤的干扰，减少温室气体排放等环境问题。然而，这种种植模式需要政策和社会资本的支持[710]，才能够得以有效推广和实施。未来，这种模式有望在增加退化土地的农业生产净产量和收入方面发挥重要作用，为土地的可持续利用和生态系统的恢复提供有益支持。该案例充分证明了在退化土地上进行生物能源作物和粮食作物的间作具有很大潜力，它能够合理利用退化土地资源，实现生物能源作物的大量种植，从而为合成生物能源提供原料、促进能源转型，以提供替代能源的方式起到直接节约能源的作用。

### 3.7.2 伦敦绿色屋顶和立体绿化项目

城市能源消耗占总体碳排放量的75%。城市化改变了自然辐射能量平衡，城市温度相较郊区而言更高，造成了城市热岛效应[711]。城市温度上升需要更多能源用于建筑降温，这增加了城市冷却用电需求。在气温介于20～25℃的夏季，气温每上升0.6℃意味着电力需求峰值增加1.5%～2%[10]。绿色基础设施建设作为一种NbS，能够降低环境温度，缓解城市热岛效应。其中城市绿地建设受到空间限制，而建筑物提供了设置绿色屋顶和立体绿化的表面[512]，具有减少建筑能源需求、间接实现能源节约的潜力。本节以伦敦《绿色屋顶和立体绿化政策》（Living Roofs and Walls Policy）为例，阐述政策支持下伦敦减排案例。

在夏季，绿色屋顶和立体绿化对周边小气候有显著降温效果[712]，既能为建筑居民以及街道行人改善热环境，又能降低建筑外部及内部的温度；冬季则能够减少建筑的热损失，进而减少建筑降温及供暖造成的能源消耗。两者在过去十年间已经变成了伦敦重要的城市绿化形式。

2008年，伦敦推行绿色屋顶和立体绿化政策并发表同名技术报告[131]，将该政策写入《2008年伦敦发展计划》（The London Plan 2008）[713]，提出在保证可行性前提下应当大力开发绿色屋顶及立体绿化。该政策具体实施策略分为三个部分：公开的政策推广报告、细化的屋顶施工类型、可视化的实施成果。

首先，伦敦市政府于2008年颁布了《绿色屋顶和立体绿化技术报告：支持伦敦发展政策》（Living Roofs and Walls Technical Report: Supporting London Plan Policy）。作为政策发布初期的指导文件，该文件主要对现有的绿色屋顶种类及其环境效益、世界范围内各城市已有政策及标准，以及未来政策实行的潜在壁垒进行了详细梳理[131]。2019年，伦敦市政府再次发布《绿色屋顶从政策到实践》（Living Roofs and Walls from policy to practice）报告，总结了过去十年实行绿色屋顶政策所取得的进展。

其次，相较于政策实施初期将绿色屋顶划分为密集型与粗放型两大种类，随着技术手段的成熟和标准的完善，政府联合民间商业联盟绿色屋顶组织（Green Roof Organisation）发布《绿色屋顶规范》（The Green Roof Code），将绿色屋顶种类进行更为详细的划分，对于各类型的绿色屋顶展示了详细数据，供不同条件下的绿色屋顶安装进行参考，具体囊括了粗放型绿色屋顶、景天植物屋顶、粗放的野花及草甸花屋顶、生物多样性屋顶、密集型绿色屋顶、蓝色屋顶等类型（见表3-5）。

表3-5　绿色屋顶类型及建设标准

| 绿色屋顶类型 | 承重 | 维护程度 | 土壤条件 | 植被类型 |
|---|---|---|---|---|
| 粗放型绿色屋顶 | 较轻（低于250 kg/m$^2$） | 低（每年1～3次） | 浅层土壤（80～150 mm） | 耐寒、耐旱植物 |
| 景天植物屋顶 | 较轻（低于250 kg/m$^2$） | 低（每年1～3次） | 浅层土壤（60～100 mm） | 景天属植物 |
| 粗放的野花及草甸花屋顶 | 较轻（低于250 kg/m$^2$） | 低（每年1～3次） | 土壤深度100～150 mm | 野花及草甸花 |
| 生物多样性屋顶 | 较轻（低于250 kg/m$^2$） | 低（每年1～3次） | 土壤深度小于150 mm | 混合植被以吸引鸟类和无脊椎动物 |
| 密集型绿色屋顶 | 高于250 kg/m$^2$ | 定期较高频率的维护 | 土壤深度150～1 000 mm | 草地、灌木、树木 |
| 蓝色屋顶 | 视具体情况而定（通常被绿色屋顶覆盖并须配备完善的防水系统） | | | |

最后，2017年政府委托绿色屋顶（Livingroofs）组织对各行政区绿色屋顶安装情况进行统计，分区域对安装成果进行可视化公示，并在2017年首次公布了伦敦绿色屋顶的总体安装情况。该GIS数字交互地图主要比较了各绿色屋顶类别的安装情况，并统计了各行政区的绿色屋顶人均占有率和阶段性的面积增长，为政策实施成果提供了展示窗口，确保了实施过程的系统性及透明性。

仅在政策发布两年后，伦敦绿色屋顶总面积达到715 000 m$^2$，人均绿色屋顶面积达到0.08 m$^2$，与哥本哈根持平，且超过多伦多[714]。在该政策中，首次提出中央活力区（central activity zone）的概念，即作为文化、娱乐、旅游等产业中心的地区。通过持续绘制2014—2017年伦敦中央活力区内的绿色屋顶地图发现，区域内绿色屋顶密度从人均0.89 m$^2$增加至1.27 m$^2$，这一数值超过了任何以绿色屋顶建设而闻名的城市。

截至2017年底，大伦敦市（Greater London Authority）区域内绿色屋顶总面积接近151 000 m$^2$，人均绿色屋顶面积达到0.17 m$^2$。与2010年数据相比，总面积及人均面积都是原来的两倍。但是，由于发展模式及人口数量不同，其下设的32个城区存在一定差异。其中，伦敦金融城的人口数量较少，人均绿色屋顶面积达到5.5 $m^2$，以屋顶花园为特色，例如芬丘奇街（Fenchurch Street）120号建设了面积达2 800 $m^2$的屋顶花园，且免费向公众开放。在政策鼓励下，伦敦金融城的绿色屋顶总面积从2016年的48 967 $m^2$增加至2017年的54 730 $m^2$。

陶尔哈姆莱茨区（Tower Hamlets）人均绿色屋顶面积为0.55 $m^2$，仅次于伦敦金融城，绿色屋顶总面积为16 781 $m^2$，2016—2017年面积增长20%。与伦敦金融城相似的是，该区也是近年来发展迅速的主要经济区。在21世纪早期，该区建造屋顶花园主要是为了弥补城市建设导致的大量野生动物栖息地丧失，因此建设绿色屋顶时会将生物多样性等因素考虑在内。其中的典型例子是位于伦敦市中心的古德曼广场（Goodman's Fields），为如何在城市密集区建造绿色屋顶提供了绝佳示范。除去调节建筑温度、储存降水等功能外，该区还与伦敦野生动物基金会（London Wildlife Trust）合作设计了野生动物栖息地[128]。花园以本土多年生植被为主，为居民提供休憩空间的同时增加城市生物多样性。

除上文提及的城区外，伦敦还有大量的发展项目已经建成或将绿色屋顶和立体绿化纳入建设计划。这些项目多为长期计划，其中包括九榆树区（Nine Elms）[113]、象堡公园（Elephant Park）[112]和伦敦国际商务区（The International Quarter）[102]等区域的建设项目，满足了在屋顶、墙体以及地面区域为居民提供绿色基础设施的需要，能够对于缓解城市热岛效应并降低建筑能耗产生积极影响。

对伦敦地区而言，如今最大的挑战在于对既有建筑屋顶和墙体的改造。根据绿色屋顶和立体绿化技术报告估计，伦敦市中心近1/3的屋顶空间适合采取绿化改造[131]。激励政策和财政支持对于推动现有建筑改造为绿色屋顶和立体绿化至关重要。通过提供资金支持、税收优惠或其他激励措施，政府可以鼓励建筑业主和开发商采取行动，从而增加城市的绿化面积和生态可持续性。在伦敦实施类似的政策，可以为城市的可持续发展和环境保护作出重要贡献。这些城市绿化在提供降噪[715]、城市生态系统恢复[716]、环境美化[717]等生态系统服务功能的同时，有助于缓解城市热岛效应[718]，降低建筑能源需求，减少城市整体能耗，间接实现能源节约目标。

## 3.8　再生食物系统案例

### 3.8.1　拉丁美洲林牧系统项目

过去和当今，肉类及奶制品生产不仅以破坏自然生态系统为代价，还导致大量温室气体排放，而未来对于这些产品的全球需求预计将继续增长。这给拉丁美洲带来了巨大影响，因为当地的畜牧生产很大程度上依赖粗放型牧场系统，生产过程伴随着较低的放养密度以及较高的温室气体排放。为了解决当前的问题，该地区采用基于自然的林牧系统，不仅实现了牧场系统的可持续集约化，而且显著提高了肉类和奶制品的产量和质量。此举进一步降低了单位产品生产过程中的温室气体排放，并推动了退化生态系统的恢复。这有助于构建再生食物系统，保障食物安全。

林牧系统（silvopastoral systems）是一种将饲料作物（包括禾本科以及豆科草本植物）以及多年生木本植物（包括灌木、乔木）相结合的农林措施[719]。它以在森林中放牧畜禽动物为主要形式，利用生长在树下的自然资源、掉落的果实和坚果以及树叶来生产肉奶产品。林牧系统增强了有益的生态作用，提高了资源利用效率并提供了多样化的生态系统服务功能。因此相较于单一的林业和畜牧业生产力更高、收益更多，且具备可持续性[720,721]。

林牧系统有以下类型：牧场上零星种植树木；放牧区域内种植人工用材林；树林、防风林、饲用灌木间种植牧草；集约化林牧系统（高密度的饲用灌木以及改良草坪，树木密度达到10 000～60 000株/km²）[722]。在拉丁美洲，农民采取了多样化的林牧系统模式，从小尺度上本土树种的种植到墨西哥和哥伦比亚大型商业性的集约化林牧系统，阿根廷、巴拉圭、乌拉圭的木材-牛肉生产系统，以及巴西的农林牧综合系统。

拉丁美洲具备大规模建设林牧系统的潜力。以哥伦比亚为例，哥伦比亚近25 000 m²的区域适宜建立以银合欢为主的集约化林牧系统，77 000 km²区域适宜建立以肿柄菊和尾稃草/臂形草为主的集约化林牧系统，2 000 km²区域适宜建立以肿柄菊和狼尾草为主的集约化林牧系统，表明了林牧系统在拉丁美洲的强大发展潜能[723]。

2011年提出的《可持续畜牧业全球协议》（The Global Agenda for Sustainable Livestock）致力于促进全球畜牧业的可持续发展。作为全球议程的一部分，全球林牧系统网络（The Global Network on Silvopastoral Systems）致力于在全球范围内扩大林牧系统，并在拉丁美洲取得了较好的成效。表3-6概括了拉丁美洲林牧系统项目中不同类型林牧系统的效用[724]。

表3-6　拉丁美洲林牧系统项目案例概况

| 案例研究 | 国家 | 平均温度（℃） | 降雨（mm·a⁻¹） | 海拔（m） | 生产系统 | SDGs | 基准状况与林牧系统 | 林牧系统策略 |
|---|---|---|---|---|---|---|---|---|
| 1 | 哥伦比亚 | 28 | 1 560 | 72 | 肉牛肥育 | 恢复退化生态系统 | 从退化土壤到可持续的集约化生产 | 银合欢+黍+桉树 |
| 2 | 哥伦比亚 | 23 | 1 700 | 984 | 多产业 | 可持续的集约化生产 | 从高度依赖外部输入的集约化生产到可持续的集约化生产 | 银合欢+星草/黍 |
| 3 | 哥伦比亚 | 24 | 971 | 1 010 | 热带乳制品 | 可持续的集约化生产 | 从高度依赖外部输入的集约化生产到可持续的集约化生产 | 银合欢+星草/黍 |
| 4 | 哥伦比亚 | 22 | 1 860 | 1 160 | 热带乳制品 | 可持续的集约化生产 | 从高度依赖外部输入的集约化生产到可持续的集约化生产 | 银合欢+星草 |
| 5 | 哥伦比亚 | 22 | 1 872 | 1 232 | 肉牛肥育 | 恢复退化生态系统 | 从退化土壤到可持续的集约化生产 | 成排树木+星草 |
| 6 | 哥伦比亚 | 25.8 | 3 500 | 260 | 多产业 | 减少毁林、生态系统恢复 | 从用于粗放式生产的毁林区域到可持续的集约化生产 | 零星树木+肿柄菊 |
| 7 | 墨西哥 | 22 | 2 600 | 380 | 热带乳制品 | 可持续的集约化生产 | 从高度依赖外部输入的集约化生产到可持续的集约化生产 | 银合欢+黍 |
| 8 | 墨西哥 | 22 | 2 600 | 271 | 肉牛肥育 | 可持续的集约化生产 | 从粗放式生产到可持续的集约化生产 | 银合欢+黍 |
| 9 | 阿根廷 | 20 | 1 585 | 210 | 林业+肉牛肥育 | 土地可持续的多种经营 | 从单一栽培到多样化栽培 | 杂交水稻+牧草 |
| 10 | 阿根廷 | 21 | 1 650 | 80 | 林业+肉牛肥育 | 土地可持续的多种经营 | 从粗放式土地利用到可持续的集约化生产 | 杂交水稻+牧草 |

对于上述每个牧场，项目分别统计了从传统放牧情境（基准值）转化为林牧系统情境后十年间每年的可持续性指标，包括生产力、经济收入以及温

室气体排放等指数。如表3-7所示，在第九年年末，其中四家牧场将所有土地转化为了林牧系统，剩余的六家牧场分别转化了总面积的40% ~ 81%。完全将土地转化为林牧系统的牧场在林业生产中每公顷能产出22 ~ 28 t的干物质，相较于传统放牧增长了175% ~ 733%（除牧场4为负以外）[724]。

表3-7　转化为林牧系统的土地面积及林业生产量

| 案例 | 生产用地面积（hm²） | | 林业生产（以干物质计，t/hm²） | | |
| --- | --- | --- | --- | --- | --- |
| | 总面积 | 第九年末林牧系统面积（%） | 基准值 | 第九年末 | 百分比差异（%） |
| 1 | 140 | 140（100） | 3 | 25 | 733 |
| 2 | 30 | 14（47） | 14 | 16 | 12 |
| 3 | 135 | 94（69） | 24 | 28 | 18 |
| 4 | 50 | 50（100） | 40 | 28 | −29 |
| 5 | 37 | 25（68） | 2 | 11 | 450 |
| 6 | 170 | 100（59） | 5 | 25 | 400 |
| 7 | 50 | 50（100） | 10 | 28 | 180 |
| 8 | 60 | 60（100） | 8 | 22 | 175 |
| 9 | 240 | 195（81） | 3 | 7 | 133 |
| 10 | 950 | 378（40） | 3 | 4 | 33 |

在肉类及牛奶生产上，对于牧场4和牧场7两个生产牛奶且将全部面积转化为集约化林牧系统的牧场，其每公顷的牛奶产量分别增加了74%以及314%。对于每年的肉类生产而言，有三家生产肉类的牧场产量分别增加了683%、842%和1 116%，其中生产量最高达到2 670 kg/hm²。如表3-8所示，肉类及牛奶产量的增加主要是由于放牧密度以及单位产量的提高[724]。

表3-8　每公顷土地牛奶及肉类生产量

| 案例 | 牛奶（以能量校正乳计，t/hm²） | | | 肉（以活重计，kg/hm²） | | |
| --- | --- | --- | --- | --- | --- | --- |
| | 基准值 | 第九年末 | 百分比差异（%） | 基准值 | 第九年末 | 百分比差异（%） |
| 1 | — | — | — | 126 | 1 187 | 842 |
| 2 | 7.2 | 11.5 | 60 | — | — | — |
| 3 | 11.3 | 13.4 | 19 | — | — | — |

续表

| 案例 | 牛奶（以能量校正乳计，t/hm²） | | | 肉（以活重计，kg/hm²） | | |
|---|---|---|---|---|---|---|
| | 基准值 | 第九年末 | 百分比差异（%） | 基准值 | 第九年末 | 百分比差异（%） |
| 4 | 14.0 | 24.4 | 74 | — | — | — |
| 5 | — | — | — | 85 | 1 034 | 1 116 |
| 6 | 0.4 | 9.2 | 2 200 | — | — | — |
| 7 | 2.9 | 12 | 314 | — | — | — |
| 8 | — | — | — | 341 | 2 670 | 683 |
| 9 | — | — | — | 48 | 274 | 471 |
| 10 | — | — | — | 86 | 150 | 74 |

注：能量校正乳（Energy-corrected milk, ECM）：是一种经过调整以标准化能量含量的牛奶。通常在乳制品行业和奶牛养殖业中使用，以便更准确地衡量奶牛生产的牛奶的实际能量价值。

所有牧场在建设林牧系统后的温室气体排放均有所降低，其中牛奶产量增长率最高的牧场，其单位重量的牛奶生产所造成的温室气体排放减少量最为显著（如表3-9所示）。针对3号牧场的研究表明：

- 相较于邻近经过灌溉且高施肥量的区域而言，种植有银合欢的区域每公顷土地能够降低30%的$CO_2$排放、98%的$CH_4$排放以及89%的$N_2O$排放；
- 相较于仅喂养牧草的小母牛，林牧系统饲养的小母牛所对应的$CH_4$排放量能够降低33%；
- 相较于传统系统而言，林牧系统每生产1 kg的乳脂矫正乳以及能量校正乳所排放的$CO_2$分别降低了13.4%以及12.5%。

表3-9 每100 kg能量校正乳及肉类生产对应的$CO_2$排放量

| 案例 | 以能量校正乳计（kg CO₂eq/100 kg） | | | 以肉类活重计（kg CO₂eq/100 kg） | | |
|---|---|---|---|---|---|---|
| | 基准值 | 第九年末 | 百分比差异 | 基准值 | 第九年末 | 百分比差异 |
| 1 | — | — | — | 947 | 859 | −9 |
| 2 | 181 | 179 | −1 | | | |
| 3 | 192 | 179 | −7 | — | — | — |

续表

| 案例 | 以能量校正乳计（kg CO₂eq/100 kg） | | | 以肉类活重计（kg CO₂eq/100 kg） | | |
|---|---|---|---|---|---|---|
| | 基准值 | 第九年末 | 百分比差异 | 基准值 | 第九年末 | 百分比差异 |
| 4 | 178 | 92 | −48 | — | — | — |
| 5 | — | — | — | 1 029 | 977 | −5 |
| 6 | 1 208 | 253 | −79 | — | — | — |
| 7 | 287 | 180 | −37 | — | — | — |
| 8 | — | — | — | 1 241 | 401 | −68 |
| 9 | — | — | — | 无数据 | 927 | |
| 10 | — | — | — | 1 264 | 945 | −25 |

在生物多样性方面，5号牧场的研究表明，相较于基准值而言，林牧系统鸟类数量增加了三倍，蚂蚁数量增长了60%，蜣螂数量则翻了一番。综合来看，拉丁美洲的林牧系统建设具备以下效益：

● 单位面积上相较于单一基于草地的牧场能够生产更多的干物质以及肉类产品[725,726]；
● 在牧场上种植树木能够增加地上以及地下的净碳储量，同时减少单位动物产品的生产所造成的温室气体排放量[727]；
● 林牧系统中灌木和树木的存在能够为野生动植物创造更为复杂的生境，同时增加森林斑块的连通度，从而提高区域生物多样性[728,729]。

总体而言，林牧系统在减少贫困、确保食物系统安全、提高环境的可持续性以及增强恢复力方面扮演着重要的经济、社会和环境角色。拉丁美洲林牧系统项目作为全球林牧系统网络的一部分，在推进林牧系统建设的同时提高了食物系统的供给侧生产力，并保护了生态系统，具有多重效益。这一项目是NbS推动构建再生食物系统的典型案例。

### 3.8.2　中国河北祥云湾海洋牧场牡蛎礁建设项目

受经济发展和人口增长影响，中国近海渔业资源由于环境污染、过度捕捞等问题严重衰退，水域生态环境日益恶化，严重影响了中国海洋生物资源保护和可持续利用。海洋牧场作为一种充分利用自然生产力的手段，在避免过度采捕和生境修复的基础上，起到养护海洋生物资源的作用，显著增加所在海域的渔业生产潜力，对渔业资源起到增殖效果，且能够作为重要的蛋白质供给来源为构建再生食物系统提供支持。截至2016年，中国投入海洋牧场建设资金55.8亿元，建成超200个海洋牧场，涉及海域面积逾850 km$^2$[730]。其中，人工牡蛎礁具备净化水体、为海洋生物提供栖息地、增加生物固碳等生态功能，是海洋牧场建设的重要手段之一。

河北唐山祥云湾海洋牧场项目自2002年起推进海洋牧场建设，于2015年获得首批国家级海洋牧场示范区称号，旨在在提升海域鱼类种群数量及提高生物多样性的基础上，为渔业资源衰退地区建设海洋牧场、增加渔业产量、养护海洋生物资源。

祥云湾海洋牧场位于渤海垂直暖流带与滦河交汇处，正对渤海口，具备培植渔场、增殖渔业资源的良好条件，牡蛎礁总面积达4 000亩。

水体具有充足且可持续的牡蛎幼苗补充量，并且具备供牡蛎幼虫固着的底质物是牡蛎种群生长发育，即牡蛎礁形成的必要条件。该项目基于调查确定当地牡蛎种群生长的限制因素，综合考虑建设目标、当地自然特征以及项目预算后，在规划海域内投放包括水泥沉箱、水泥铸块、花岗岩石礁等类型的底质物，建立牡蛎礁生态系统，增加礁区内海洋生物种类和生物量。

该项目与中国科学院海洋研究所等专业院所达成合作，在修复过程中通过挂板实验、潜水采样和布设地笼网等方法，与未建设牡蛎礁区域及对照区对比，检测评估牡蛎礁物种组成、牡蛎密度以及牡蛎大小等指标，为后期礁体投放提供指导。此外，项目建立了一套适用于海洋生态系统的承载力评估模型，将每季度的生物资源调查数据输入模型进行评估，从而对生产进行指导。同时，项目也通过研究人工牡蛎礁的群落特征及其生态效应，为海洋牧场人工牡蛎礁的建设修复提供理论支撑。

该项目采取与渔民合作的生产运行方式，将新的生产方式和养殖空间提供给周边渔民和养殖户，同时要求渔民遵循可持续生产原则，不养殖非本地物种，禁止捕捞未达规格生物，禁止捕捞受保护物种等。同时与养殖户共同管护礁体，尽可能降低人为因素对礁体生长的干扰。

祥云湾海洋牧场牡蛎礁建设项目对礁区内海域开展长期监测评估与适应性修复管理，有助于实施海域渔业资源恢复及生态环境恢复，并建立稳定的牡蛎群落。

祥云湾海洋牧场人工牡蛎礁共鉴定出8类小型底栖生物，主要包括线虫类、多毛类和桡足类。共鉴定出16种附着生物，其中软体动物长牡蛎、紫贻贝和节肢动物尖额麦秆虫在总密度和总生物量上所占比例超过95%。固着牡蛎平均生物量为23.97 kg/m²，大型海藻平均生物量为145 g/m²。牡蛎礁生态系统总初级生产力、总生产力和总生物量分别是修复前的5.03倍、5.34倍和44.04倍[731]。且在海洋牧场区发现了绿鳍马面鲀鱼群以及经济价值较高的舌鳎类、鲳类、真鲷等个体。

牡蛎作为滤食性贝类能够通过吸收水体中的有机氮化合物、促进反硝化作用，避免水体富营养化，达到净化水质的效果[732]。人工牡蛎礁通过改变周边流场的方式减缓流速，促进小粒径物质的沉积。同时，礁体上的附着生物碎屑以及滤食性贝类的假粪作为有机质的重要来源，致使牡蛎礁表层沉积物的有机质含量显著高于对照区。另外，随着与人工牡蛎礁距离增大，小型底栖生物的总丰度呈下降趋势，且有机质含量与其总丰度呈正相关关系[731]，而小型底栖生物为高营养级海洋生物提供食物来源，表明人工牡蛎礁在一定程度上能够增加海域的渔业生产潜力。

由于牡蛎附着改变礁体表面结构，建设人工牡蛎礁有利于其他海洋生物的避敌和生长。同时牡蛎作为更高营养级生物的食物来源，是食物网的重要中间环节。渔业资源调查显示，人工牡蛎礁区渔业资源种类总数达到31种，相较于对照区，其鱼类种数高出50%[731]，表明礁区与对照区渔业资源种类存在一定差异，且人工牡蛎礁区相较于对照区更适宜鱼类生长。此外，2016—2017年的调查显示，礁区内全年单位捕捞牡蛎量渔获量均显著高于对照区。其中优势种主要包括矛尾鰕虎鱼（chaeturichthys stigmatias）、日本蟳（charybdis japonica）和许氏平鲉（sebastes schlegelii）[731]。且礁区优势种的资源密度远高于对照区，表明人工牡蛎礁建设对于渔业资源起到养护作用。

牡蛎礁具备重要生态功能，能够净化水质、为生物提供栖息地、增加生物固碳，同时牡蛎本身能够作为食物出售，增加经济鱼类产量。祥云湾海洋牧场牡蛎礁建设项目通过自主设计投放人工礁体修复海洋生境，将总生物量提高40倍以上，总生产力增加4.3倍，其渔业碳汇能力相较于对照区高4.5倍[733]，显著提高了海洋生物资源量，具备明显生态效益及经济效益，是NbS帮助构建再生食物系统的典型案例。

## 本章小结

本章内容非常丰富，覆盖了NbS在多个领域的典型案例，包括气候减缓与适应、碳存储、生物多样性保护、空气质量改善、水安全、人群健康、能源节约和再生食物系统等。这些案例提供了实际的应用场景，展示了NbS在解决当今环境和社会问题中的潜力和优势。通过对这些案例的分析，可以更好地理解NbS的理论基础、核心概念以及对可持续发展的重要性，为未来的实践提供了有益的启示。

这些国内外的典型案例提供了多样化的视角，展示了NbS在解决多重社会挑战方面的优势。通过这些案例，我们可以了解到NbS在不同地域和领域的应用，以及其在气候变化、生物多样性、水资源管理、健康促进等方面的积极影响。这有助于加深我们对NbS理论的理解，同时也为未来的实践提供了宝贵的经验和启示。

## 思考题

1. 在南太平洋珊瑚恢复适应气候项目中，珊瑚保护措施的有效性如何？请思考讨论珊瑚保护活动在适应气候变化中的作用。

2. 请结合实际，尝试找到另外一个基于自然的解决方案实施案例，并描述其主要活动。所面临的挑战以及实现的成效。思考如何评价该案例各生态保护和气候适应方面的作用？

# 第 4 章

## 基于自然的解决方案相关标准和政策

随着人类对自然环境的干预不断加深，传统的发展模式逐渐显现出在维护生态平衡和人类福祉方面的明显局限性。在这个背景下，NbS已经成为全球范围内寻求协调人与自然关系、实现SDGs的重要途径。然而，要实施有效的NbS，不仅需要充分的科学和技术支持，还需要明确的标准指南以及政策层面的引导和规范。

在本章中，我们将深入探讨与NbS相关的标准和指南，旨在为NbS的实施提供更具体的指导和参考。同时，我们将从政策角度出发，分析国际社会在这一领域的合作与发展。此外，我们还将展望未来政策研究的方向，以更好地推动NbS的发展并为全球环境治理和可持续发展作出贡献。

## 4.1  标准和指南

随着NbS这一理念逐渐受到关注，国际相关组织与机构出台了诸多与NbS相关的标准和指南，以进一步推动NbS发展。本节将重点阐述介绍几个代表性的与NbS密切相关的标准和指南文件。

### 4.1.1  IUCN基于自然的解决方案全球标准和使用指南

2020年7月，IUCN正式发布《IUCN基于自然的解决方案全球标准》和《IUCN基于自然的解决方案全球标准使用指南》，旨在提供一个简单而强大的实践工具，使NbS概念转化为符合国际公认原则的、有针对性的实施行动，加强最佳实践，解决和纠正不足之处。其中，IUCN提出了8项基本准则及其相对应的28项指标（见表4-1），倡导依靠自然的力量和基于生态系统的方法，应对气候变化、防灾减灾等社会挑战。

准则1明确解决方案将要应对的社会挑战的重要性。这些挑战包括减缓与适应气候变化、降低灾害风险、生态环境退化与生物多样性丧失、人类健康、社会经济发展、粮食安全和水安全。NbS可以单独或组合使用保护、恢复和可持续管理三种主要的保护措施，来应对以上社会挑战。这一准则是NbS区别于传统自然保护工作的核心要义，连接了自然生态系统和社会生态系统。

准则2指出应根据尺度来设计NbS。这一准则从关键的空间因素进行考虑，强调规划设计中不要局限于生物学和地理学的角度。

准则3、4、5分别对应可持续发展的三个关键方面：环境可持续性、经济可行性和社会公平。

准则6讨论了在大多数自然资源管理决策中对权衡进行引导和平衡的实际问题，包括协调长期和短期需求。该准则强调在进行权衡时，所有受影响的利益相关方都要充分透明、披露信息和达成共识。

准则7介绍了适应性管理的方法，即通过学习和行动相辅相成，标准的使用者可以发展和改进解决方案。

准则8强调要将NbS纳入国家政策，促进其主流化，这对NbS的长期可持续发展及延续性至关重要。准则8指出可以通过与政策结合、纳入国家与国际承诺，以及分享经验教训、为其他解决方案提供案例等方法推动主流化[734]。

表4-1　IUCN基于自然的解决方案全球标准内容

| 准则 | 指标 |
| --- | --- |
| 有效应对社会挑战 | 1.1 优先考虑权利持有者和受益者面临的最迫切的社会挑战 |
| | 1.2 清楚地理解并记录所处理的社会挑战 |
| | 1.3 识别、设立基准并定期评估NbS所产生的人类福祉 |
| 根据尺度来设计NbS | 2.1 NbS的设计应认识到经济、社会和生态系统之间的相互作用并做出响应 |
| | 2.2 NbS应与其他相关措施互补，并联合不同部门产生协同作用 |
| | 2.3 NbS的设计应纳入干预场地以外区域的风险识别和风险管理 |

续表

| 准则 | 指标 |
|---|---|
| 应带来生物多样性净增长和生态系统完整性 | 3.1 NbS行动必须对基于证据的评估做出直接响应，评估内容包括生态系统的现状、退化及丧失的主要驱动力 |
| | 3.2 识别、设立基准并阶段性评估清晰的、可测量的生物多样性保护成效 |
| | 3.3 监测并阶段性评估NbS可能对自然造成的不利影响 |
| | 3.4 识别加强生态系统整体性与连通性的机会并整合到NbS策略中 |
| 具有经济可行性 | 4.1 确定和记录NbS项目的直接和间接成本及效益，包括谁承担成本以及谁受益 |
| | 4.2 提供成本有效性研究支持NbS的决策，包括相关法规和补贴可能带来的影响 |
| | 4.3 NbS设计时与备选的方案比照其有效性，并充分考虑相关的外部效应 |
| | 4.4 NbS设计应考虑市场、公共、自愿承诺等多种资金来源并保证资金使用合规 |
| 基于包容、透明和赋权的治理过程 | 5.1 在实施NbS前，应与所有利益相关方商定和明确反馈与申诉机制 |
| | 5.2 保证NbS的参与过程基于相互尊重和平等，不分性别、年龄和社会地位，并维护"原住民的自由，事前和知情同意权" |
| | 5.3 应识别NbS直接和间接影响的所有利益相关方，并保证其能够参与NbS干预措施的全部过程 |
| | 5.4 清楚记录决策过程并对所有参与和受影响的利益相关方权益的诉求做出响应 |
| | 5.5 当NbS的范围超过管辖区域时，应建立利益相关方联合决策机制 |
| 在首要目标和其他多种效益间公正地权衡 | 6.1 明确NbS干预措施不同方案的权衡，以及潜在成本和效益，并告知相关的保障措施和改进措施 |
| | 6.2 承认和尊重利益相关方在土地以及其他自然资源的权利与责任 |
| | 6.3 定期审查已建立的保障措施，以确保各方遵守商定的权衡界限，并且不会破坏整个NbS的稳定性 |
| 基于证据进行自适应管理 | 7.1 制定NbS策略，并以此为基础开展定期监测和评估 |
| | 7.2 制定监测与评估方案，并应用于NbS干预措施全生命周期 |
| | 7.3 建立迭代学习框架，使适应性管理在NbS干预措施全生命周期中不断改进 |
| 具可持续性，并在适当的辖区内主流化 | 8.1 分享和交流NbS在实施、规划中的经验教训，以此带来更多积极的改变 |
| | 8.2 以NbS促进政策和法规的完善，有助于NbS的应用和主流化 |
| | 8.3 NbS有助于实现全球及国家层面在增进人类福祉、应对气候变化、保护生物多样性和保障人权等方面的目标，包括《联合国原住民权利宣言》 |

同时，IUCN发布了《IUCN基于自然的解决方案全球标准使用指南》，旨在帮助政策制定者和实施者运用《IUCN基于自然的解决方案全球标准》。

该指南适用于广泛的用户群体，特别是自然保护部门以外的群体。该指南附带易于访问及使用的自我评估工具，对标准的修订和改进由国际标准委员会进行监督，为设计、验证和推广NbS提供了指导和框架。与此同时，IUCN将支持建立一个全球用户网络，用户可以共同学习并帮助该标准更新。该使用指南内容包括六部分：标准的产生和标准；标准的需求、使用范围和目标受众；全球标准共同制定过程；具体描述了NbS全球标准的要素，以及不同标准和指标之间的联系（详见本书附录1）；如何使用该标准和自我评估方法；标准词汇定义表[734]。

为有效评估NbS的实施是否符合其国际标准及其使用指南，IUCN在其使用指南中提出了NbS自评估体系，并推出了基于NbS国际标准的自评估工具[735]，在NbS的设计、规模化、审核等过程中评估其是否符合国际标准并采取措施进行改善。自评估工作机制如图4-1所示。

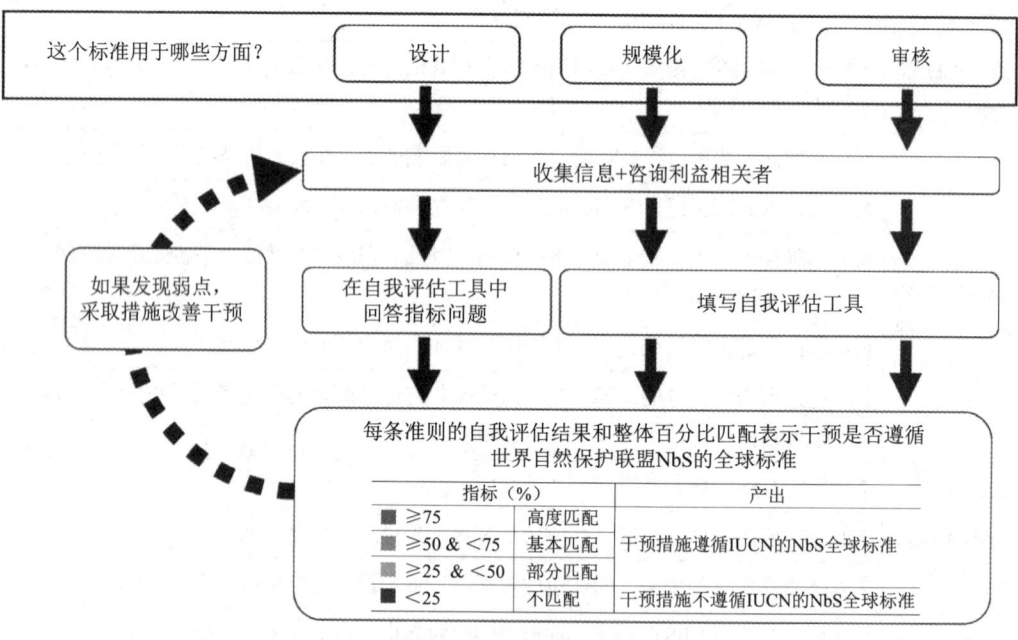

**图4-1 IUCN的自评估工作机制**

自评估过程主要是根据全球标准中的8条准则和28项指标，对每项指标，从高度匹配（strong）、基本匹配（adequate）、部分匹配（partial）和不匹配（insufficient）四种分数选项中选择一个进行记录。用该结果计算每个单项标准的相符程度，对大于等于75%、50%～75%、25%～50%和低于25%

的分数，分别给出高度匹配、基本匹配、部分匹配和不匹配的评价。然后对这些指标得分进行标准化处理，使每个准则具有相同的权重。在标准化后，计算准则得分的总和，得出总体匹配程度的百分比。无论总体的匹配率是多少，如果干预措施对任一项准则的得分为"不匹配"，则该干预措施将不符合IUCN的NbS全球标准。

自评估工具提供了各指标的理解方式以及不同匹配程度对应的项目实施情况。表4-2以准则1指标1为例进行了说明。

表4-2　NbS自评估工具指标打分引导（以准则1指标1为例）

准则1：NbS应有效地解决人类社会挑战

指标1：优先考虑权利持有者和受益者最迫切的社会挑战

问题引导：
是否正确地识别了需要应对的社会挑战？
是否与权利持有者和受益者进行了协商？
是否优先考虑了权利持有者和受益者最紧迫的社会挑战？

| | |
|---|---|
| 高度匹配（3） | 是。在与权利所有方和受益方充分协商的基础上，将最紧迫的社会挑战列为优先事项 |
| 基本匹配（2） | 与权利所有方和受益方进行了一些协商，确认了具体的社会挑战 |
| 部分匹配（1） | 只与一些权利所有方和受益方进行了有限的协商，大致确认了社会挑战 |
| 不匹配（0） | 否。没有与任何权利所有方或者受益方协商和/或未能识别社会挑战 |

## 4.1.2　生态系统恢复实用指南

2021年，UNEP在世界环境日（6月5日）发表了《生态系统修复手册：治愈地球的实用指南》（Ecosystem Restoration Playbook: A Practical Guide to Healing the Planet，以下简称《生态系统修复手册》）[736]，为个人、社区、企业和政府机构提供了利用NbS修复周边自然环境与空间的相关指导和建议。

《生态系统修复手册》介绍了有助于减缓和阻止生态系统退化并促进其恢复的一系列行动，概述了在步入的"联合国生态系统恢复十年"及未来更漫长的岁月中参与生态系统修复的三大途径：一是采取恢复行动，例如发起或支持实地生态修复项目；二是做出明智的选择，例如仅购买可持续产品和改变饮食习惯；三是为助力推动生态系统的保护和恢复积极发声[737]。这份指南介绍了针对八种主要生态系统类型（森林、农田、草原与稀树草原、河流和湖泊、海洋和海岸、城镇、泥炭地、山区）的具体恢复行动。表4-3展示了这些生态系统存在的问题及恢复行动（其中农田和草原被放在了一起）[737]。

表4-3　生态系统存在的生态问题及恢复行动

| 生态系统 | 生态问题 | 恢复行动 |
|---|---|---|
| 森林 | 森林生态系统能够提供清洁的空气和水，捕获大量导致全球变暖的碳，并给全球大多数生物提供家园。但森林也正因伐木、污染和有害生物的入侵而退化 | **植树**：将树木种植到花园、公共空间、农场等区域，并确保其茁壮成长<br>**协助自然再生**：保护植物幼芽、避免砍伐新的树木等<br>**森林景观恢复**：支持可持续农业，或在森林边缘种植新树木 |
| 河流和湖泊 | 淡水生态系统为数十亿人提供粮食、水和能源，为许多动植物提供独特的栖息地。但河流湖泊生态系统面临着化学品、塑料、污水等污染以及过度捕捞等威胁。此外，水坝等基础设施的建设阻碍了鱼类的迁徙 | **清理**：收集清理河流湖泊内的垃圾<br>**调整接入点**：合理创建动物饮水点、船舶停靠点等，以减少人类活动对水体边缘的侵蚀<br>**恢复植被**：种植本土物种，恢复河流和湖泊两岸的栖息地；建立野生动物走廊，在水体和污染源之间建立缓冲区；清除外来入侵物种<br>**可持续发展计划**：加强污水处理、减少污水排放、阻止化学污染物排入水体。此外，在河流湖泊相邻土地减少农业化学品的使用，因为化学里使用的氮是水生生态系统的最大威胁之一<br>**保护和恢复自然**：将重要的淡水生态系统设为保护区；拆除不再需要的水坝或其他基础设施，恢复自然河水流量；禁止在敏感地区进行开发、挖掘活动 |
| 城镇 | 城镇生态系统的状况深刻影响人类的生活质量。良好的城市生态系统有助于清洁城市空气和水体，并为城市降温。但由于污染物排放、城市扩张，目前城市生态系统通常高度退化 | **绿色公共空间**：恢复水路和湿地、种植本土树木。降低草坪和植被的修剪频次，让公共空间恢复野生状态，以吸引昆虫、鸟类等生物返回城市<br>**市民为可持续发展做出努力**：动员公民参与植树活动，在干旱时期为小树浇水<br>**微生态系统**：动员社区和居民利用好身边的微空间，例如培育城市微型森林、花园等 |

续表

| 生态系统 | 生态问题 | 恢复行动 |
|---|---|---|
| 海洋和海岸 | 海洋生态系统能够调节气候、提供氧气。此外，海洋生态系统具有非常丰富的生物多样性。但人类倾倒的塑料废物和未经处理的废水导致许多海洋生物受到伤害；过度捕捞威胁鱼类种群；气候变化造成珊瑚礁的消失 | **清理**：动员公众主动收集清理海岸垃圾，减少塑料产品的使用<br>**恢复水上和水下植被**：保护和恢复盐沼、红树林、珊瑚礁、海草草甸和贝类床等沿海生态系统，增加生物栖息地<br>**明智利用海洋**：与社区、当局等利益相关者共同商定如何推进海洋和海岸及渔业的可持续发展 |
| 农田和草原 | 农田和草原不仅为人类提供食物、饲料和纤维等资源，还拥有多样的生物资源。但我们使用农田和草原的方式正逐步耗尽其生命力，例如集约耕作、过度放牧、过量使用化肥农药等 | **土壤恢复**：减少耕种，运用天然害虫防治产品和有机肥料，以提高土壤健康和农作物产量并减少水土流失<br>**增加生物多样性**：种植不同种类的树木和农作物，将农业与牲畜养殖业相结合，以提升土壤健康<br>**保持草地完整性**：保护草原地区和稀树草原地区。保护河岸两旁土地，防止其变成农田<br>**可持续放牧**：制定合适的放牧制度，防止过度使用、水土流失和外来物种入侵，恢复已经退化的地区<br>**恢复种植本土物种**：重新引进之前消失的植物、树木和动物 |
| 山区 | 山区是地球生物多样性的热点地区，为大约一半的人类提供淡水。但人为压力和气候变化导致山区水土流失严重、生物多样性减少 | **恢复森林屏障**：恢复或重新种植森林和树木<br>**限制开采和挖掘**：适度开采矿产资源，在采矿运营终止后及时恢复矿区景观<br>**确保生态系统的迁移**：创建或连接不同高度的保护区，以在气候变化的背景下，方便动植物寻找更加适宜的生存环境<br>**增强农场韧性**：推动并采用可持续农业技术<br>**从经验中不断学习**：充分利用当地信息，保持自然资源的可持续利用 |
| 泥炭地 | 泥炭地储存了近30%的土壤碳，具备重要价值。但全球的泥炭地逐渐被排干，改用于农业、基础设施发展等。此外，由于火灾、氮污染等原因，泥炭地正在逐步退化 | **保护泥炭地**：将泥炭地生态系统纳入保护区，以防止其遭受排水、转化及过度使用<br>**堵住排水渠**：关闭排水通道或减慢泥炭地水流速度能够保持泥炭地的健康，例如在沟渠中放入石块或沿河岸种树<br>**加快恢复**：种植和播种泥炭地特有的植物物种，促进其自然再生<br>**限制压力**：在保护区之外，开展合作以促进泥炭地的可持续利用。例如推广替代能源，减少对泥炭能源的需求 |

### 4.1.3　IUCN全球生态系统分类体系2.0

2020年12月IUCN发布了《IUCN全球生态系统分类体系2.0》[738]（IUCN Global Ecosystem Typology 2.0: Descriptive Profiles for Biomes and Ecosystem Functional Groups，以下简称《分类体系》），这是第一个基于功能和组成对地球上所有生态系统进行分类和绘制的综合系统。该分类体系由超过100位来自IUCN生态系统管理委员会以及其他85家科研机构的生态系统领域的科学家共同开发。

《分类体系》定义了海洋、水域和陆地108种主要生态系统类型的关键生物物理特征，并描述了它们的生态过程以及在全球的分布情况。其中包括由人类活动塑造的生态系统，如农田和水坝，以及广阔的森林、荒野、沙漠、深海海沟，甚至深埋在地下和冰盖下的生态系统。该系统性分类将有助于确认哪些类型的生态系统对保护生物多样性以及提供生态系统服务最为重要，例如森林、珊瑚礁和湿地等。

该分类体系按照不同层级对生态系统进行梳理，其上三阶通过趋同的生态功能（功能性特征）来定义生态系统，而下三阶则是通过具有不同功能的物种组合（组合性特征）来区分生态系统。上三阶自上而下进行构建，确保全局一致性；下三阶自下而上进行构建，从而提高本地分类的准确性和自主性。

《分类体系》的顶层将全球生物圈划分为五大圈层，包含陆地、地下、水域、海洋以及大气。第二层级则定义了25种类型的生物群落，它们是圈层的组成部分，由一个或几个共同的主要生态驱动力（ecological drivers）联合组成，这些驱动力具有调节主要生态功能的作用。第三层级包含了108个生态系统功能性群组，每个群组包含了生物群落中相关且生物特征趋同的生态系统（见表4-4）。

表4-4　IUCN全球生态系统分类体系2.0

| 生物群落 | 生态系统功能性群组 |
| --- | --- |
| 热带亚热带森林 | 热带亚热带低地雨林、热带亚热带干燥森林和灌木丛、热带亚热带山地雨林、热带石楠林 |
| 温带北方森林和林地 | 北方和温带高山森林和林地、落叶温带森林、海洋冷温带雨林、暖温带月桂叶林、温带黄铁矿潮湿森林、温带黄铁矿硬叶林 |

续表

| 生物群落 | 生态系统功能性群组 |
|---|---|
| 灌木林 | 季节性干燥的热带灌丛，季节性干燥的温带石楠和灌丛，凉爽的温带石楠林，岩石路面、碎石和熔岩流 |
| 草原 | 富有营养草原、高丛早熟禾草草原、小丘稀树草原、温带林地、温带亚湿润草原 |
| 沙漠和半沙漠 | 半沙漠草原、多刺沙漠和半沙漠、硬化热沙漠和半沙漠、凉爽的沙漠和半沙漠、超干旱沙漠 |
| 极地高山 | 冰盖、冰川和多年生植物雪原、极地高山岩石、极地苔原和沙漠、温带高山草原和灌丛、热带高山草原和灌丛 |
| 集约土地利用系统 | 耕地、牧场和田地、种植园、城市和工业生态系统、半自然牧场 |
| 地下石质生物群系 | 有氧洞穴、内石器系统 |
| 人为地下空隙生物群系 | 人为地下空隙 |
| 地下淡水 | 地下溪流和水池、地下水生态系统 |
| 人工地下淡水 | 水管和地下水渠、矿井和其他空隙 |
| 地下潮汐系统 | 洞穴、水池、海底洞穴 |
| 沼泽湿地 | 热带森林和泥炭林，亚热带/温带森林湿地，永久性沼泽，季节性漫滩沼泽，间歇性干旱漫滩，北方、温带和山地泥炭沼泽，北方和温带沼泽 |
| 河流和溪流 | 永久性高地溪流、永久性低地河流、冻融河流和溪流、季节性高地溪流、季节性低地河流、间歇性干旱河流、大型低地河流 |
| 湖泊 | 大型永久淡水湖、小型永久淡水湖、季节性淡水湖、冻融淡水湖、短暂的淡水湖、永久性盐湖、短暂的盐湖、自流泉和绿洲、地热池和湿地、冰下湖泊 |
| 人工淡水 | 大型水库、人工湖湿地、稻田、淡水水产养殖场、渠道、沟渠和排水沟 |
| 半封闭过渡水域 | 沿岸深水区、永久开放的河流河口和海湾、间歇性封闭的湖泊 |
| 海洋 | 海草草甸、海藻林、光化珊瑚礁、贝类床和珊瑚礁、海洋动物森林、潮下岩礁、潮下砂层、潮下泥质平原、上升区 |
| 远洋水域 | 表层海洋水域、中上层海洋水域、深海海水、深海远洋水域、冰川 |
| 深海海底 | 大陆和岛屿斜坡、海洋峡谷、深渊平原、海山、山脊和高原、深水生物床、哈达尔沟、基于化学合成的生态系统 |
| 人工海洋系统 | 水下人工构筑物、海洋水产养殖场 |
| 海岸线 | 岩岸、泥滩、沙质海岸、漂石和卵石海岸 |
| 滨上海岸系统 | 沿海灌丛和草地 |
| 人工海岸线 | 人工海岸 |
| 咸淡水潮汐沼泽 | 沿海河流三角洲、潮间带森林和灌丛、沿海盐沼和芦苇床 |

IUCN与合作机构还建立了全球生态系统分类体系专题网站（https://global-ecosystems.org/），收录了该分类体系的详细内容，汇总了全球目前已收集整理的生态系统相关信息，便于用户查阅。

### 4.1.4 可持续基础设施的国际良好实践原则

可持续基础设施（有时也称为绿色基础设施）系统是以保障整个基础设施生命周期内的经济和财政、社会、环境（包括气候适应能力）和制度可持续性的方式进行规划、设计、建造、运营和报废的系统。可持续基础设施包括人工基础设施、自然基础设施或半自然半人工的混合基础设施[739]。2022年4月，UNEP的报告《可持续基础设施的国际良好实践原则》（International Good Practice Principles for Sustainable Infrastructure）[740]指出，发展可持续的基础设施对于应对气候变化、改善公共服务和推动经济复苏至关重要。它敦促规划者和决策者利用合理的NbS对可持续基础设施采取更系统的方法，将其纳入长期发展计划，并确保人造系统与自然系统协同工作。

该报告旨在为基础设施在全生命周期中贯彻可持续性提供全球适用的指导方案，帮助政府高级别政策制定者和决策者，为实现SDGs和《巴黎气候协定》目标所需的可持续基础设施创造赋能环境。报告提出了十项指导原则，包括：

- 战略规划：以确保基础设施政策和决策与全球可持续发展议程一致，并加强赋能环境。
- 提供响应式的、有韧性的、灵活的服务：以满足实际的基础设施需求，允许随时间推移而产生的变化和不确定性，并促进基础设施项目和系统之间的协同作用。
- 可持续性的综合生命周期评估：包括多个基础设施系统在其整个生命周期内对生态系统和社区的累积影响，以避免"陷入"具有各种不利影响的基础设施项目和系统。
- 避免环境影响并投资于自然：利用大自然的能力提供必要的、性价比高的基础设施服务，并为人类和地球提供多种共同利益。
- 资源效率和循环性：最大程度地减少基础设施的自然资源足迹，减少排放、废弃物和其他污染物，提高服务效率和可负担性。

- 公平、包容与赋权：通过平衡社会基础设施和经济基础设施的投资来保护人权并增进福祉，特别是弱势群体或边缘群体的福祉。
- 提高经济效益：通过创造就业机会和支持当地经济来提高经济效益。
- 财政可持续性与创新融资：在公共预算日益紧张的背景下填补基础设施投资缺口。
- 透明化的、包容的参与式决策：包括利益相关方分析、持续的公众参与和适用于所有利益相关方的申诉机制。
- 循证决策：包括根据关键性能指标对基础设施的性能和影响进行定期监测，并促进与所有利益相关方的数据共享。

　　这十项原则可用于构建系统层级的综合方法，进而提高政府以更少的基础设施满足所需服务的能力，这会比"一切照旧"的方法效率更高、污染更少、适应力更强、成本效益更高以及风险更小。

　　基础设施系统提供饮用水、卫生设施、农业和工业生产以及电力等基本服务，确保经济得以正常运行。基础设施资产的使用寿命往往长达数十年，而基础设施对环境的影响则以数百年为计。基础设施直接或间接影响着SDGs中92%目标的实现[741]。然而，我们目前的基础设施对自然资源的利用模式并不可持续，造成了气候变化、自然和生物多样性衰退，以及废弃物和污染问题。要解决这三大全球性危机并实现《2030年可持续发展议程》中的各项目标，我们迫切需要对当前基础设施系统存在的问题进行反思。

## 4.1.5　自然气候解决方案手册

　　2021年10月，TNC发布了《自然气候解决方案手册：各国评估基于自然的减缓潜力的技术指南》（Natural Climate Solutions Handbook: A Technical Guide for Assessing Nature-Based Mitigation Opportunities in Countries）。该指南按照NCS评估时通常遵循的步骤顺序编排，以确定编写目的和受众为起点，详细介绍了如何确定优先路径、选择基线和模型、开展数据分析等气候潜力分析的各关键步骤。

　　该指南指出NCS的要点是：保护、修复和可持续地管理自然和人工生态系统，以达到在森林、湿地、草地和农田生态系统中避免温室气体排放或增加碳汇功能的目的。此外，该指南指出NCS战略或路径其实是一系列"增量行动"，即为实现并超过其气候承诺目标，各国所能采取的超越基线情景的额外行动。

该指南还指出基于自然的气候变化解决方案具体可以细分为避免森林、湿地、草地和农地温室气体排放的路径（见表4-5）。如果需要确定优先路径，则需要考虑多重因素，包括减缓潜力、局地相关性、协同效益、社区影响等。同时，需要收集计算每个NCS路径减缓潜力所必需的数据，具体工作包括建立基线、确定基于NCS规模计算温室气体通量、选择时段、考虑气候反馈和描述成本。最后，该指南指出对基于自然的减缓潜力的评估一般主要包括估算减缓潜力、量化不确定性、纳入成本评估并核算未来的成本变化。

此外，该指南还分享了来自加拿大、中国、哥伦比亚、印度尼西亚和美国的简要案例研究；这些案例展示了各地项目团队如何将这套通用的NCS框架进行适应性调整以满足其自身需求，包括在此过程中的各种经验教训。

**表4-5　温室气体排放路径**

| 路径 | 内容 |
| --- | --- |
| 森林路径 | 避免森林转化、气候智慧型林业、人工林管理、林火管理、避免薪材采伐、城市绿化覆盖、再造林 |
| 湿地路径 | 避免对滨海湿地的影响、避免对淡水湿地的影响、滨海湿地修复、淡水湿地修复 |
| 草地路径 | 避免草地转化、草地修复 |
| 农地路径 | 农业用地上的树木、稻田管理、养分管理、生物炭、覆盖作物、减免耕、豆科作物，牧场中的豆科植物、优化放牧、放牧牲畜与饲料管理、粪便管理 |

该指南提供了一些自然气候解决方案的案例和技术，以帮助各国评估和采取措施来减少温室气体排放，同时保护和恢复生态系统。

## 4.2　政策发展

### 4.2.1　国际

#### 4.2.1.1　欧盟

NbS概念提出后，欧盟敏锐地觉察到这一全新概念在改善人与自然关系、塑造可持续竞争力中巨大的潜力，较早地开始了NbS研究与实践（见表4-7）。2015年欧盟将NbS纳入了"地平线2020"科研计划，将其提升为应对社会可持续发展挑战的工具。自此，NbS由最初应用于生物多样性保护、减缓和适应气候变化的概念工具变成服务于社会可持续发展等多重领域的综合性工具，不仅包含了工程，还包含了政策、金融等多维意义。

迄今为止，欧盟"地平线2020"项目对NbS的研究计划已经开展了19个大型项目，投入超过了1.6亿欧元。它通过科研创新行动（research and innovation actions）、创新行动（innovation actions）、协调支持行动（coordination and support actions）三大类项目，在欧盟成员国中建立了一个"研究+政策+实践"的完整体系，并通过资助大型示范项目，形成了数量可观的实践案例库，所积累的经验和商业模式可以复制到其他城市或地区。为了确保NbS顺利部署，欧盟制定了一份明确的NbS研发议程路线图。议程总体布局分为五大目标：

一是将NbS整合到现有的国家政策框架中。欧盟将其研究议程与实施方案和多项欧洲层面的政策和行动进行协调。

二是发展更多NbS的研究创新主体。由于NbS的执行涉及跨学科跨部门的不同利益方，欧盟综合各项研发计划，将更多的科学研究和政策制定主体纳入到NbS的研究议程中。

三是提供有利于推广NbS的证据与知识。通过实践案例资源库的建立，说明NbS与传统工程方法相比的成本与效益，并确定实施的潜在障碍与应对办法，为更多地区提供实践参考。

四是NbS方法推广与升维。通过金融工具支撑与各级政府合作，推动NbS方法在更多地方实施。

五是将NbS融入国际主流研发与创新议程。通过与各类国际组织合作，如与联合国17个SDGs对接，促进NbS在欧盟和世界范围内实施。

表4-6　欧盟政策中的涉及NbS相关理念概述

| 年份 | 文件 |
| --- | --- |
| 1998 | 《欧盟生物多样性战略》（EU Biodiversity Strategy）<br>其明确规定的目标是到2020年遏制欧盟生物多样性的丧失和生态系统服务的退化[1]。 |

续表

| 年份 | 文件 |
|---|---|
| 2013 | **《欧盟绿色基础设施战略》**（EU Green Infrastructure Strategy）<br>其明确侧重于提供多种生态系统服务，是欧盟生物多样性战略的重要组成部分，大力推动了绿色基础设施的发展（定义为"一种战略性自然和半自然区域的规划网络以及其他环境特征设计和管理以提供广泛的生态系统服务"）[2]。 |
| 2011 | **《资源高效的欧洲路线图》**（The Roadmap to a Resource Efficient Europe）<br>其强调了自然资本和生态系统服务对于欧洲及其公民的繁荣与福祉的重要性。该路线图的基本要素包括已将NbS确定为直接作出贡献的干预措施的几个领域，特别是在"循环经济"方面 |
| 2013<br>&<br>2016 | **《欧洲适应气候变化战略》&《仙台框架行动计划》**（The European Strategy on Adaptation to Climate Change & Action Plan on the Sendai Framework）<br>其包含强大的嵌入式NbS组成部分，作为支持基于生态系统减少灾害风险的积极且具有成本效益的方式适应气候变化[3]，以应对洪水、热浪、干旱、风暴潮等自然灾害的频率和强度增加[4]。以各种方式直接或间接地促进了资源高效，有弹性和系统的NbS的实施，以应对自然灾害，适应气候变化并维持物理、化学和生物条件[5] |
| 2019 | **《绿色公共采购》**（Green Public Procurement）<br>一项承认欧盟公共当局是自然和生态系统服务的主要消费者的政策 |
| 2021 | **《欧盟2030年新森林战略》**（New EU Forest Strategy for 2030）<br>《欧洲绿色协议》的旗舰举措之一，以《欧盟2030年生物多样性战略》为基础。该战略将有助于实现欧盟的生物多样性目标，到2030年减少至少55%的温室气体减排目标，以及到2050年实现气候中和的目标。此战略提出了森林的核心和多功能作用，以及整个森林价值链为到2050年实现可持续和气候中性经济的贡献 |
| 2021 | **欧盟2030土壤战略**（EU Soil Strategy for 2030）<br>欧盟于2021年11月17日发布2030土壤战略，为土壤保护、修复和可持续利用提供行动框架和具体措施。该战略提出到2050年，欧盟所有土壤生态系统达到健康状况而更富有韧性，土壤的保护、修复和可持续利用成为常态，进而助力实现气候中和、发展清洁可循环的经济、逆转生物多样性丧失、保障人类健康、阻止沙漠化并逆转土地退化 |
| 2022 | **通过《自然恢复法》（《Nature Restoration Law》）提案**<br>欧盟委员会网站2022年6月22日报道，欧盟委员会于当日通过了具有开创性的《自然恢复法》提案。《自然恢复法》是欧盟历史上首个明确针对自然恢复的立法，旨在修复欧洲80%处于不良状态的栖息地，包括森林、农业、海洋、淡水和城市生态系统。根据现有提案，针对不同生态系统设置的具有法律约束力的自然恢复目标将适用于每个欧盟成员国。《自然恢复法》的总体目标是到2030年自然恢复措施至少覆盖欧盟20%的陆地和海洋面积，并最终在2050年扩大至所有需要恢复的生态系统 |

资料来源：

1. KETTUNEN M. Biodiversity: Strong policy objectives challenged by sectoral integration [M] //Adelle C, Biedenkopf K, Torney D. European Union External Environmental Policy. Cham: Springer International Publishing, 2018: 147–165.

2. MAZZA L, BENNETT G, NOCKER L D, et al. Green infrastructure implementation and efficiency: Final report for the European Commission, DG Environment on Contract ENV.B.2/SER/2010/0059 [R]. Brussels and London: Institute for European Environmental Policy, 2011.

3. FAIVRE N, SGOBBI A, HAPPAERTS S, et al. Translating the Sendai Framework into action: The EU approach to ecosystem-based disaster risk reduction [J]. International Journal of Disaster Risk Reduction, 2018, 32: 4–10; COHEN-SHACHAM E, ANDRADE A, DALTON J, et al. Core principles for successfully implementing and upscaling Nature-based Solutions [J]. Environmental Science & Policy, 2019, 98: 20–29.

4. KUMAR P, DEBELE S E, SAHANI J, et al. Towards an operationalisation of nature-based solutions for natural hazards [J]. Science of The Total Environment, 2020, 731: 138855.

5 CALLIARI E, STACCIONE A, MYSIAK J. An assessment framework for climate-proof nature-based solutions [J]. Science of the Total Environment, 2019, 656: 691-700.

　　OPPLA数据库（https://oppla.eu/）是一个欧盟的NbS的开放平台，汇集了有关自然资本、生态系统服务和NbS的最新思想，包括了问答社区和知识市场。OPPLA一共提供了20个欧洲城市以NbS方法应对发展问题的案例，每一个案例都会对该NbS如何促进生态系统服务、如何帮助实现五个目标进行总结。

　　以德国柏林为例，NbS为其提供了城市绿色连通性和生物多样性，主要的行动包括城市绿化、Green Moabit项目、改造城市地区、学校花园、混合森林计划、都市绿道和游牧园艺七项。这些具体实施的策略基于欧盟制定的NbS行动指引，并结合了城市自身面临的具体发展问题。

### 4.2.1.2　美国

　　相对于欧盟在NbS方面的研究与实践，美国的进展相对滞后，尤其是在概念提出方面存在明显差异。美国众议院气候危机特别委员会在2019年10月22日举行了主题为"解决气候危机：减轻污染和构建恢复力的自然方案"的听证会，涉及的内容包括基于森林、草地、湿地等自然系统开发增加碳储存、应对气候危机。在这次会议上，美国首次提出了NCS，该概念与欧盟提出的NbS概念高度吻合，成为美国发展该方向的重要的标志。

美国的目标是到2030年将温室气体净排放量在2005年水平的基础上减少50%～52%。在实现这一目标的同时，美国致力于减少空气污染，到2030年避免数万人过早死亡。

2021年4月22日世界地球日，拜登政府宣布了美国新的国家自主贡献目标（nationally determined contributions，NDC）：在农业上将实施气候智慧型农业、再造林、轮牧和营养管理规模化；致力于森林保护和管理投资；尽最大努力减少破坏性野火，支持林地恢复，提高农业生产力；保护并鼓励私有土地所有者采取可持续的做法，并在2050年实现碳中和。在制定NDC的过程中，美国考虑了各个行业（如电力、交通运输、建筑、工业、农业和土地）的减排途径。值得一提的是，美国的共和党和民主党在对待气候变化议题上存在明显分歧，这导致政府更迭后美国对气候变化问题的态度可能发生截然不同的变化（如美国前总统特朗普上台后即退出了《巴黎协定》），这种不确定性在美国政策中是非常关键的考量部分。

### 4.2.1.3 英国

英国政府在2018年发布了《绿色未来：英国改善环境25年规划》。该规划旨在通过增强英国的自然资本来促进英国生产力发展。自然资本是指支持所有生命形态的空气、水、土壤和生态系统，它是长期经济增长和生产力发展的必要基础。该规划阐明了英国政府帮助恢复自然环境并保持民众健康的行动举措，旨在为英国城乡提供清洁的空气和水源、保护濒危物种并提供多样性更丰富的野生生物栖息地，并呼吁农业、林业、土地利用者及渔业采取一种将环境问题置于首位的发展方式。通过实施该规划，英国致力于实现如下目标：清洁的空气；洁净和充足的水资源；欣欣向荣的植物和丰富的野生物种；降低环境危害风险；更加可持续和高效地利用自然资源；美化自然环境、增加遗产保护及环保参与度；减缓和适应气候变化；废物最小化；管理化学品的环境暴露风险；提升生物安全。

此外，英国在《中央政府支出评估指南》中引入了自然资本框架，要求"对自然环境的影响进行评估和估价"，并提出了对自然资本"非市场和不可货币化价值"的估价标准，用于开展基于自然资本的成本效益分析。目前，英国中央政府已将"对碳排放量的影响"作为一项指标，纳入了对公共政策的"影响评估"范畴，后续将有更多的自然资本指标被纳入评估范围；部分地方议会已经要求公共支出项目"考虑对自然资本存量的影响"，并将基于自然资本的成本效益分析结果用于项目的决策。

### 4.2.1.4 法国

法国对生态保护的关注可以追溯到20世纪60年代。随着人类活动对自然的影响日益加剧，法国政府和相关机构开始关注自然生态系统及其价值，并采取了一系列措施来保护和提升法国的自然生态系统遗产。法国政府在2015年首次提出"国家低碳战略"，正式建立碳预算制度。该战略在2018—2019年得到修订，调整了2050年温室气体排放减量目标：从原来比1990年减少75%，改为碳中和。2020年4月21日，法国政府以法令形式正式通过该制度。

与"国家低碳战略"相辅相成的是法国在2015年8月通过的《绿色增长能源转型法》，依法构建了法国国内绿色增长与能源转型的时间表。《绿色增长能源转型法》还将化石能源的碳税提高至近4倍，从2015年的每吨14.5欧元提高到2020年的56欧元，预计到2030年将提高至100欧元。

法国于2021年制定了《国家自然保护地战略2030》（National Strategy for Protected Areas 2030），旨在促进国家自然保护地的保护和可持续发展。该战略提出了一系列目标和措施，用于保护法国的自然遗产，提高国家自然保护地的保护水平，并通过支持绿色经济发展，促进社会经济的可持续发展。具体包括以下几个方面的内容：

- 扩大自然保护地面积：该战略旨在于2030年前扩大法国的自然保护地面积，使其占法国领土总面积的10%，并制定相关的规划和政策，为保护地的管理提供指导。

- 加强保护措施：该战略拟对环境保护和生物多样性保护采取更加有效的管理方式，提高自然保护地的保护水平。例如，该战略规定要加强对重要生物栖息地的保护，采取一些措施来控制人为干扰，如限制野生动物捕捉和捕猎，限制污染源的排放等。

- 加强公众参与：该战略鼓励公众参与保护活动，提高公众的环保意识，提升社会对自然保护地的关注度。例如，通过举办各种环保宣传活动、环保教育和培训等方式，吸引更多的公众参与保护活动。

- 支持绿色经济：该战略还将重点支持绿色经济的发展，通过促进自然保护地的可持续发展，促进经济社会的可持续发展。通过建立绿色产业链和绿色消费链，提高自然保护地的经济价值，创造更多的就业机会，促进自然保护地的可持续发展。

#### 4.2.1.5　加拿大

2021年4月，作为《巴黎协定》签署国之一，加拿大宣布提高其减排目标：到2030年将温室气体排放量降至2005年水平的40%～45%，并承诺在2050年实现净零排放。同年11月，加拿大政府宣布强化力度应对气候变化，包括在主要产油国中率先对石油和天然气行业的污染设限封顶，并到2050年减少至净零排放。此外，加拿大还承诺向"气候投资基金加速煤炭转型投资计划"以及与世界银行合作的"能源产业管理援助计划"提供资金支持，以帮助发展中国家向清洁燃料替代品和清洁经济过渡。

加拿大于2022年4月21日宣布启动国家生态廊道项目，致力于到2025年保护25%的土地、淡水和海洋，到2030年保护30%的土地。该项目将支持在保护区之间建立更好的生态联系。加拿大公园局将与其他政府部门以及合作伙伴合作，共同制定NbS标准，并为加拿大关键地区中通过廊道建设而对其生物多样性保护产生最大积极影响的区域绘制地图。该项目确保城市和基础设施允许动物和植物茁壮成长，而不是切断它们的栖息地。生态廊道帮助野生动物穿越高速公路到达湿地，或者为迁徙的鸟类提供飞行途中用来休息的树木，是有效保护自然不可或缺的一部分。此外，生态廊道还能够为人们提供休闲和旅游场所。人们可以通过生态廊道观赏自然风光，了解自然生态，增强自然意识，提高人们的身心健康[742]。

### 4.2.2　中国

与国际社会普遍认知一致，中国学者也认为NbS涉及领域很广（参见表4-7）。例如，有学者指出未来十年是海洋领域应对气候变化和促进可持续发展的关键时期，应努力提出系统性的海洋NbS，切实加强海洋和海岸地区适应气候变化的能力[743]；也有学者指出落实NbS的行动应包括深度挖掘林业碳汇的价值，森林具有强大的吸收和储存$CO_2$的功能，对减缓和适应气候变化有着不可替代的作用。

表4-7 NbS在中国应对气候变化领域的政策框架

| 生态系统 | 措施 | 命令控制型政策 | 经济激励型政策 | 自愿参与型政策 |
|---|---|---|---|---|
| 森林 | 造林、避免毁林和森林退化、天然林管理、人工林管理、避免薪材使用、灾害管理 | ● 制定《全国造林绿化规划纲要（2011—2020年）》等战略规划，明确林木良种基地建设等林业发展目标；<br>● 出台《森林法》《中共中央、国务院关于加快林业发展的决定》等法律法规，规范造林、天然林保护、灾害管理等领域的行为；<br>● 推进标准化，建立健全林业质量标准和检验检测体系；<br>● 深化研发体系建设，突破林木良种选育、条件恶劣地区造林、重大森林病虫害防治等关键技术；<br>● 促进成果转化，鼓励创办科技型企业，建立科技示范点，开展科技承包和技术咨询服务等；<br>● 培养保护、监督、执法队伍，建立护林组织，增加护林设施；<br>● 注重人才培养体制建设，建立各类林业人才教育和培训体系，加大对林业职工的培训力度；<br>● 构建监测预警机制，成立林业碳汇监测机构，建立森林资源监测系统 | ● 设立森林生态效益补偿基金等专项资金；<br>● 加大财政投入，国家财政重点保证关系国计民生的生态工程建设，地方财政要将规划的生态工程建设投资纳入预算；<br>● 减轻税费负担，取消不合理税费，返还征收的育林基金；<br>● 征收育林费，森林植被恢复费等专项费用；<br>● 发放造林、退耕还林等补助补贴；<br>● 增强金融支持，加大国土绿化行动等信贷投入，探索运用债券等新型融资工具，多渠道筹措林业发展资金；<br>● 开展森林碳汇交易，发展碳排放权交易市场；<br>● 吸收社会资金，完善以政府购买服务为主的生态公益林管护机制 | ● 成立绿色碳汇基金会等志愿性组织；<br>● 加强宣传，开展"世界森林日"等主题宣传活动，普及林业适应气候变化政策与知识；<br>● 开展项目示范和实施，号召积极参与植树造林等活动 |

续表

| 生态系统 | 措施 | 命令控制型政策 | 经济激励型政策 | 自愿参与型政策 |
|---|---|---|---|---|
| 草地 | 避免草地转化，最适放牧方式和强度、种植豆科牧草、改进饲料、牲畜管理 | ● 制定《耕地草原河湖休养生息规划》（2016—2030年）等战略规划，提出促进草原畜牧业由天然放牧向舍饲和半舍饲转变的发展方向；<br><br>● 出台《草原法》《国务院关于加强草原保护与建设的若干意见》等法律法规，明确最适放牧强度和方式，强调轮割轮采等草原保护措施；<br><br>● 深化研发体系建设，加强优良畜种和草种选育，草原生态系统恢复与重建等重建关键技术研发力度；<br><br>● 促进成果转化，建立草原生态保护建设科技示范场，尽快转化草原科研成果；<br><br>● 培养保护、监督和执法队伍，强化人员培训和考核，提升人员素质和专业水平；<br><br>● 注重人才培养体制建设，加强学科建设，实施技术培训，充实专业技术人才队伍；<br><br>● 构建监测预警机制，建立草原生态监测预警系统，落实草原动态监测调查制度 | ● 加大财政投入，中央和地方财政加大对草原保护与建设的投入；<br><br>● 征收专项费用，严格草原植被恢复费的征收和管理；<br><br>● 发放牧草良种、禁牧、退耕还草、草畜平衡等补助补贴；<br><br>● 增强金融支持，加大牧草产业化等领域的信贷投入；<br><br>● 吸收社会资金，扩大利用外资规模，拓宽筹资渠道，增加草原保护与建设投入 | ● 成立内蒙古草原文化保护发展基金会等志愿性组织；<br><br>● 加强宣传，弘扬爱草护草，种草的绿色发展理念；<br><br>● 开展项目示范和实施，探索可持续草地治理 |

续表

| 生态系统 | 措施 | 命令控制型政策 | 经济激励型政策 | 自愿参与型政策 |
|---|---|---|---|---|
| 农田 | 生物炭、混农（牧）林系统、农田养分管理、保护性耕作、稻田管理、种子选育和培育 | • 制定《耕地草质河湖休养生息规划（2016—2030年）》等战略规划，提出开展耕作试点，实行保护性耕作政策；<br>• 出台《农业法》等法律法规，提出实施种子工程，合理使用化肥、农药，增加使用有机肥；<br>• 深化研发体系建设，加强节水农业、抗旱保墒等适应技术的研发力度；<br>• 注重人才培养体制建设，开展国际交流合作，进行保护性耕作技术培训；<br>• 构建监测预警机制，形成国家农业科学观测工作体系 | • 设立良种、保护性耕作等专项资金；<br>• 发放良种、肥料使用、25°以上陡坡地等补助补贴 | • 成立中华农业科教基金会等自愿性组织；<br>• 加强宣传、广泛宣传保护性耕作的优越性，引导农民自觉走上保护性耕作发展道路；<br>• 开展项目示范和实施，推行气候智慧型农业发展 |
| 湿地 | 避免海岸带湿地转化和退化、海岸带湿地恢复、避免泥炭地转化和退化、泥炭地恢复、湿地修复 | • 制定《全国湿地保护"十三五"实施规划》等战略规划，明确增加湿地面积，实施湿地保护修复工程；<br>• 出台《农业法》《自然保护区条例》等法律法规，规范保护和修复湿地的行为；<br>• 深化研发体系建设，开展湿地保护与修复技术示范；<br>• 构建监测预警机制，建立国家重要湿地监测评价网络，强化湿地生态风险预警；<br>• 建立追踪评价机制，开展湿地修复工程的绩效评估 | • 发放退耕（牧）还湿、环境治理等补助补贴；<br>• 增强金融支持，开展湿地绿色贷款的信贷支持，发行湿地项目专项债券 | • 成立湖北省湿地保护基金会等志愿性组织；<br>• 加强宣传，普及湿地科学知识，形成全社会保护湿地的良好氛围；<br>• 开展项目示范和实施，对湿地进行生态修复 |

续表

| 生态系统 | 措施 | 命令控制型政策 | 经济激励型政策 | 自愿参与型政策 |
|---|---|---|---|---|
| 海洋 | 避免海岸带湿地转化和退化、海岸带湿地恢复、避免泥炭地转化和退化、泥炭地恢复、湿地修复 | ●制定《全国海洋经济发展"十三五"规划》等战略规划，明确海洋强国战略；<br>●出台《农业法》《渔业法》《自然保护区条例》等法律法规，提出保护渔业水域生态环境，规范滨海湿地保护和修复行为；<br>●推进标准化，完善滨海湿地保护标准体系；<br>●深化研发体系建设，开展恢复关键技术攻关；<br>●构建监测预警机制，建立沿海潮灾预警和应急系统，以及滨海湿地资源数据库 | ●设立海岛保护、海域使用等专项资金；<br>●发放渔民转产转业、伏季休渔渔民低保等补助补贴 | ●成立中国海洋发展基金会等志愿性组织；<br>●加强宣传，结合"世界海洋日"等主题日，提高滨海湿地保护宣传力度；<br>●开展项目示范和实施，关注海洋生态环境保护 |
| 城市 | 建设海绵城市、花园城市、生态城市、整治河湖水系 | ●制定《全国城市市政基础设施规划建设"十三五"规划》等战略规划，提出推进新老城区海绵城市建设；<br>●出台《国务院办公厅关于推进海绵城市建设的指导意见》等法规，提出推广海绵型道路与广场等基础设施建设；<br>●建立追踪评估机制，开展海绵城市建设绩效评估；<br>●注重人才培养体制建设，加强新技术推广运用的技术培训 | ●设立海绵城市建设试点等专项资金；<br>●增强金融支持，将海绵城市建设作为信贷投入的重点领域；<br>●吸收社会资金，鼓励政府和社会资本合作（PPP）模式，整体打包运作海绵城市 | ●成立桃花源生态保护基金会等志愿性组织；<br>●加强宣传，开展城市适应气候变化社会组织培育和科普宣传；<br>●开展项目示范和实施，助推海绵城市建设 |

2020年，国家发展改革委发布了十四年内的生态系统保护和修复工程规划。2021年3月，国务院办公厅先后发布了全国生态产业化以及草原保护的规划及政策方案（见表4-8）。

表4-8 中国政策中的NbS

| NbS相关的重要政策 | 年份 | 说明 |
|---|---|---|
| 《全国重要生态系统保护和修复重大工程总体规划（2021—2035年）》 | 2020 | 围绕全面提升国家生态安全屏障质量、促进生态系统良性循环和永续利用的总目标，以统筹山水林田湖草一体化保护和修复为主线，提出了"坚持保护优先、自然恢复为主""坚持统筹兼顾、突出重点难点""坚持科学治理、推进综合施策""坚持改革创新、完善建管机制"等基本原则，明确了到2035年全国生态保护和修复的主要目标，并细化了2020年底前、2021—2025年、2026—2035年等3个时间节点的重点任务 |
| 《关于建立健全生态产品价值实现机制的意见》 | 2021 | 旨在推进生态产业化和产业生态化。到2025年，生态产品价值实现的制度框架初步形成；到2035年，完善的生态产品价值实现机制全面建立 |
| 《关于加强草原保护修复的若干意见》 | 2021 | 旨在加快推进生态文明建设。到2025年，草原保护修复制度体系基本建立，草原综合植被盖度稳定在57%左右；到2035年，草原保护修复制度体系更加完善，草原综合植被盖度稳定在60%左右；到21世纪中叶，退化草原将得到全面治理和修复 |
| 《国家适应气候变化战略2035》 | 2022 | 提出要加强气候敏感脆弱领域和关键区域的气候变化风险评估，强化重点领域和区域适应气候变化行动；加强适应气候变化基础能力建设，探索建立国家适应气候变化信息平台；继续深化气候适应型城市建设试点，及时总结推广成功经验；充分借鉴国际经验，积极拓展适应气候变化国际合作 |

中国高度重视生态系统保护和可持续利用，在六大生态系统均制定和实施了不同程度的与NbS有关的政策措施，并初步形成了以命令控制型政策为主，通过经济激励型政策引导，逐步完善自愿参与型政策的NbS政策体系。但NbS作为一个新生的概念，在战略目标的制定、政策体系的构建和完善方面还存在诸多问题，包括NbS尚未成为应对气候变化的主流措施，缺乏自上而下统一的管理机制，资金、技术、能力建设等环节仍较为薄弱，公众参与度不足等。在当前中国国土空间规划实践中，不仅要严格保护生态基底，同时也要看到生态系统为人类所用的潜力，防止回到过去"凡是自然的就不能动"的狭隘理解中。

## 4.3 政策研究展望

NbS在应对气候变化、生物多样性保护等领域的巨大潜力，正引起国际社会的普遍重视。目前IUCN和欧盟等都对其进行了系统性的探索与实践。同时，NbS也是学术研究的新话题，其概念内涵和外延、实施和评估框架以及应用场景的探索，都是当前的研究热点。为了让NbS发挥更好的效果，未来相关政策制定需要注意以下几个方面。

第一，NbS政策需要关注森林以外的生态系统在实现缓解目标以及其他社会或环境目标方面的作用[553]。海洋和陆地湿地栖息地等生态系统在环境保护方面也发挥着重要作用。为了更好地保护和管理这些生态系统，有必要拓展NbS政策，并为这些生态系统提供更加综合和平衡的保护和管理措施。

第二，NbS政策不仅需要与UNFCCC下的其他正在进行的工作（例如"内罗毕工作方案""财务常设委员会"）保持一致，以促进协同增效，同时需要在UNFCCC之外开展工作（例如SDGs、"波恩挑战"）。采取以下方法来促进协作和协同增效：建议相关部门为这些不同的过程制定一致或共同的框架[744,745]；建立多部门合作机制，促进各部门之间的沟通协作，提高政策实施效率；开展政策绩效评估，定期评估各项政策的实施效果，及时调整和完善政策，提高政策的有效性；引入市场机制和经济激励措施，通过调节市场供求关系，鼓励企业和个人采取环境友好型行为，促进政策的实施。

第三，目前NbS资金来源较为单一[746]，建议开展激励政策的研究，利用政策充分发挥市场在资源配置中的决定性作用，鼓励社会资本和公众积极参与资金投入，实现政府与社会资本的合作。

## 本章小结

标准指南及政策的制定能够确保推广和实施NbS的合理性和有效性，对NbS发展具有重要作用。本章对NbS相关标准、指南及政策进行了全面的整理与阐述，并为未来政策制定和实施提供了建议与参考。

随着NbS理念的普及，国际组织和机构发布了许多相关的标准和指南，以促进NbS发展。其中，IUCN提出了8项基本准则和相应的28项指标，倡导依靠基于生态系统的方法应对社会挑战。UNEP介绍了有助于减缓和阻止生态系统退化并促进其恢复的一系列行动，提供了利用NbS修复周边自然环境与空间的相关指导和建议。《分类体系》是第一个基于功能和组成对地球上所有生态系统进行分类和绘制的综合系统，能够为NbS保护生物多样性的目标提供参考。

NbS概念提出后，世界各国陆续开始相关的研究和实践，本章系统介绍了欧盟、美国、英国、法国、加拿大和中国的NbS政策。欧盟较早地开始了NbS的研究与实践。

为了让NbS发挥更好的效果，激发更多的资金和资源投入，制定政策时应充分考虑利用市场机制，鼓励社会资本和公众积极参与。

## 思考题

1. NbS的国际标准和指南对于推动可持续发展和生态系统保护具有重要作用。在制定和实施这些标准和指南时，有哪些关键因素需要考虑，以确保它们在不同国家和地区的有效性和适应性？

2. 不同国家和地区在推动NbS政策方面存在差异，包括政策的制定、实施和关注的重点。在国际社会普遍重视NbS的背景下，如何促进国际合作和知识共享，以便更好地利用NbS的潜力来应对气候变化和生物多样性保护挑战？

# 第 5 章

## 基于自然的解决方案投融资

自然系统是人类开展经济活动的基础。据估计，2019年全球GDP总量近一半（约44万亿美元）高度（约13万亿美元）或中度（约31万亿美元）依赖自然生态系统及其提供的各类服务[747]。环境污染、自然资源过度消耗和气候变化所产生的负面影响已严重威胁人类福祉增进和经济增长。目前，全球每年有近3 000亿～3 500亿美元流向与自然相关的领域，预计将产生约5.7万亿美元的回报。到2030年，与自然领域相关的投资每年将创造高达4.5万亿美元的收益，并提供3.95亿个工作岗位[748]。事实上，越来越多的国家开始意识到投资自然的收益潜力巨大，因此选择将NbS作为减少温室气体排放、适应气候变化和实现可持续发展的行动方案。从联合国发布的首批NDC清单来看，至少有2/3的《巴黎协定》签署国以某种形式将NbS纳入国家行动计划中，以实现其减缓或适应气候变化的目标[749]。需要强调的是，NbS能否顺利实施取决于是否有稳健的政策支持和充足的资金投入，特别是需要改革金融体系，充分调动社会各类资本筹集资金，除政府主导的公共资金投入外，还要提升私人部门的投资水平。

本章将介绍NbS领域投融资的现状，列举其投融资过程中遇到的挑战和应对措施，以及就如何提高流向NbS项目的资金水平给出建议。

## 5.1 投融资的基本概念

投资，是指经济主体为了在未来可预见的时期内获得收益或资金增值，在一定时期内向一定领域标的物投放足额资金或实物的经济行为。融资，从广义上讲是指资金供求双方运用各种金融商品调节资金盈余的活动。金融商品是指资金融通过程的各种载体，包括货币、黄金、期货、有价证券等。双方主要通过市场竞争原则形成金融商品价格，如利率或收益率，最终完成交易，达到融资的目的。本章有关NbS的投融资泛指对NbS项目产生积极影响的资金流。

### 5.1.1 资金来源

根据资金供需者的性质，NbS的资金来源可分为公共部门和私人部门（如图5-1所示）。

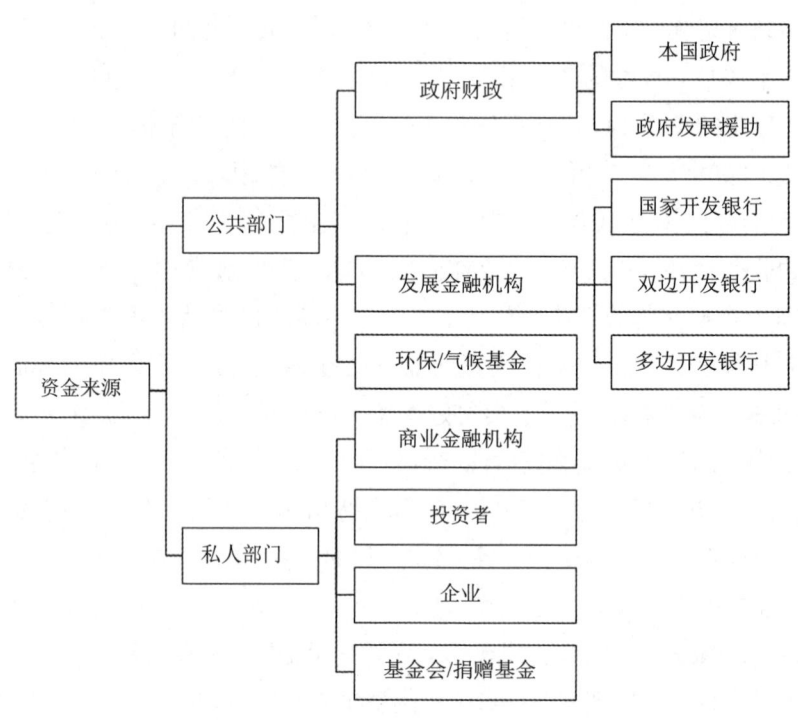

图5-1 NbS资金来源

### 5.1.1.1 公共部门

一是本国政府财政支出。政府为履行公共职能，从预算中直接拨给NbS

项目或主导NbS项目开展以筹措资金。

二是政府发展援助（official development assistance，ODA）。发达国家致力于提振国家经济发展和提高人民生活水平所提供的赠款或低息贷款。

三是发展金融机构（development finance institutions，DFI）。DFI是由政府支持，投资于中低等收入国家私营部门项目，以促进可持续经济增长的机构。根据持股方国籍和资金流动范围可分为国家DFI、双边DFI和多边DFI。

四是环境/气候基金。由国家、国际机构、非政府组织与私人企业所组成的国际组织，旨在针对全球环境议题协助发展中国家建设可持续发展项目。例如全球最大的气候基金——绿色气候基金（Green Climate Fund），相比于其他气候资金机制着重从公共部门筹资，绿色气候基金最大的特色是增加私营部门的资金来源。这不仅能减轻国家的财政压力，更能扩大资金来源以及规模，加快筹资的进度[750]。

### 5.1.1.2　私人部门

一是商业金融机构。即从事金融业有关的金融中介机构，包括商业银行、证券公司、信托、保险公司、公募基金、私募基金等。

二是长期投资者。区别于个人投资者，包括资产管理公司、活跃在资本市场的养老基金、风险投资和基础设施基金等长期投资者。长期投资者可以发挥自身作用，把资本配置于有利于自然环境的投资项目，同时可了解投资组合中的公司如何使用及依赖自然资本。

三是企业。与自然高度相关的企业或者需要转型的能源、重工业企业。企业应对支撑其业务发展的自然资源和生态系统负起责任，以确保这些资源得到可持续利用。同时，企业也应在快速适应和创新解决方案方面发挥领导作用，以推动可持续变革。

四是慈善机构。以慈善服务为目的的非政府组织，包括基金会和捐赠基金。例如世界上最大的环保组织——WWF，自成立至今50余年来，投资了超过13 000个有关自然的项目，涉及资金约有100亿美元。

### 5.1.2　金融工具

金融工具是指可以购买、交易、创建、修改或结算的货币资产合约。公共和私人金融服务组织可以使用各种各样的金融工具，将资金引导到各种活动、行动或资产中。根据资产功能，金融工具可分为资本供应工具（股票、贷款、债券）、转移风险的缓解工具（保险、担保和承购协议）和政府直接补贴。

## 5.2 NbS的投融资现状

### 5.2.1 投融资规模

目前，全球每年约有1 540亿美元流向NbS项目（以2020年为基准年），其中公共资金占82%，私人资金占18%[751]。国内政府公共资金约为1 260亿美元，其中46%由政府投资于生物多样性和景观保护，47%的资金用于森林恢复、泥炭地恢复、再生农业、水源保护和自然污染控制系统。私人资金每年贡献约260亿美元，主要是关于可持续供应链和生态补偿的投资。发展援助投资每年约20亿美元。

各类资金的流向如图5-2所示。

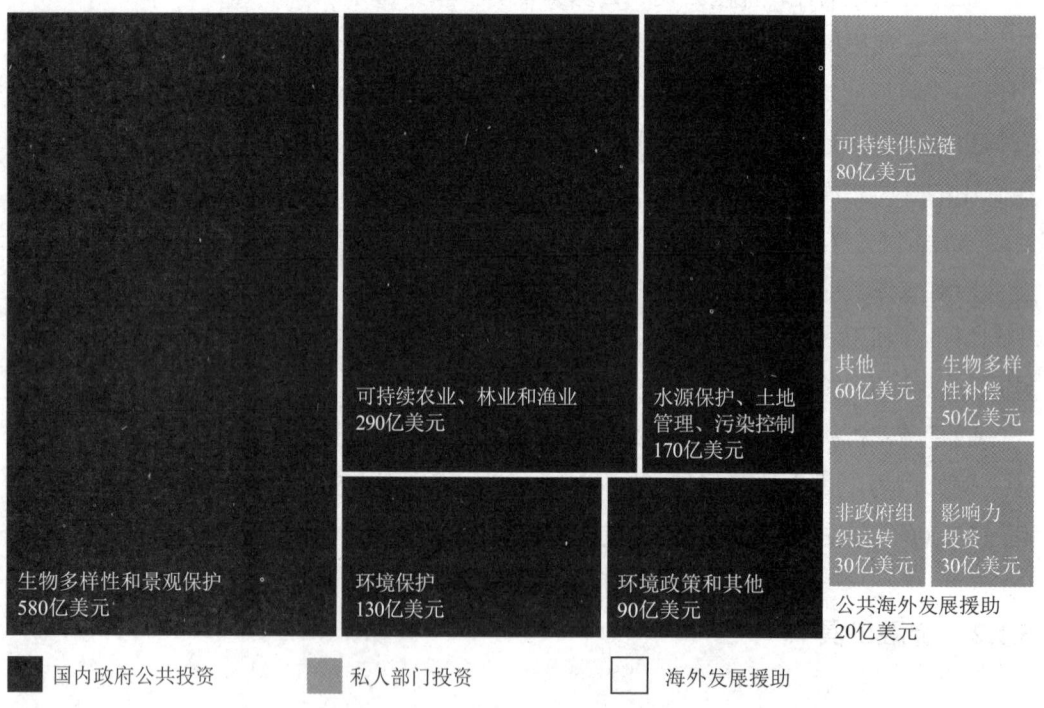

图5-2 全球NbS投资资金来源和去向（单位：美元）

资料来源：OECD、IMF等公开数据。

值得提及的是，占全球GDP总量近80%的二十国集团2020年在NbS项目上共投资1 220亿美元[752]，占当年全球NbS投资总额的92%。其中，公共资金占88%，私人资金占12%，资金去向与全球情况类似。

相比之下，涉及领域更广的气候融资，私人部门占资金总体规模的比重更大。根据气候政策倡议（Climate Policy Initiative）组织发布的数据显示[753]，2019—2020年全球年均气候融资的51%（3 210亿美元）来自公共资金，49%（3 100亿美元）来自私人资金，包括个体投资者、商业金融机构和公司等。过去十年，气候融资规模不断扩大，但近几年，资金增长缓慢，如2017/2018年度至2019/2020年度的增幅仅为10%，而之前年均增幅超过24%（如图5-3所示）。

单位：十亿美元

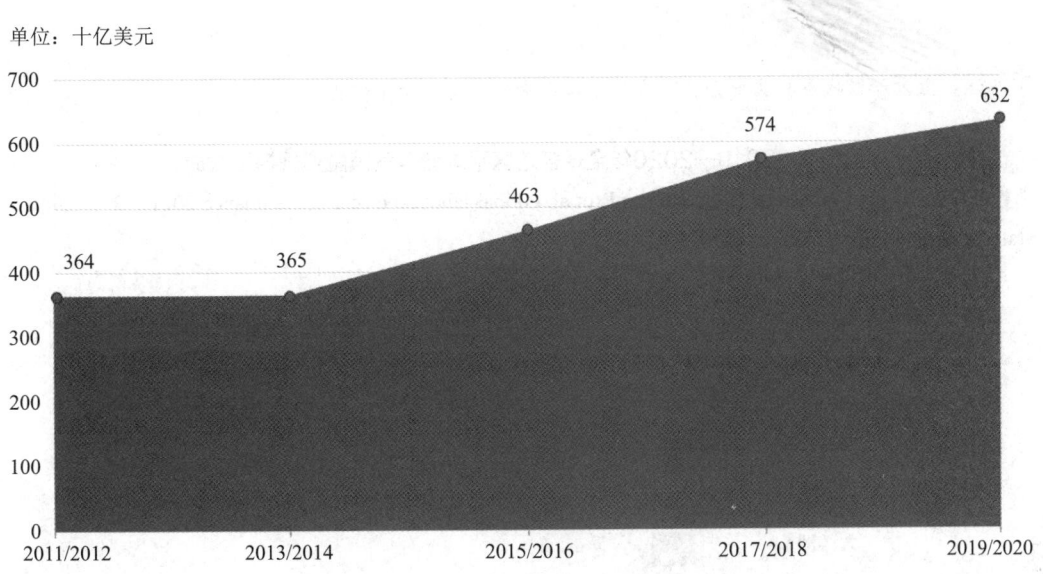

图5-3　2011—2020全球气候融资规模

资料来源：Buchner B, Naran B, Fernandes P, et al. Global landscape of climate finance 2021 [R]. United States: Climate Policy Initiative, 2021.

从地域分布来看，超过75%的气候融资资金在国内流动，流向东亚和太平洋地区的金额占总额的近一半，其中81%集中在中国，这可以归因于中国良好的投资环境和强有力的政策支持。此外，北美和西欧等经济发达地区的资金主要来自私人部门，而广大发展中国家资金来源主要是政府支出的公共资金。

全球各地区NbS项目年均投资额分布与气候融资格局类似，集中在亚洲、北美洲和欧洲（如图5-4、图5-5所示）。据不完全统计，2020—2021年

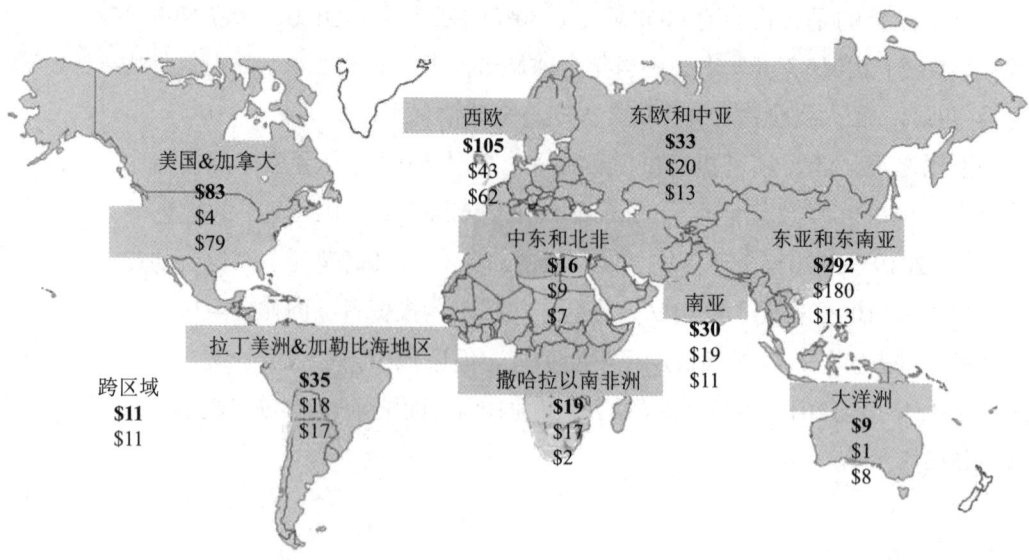

注：上方加粗代表公共资金，下方代表私人资金，单位为十亿美元。

**图5-4 2019—2020年全球各地区平均流入气候融资规模及构成**

资料来源：Buchner B, Naran B, Fernandes P, et al. Global landscape of climate finance 2021［R］. United States: Climate Policy Initiative, 2021.

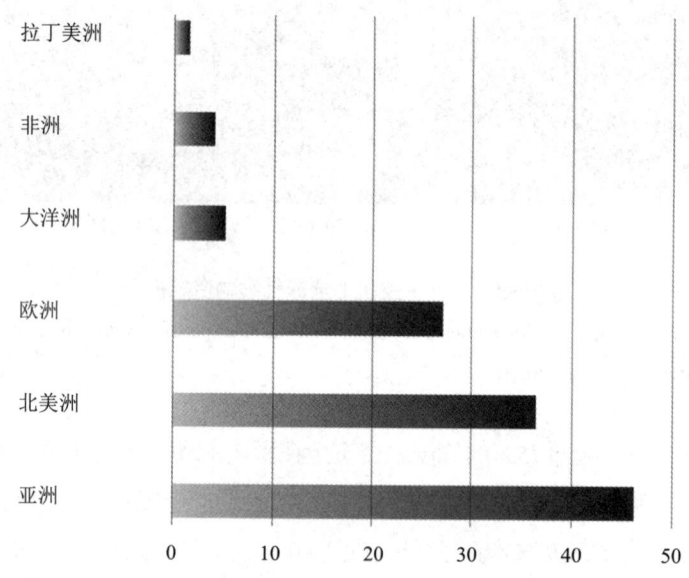

**图5-5 全球各区域NbS年均投资额（单位：十亿美元）**

资料来源：United Nations Environment Programme. State of finance for nature 2021 [M]. Nairobi, Kenya: United Nations, 2021.

美国NbS项目年均投资额为360亿美元，中国310亿美元，日本90亿美元，德国和澳大利亚大约50亿美元[754]。

## 5.2.2　市场类型

目前实施的NbS项目根据内容大致分为两类，即"食品和农业"与"林业、土地利用和其他"。结合现有市场规模、成熟度和融资结构，可分为新兴市场、增长市场和成熟市场（如图5-6所示）。

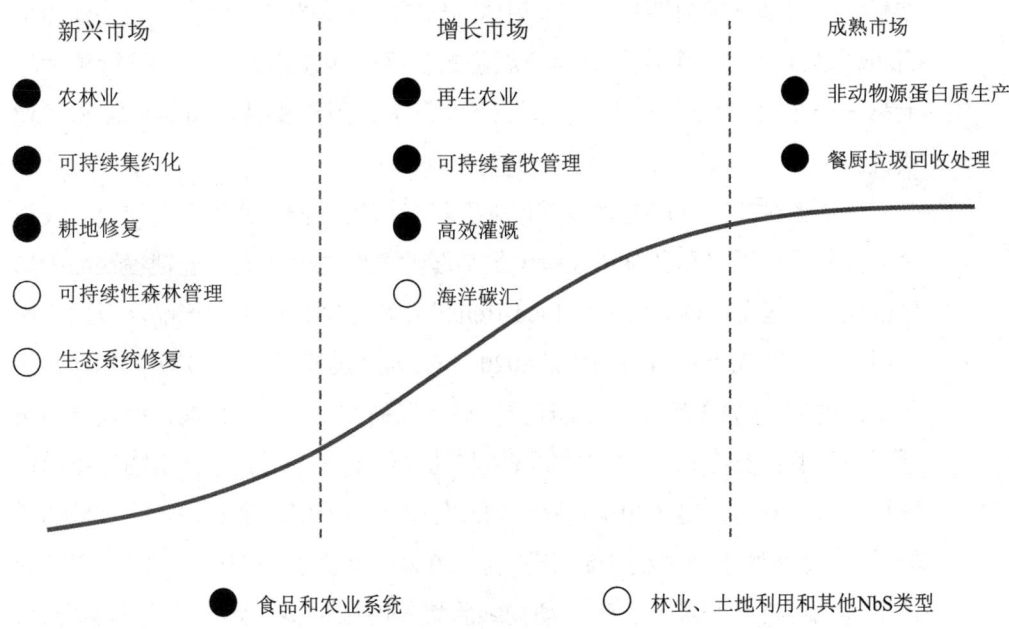

**图5-6　NbS市场划分**

资料来源：Capital for Climate. Nature-based solutions investment［EB/OL］. [2024-03-16]. https://nbs.capitalforclimate.com/.

农林业将森林与粮食和畜牧业系统整合在一起，通过模拟森林的多层次结构，旨在恢复生物多样性、提高生产力、保障粮食安全，并为当地居民提供更多收入来源。经过30多年的技术研究和田间实践，商业农林业所取得的强大生产力和复原力已经引起广泛关注，投资者成立相关基金支持该领域的发展。其中有代表性的投资基金包括2010年成立的Moringa基金和2017年成立的12Tree，前者向8个国家的10家农林业公司提供了8 400万欧元，后者投资了占地200 km²的可持续利用土地项目达1.5亿美元。企业也注意到农林业在促进可持续、透明和公平的农产品供应链和固碳的潜力。亚马逊宣布与TNC合作投资于农林业[755]，预计将支持3 000名农民，在3年内恢复约200 km²的土地，到2050年将从大气中去除高达1 000万吨$CO_2$。

海洋是世界上最大的碳汇和重要的蛋白质来源，每年对全球经济的直接贡献超过2.5万亿美元。投资海洋的收益是巨大的，私人资本已开始流向可持续渔业、可持续水产养殖和鱼蛋白的非动物替代品。投资珊瑚礁、红树林、湿地和海草以及海洋保护区的项目开始通过发展和混合融资、新兴碳信用和蓝色债券组合获得资金。其中有代表性的是2020年9月启动的全球珊瑚礁基金，这是一项为期10年、金额达到5.25亿美元的混合融资，旨在助力提高珊瑚礁恢复力的企业和依赖珊瑚礁的社区。2018年，塞舌尔发行了世界上第一个主权蓝色债券[756]，募集1 500万美元用于支持可持续海洋和渔业项目。

投资者对替代蛋白的兴趣在过去五年呈指数增长，替代蛋白如今已成为食品行业风险投资和私募股权投资最活跃的领域之一。大型连锁餐饮品牌如星巴克、汉堡王、Del Taco和Taco Bell已开始提供替代蛋白产品。根据彭博公司估计，替代蛋白质市场将从2020年的294亿美元增长到2030年的1 620亿美元，占预期的2.1万亿美元全球蛋白质市场的7.7%[757]。目前，替代蛋白包括三种类型：植物源、微生物发酵型和动物细胞培养。其中，植物源蛋白市场是最为成熟的，仅2020年就吸引到22亿美元的投资，是2019年投资额的三倍[47]。发酵型蛋白还处于起步阶段，2020年收获了5.87亿美元的投资，预计未来几年将显著增长。通过动物细胞培养的肉更多受到风险资本的青睐，在2020年共收获了5.06亿美元的投资[748]。

其他NbS市场2020年规模、2025年预期规模、流动资产类型、2050年资金缺口和减排潜力整理，见表5-1。

表5-1　NbS市场分析

| 项目 | 2020年市场规模/美元 | 2025年预期规模/美元 | 市场流动资产类型 | 典型投融资项目 | 2050年资金缺口/美元 | 2050年温室气体减排潜力/Gt $CO_2eq$ |
|---|---|---|---|---|---|---|
| 农林业 | <10亿 | 500亿~1 000亿 | 私人债务、股权、信贷、混合金融、绿色债券、大宗商品 | Moringa Fund 12Tree | 4 070亿~5 920亿 | 52.9 ~ 87.1 |

续表

| 项目 | 2020年市场规模/美元 | 2025年预期规模/美元 | 市场流动资产类型 | 典型投融资项目 | 2050年资金缺口/美元 | 2050年温室气体减排潜力/Gt CO₂eq |
|---|---|---|---|---|---|---|
| 营养管理 | 23亿 | 39亿 | 私募股权、基础设施 | Pivot Bio Anuvia | — | 2.3～12.1 |
| 可持续集约化 | — | — | 私人债务、信贷、混合金融、实物资产、非营利组织、赠款 | Acorn Mastercard Farmer Network | 1 000亿 | 3.4～5.0 |
| 高效灌溉 | 3.5亿～75.9亿 | 12.4亿～191.1亿 | 私募股权、私人信贷、混合金融、绿色债券 | Jain Irrigation Systems | 3 689亿 | 1.1～2.1 |
| 餐厨垃圾回收 | 325.4亿 | — | 基础设施、混合金融、大宗商品 | ReFED | | 90.7～101.7 |
| 可持续畜牧管理 | 261亿 | — | 绿色政府债券、私募股权、私人信贷、混合金融 | FutureFeed Mootral Bovaer | — | 28.4～45.8 |
| 可持续森林管理 | 535.9亿 | 726.5亿 | 私募股权、绿色债券、风险成长资本 | Timberland Investment Group | 190亿～320亿/年 | 110.0～300.0 |
| 生态系统修复 | 1 330亿 | — | 绿色政府债券、私募股权、风险投资 | Natural Capital Exchange Vertree | 722亿～9 670亿 | 13.0～15.5 |

资料来源：https://nbs.capitalforclimate.com/。

### 5.2.3 资金缺口

根据UNEP 2022年发布的《自然融资状况报告》：为实现应对气候变化、保护生物多样性和遏制土地退化的目标，到2050年全球NbS的投资需求累计将达到8.4万亿美元，需填补至少4.1万亿美元的资金缺口。到2025年，NbS的年均投资额需达到2020年总投资额1 330亿美元的两倍，到2030年，NbS的年均投资额将达到4 840亿美元[751]（如图5-7所示）。这些估计是假定全球立即采取行动，将增温幅度控制在1.5℃以内的结果。

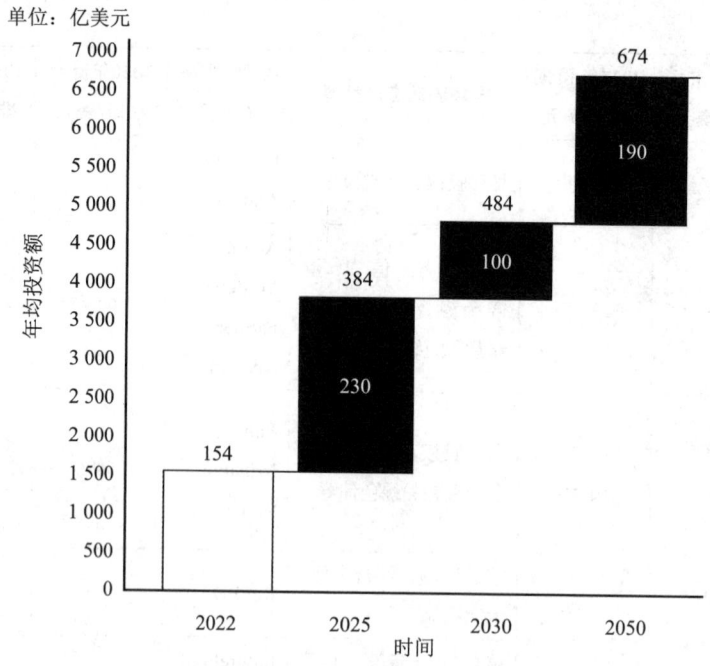

**图5-7 全球NbS投资规模估算**

资料来源：United Nations Environment Programme. State of finance for nature 2022: Time to act: doubling investment by 2025 & eliminating nature-negative finance flows［M］. Nairobi, Kenya: United Nations, 2022.

  需要重点投资的领域包括林业、森林牧场、红树林、泥炭地等。表5-2显示的是具体NbS项目的资金缺口。

**表5-2 2021—2050年具体NbS项目投资缺口**

| NbS类型 | 2021—2050年累计投资/亿美元 | 2050年均投资/亿美元 |
|---|---|---|
| 造林/再造林 | 46 840 | 2 030 |
| 红树林保护 | 150 | 5 |
| 泥炭地保护 | 3 010 | 70 |
| 湿地（沼泽）保护 | 31 300 | 1 930 |
| 总计 | 81 300 | 4 035 |

资料来源：United Nations Environment Programme. State of finance for nature 2022: Time to act: doubling investment by 2025 & eliminating nature-negative finance flows［M］. Nairobi, Kenya: United Nations, 2022.

  根据世界银行的数据，到2030年，生物多样性丧失将导致全球GDP下降2.3%，但对低收入国家来讲，其产业结构相对单一，GDP下降幅度可高

达10%。如图5-8所示，为扭转目前生物多样性下降的趋势，每年需再投入
5 980亿美元至8 240亿美元（平均7 110亿美元）[758]。

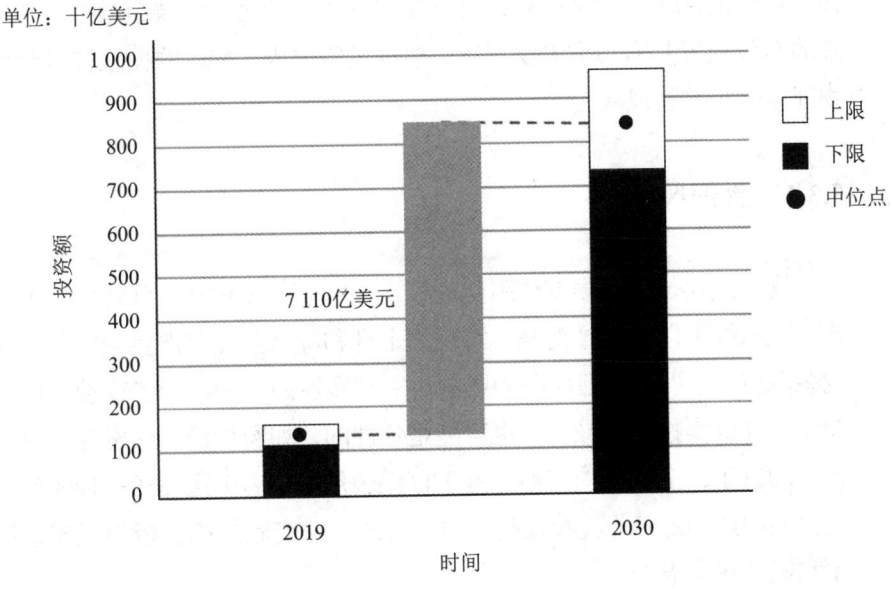

图5-8　生物多样性投资缺口

资料来源：Deutz A, Heal G M, Niu R, et al. Financing nature: Closing the global biodiversity financing gap [R]. The Paulson Institute, The Nature Conservancy, and the Cornell Atkinson Center for Sustainability, 2020.

## 5.3　NbS的投融资风险

　　NbS的投融资风险是指因气候变化、生物多样性丧失和生态系统服务退化等问题带来的底层金融资产价值贬损的风险。首先，与传统金融业相比，NbS投融资具有风险低、损失大的特点。与实物资产或自然资源有关的经济部门和资产类别（如基础设施、林业和农业等）相比，NbS投融资最易因极端气候影响而产生直接损失。此外，气候变化等会通过经济增速放缓、储蓄水平不足抑制投资、资产回报率下降导致股票投资组合业绩不佳等渠道，影响全球金融稳定，造成间接损失[759]。其次，NbS投融资风险具有同源性、非线性的特点。生物多样性丧失和生态系统服务退化是由多种因素如土地利用变化、人类的过度捕杀利用等造成的，而气候变化在很大程度上是由温室气体的大量排放所造成的。由于生态系统的复杂性以及其中一些过程的非

线性和不可逆性，加之对生态系统服务的经济价值量化的困难，与气候变化相比，与生物多样性丧失有关的金融风险的程度和影响更难评估。最后，对NbS投融资风险的研究刚起步，有效的应对方法、工具仍相对有限。了解、评估和管理NbS投融资风险，对于在"双碳"背景下维持金融稳定和促进资本的有效配置具有重要意义[760]。根据风险成因，NbS的投融资风险可分为物理风险和转型风险。

### 5.3.1　物理风险

物理风险是指气候变化引起的极端天气事件（热浪、强降雨、干旱、洪水、飓风等）以及全球变暖、海平面上升和降水量变化严重损害与NbS相关的金融资产[761]。物理风险的影响可能是慢性的，如传粉者物种多样性逐渐减少，导致作物产量减少；也可能是急性的，如新型流行病发生的可能性增加。2021年，全球平均气温（基于1月至9月的数据）比1850—1900年的平均气温高出约1.09℃。随着人类活动导致的全球变暖加剧，极端天气事件的频率和规模将会增加[762]。

物理风险对保险公司的影响尤其严重。在1980—2015年，全球主要自然灾害造成的NbS项目损失中，有26%由保险公司承担[763]。过去20年，极端天气导致的按通胀调整后的保险损失增加了5倍，这会损害保险公司的持续经营能力和资产负债表稳健性。若保险公司破产或经营困难，影响关键保险服务供给，进而扰乱信贷、资产抵质押、资金交易等具有系统重要性的市场活动，威胁整个金融体系稳定。保险公司大规模抛售资产回笼资金或止损，可能压低资产价格，反过来影响其他金融机构（如银行）的资产负债表，造成金融体系内的风险传递[764]。如果保险公司提高应对气候领域的保费，则可能影响投保人的投保意向。保险覆盖率下降，反过来降低易受极端天气事件影响区域抵押物的市场价格，进一步增加居民与企业的融资压力。即便短期内灾害损失得到理赔，重建融资迅速到位，但从中长期看，物理风险也会严重影响银行保险部门乃至整个经济体系。借款人偿债能力受损、抵押物估值下跌，将会增加银行和其他借款者的信贷风险。

### 5.3.2　转型风险

本章所指的转型风险是指在向低碳经济转型过程中，气候政策、技术、市场情绪等发生变化，导致资产价格变动或广义的经济危机[765]，亦即公共或私人部门为控制气候变化采取的有效政策及行动所带来的金融风险，这种风险是成功应对气候变化的代价。

一部分NbS项目（如森林碳汇）由化石能源企业经营，用于抵消部分碳排放。伴随可再生能源技术进步和新能源成本下降，传统化石能源市场竞争力将下降，当前全球约25万亿美元的化石能源产业基础设施投资资产面临废置与转型[766]，转型风险将冲击该领域企业，影响其盈利预期和估值。气候变化的转型风险具有长期性，但长期风险也能造成短期严重后果，因为投资者会根据低碳情景对现有资产进行价值重估，从而造成金融市场价格信号混乱或系统性价值重估。此外，碳配额价格持续上涨，将进一步增加高碳企业的运营成本。

转型风险的主要诱因是气候政策，政策超预期与低可信度都可能加剧金融市场不确定性。气候政策主要有价格型与指令型两类，前者以碳配额价为代表，后者主要指各种行业监管政策，这两类政策都会在中短期给经济活动带来额外成本。

物理风险与转型风险并非独立、静态存在，而是在动态演化中交错影响，气候变化对宏观经济的影响与金融冲击相互交织[759]。

## 5.4　NbS的投融资挑战

除了私人投资水平低之外，NbS的投融资面临着多重挑战，其中包括缺乏对NbS概念的明确定义、资金供需方信息不对称和环境外部性成本等。此外，许多中长期项目存在期限错配的问题。尽管支持NbS的政策导向有助于解决部分挑战，但目前一些国家在政策信号上存在不清晰甚至互相矛盾的情况，这也成为制约NbS发展的因素之一。

### 5.4.1　缺乏对NbS概念的明确定义

缺乏对NbS项目的明确定义可能成为投资者、企业和银行识别投资机会的障碍。NbS的定义对金融机构的预算、会计和绩效评估至关重要。如果没有明确定义，金融机构很难将资金配置到相关项目和资产中。此外，缺乏明确定义还可能妨碍环境风险管理、企业沟通和政策设计。不同国家的国情和应对挑战不一，因此可能需要针对特定情境进行定义，而过多的定义则会增加投资比较的难度，并增加跨境投资的成本。例如，目前公认的不属于NbS范围的项目包括低碳交通、可再生能源和能源效率提升项目等。因此，明确定义对于NbS的推进和有效实施至关重要。

### 5.4.2　资金供需方的信息不对称

信息不对称主要表现在两个方面。首先，投资者可能缺乏对项目相关信息的了解，例如预期收益、能源和水的消耗等，这使得他们无法有效确认项目的"绿色"属性，从而无法将资金投入到项目中。此外，即使投资者可以获取企业或项目级别的相关信息，如果没有持续的、可信赖的"绿色贴标"，也会对投资构成制约。在一些国家，不同政府部门之间的数据管理不协调也加剧了信息不对称的问题，例如环境监管部门收集的数据不与银行监管机构和投资者共享。其次，金融机构可能缺乏对项目商业可行性以及投资所面临的政策不确定性的充分了解，这会激发投资者强烈的避险意识。

因此，政府和企业需要适当披露绿色金融信息，这是环保信用评价和信息强制性披露的重要支撑。这样做有助于强化企业的环保社会责任，提高金融机构对环境风险的识别能力，优化投资者的决策，并引导资金流向绿色产业。这些举措在当前和未来对环境保护和可持续发展都具有日益重要的作用[767]。

2017年6月，金融稳定委员会设立的气候相关金融信息披露工作组（Task Force on Climate-related Financial Disclosures）提出在财务报表中自愿披露气候相关信息的框架，涵盖战略、治理、风险管理和绩效指标等核心领域[768]。二十国集团绿色金融工作组也号召各国建立公共环境数据库，以便于金融机构进行环境风险分析。

### 5.4.3　环境外部性成本内部化困难

传统的经济学理论尚未把自然资本作为与金融资本、实物资本和人力资本具有可比性的资本类型[747]。自然生态系统提供的产品和服务属于公共产品，存在市场失灵的窘境，并具有经济的外部性。所谓外部性是指个体经济单位的行为对社会或者其他个人部门造成了影响（例如环境污染）却没有承担相应的义务或获得回报[769]。现实中，保护自然生态系统的行为主体往往得不到应有的经济收益，而破坏自然生态系统的行为主体也不会受到相应的惩罚。经济活动主体在进行财务核算时并没有考虑这些负面影响，即外部性没有被内化，因为国家法律法规和会计准则并没有要求企业做此考量。但在许多情况下，内部化成本或收益是很难估算的，特别是无法确定造成外部性真正的货币价值。

虽然越来越多的金融机构声称将SDGs纳入治理结构，但评估发现，具体的环境和社会保障政策极其薄弱，大多数金融机构缺乏实际保护森林生态系统或尊重土著人民和其他森林社区权利所需的执行力。自2015年12月《巴黎协定》通过以来，全球商业银行向超过300家公司提供约2 380亿美元的信贷，而这些公司主要从事农产品生产、加工和贸易，这会导致大范围的热带森林被砍伐[760]。

鉴于私营金融部门普遍未能解决与客户贷款和投资相关的风险，各国政府必须同意加强和协调金融部门监管，并立即禁止为化石能源扩张、森林砍伐和森林退化提供融资。只有在公共和私营金融部门政策一致的情况下，才能实现《巴黎协定》制定的目标。

### 5.4.4 资金供应和需求不匹配

在国内金融市场秩序尚不完善、直接融资市场发展缓慢的环境下，银行等金融中介机构更偏好于短期信贷，所以国内企业普遍存在投融资期限错配的问题[770]，而许多NbS的绿色基础设施项目也面临同样的问题。在不少市场，长期绿色基础设施项目严重依赖银行贷款，而银行由于负债端期限较短，难以提供足够的长期贷款。

对此，可采用创新金融工具来克服期限错配和支持长期NbS项目。银行可以通过发行绿色债券来缓解期限错配对长期绿色信贷的制约。在克服期限错配方面，银行的其他选项还包括发行以绿色贷款为基础资产的证券化产品、以绿色项目的未来收益（如能源管理合约或出售碳排放权）为支持发放抵（质）押贷款等[771]。

## 5.5 NbS的投融资体系创新

为了应对气候变化、粮食安全和自然灾害等重大挑战，亟须构建以NbS为核心的环境治理模式。这种模式应该由政府主导，市场运作，多元参与，为推动NbS规模化实施提供长期稳定的科学和资金支持。在制定气候变化和自然保护政策时，应全面融入NbS理念，促进多维度环境治理的协同增效。此外，社会资本应通过自主投资、多方合作和公益参与等方式积极参与NbS的投融资，共同应对全球环境挑战。

公共部门在推动NbS项目的投融资方面起着至关重要的作用。首先，公共部门可以建立支持资产收入来源的政策和监管框架，以促进私营部门和公共部门在扩大投资方面的合作。其次，通过适当的风险分配和缓解以及扩大规模，公共部门可以努力支持新兴市场，提高投资回报。一旦市场成熟，支持可以适当缩减。在这个框架内，公共和私营部门的行动者在每个阶段都可以发挥作用，以获得最大的收益，并推动NbS项目的可持续发展。

### 5.5.1 完善NbS的金融体系

NbS的金融体系是指通过绿色信贷、绿色债券、绿色股票指数和相关产品、绿色发展基金、绿色保险、碳金融等金融工具和相关政策支持NbS项目开展的制度安排。进一步完善NbS金融体系主要目的是动员和激励更多社会资本投入到NbS项目中。建立健全NbS金融体系，需要金融、财政、环保等政策和相关法律法规的配套支持，通过建立适当的激励和约束机制解决项目环境外部性问题。同时，也需要金融机构和金融市场加大创新力度，通过发展新的金融工具和服务手段，解决NbS投融资所面临的期限错配、信息不对称、定义不清晰等问题。

国家应加强宏观调控，减少政府倾斜性政策的影响，公平对待国有企业和非国有企业，给予国有企业和非国有企业对等的激励措施，形成公平、公正的市场秩序。市场应灵活调节配置资源，在偏好大规模项目的同时降低中小项目的融资成本，减小中小项目长期投资的压力，增强中小项目的发展韧性。

## 5.5.2  加强NbS投融资风险管理能力

许多投资者和公司仍然低估气候变化的风险，并在扩大对碳密集型资产的投资方面做出短视的决定。然而，识别和管理气候风险和机遇仍然是推动低碳、气候适应型增长的关键任务。气候风险披露和报告框架，例如"气候相关金融信息披露工作组"，为金融机构和实体经济公司提供了一个完善的框架，以应对气候风险，并从向低碳、气候适应型经济体转型中获益。

随着风险数据的提高和交易的增加，各种商业模式的可行性信息变得更加清晰，市场透明度得到提高，感知风险减少，并且随着时间的推移，对公共资金的需求也在减少。保险行业的标准化模型和模拟能够提供项目风险降低的预估，进而将其转化为项目回报和潜在收入。灾害风险的保险模型已经被投资者广泛接受，并且已经在资本市场的风险定价中得到应用。

中央银行和金融监管机构需要评估金融系统对生物多样性丧失所导致的风险敞口和金融风险。具体工作应该包括评估金融活动对生物多样性的影响以及金融体系对生物多样性的依赖程度，开展生物多样性相关风险的情景分析和压力测试，并建立一套用于衡量生物多样性和相关风险的指标体系。

目前的风险评估技术在很大程度上是向后看的，可以由前瞻性的、基于场景的分析取代，以更好地捕捉与气候变化、生物多样性和生态系统服务损失相关的风险[747]。

## 5.5.3  创新NbS投融资机制

### 5.5.3.1  创新金融工具

例如，针对林业碳汇项目普遍存在的签发周期长、生态价值的实现仍不顺畅等问题，可以开发林业碳汇质押的新模式，为碳汇的质押贷款增信、增强其融资力度。这一举措在探索碳汇和保险联动方面跨出了重要的第一步。

### 5.5.3.2  债务自然互换机制

联合国发布的《2022年可持续发展融资报告——弥合融资鸿沟》指出，最贫穷的发展中国家大约需要支付国家财政收入的14%作为债务利息——这一比例几乎是发达国家的4倍（约3.5%）[772]。高昂的债务融资成本严重阻碍了许多发展中国家的经济复苏进程，迫使其削减发展支出，限制了它们应对未来冲击的能力。

在当前市场条件下，发展中国家面临着一项艰巨的任务：找到一种合适的、具有成本效益的替代方案，以减少对自然资源的过度开采。为了实现战略性的经济增长，这些国家需要利用市场机制来减轻财政负担，并激励积极的气候和保护行动。其中一种潜在的解决方案是采用债务自然互换机制（如图5-9所示），通过该机制，发展中国家可以通过承诺投资于生物多样性保护和环境政策措施来减轻部分外债。

债务自然互换是指债权国（发达国家）以部分免除债务国（发展中国家）所欠的外债为条件，换取债务国以其本币来建立专项基金，支持本国自然生态保护的机制。金融机构（尤其是涉及对外援助和优惠贷款的政策性银行和开发银行）在考虑免除债务国的债务时，应考虑实施"债务减免换自然保护"机制，支持债务国的自然生态保护工作[747]。债务国外债互换可能涉及债权国、债权商业银行或环境非政府组织（作为经纪人）。

在债务自然互换的条件下，债权人实体可以利用二级市场，通过降低利

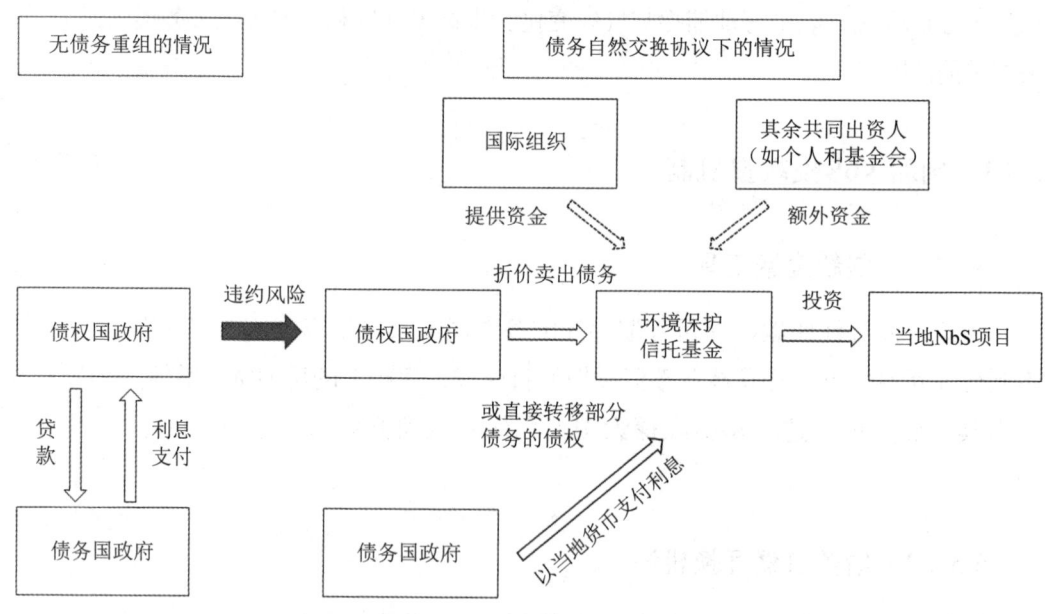

**图5-9　债务自然互换流程示意图**

率、改变债务计价货币或以当前成本较低的债务再融资的方式，按一定折扣率将其未偿还的贷款剥离给非政府组织。由于债务与自然互换通常对所有相关方都有利，因此可以相对容易地退出违约风险很高的债务支付。对于债务国来说，它们至少部分摆脱了沉重的外债；对于债权实体，他们能够免除高风险的债务关系。

1987年，非政府组织保护国际（Conservation International）实施了世界上第一次债务自然互换，免除了玻利维亚65万美元的债务。作为交换，玻利维亚政府同意在亚马孙盆地附近划出1.5万 km² 的土地用于保护目的。该交易是三方互换的一个典型案例，其中涉及债务人、债权人和作为经纪人的非政府组织。除了保护国际，TNC和WWF一直是债务自然互换的频繁调解者。

虽然该政策成功促进了环境保护，但它们也因加剧发展中国家现有的财富和社会不平等以及相对于其他跨国金融机制缺乏有效性而受到抨击。债务自然互换只有在债务国存在主权信用危机时才真正起作用，届时债务购买者可以以远低于面值的折扣价购买未偿债务。20世纪80年代初，在拉丁美洲债务危机中，许多发展中国家从外国商业银行和外国政府处获得了大量贷款，人们越来越担心大部分的存续债务永远无法足额偿还，从而激励债权人出售或以折扣价交易其债务工具。

债务自然互换方案面临一些挑战和弊端。这种机制通常需要耗费数年的时间进行谈判，尤其是在确定保护措施范围时，债务国和债权国之间的谈判可能更加耗时。这种时间成本增加了运营成本，并且有可能导致谈判永远无法达成令人满意的结果。这引发了一个问题，即完成这些交易所需的时间和资金是否会更好地用于其他方面。

除了时间成本外，债务与自然互换还面临着财务风险的挑战。这些交易受到汇率、通货膨胀以及债务国可能面临的财政或流动性危机等持续风险的影响。尽管存在这些潜在的"并发症"，但通常可以通过一些方式进行缓解。例如，提前确定交易条款的汇率，以确保成本不会受到市场波动的影响。为了确保互换成功，各方需要制定并遵守达成的任何协议，这需要各方有能力的计划和承诺。

此外，也有人对债务国可能失去对外国实体的立法影响力和主权表示担忧，尤其是在采用双边或多边互换的情况下。通过这些互换，预留的任何赠款、债券或资金都将根据债权人实体的偏好和议程发生改变，这可能与当地的保护需求不一致。若处理不当，这些交易很容易在国家之间造成敌意和忧虑。因此，在进行债务与自然互换时，必须平衡债务国的利益和立场，以确保其在环境保护和经济发展方面的权益得到充分考虑和保障。

### 5.5.3.3 旅游开发

WWF建立了金融工具，以三重底线的方式产生旅游收入，使当地旅游经营者、社区和环境受益。通过征收游客使用费和税收，有助于确保有源源不断的收入用于保护生态敏感地区和支持当地社区。例如，在伯利兹、菲律宾、科隆群岛、泰国和纳米比亚，WWF帮助建立了用户费用和税收，并资助了社区企业，取得了良好的效果和收益。

## 本章小结

本章主要讨论了NbS项目的资金水平和缺口，以及投融资所面临的风险和挑战，并提出了提升资金水平的建议。

为实现将全球升温控制在1.5℃以下、阻止生物多样性丧失、实现土地退化零增长、达成SDGs，需要采取重大而紧迫的行动，涉及减排、保护自然以及可持续消费生产等方面。NbS为综合应对这些挑战提供了机遇。然而，目前每年流向NbS的资金仅约1 540亿美元，不到2025年每年所需3 840亿美元的一半，也仅为2030年所需投资每年4 840亿美元的1/3。政府提供了83%的资金流量，但由于与冲突、债务和贫困相关的财政问题，政府不太可能大幅增加投资。因此，私营部门必须在目前每年约260亿美元的水平上显著增加投资。然而，现阶段的市场规模仍然相对较小，这给实现投融资目标带来了很大的挑战。

投融资还面临着因气候变化、生物多样性丧失和生态系统服务退化等问题带来的底层金融资产价值贬损的风险，包括物理风险和转型风险。

为了应对这些挑战，需要采取一系列措施。首先，构建以NbS为核心的政府主导、市场运作、多元参与的环境治理模式，为推动NbS规模化实施提供长期稳定的科学和资金支持。其次，建立可靠的风险管理机制，以减轻投资的不确定性和风险。再次，创新NbS投融资机制，如林业碳汇质押、债务自然互换。同时，政府应加强与私营部门的合作，提高资金利用效率和项目执行效果，以吸引更多私营部门参与投资。私营部门可以通过建立可持续供应链，减少对气候和生物多样性产生负面影响的活动，并通过高度诚信的自然市场抵消不可避免的影响，为使用的生态系统服务付费，并投资于"自然向好型"活动，从而获得可持续的回报。

## 思考题

1. 目前NbS项目的资金流量不及所需的一半。鉴于政府不太可能大幅增加对NbS项目的投资，私营部门如何应对目前的投资缺口？请思考吸引私营部门增加投资的策略，特别是在投资规模相对较小的市场中。

2. 以政府气候政策的变化为例，你认为它将如何对投资产生影响，并讨论投资者应如何控制这些风险，以确保可持续投资。

3. 如何通过透明度和信息共享来解决投融资风险问题，以便投资者更好地了解NbS项目的风险和回报？你认为这种信息共享可能如何影响投融资的决策？

4. 鉴于投融资领域的复杂性，本书提到了政府主导、市场运作和多元参与的环境治理模式。请分析这种模式如何在不同国家和地区应用，以支持NbS项目的融资和规模化实施。

# 第 6 章

## 基于自然的解决方案中国运用

  我国社会经济发展进入新时代，由高速增长向高质量发展转型。党的十八大报告将生态文明建设上升到治国理政方略的空前高度。党的十九大报告提出加快生态文明体制改革。党的二十大报告指出，"中国式现代化是人与自然和谐共生的现代化"，明确了我国新时代生态文明建设的战略任务，总基调是推动绿色发展，促进人与自然和谐共生。2019年，党中央、国务院提出建立国土空间规划体系并监督实施，旨在科学规划我国国土空间发展、推进生态文明建设，实现高质量发展等目标，而作为其中的重要专项规划，国土空间生态修复规划是统筹自然资源、生态环境保护利用和修复治理，系统解决国土空间中的生态问题的重要手段，并正向可持续的自然生态途径转型。

  NbS提倡充分发挥自然资源和自然过程、生态系统等可持续的生态功能服务，以应对各种社会挑战，提供经济、社会和环境等多重效益。NbS理念和方法为新时期的国土空间规划和国土空间生态修复提供新思考、新目标和新途径。

  本章将介绍国土空间规划发展背景、概念内涵、体系和主要内容，以及其蕴含的生态逻辑，阐述国土空间生态修复的概念内涵、理论逻辑、运行程序和现存问题。进而通过对NbS和前两者的概念内涵比较，提出NbS对于国土空间规划和国土空间生态修复的启示。

## 6.1 国土空间规划概述

### 6.1.1 发展背景

当前，中国社会经济已经进入了新发展阶段，国际、国内形势都发生了重大变化，国土空间规划建设面临着更加复杂的情形，国土空间保护与利用的机遇和挑战并存。

#### 6.1.1.1 重大机遇

我国社会经济转型发展[380]，为国土空间开发格局奠定基础，同时也对国土空间开发能力和水平提出了更高的要求。改革开放以来，我国社会经济发展迅猛，国土空间开发建设能力显著提升，为进一步发展奠定了坚实的物质基础。目前，我国正处于经济转型的时代，在当前基础上，要实现国土空间资源的优化配置和集约高效利用，以及社会经济高质量发展，就需要更高水平的国土空间规划和治理为发展提供指引。

生态文明建设战略地位提升，对统筹推进国土空间开发、利用、保护和整治提出了明确要求。中国的快速发展模式给生态环境带来了显著的影响。为了推动社会经济发展模式转型并加强生态文明建设，中国政府发布了多项规划及相应政策（如图6-1所示）。党的十八大将生态文明建设纳入中国特色社会主义事业"五位一体"总体布局，融入经济建设、政治建设、文化建设、社会建设各方面和全过程。2018年，生态文明写入宪法。党的十九大提出加快生态文明体制改革，建设美丽中国的目标。这些都要求珍惜每一寸国土，优化国土空间开发格局，加快形成绿色生产方式和生活方式，为生态文明建设提供空间保障[773]。

人民的美好生活向往对国土空间提出了更高要求。至2020年，我国已全面建成小康社会，人民生活水平取得较大提升，居民人均可支配收入达32 189元人民币，居民恩格尔系数降至30.2%，城乡居民社会保障体系基本建成。按照马斯洛需求层次理论，当人们的生理需求得到满足后，会进一步追求安全、社交、尊重和自我实现等更高层次的需求。由此，我国人民日益增长的美好生活需求日益广泛，不仅体现在物质文化方面，也对生产生活空间品质、生态环境质量，以及优质的生态产品等的诉求更加迫切[774]。坚持

**图6-1 1980年至今中国国家层面及北京、上海、广州城市层面上发布的部分生态保护修复政策**
资料来源：吴万本.快速城市化背景下中国城市绿地空间的格局动态、驱动力及其生态环境效应
[D].上海：复旦大学，2023.

以人为本的原则，满足人民群众日益增长的美好生活需要，提升居民福祉，
是国土空间规划的出发点和落脚点。

### 6.1.1.2 严峻挑战

国际环境复杂严峻，气候变化影响深远，亟须国土空间格局优化应对。
21世纪以来，大国战略发生重大调整，国际环境日益复杂严峻。在未来全
球化和后全球化胶着的漫长进程中，随着多极化、文明冲突的日益显化，地
缘政治将面临更大的不确定性，国土空间规划需要适应新形势、新变化，在
深入参与全球化的同时，将国家安全和守住底线置于更加突出的地位上。此
外，全球气候变化的长期深远影响对我国城乡可持续发展带来严峻挑战。因
此，充分发挥国土空间规划全方位规划管控的特点，从城乡统筹、空间布
局、产业结构、设施完善、生产–生活–生态协同等领域多管齐下，是主动适
应和应对气候变化的关键。

我国自然生态系统总体较为脆弱，生态承载力和环境容量不足。我国是
世界上生态脆弱区分布面积最大、脆弱生态类型最多的国家之一。同时，我国
的生态脆弱区主要分布在北方和西部经济发展较不充分的地区，在气候变化等

自然因素和人类活动的综合作用下，这些区域的经济社会发展与环境保护的协调性更易出现矛盾，导致生态系统退化、生态服务功能下降，严重阻碍当地经济社会可持续发展。国土空间规划只有充分考虑自然生态系统脆弱性的前提基础，合理解决脆弱生态系统地区的保护与发展问题，提高生态承载力和环境容量，筑牢生态屏障，才能保障国家生态安全和促进整体可持续发展。

人地矛盾加大生态压力。这主要体现在生态资源压力和生态环境压力两方面。生态资源压力表现为资源供给短缺与资源需求增加的矛盾。虽然我国资源总量大、种类全，但人均少、质量总体不高，主要资源人均占有量远低于世界平均水平。具体说来，在资源供给方面：矿产资源低品位、难选冶矿多；土地资源稀缺，全国可供大规模、高强度开发的国土只有180万 km² 左右，扣除必须保护的耕地等生态用地和已有的建设用地，未来可供开发的面积只有28万 km² 左右；水资源紧缺，我国人均水资源仅为世界平均水平的四分之一，是全球13个人均水资源最贫乏的国家之一，水资源供给结构性矛盾突出。在资源需求方面：随着新型工业化、信息化、城市化、农业现代化同步发展，我国资源需求仍将保持强劲势头，如矿产资源供应量增速高出同期世界平均增速0.5～1倍；建设用地需求居高不下，2020年国有建设用地供地6 580 km²；水资源需求高企，2020年国内用水总量达5 812.9亿 m³，部分地区水资源过度开发，部分地区水污染严重。生态环境压力主要体现在生态系统退化和生物多样性丧失，如全国中度以上的生态脆弱区占全国陆地国土空间的55%[775]，干旱半干旱地区占全国陆地国土面积的52%，沙化土地面积为172万 km²，水土流失面积为274万 km²，中度和重度退化的草原面积仍占1/3以上；乔木纯林占乔木林比例58.1%，较高的纯林占比会导致森林生态系统不稳定[776]；红树林面积与20世纪50年代相比减少了40%，并存在珊瑚礁覆盖率下降、海草床盖度降低等突出问题；自然岸线缩减的现象依然普遍，防灾减灾功能退化，近岸海域生态系统整体形势不容乐观[777]；全国约44%的野生动物种群数量呈下降趋势，野生动植物种类受威胁比例达15%～20%[778]。中国作为世界上人口最多的发展中国家，庞大的人口规模和发展需求导致了人地矛盾，进而带来了长期存在的生态压力。如何协调这一矛盾，构建可持续的空间生态，是国土空间规划需要解决的重大基础问题。目前，我国国土空间规划存在以下问题。

第一，国土空间开发格局亟须优化。一是经济布局与人口、资源分布不协调。改革开放以来，产业和就业人口不断向东部沿海地区集中，市场消费地与资源富集区空间错位，造成能源资源的长距离调运和产品、劳动力大规模跨地区流动，经济运行成本、社会稳定和生态环境风险加大。二是城镇、农业、生态空间结构性矛盾凸显。随着城乡建设用地不断扩张，农业和生态用地空间受到挤压，优质耕地分布与城市化地区高度重叠，耕地保护压力持续增大，空间开发政策面临艰难抉择。三是部分地区国土开发强度与资源环境承载能力不匹配。国土开发过度和开发不足现象并存，京津冀、长江三角洲、珠江三角洲等地区国土开发强度接近或超出资源环境承载能力，中西部一些自然禀赋较好的地区尚未被合理充分开发。四是陆海国土开发缺乏统筹。沿海局部地区开发布局与海洋资源环境条件不相适应，围填海规模增长较快、利用粗放，可供开发的海岸线和近岸海域资源日益匮乏，涉海行业用海矛盾突出，渔业资源和生态环境损害严重。区域发展格局有待调整，不平衡不充分需要改善。国土空间规划要更加重视有效发挥各区域的比较优势，通过轴带引领发展、群区耦合发展、城乡联动发展，促进国土空间开发格局的不断优化，形成功能清晰、分工合理、各具特色、协调联动的区域发展格局，促进国土空间资源要素在更大范围、更高层次、更广空间顺畅流动与合理配置[778]。

第二，国土开发质量有待提升。一是城市化重速度轻质量问题严重。改革开放以来，我国城市化进程加快，城市化率由1970年的17.4%提高到2020年的63.9%，城市人口由1.44亿人增加到9.14亿人，但城市化粗放扩张，产业支撑不足，且部分城市承载能力减弱，水土资源和能源不足，环境污染等问题凸显。二是产业低质同构现象比较普遍。产业发展总体上仍处在过度依赖规模扩张和能源资源要素驱动的阶段，产业协同性不高且缺乏核心竞争力、产品附加值低，在技术水平、盈利能力和市场影响力等方面与发达国家存在明显差距。同时，区域之间产业同质化严重，部分行业产能严重过剩。三是基础设施建设重复与不足问题并存。部分地区基础设施建设过于超前，闲置和浪费严重。中西部偏远地区基础设施建设相对滞后，卫生、医疗、环保等公共服务和应急保障基础设施缺失。四是城乡区域发展差距仍然较大。城乡居民收入比由20世纪80年代中期的1.86∶1扩大到2020年的2.56∶1，城乡基础设施和公共服务水平存在显著差异。2020年，东部地区生产总值分别为中部、西部和东北地区的2.34倍、2.49倍和10.17倍。因此，未来的国土空间开发利用更加需要改变城乡区域发展不平衡的现状，提升国土空间资源的利用效率[778]。五是数字时代下，以互联网为代表的颠覆性技术正在改变空间格局。如以小批量、多品种、零库存、低成本、短周期和快反应为主要特征的

"柔性专业化"生产模式和以此为基础的"非正规经济"深刻影响着国土空间时空配置方式[779]。对于数字时代的新变化和新需求，国土空间规划也必须积极应对[780]。

第三，空间规划类型繁多、空间治理缺乏顶层设计、治理能力不足。改革开放以来，为满足发展的空间需求和实施空间管理，各级各类空间规划不断增多。但是，这些规划存在类型过多、内容重叠冲突，审批流程复杂、周期过长，规划实施的严肃性和权威性不足等问题[781,782]。因此，亟须建立全国统一、权责清晰、科学高效的国土空间规划体系，整体谋划新时代国土空间开发保护格局，综合考虑人口分布、经济布局、国土利用、生态环境保护等因素[781]。通过科学布局生产、生活与生态空间，着力提高国土空间规划在谋划空间发展时的战略性、基础性、制度性水平[783]，全面提升我国国土空间治理体系和治理能力现代化水平。

## 6.1.2　概念框架

### 6.1.2.1　定义

国土是指一个主权国家管辖下的地域空间，是国民生存的场所和环境，包括领土、领海、领空和根据《国际海洋法公约》规定的专属经济区海域的总称[784]。它是由一个国家的自然要素和人文要素共同组成的物质空间实体，可以为国家发展和人民生活生产提供资源条件和环境条件[779]。

空间规划是指由公共部门使用的影响未来活动空间分布的方法，目的是创造一个更合理的土地利用和功能关系的空间组织，平衡保护和发展两方面需求，以达成社会和经济发展的总目标[785]。据此，空间规划本质是通过对空间要素布局，以实现空间资源保护和发展双重目标。

国土空间规划是指一个国家或地区，在社会经济发展和生态文明建设总体目标与战略需求的基础上，对国土空间开发保护在空间和时间上作出的安排[781]。相较于空间规划，国土空间规划更强调规划对象——国土空间所具有的领土和主权属性。

### 6.1.2.2　目标

国土空间规划的核心目标在于优化国土空间格局、提高国土空间开发质量和效率，强化国土空间开发管制，进而协调解决国土空间资源在社会发展、经济建设和生态保护之间的矛盾[786]。

### 6.1.2.3　原则

国土空间规划的主要原则包括以下内容。

一是作为一种政策措施、工具或计划，需要体现国家意志。

二是系统整体性。国土空间规划的整体性体现在它是对国土空间开发保护所做的系统整体性的统筹安排，这是其本质特征与核心价值所在。

三是战略性。国土空间规划是对未来较长一段时间内的国土空间发展作出的战略性、系统性安排，需要把握未来的发展趋势，考虑全局性和长远性发展，引导国土空间良性可持续发展。

四是科学性。国土空间规划需要遵循经济、社会、自然及城乡发展等规律，因地制宜地将整体国土空间的统筹安排落实到差异化时空尺度上，同时不断优化规划方法，切实提高规划的科学水平。

五是操作性。谁组织编制，谁负责实施，强化国土空间规划的政策制度属性，优化各级各类国土空间规划编制、管理、实施和监督机制，确保规划能用、管用、好用。

## 6.1.3　国土空间规划体系及其主要内容

国土空间规划体系一般是指由各层级、各类型的国土空间规划按照一定秩序和内部联系组成并有效运行的有机整体。我国国土空间规划体系总体来说可总结为"四梁八柱"（如图6-2所示）。

"四梁"指国土空间规划的运行治理体系，即按照规划流程分成编制审批体系和实施监督体系，以及按照规划运行支撑分成法规政策体系和技术标准体系。

编制审批体系指各级各类国土空间规划编制主体、审批主体和主要内容。全国国土空间规划由自然资源部会同相关部门组织编制，由党中央、国务院审定后印发；省级国土空间规划由省级政府组织编制，经同级人大常委会审议后报国务院审批；需报国务院审批的市级国土空间总体规划，由市政府组织编制，经同级人大常委会审议后，由省级政府报国务院审批；其他市县及乡镇国土空间规划的审批内容和程序由省级政府具体规定。海岸带、自然保护地等专项规划，以及跨行政区域或流域的国土空间规划，由所在区域

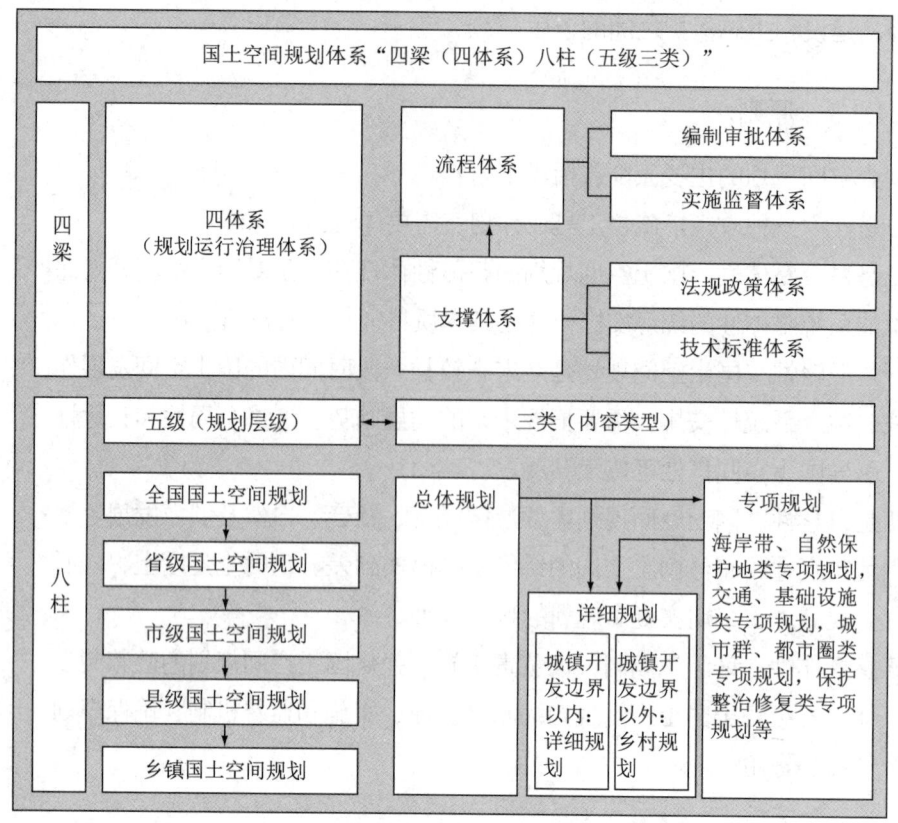

**图6-2 我国国土空间规划体系**

的上一级自然资源部门牵头组织编制，报同级政府审批。其他涉及空间利用的相关专项规划，如交通、能源、水利、农业、市政基础设施等专项规划的编制审批程序由相关主管部门组织编制和实施。

国土空间规划的实施与监管体系建设主要从以下五方面开展。第一，要强化国土空间规划的权威性，任何部门和个人不得随意修改、违规变更。第二，改进规划审批，"谁审批、谁监管"，分级建立国土空间规划审查备案制度。第三，健全用途管制制度，以国土空间规划为依据对所有空间进行分区分类用途管制。第四，依托国土空间基础信息平台监督规划实施，建立健全国土空间规划动态监测评估预警和实施监管机制。第五，推进"放管服"改革，优化现行规划建设审批流程，提高审批监管服务水平。

国土空间规划编制审批和监督实施必须基于法制，才能保证其权威性，这包括国土空间开发保护法、国土空间规划法和相关的法律法规体系。同时，要制定与空间规划体系和管理相契合的行政法规体系，涵盖规划编制、规划执行、规划冲突协调、规划监督检查等内容，促进国土空间规划体系有效落实。

国土空间规划需要多级多类的技术标准作为规划依据，包括国土资源现状调查和国土空间规划用地分类标准、国土空间规划编制方法和技术规程，规划入库标准以及实施监管的规范性要求等[781,782]。

"八柱"是指国土空间规划的规划层级和内容类型，即"五级三类"。其中，"五级"是指国土空间规划的五级纵向规划层级，对应我国的行政管理体系，分别为国家级、省级、市级、县级、乡镇级，不同层级规划的侧重点、编制内容和深度有所差异。国家级国土空间规划侧重战略性，是对全国国土空间作出的全局安排，是全国国土空间保护、开发、利用、修复的政策和总纲；省级国土空间规划侧重协调性，落实全国国土空间规划，指导市县国土空间规划编制；市县级和乡镇级国土空间规划侧重实施性，是本级政府对上级国土空间规划要求的细化落实，也是对本行政区域开发保护的具体安排。需要指出的是，由于不同地区情况不一，以上层级可因地制宜进行调整，如将市县级规划与乡镇级规划进行合并编制，也可以将多个乡镇为单元一并编制乡镇级国土空间规划[781]。

"三类"是指国土空间规划的三种横向内容类型，分为总体规划、详细规划和专项规划。总体规划强调的是规划的综合性，是对一定空间层级（如国家级、省级、市县级、乡镇级）内涉及的国土空间保护、开发、利用、修复作全局性、综合性安排[787]。详细规划是开展国土空间开发保护活动，包括实施国土空间用途管制、核发城乡建设项目规划许可，也是进行各项建设的法定依据。详细规划强调实施性，是对具体地块用途和开发强度等作出的实施性安排。专项规划强调专门性，是针对特定区域或者流域、特定领域，为体现特定功能，对国土空间利用和保护作出的专门安排，可在国家级、省级和市县级进行编制。其中特定区域或者流域的规划如海岸带、自然保护地、经济带流域，或者城市群、都市圈等专项规划；特定领域的专项规划如交通、能源、水利、信息基础设施、防灾、健康、安全、生态保护整治修复、军事设施、文物保护等规划[782]。

国土空间总体规划是详细规划的依据和相关专项规划的基础；相关专项规划是对总体规划中某一重点领域的深入细化，各专项规划间相互协同并统领于总体规划，且需要与详细规划做好衔接；详细规划以总体规划和专项规划为依据，是对其具体空间的实施落实。

### 6.1.4 国土空间规划的生态逻辑

#### 6.1.4.1 认识论：生态文明建设优先是国土空间规划的核心价值观

生态文明是人类遵循人、自然、社会协调发展这一客观规律而取得的物质与精神成果的总和，它提倡人与自然、人与人、人与社会和谐共生、良性循环、全面发展、持续繁荣[788]。从生态文明的角度看，由于长期以来较为粗放的发展方式，我国自然-经济-社会复合生态系统出现系统性问题，尤其是生态系统的系统性问题非常突出。所以，党的十八大以来，我国持续推进生态文明建设，将生态文明理念融入社会发展的全方位、多领域，并通过一系列规划决策、重大生态工程等保护修复生态系统，构建山水林田湖草生命共同体，着力修复自然-经济-社会复合生态系统。因此，国土作为建设生态文明的空间载体，对其进行合理规划，解决生态问题，构建可持续的自然-经济-社会复合生态系统，是推进生态文明建设的必然要求。

生态文明是人类追求人与自然和谐而取得的物质精神总和，而国土空间规划为践行生态文明建设提供空间保障。从认识论角度来说，国土空间规划以生态环境的保护为前提，通过科学的规划与开发优化国土空间格局，促成人与自然和谐共生，推进绿色发展。因此，协调人地关系（生态文明的理念内核）是其逻辑起点和基点[779,783]，这与生态文明的思想内核高度契合，两者都是为了人与自然的和谐与可持续发展。因此，生态文明建设理应优先成为国土空间规划的核心价值观[789]。

#### 6.1.4.2 本体论：高水平国家空间治理推进生态文明建设

从本体论角度来说，国土空间规划实际上是国家实现国土空间高水平治理的政策工具。国土空间规划在国家治理层面的核心任务是将国土空间资源及其中的各种自然资源、人文资源转化为有价值的资产并实现有效管理。随着城乡与区域快速发展，我国国土空间的生态资源、生态环境问题越来越突出，国土空间规划要在生态文明建设的背景下，加强对国土空间资源的统筹保护和利用管理。由此可见，国土空间规划是我国社会经济发展的时代要求，其本体是要通过高水平的空间治理，推进生态文明建设[773]。

#### 6.1.4.3 方法论：生态导向贯穿国土空间规划

从方法论层面来说，生态导向贯穿了国土空间规划的整体方法流程体

系。这主要体现在"双评价"、"三区三线"划定、生态导向的国土空间规划
类型与方法、规划评估等。

### 1）"双评价"：摸清国土空间生态本底

开展国土空间规划首先要摸清国土空间的资源环境本底条件，科学评
估现状环境承载力，明确不同国土空间适宜开发的程度。这就需要进行"双
评价"，即资源环境承载力评价和国土空间开发适宜性评价。资源环境承载
力评价是指在特定发展阶段，经济技术水平、生产生活方式和生态保护目标
下，对一定地域范围内资源环境要素能够支撑农业生产、城镇建设等人类活
动的最大合理规模的评价。国土空间开发适宜性评价是指在维系生态系统健
康和国土安全的前提下，综合考虑资源环境等要素条件，对特定国土空间进
行农业生产、城镇建设等人类活动的适宜程度的评价。"双评价"的工作流
程如图6-3所示。"双评价"是国土空间规划决策的重要依据，对于空间格局
优化、划定"三区三线"、规划指标的确定和分解、支撑重大工程安排，以
及建立健全国土空间管制机制等方面具有重要支撑作用。

### 2）"三区三线"划定：分类施策保护生态

进行国土空间规划的空间安排，需要优先进行国土空间用途管制分区，
形成分类空间管控的开发保护格局，通过分类施策实现生态保护。划定"三
区三线"，即生态保护红线、永久基本农田红线和城镇开发边界线三条空间
管控底线，以及城镇空间、农业空间和生态空间三类空间管控区域，正是为
了建立国土空间开发和保护相协调的时空秩序，规范人类对空间开发、利用
和保护的各种行为[790]。依据"划管结合"原则，"三区三线"划定应综合
考虑功能和管控的双重要求，分区管制策略应以刚性约束和弹性激励相互协
调，实现国土空间生态保护和开发利用的相互协调。

### 3）生态导向的国土空间规划类型和方法

各级国土空间规划的类型需要考虑生态导向性，例如在省级国土空间规
划中将自然资源的保护和生态修复、国土综合整治作为重点管控内容，并进
行相关研究布局规划和管理。此外，还有生态导向的国土空间专项规划，如
全国重要生态系统保护和修复重大工程总体规划、生态保育规划、国土整治
规划等。在规划方法上，生态导向应作为重要的影响因素参与整体规划统筹
方法体系中，如利用包括生态因子在内的规划模型模拟国土空间格局的演化
趋势，以支持国土空间规划决策。

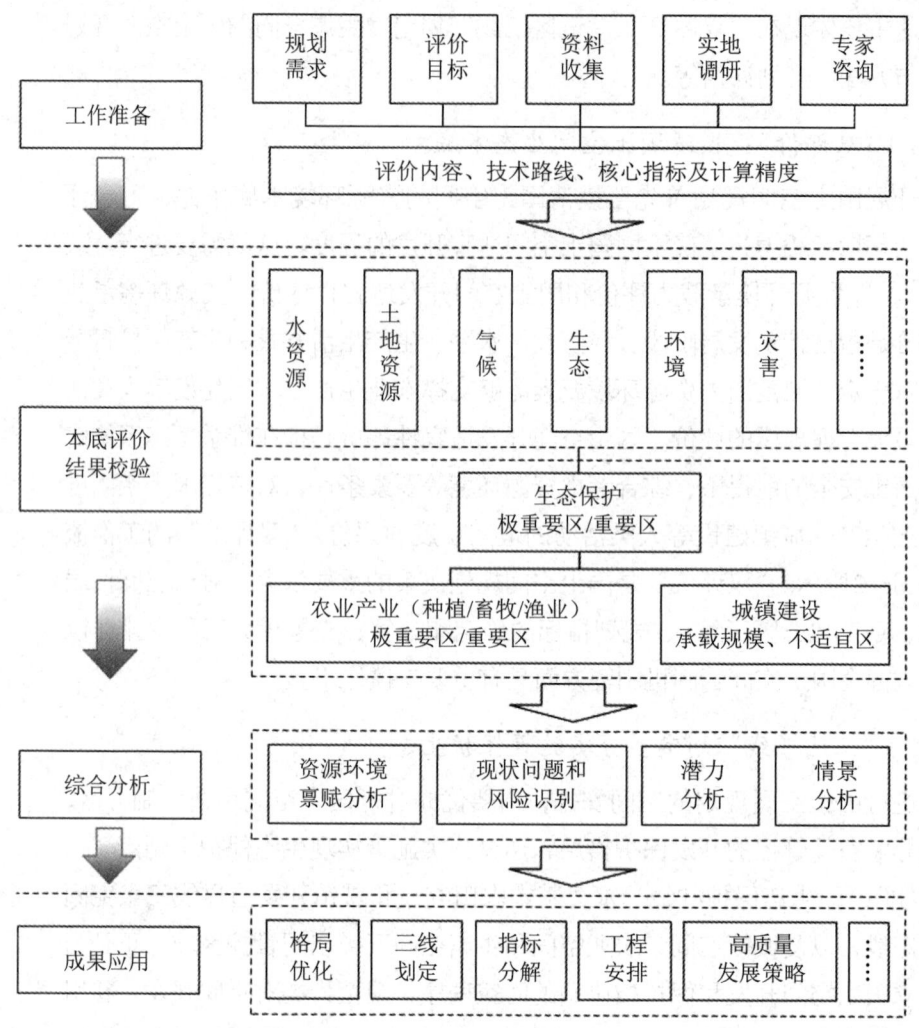

**图6-3 "双评价"工作流程**

资料来源：自然资源部.自然资源部办公厅关于印发《资源环境承载能力和国土空间开发适宜性评价指南（试行）》的函：自然资办函〔2020〕127号［A］.2020-01-19.

### 4）国土空间规划生态评估

评估国土空间规划作为一种评价政府公共政策是否科学有效、发挥了怎样的作用的方法，必须依据一定原则、标准和程序。在生态文明时代的国土空间规划，生态导向贯穿始终，对规划结果进行生态评估也理应成为重要内容。例如，建立生态评估标准化制度和程序，对各级各类国土空间规划中涉及生态空间和生态资源的内容进行规划实施情况评估、规划指标完成情况的评估、规划效能评估等。

## 6.2　国土空间生态修复

前述国土空间规划是生态文明建设在空间层面的落实，换言之，国土空间规划是通过空间格局优化治理"生态病"。本节所述国土空间生态修复则是专门针对国土空间中的"生态病"进行的治理活动。党的十九大报告提出加快生态文明体制改革，将国土空间用途管制和生态保护修复上升为国家战略[776,791]。国土空间生态修复规划是国土空间规划体系中的重要专项规划，国土空间规划在空间治理方面为国土空间生态修复提供重要空间保障。国土空间规划侧重在生态保护前提下进行国土空间综合统筹，国土空间生态修复则侧重系统解决国土空间中的生态问题，两者虽侧重点不同，但目标统一、运行协同、相互依存、密不可分。

### 6.2.1　概念内涵

生态修复，指对退化、受损或被破坏的生态系统进行恢复的过程[792]，是缓解人类社会与生态系统之间矛盾的重要途径。长期以来，中国生态修复实践的内容和对象主要是污染水体、污染土壤、植被恢复、矿山复垦等单一生态要素，或水土流失等单一自然过程，或在特定的小区域内展开，导致治标不治本的问题较为突出[791,793]。因此，亟须开展更为系统性、整体性、综合性的生态修复。

国土空间生态修复是遵循山水林田湖草生命共同体理念，融合生态系统服务理论，通过国土空间结构优化、受损生态系统修复、生态功能提升等，对国土空间社会-生态复合系统进行整体保护、系统修复与综合治理的活动[775,794]。表6-1对比了两者的概念内涵，由表可知，相比传统的生态修复，国土空间生态修复的目标明确定位于人类生态福祉提升，思路、对象、尺度、手段和实施特征都更加全面、综合、系统，表明国土空间生态修复由单独考虑生态系统转向社会与生态的耦合性，这一特征是对生态修复概念最重要的发展。

表6-1　生态修复与国土空间生态修复的概念内涵比较

| 对比维度 | 生态修复 | 国土空间生态修复 |
| --- | --- | --- |
| 目标 | 生态系统结构与功能优化 | 人类生态福祉提升 |

| 对比维度 | 生态修复 | 国土空间生态修复 |
|---|---|---|
| 思路 | 单点、单要素、单过程 | 全域、全要素、全过程 |
| 对象 | 自然生态系统 | 国土空间社会–生态复合系统 |
| 尺度 | 局地生态系统健康改善 | 多尺度协同生态安全格局构建 |
| 手段 | 末端修复、结构调控 | 源头治理、过程耦合、空间集成 |
| 实施 | 区域自主治理 | 国家顶层设计 |

### 6.2.2　国土空间生态修复理论逻辑

对国土空间生态修复理论逻辑的科学认知，有助于深刻理解国土空间生态修复的理论内涵，指导国土空间生态修复的科学实践。以下从修复目标、修复本质、修复对象、修复尺度、修复内容、修复途径等方面构建国土空间生态修复的总体逻辑[774]。

#### 6.2.2.1　修复目标：人类生态福祉提升

联合国2005年发布的《千年生态系统评估报告》指出，人类活动对生态系统的破坏程度很大，这严重威胁到人类自身的生态福祉[9]。2019年，联合国提出2021—2030年是生态系统修复的十年，要全力推进全球生态系统修复工作，制止、减缓和扭转生态系统退化，为所有人创造一个可持续发展的未来[795,796]。党的十九大提出国土空间生态修复是推进生态文明建设的重大举措，以及"绿水青山就是金山银山""良好生态环境是最普惠的民生福祉"等一系列生态文明思想，都鲜明地反映了国土空间生态修复的目标最终落脚到"人"这一主体上。根据生态系统服务理论，生态系统服务供给或者潜在供给的增长是人类生态福祉提升的基础。同时，人类与生态系统的交互作用亦会影响人类幸福感、满意度等福祉的提升。国土空间生态修复通过国土空间社会–生态复合系统修复，实现社会–生态协同发展，最终实现人类生态福祉提升的目标。

#### 6.2.2.2　修复本质：协调社会系统与生态系统的耦合关系

人类生态福祉来源于自然生态系统，从供需关系的角度来说，人类的生态福祉需求存在综合性、差异性、复杂性和动态性。生态系统福祉供给也处于动态变化之中，并且人类社会与生态系统间存在交互关系。为了实现人类福祉提升的目标，就需要从需求侧和供给侧间的关系入手进行整体优化。因此，国土空间生态修复的本质即为协调人类社会系统与自然生态系统的耦合关系，这种关系可能是博弈权衡，也可能是协同共进，关键在于使两者耦合关系维持一种可持续的良性发展稳态。

### 6.2.2.3　修复对象：国土空间社会-生态要素

国土空间生态修复是围绕国土空间社会-生态系统的耦合关系来开展的。其中，国土空间中的社会系统由人口、建成空间、产业、社会文化等人文要素构成，生态系统由山、水、林、田、湖、草等自然要素构成，这些要素在国土空间中动态耦合构成区域景观综合体。这种景观综合体在不同尺度上表征出不同的要素特征和耦合关系，并且受到系统内外人类活动和自然演变及二者交互作用的共同影响。国土空间生态修复的对象正是这种多尺度复合的国土空间社会-生态要素及其动态耦合形成的景观综合体。

### 6.2.2.4　修复尺度：多时空尺度协同的社会-生态系统

社会-生态系统存在多尺度效应，不同尺度的系统具有不同的要素、结构、功能，因此不同尺度的国土空间生态修复目标有所差异。国家尺度的修复侧重战略性引导，省级尺度的修复侧重上下承接和协调部署，市县尺度的修复侧重落地性实施。同时，不同尺度间只有互为依托、彼此协调，才能有效提升国土空间生态修复的系统性和有效性。

### 6.2.2.5　修复内容：问题识别，层层细化

国土空间生态修复首先需要对生态问题进行有效识别，为进一步开展修复奠定基础。据此，在国土空间生态安全格局修复、国土空间生态基础网络修复、国土空间生态景观修复和国土空间要素综合修复等方面，层层细化开展生态修复实践[794]。

### 6.2.2.6　修复途径：多层级措施协同次优，整体权衡最优

国土空间生态修复的途径按照人为干预程度由高到低可划分为生态系统重建、生态系统整治、生态系统保护三个层级。人为干预程度越高，修复层次越低。

生态系统重建是通过大规模高强度投入人工措施对受损或退化严重的生态系统的结构或功能进行原状恢复或重构。

生态系统整治是以自然恢复为主，通过中、小强度的人工措施，对中、轻度受损的生态系统结构和功能进行辅助修复。

生态系统保护是通过约束人类活动让生态系统进行自然更新演替。

同时，国土空间修复需要考虑系统性，不同的时间动态、空间尺度及修复需求使得同一地域不同时期、同一地域不同组成区域、不同地域不同时期的修复层次呈现差异化特征。例如，对于某一目标修复区域，短期可能需要强调人工措施主导下的中低层级生态系统重建与整治；中期关注中高层级的生态系统整治与保护，突出对人类活动的约束；后期则以高层级的生态系统保护为主、注重让自然做功。在同一时间截面上，该目标修复区域不同组成部分的修复层次可能呈现差异化共存特征。这就使得单一层次的修复目标难以实现永久性最优，因此需要根据实际情况统筹多重修复层次，追求多层次整体权衡最优的修复目标。

值得一提的是，NbS侧重于基于自然、参考自然，建立自组织系统，实现社会-生态系统的和谐发展，因而生态系统整治也成为实际操作中NbS支持国土空间生态修复相对更深入的层次。不过，NbS并不必然指向退化生态系统的自然恢复，而是强调生态修复（如同自然界运转一般）的系统化途径，注重全域、全要素、全过程的相生相克、耦合关联[774]。因此，将其理念方法应用于国土空间生态修复时应全域协同、多层次措施并举、随时空变化有所侧重，灵活调整策略导向。

## 6.2.3　国土空间生态修复运行程序

### 6.2.3.1　本底调查

利用空天地一体化现代信息技术，构建国土空间自然-社会生态系统调查测度综合平台与工作流程体系。一方面，以自然资源调查和各类专项调查为基础，对生态系统类型、结构、功能和生态系统服务进行多元数据调查和动态监测；另一方面，通过社会调查和多元大数据分析，动态测度社会系统对生态系统服务的需求，包括需求类型、供需空间匹配公平性以及社会-生态系统间交互等。

### 6.2.3.2　科学分析与模拟评估

以人-山水林田湖草为生命共同体的系统理念为出发点，以国土空间生态修复的理论逻辑为基础，采用综合分析评价手段，对不同尺度国土空间社会-生态现状进行科学分析。在宏观-中观尺度，识别国土空间生态修复的关键区域和生态系统服务供需失衡、人地矛盾等问题，综合分析社会生态要素间的权衡与协调机制，从区域生态系统整体性和系统性角度研究构建多尺度生态网络和区域生态安全格局，优化区域景观和要素关系；在中观-微观尺度，对生产空间、生活空间及生态空间存在的核心问题进行识别与诊断。同时，模拟评估不同尺度国土空间生态修复的预期成效和未来发展趋势，为规划调控决策提供科学支持。

### 6.2.3.3　规划调控与政策引导

贯彻规划调控和政策引导是国土空间生态修复的关键决策环节。在规划调控方面，首先，需要明确现状问题和总体目标，包括对国土空间生态环境的评估和分析，以及确定修复的优先领域和目标。其次，应划定重点修复空间，制定生态修复分区导引，明确各区域的生态修复方案和措施，确保资源的合理配置和利用。再次，需要部署重点生态修复工程的设计任务与措施，制定实施时序要求，确保修复工程的有序推进和有效实施。最后，对于投资需求和组织实施机制，应明确资金来源和投入计划，建立健全的组织协调机制，确保国土空间生态修复工作的顺利进行[797]。

在政策引导方面，需要制定相关的国土空间用途管制法规、条例和政策标准，明确生态修复的政策导向和要求。此外，应建立国土空间生态修复的成本收益调控机制和生态补偿机制，确保生态修复工程的可持续性和长期效益。同时，还需要协调生态要素和社会人文要素的多层级联互通，促进国土空间生态修复措施与社会经济发展的协调推进，实现生态环境和人文景观质量的共同提升。

### 6.2.3.4　修复技术支撑与工程施工

根据规划设计成果和相关政策规定，针对不同的修复要素，需要采取因地制宜的修复技术与工程实践。表6-2总结了针对不同修复要素类别的主要工程技术类型。在实际工程施工中，需要综合考虑多种技术特点，注重衔接合理，确保施工对社会–自然生态系统的不利影响最小化，优化系统结构功能与服务能力。

表6-2　国土空间生态修复主要工程技术类型

| 修复要素 | 主要类别 | 具体技术 |
|---|---|---|
| 山 | 矿山 | • 矿山土壤污染治理：表土转换及客土覆盖、土壤物理性质改良、土壤化学性质改良<br>• 矿山植被恢复：植被生长卷铺盖法及高陡岩石边坡绿化法、液压喷播法及喷混植草法、生态多孔混凝土绿化及挂三维网植草法<br>• 矿区水土流失综合治理技术：矿山植被恢复工程、边坡防护及固体废弃物拦挡工程、坡面排水及土壤整治工程 |
| 水 | 河流 | • 水量生态修复技术：生态补水技术、生态调度技术<br>• 河流连通性修复技术：河道横断面结构修复、河床生态化、生态护岸<br>• 水质生态修复：底泥生态疏通、生态浮床技术、人工湿地技术<br>• 水生生物修复：水生植物修复、水生动物修复、增殖放流技术 |
| | 地下水 | • 异位修复技术：抽出处理技术<br>• 原位修复技术：物理屏蔽技术、爆气技术、电动修复技术、化学氧化技术、生物技术、渗透反应墙技术 |
| 林 | 退化林地 | 林分结构改造技术、采伐更新修复技术、补植补种修复技术、抚育复壮修复技术 |
| 田 | 土壤污染 | 农田重金属修复技术：<br>• 农艺修复技术：合理使用化肥、施用生物有机肥、秸秆还田、调整种植制度、筛选重金属低积累作物品种和耐性作物品种、深耕翻耕措施<br>• 其他修复技术：增加水分，提高土壤氧化还原电位；施用石灰，调节土壤pH值<br>农田有机污染修复技术：<br>• 多环芳烃修复：微生物代谢修复、植物根系修复、微生物–植物联合修复技术、植物–微生物–生物表面活性剂联合修复技术<br>• 有机氯农药治理：微生物修复技术、植物修复技术、植物–微生物联合修复技术、酶工程技术、动物修复技术 |
| | 农业面源污染 | • 源头减量：基于增效原理的优化施肥技术、有机肥替代减量技术；基于种植制度/轮作制度调整的源头减量技术、节水灌溉及水肥一体化技术等<br>• 过程阻控：生态拦截沟渠技术、人工湿地技术、稻田消纳技术、近河道端的生态丁型浅坝拦截技术、前置库技术、缓冲带等其他拦截技术等<br>• 养分再利用：畜禽粪便氮磷养分农田回用技术、农作物秸秆中氮磷养分的农田回用技术、农田生活污水、农田排水及富营养化河水中氮磷养分的稻田处理技术<br>• 水体修复：生态浮床技术、水生植物恢复技术、生态护坡技术、适度清淤、食藻虫引导的生态修复技术 |

续表

| 修复要素 | 主要类别 | 具体技术 |
|---|---|---|
| 湖 | 富营养化 | • 内源控制技术：水生植物恢复、生态浮床、生态疏浚<br>• 外源控制技术：湖滨带湿地恢复、人工湿地、生态塘调控<br>• 其他：关键食物网生态修复技术、生物操纵技术 |
| | 退化湖滨带 | 湖滨带生境修复技术、生物群落结构恢复技术、生态系统功能的恢复技术、生态护岸/护坡技术、生态廊道技术 |
| 草 | 草原 | 围栏封育、飞播草种、浅耕翻、免耕补播 |
| 海 | 海水 | 海洋藻类修复海水技术：控制富营养化、吸附重金属、红树植物修复海水技术 |
| | 海岸带 | 人工河流水系的重新设计、人工渔礁生物修复和护滩技术、海岸带湿地生态恢复技术 |
| 生 | 生态系统 | • 结构保护技术：就地保护（自然保护区与国家公园建设）、迁地保护（动物园、植物园建设）、重大生态工程（退耕还林还草工程、退牧还草工程等）<br>• 功能保护技术：生态通道设计构建技术、营养级联重构修复技术 |
| | 种群保育 | 生态保育技术、种群更新、复壮技术 |
| | 基因保护 | 种子库、基因库构建 |

### 6.2.3.5　监督评估

　　构建国土空间生态保护和修复综合监管平台是确保修复实践科学有效实施的重要举措。该平台应整合多源、多类型、多尺度的国土空间生态保护和修复动态数据，结合前期修复模拟评估预判，对修复实践全程进行动态监督、评估和及时调节。

## 6.2.4　国土空间生态修复存在的问题

### 6.2.4.1　国土空间生态修复理论方法技术滞后于实践需求

　　尽管当前国土空间生态退化问题突出，但相关的修复理论、方法和技术难以满足修复实践需求。

　　在理论方法层面，相关研究仍处于起步阶段，且大尺度、综合性、区域性国土空间生态退化问题突出[793]。首先，针对特定地域的综合性生态退化问题，需要多学科理论方法体系共同解决，但目前这种交叉融合机制尚未形成。其次，缺乏统筹经济社会生态发展而更多地考虑自然生态系统单一维度单一要素，这可能造成社会与自然生态系统的矛盾。再次，对于不同尺度传导过程中的协同性问题缺乏系统性把握，这可能造成多个项目各自为政，难以产生综合系统性效益。

在技术层面，国土空间生态修复相关技术体系创新严重不足[798]。一是缺乏先进的检测与监测设备，难以持续监测分析大尺度全域性国土空间生态问题。二是缺乏生态型修复材料与装备。目前国土空间生态修复大多数采用传统的建筑材料，如一些地方因大量使用混凝土，导致生态系统被分割。三是缺乏生态修复先进技术。目前各类修复工程技术微观设计较为欠缺，并缺乏重金属污染、水环境治理、湿地生态恢复等关键技术。此外，多技术衔接、多种类工程的融合及创新还有待进一步研发和深化[793]。

### 6.2.4.2　过度依赖短期工程措施，对长期社会–生态演变规律认识不足

现有的国土空间生态修复项目主要依赖于科技工程技术手段，而对社会–生态系统长期演变规律认识不足，更缺乏基于这种规律的评估分析决策范式。这既增加了生态修复实践的经济成本，也增加了对社会–生态复合系统自然规律的挑战，具有潜在风险。

### 6.2.4.3　刚性管理与社会–生态系统变化性之间的矛盾

社会–生态复合系统是一个动态演替和演化的复杂系统，在不同时空尺度上都发生着复杂的变化。但是，现有的国土空间生态修复管理机制仍然倾向于刚性管理机制，缺乏灵活变化性。这种管理机制难以对修复实践进行及时调整、优化或暂停，从而可能造成人力、财力损失，以及过度修复、低效修复，甚至是借生态修复之名施以破坏生态之实等后果。

### 6.2.4.4　部门职责相对分散、履职较为矛盾

人–山水林田湖草生命共同体具有复杂性，各要素所处的层级、位置和作用不尽相同，但各要素间在多时空尺度上相互联系、相互作用，共同维持着整体生态系统的稳态和产生生态服务功能与价值。因此，国土空间生态修复是一项复杂的系统工程，在进行山水林田湖草生态修复的过程

中，涉及不同的职能部门，包括自然资源部门、发改部门、生态环境部门等（见表6-3）。但是，在具体的修复保护实践过程中，各部门之间职责分散、资金分散、项目零散，出现了国土空间生态要素的综合性与管理事权的部门化、生态空间的连续性与空间区域的政区化、生态工程的持续性与行政管理的届次化等矛盾[775]，难以实现国土空间"整体保护、系统修复、综合治理"的整体目标。

**表6-3　国土空间生态修复相关政府部门有关职责**

| 部门 | 职责 |
| --- | --- |
| 自然资源部门 | 统一行使国土空间用途管制与生态保护修复职责 |
| 发改部门 | 协调生态环境保护与修复、承担生态文明建设和改革等工作 |
| 生态环境部门 | 指导协调和监督生态保护修复、组织协调生物多样性保护等工作 |
| 财政部门 | 提出生态保护修复方面的财政政策建议、拟定国有资源出让收支政策等 |
| 水利部门 | 指导河湖水生态保护与修复、河湖生态流量管理以及河湖水系连通、水土保持工作等 |
| 农业农村部门 | 负责水生野生动植物保护工作等 |
| 林草部门 | 森林、草原、湿地、荒漠保护修复和陆生野生动植物保护 |

### 6.2.4.5　资金投入机制相对单一

目前国土空间生态修复工作的资金投入机制相对单一，主要依赖国家财政投入。其中，主要资金来源为中央财政拨款，其次是部分地方政府拨款。据不完全统计，近年来生态环境保护修复有关专项资金中的中央年度投入总量在1 000亿元以上，但其中用于国土空间生态修复的占比不足20%[799]，加之地方政府财政投入参差不齐，以及重复投入、平均投入、单位投入过大等问题，导致现有资金投入机制无法满足修复工作的实际需求，综合效应较低。在社会资金来源方面，以绿色信贷、绿色债券和绿色基金为主[776]。由于生态修复工作具有明显的公益性，存在盈利较低、投入周期长、不确定性和资金风险较高、市场化投入机制不健全、激励和支持社会资本投入其中的相关政策缺乏等问题，导致社会资金投入渠道较少，社会参与度不够，要素市场化配置水平不高[800]。

## 6.3 NbS支持国土空间规划和国土空间生态修复

### 6.3.1 概念比较

为了更好地理解、把握和利用NbS支持我国国土空间规划和国土空间生态修复，首先应明确这三个概念间的共性、差异与内在逻辑关系。如表6-4所示，从提出背景和目标来看，NbS是在全球生态系统退化、威胁人类福祉背景下提出的，其目标是为了应对各种社会挑战，提供社会、经济、环境等综合效益；国土空间规划和国土空间生态修复是在我国生态文明建设的背景下提出的，其目标是协调人地矛盾、促进人与自然的和谐发展。从本质来看，NbS是一套综合性的理论体系和解决策略，涵盖相关生态、技术、经济、政策、规划、管理等学科；国土空间规划是对国土空间的全面统筹与空间优化；国土空间生态修复是对国土空间中的社会–生态问题的保护修复活动。从实施对象来看，NbS是解决多种社会生态挑战，国土空间规划是针对国土空间结构布局，国土空间生态修复的对象是国土空间社会–生态要素。从方法来看，NbS主张采用资源经济高效且具有适应性的方式，提倡充分利用生态系统的服务功能，应对气候变化、食品安全、水安全、灾害风险控制、经济发展、生命健康与安全等社会挑战，在解决生态问题的同时促进经济社会协同发展；国土空间规划主要是通过国土空间规划调控来实现；国土空间生态修复则主张源头治理、过程耦合、空间集成的保护修复方式。

表6-4　NbS、国土空间规划、国土空间生态修复多维比较

| 项目 | NbS | 国土空间规划 | 国土空间生态修复 |
|---|---|---|---|
| 背景 | 全球生态环境恶化，人类福祉面临威胁 | 生态文明建设 | 生态文明建设 |
| 目标 | 应对各种社会挑战，提高经济、社会和环境效益 | 优化国土空间格局，协调人地关系、实现人与自然和谐发展 | 人类生态福祉提升，实现人与自然和谐发展 |
| 本质 | 综合策略的涵盖性术语（umbrella term） | 协调人与自然的矛盾的空间优化布局 | 对人地冲突的保护修复活动 |
| 对象 | 多种社会–生态挑战 | 国土空间结构布局 | 国土空间社会–生态要素 |
| 方法 | 资源经济高效且具有适应性的方式 | 国土空间规划调控 | 源头治理、过程耦合、空间集成 |

由此可知，三者提出背景和目标追求具有高度一致性。NbS的本质属性落脚于应对各种社会挑战的"解决方案"，具有方法论属性；而国土空间规划和国土空间生态修复属于我国推进生态文明建设的两大重要政策举措，具有政策属性。因此，这三个概念都属于"协调人与自然关系"这一核心目标的不同应对层面。NbS（理念方法论属性）对国土空间规划和国土空间生态修复（政策属性）具有重要的支持作用（如图6-4所示）。一方面，NbS可以支持国土空间规划在国土空间格局上的权衡选择；另一方面，NbS可以支持国土空间生态修复对国土空间中存在的社会-生态问题的解决。此外，NbS也可以支持包括国土空间规划和国土空间生态修复两方面内容的实践活动。反之，国土空间规划和国土空间生态修复的根本出路也需要基于自然，通过协调人与自然的关系实现人类福祉的提升和社会经济的可持续发展。因此，将NbS在这两大战略举措中全尺度、全过程落实，从理论、战略、技术、治理到具体措施进行全面吸收借鉴，是推进生态文明建设、实现人与自然和谐发展的重要突破口。

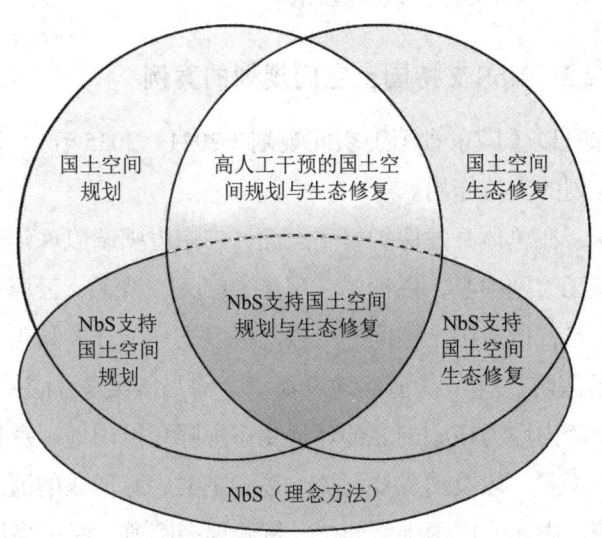

**图6-4　三个概念间的逻辑关系示意图**

## 6.3.2　NbS支持国土空间规划

### 6.3.2.1　NbS对国土空间规划的启示

作为一种综合性方案，NbS倡导的理念、原则和实践策略众多，就其对我国国土空间规划的启示来说，主要体现在规划过程的动态协同与权衡。

实际上，国土空间规划的工作本质即为多种空间要素的协同与权衡，其规划结果为各类开发保护建设活动提供基本空间依据，进而服务于解决社会问题和挑战。NbS所倡导的综合性策略和协同与权衡过程应当整合到现有的各级国土空间规划中，这对于国土空间规划引领相关活动和实现社会-生态可持续发展具有重要意义。首先，国土空间规划需依据资源环境承载能力评价和国土空间开发适宜性评价，对各种现状进行协同权衡，合理布局生态空间、农业空间和城镇空间，构建综合系统性总体开发保护格局。在此基础上，进一步合理布局不同主体功能空间内部结构，明确内部不同空间服务功能的耦合关系，以及不同主体功能空间结构与过程之间的协同或权衡关系，识别和预估多种重要功能和过程的变化，从而对未来整体国土空间的发展演变趋势做出预判。其次，国土空间规划过程需考虑到实际经济、政策与法律的可行性，以及各层级利益相关者的需求，进行动态权衡评估和反馈，及时采取必要措施平衡自然环境和经济社会中多维度、多层级的规划目标，实现生产、生活、生态协同可持续发展[791]。

### 6.3.2.2　NbS支持国土空间规划的案例

本部分以《广东省国土空间规划（2021—2035年）》为例阐述NbS对国土空间规划的支持作用。

首先，在总体开发保护格局层面，广东省强调以珠江三角洲为核心，以汕头、湛江为副中心，以汕尾、阳江、韶关、清远、云浮、河源、梅州为重要发展支点，形成国土空间"一核两极多支点"开发利用格局；同时，构建以南部沿海防护林、滨海湿地、海湾、海岛等要素为主体的海洋生态保护链，以南岭山地为核心的北部环形生态屏障和以山地、森林为主体的珠三角外围生态屏障，以及由重要河流水系和主要山脉形成的通山达海的生态廊道网络系统，由此形成国土空间"一链两屏多廊道"保护格局。

其次，对省域范围内的城镇空间、农业空间、生态空间和海洋空间进行优化布局。城镇空间以集约高效为导向，引导人口合理布局，南部以珠三角城市群为核心建设南海大都市带，北部以生态优先、适度聚集为原则布局生态发展区；农业空间构建珠三角都市农业区、粤东精细农业区、粤西高效农业区、粤北生态特色农业区和南部沿海蓝色农业带的"四区一带"格局，并提出优化精细农业空间格局，塑造精美农村特色风貌的目标；生态空间方面，通过开展生态保护红线和自然保护地优化，加强具有全球意义的生物多样性保护，实施陆地、湿地、海洋生态系统修复治理，以及全省万里碧道特色空间样板工程；海洋空间着力建设沿海经济带，全面提升粤港澳大湾区、柘林湾区、汕头湾区、神泉湾区、红海湾区、海陵湾区、水东湾区、湛江湾区整体开发保护水平，以及保护利用珠江口、大亚湾、川岛、粤东和粤西岛群，形成"一带八湾五岛群"格局，实行高质量保护与发展战略。

通过以上空间总体布局和其他专项战略规划，以及建设国土空间规划"一张图"统一管理信息平台、重大项目保障制度和健全实施监管机制，广东省着力追求"中国特色社会主义先行区、高质量发展的引领区、美丽中国建设的典范、开放包容智慧的宜居家园"[①]的总体规划目标定位。总体来说，这一整体规划逻辑充分体现了NbS动态协同与权衡的理念。

### 6.3.3　NbS支持国土空间生态修复

#### 6.3.3.1　NbS对国土空间生态修复的启示

2020年8月，NbS写入了我国《山水林田湖草生态保护修复工程指南（试行）》（自然资办发〔2020〕38号），这标志着NbS首次在我国国土空间生态修复的国家层面政策文件中实现了主流化，同时也表明NbS对我国在国土空间生态修复理论方法上具有重要的启示作用。图6-5比较了《IUCN基于自然的解决方案全球标准》《IUCN基于自然的解决方案全球标准使用指南》以及《山水林田湖草生态保护修复工程指南（试行）》这三项文件内容上的相关关系，由图可知NbS对我国国土空间生态修复的启示主要体现在以下六个方面。

1）采用综合性策略开展修复实践

国土空间生态修复需要采用综合性策略，不仅要考虑技术工程，还要考虑经济和财政的可行性、治理的公平合理性、法律法规的完善和执行有效性以及公众参与的有效性等。在经济可行性方面，需要合理评估项目的成本和收益，制定经济可行性方案，并且通过建立多方融资，形成可持续的资本投

---

① 参见《广东省人民政府关于印发广东省国土空间规划（2021—2035年）的通知》（粤府〔2023〕105号），2024年1月16日发布。

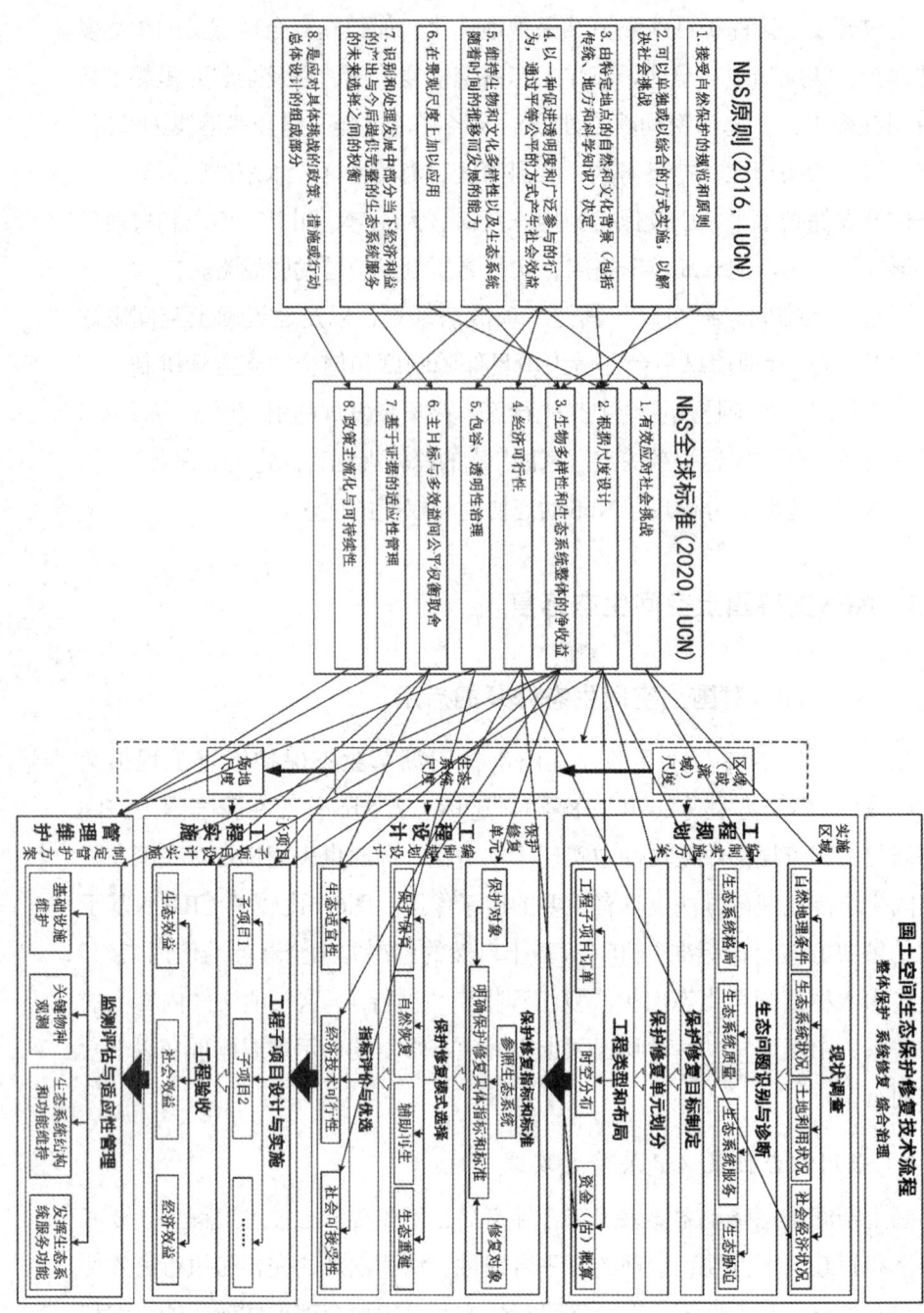

注：图中连线表明相应方框中的内容具有对应联系关系。

**图6-5 NbS对国土空间生态修复的启示**

资料来源：《山水林田湖草生态保护修复工程指南（试行）》《IUCN基于自然的解决方案全球标准》《IUCN基于自然的解决方案全球标准使用指南》。

入机制。在公众参与方面，由于国土空间生态修复涉及社会-生态复合生态系统，在实施自然生态系统保护修复的同时，需要考虑社会不同利益相关方（特别是弱势群体）受到的影响，保证其参与全过程：在参与之前对项目的充分知悉，参与过程中保证包容性、公平性，以及对诉求反馈的及时性，形成全过程共同决策机制。

### 2）社会-生态系统的多维度利弊权衡

多维度权衡利弊集中体现了NbS的综合系统性。国土空间生态修复的对象是整体社会-生态系统要素，同样需要以综合系统的视角考虑多维度的利弊权衡。在保护修复的过程中，如果仅把自然生态系统的治理作为唯一目标，可能会导致其他问题无法有效解决。因此，应明确不同利益相关者在自然要素和社会要素方面的权利和责任，权衡多种因素的潜在成本和效益（生态、经济、时空、是否可逆等），用自然科学和社会科学的理论及方法，考虑生态、社会、经济、法律和政策等多种因素和机制，寻求经济社会效益和生态环境效益相协同的综合效益，促进社会-生态系统的可持续发展。

### 3）多尺度整体系统性

社会-生态复合生态系统在不同尺度上具有不同的结构组成和运行机制，并且不同尺度间存在耦合协同效应。国土空间生态修复实践需要整体把握这种多尺度协同系统性，在不同尺度开展相应的工作。在区域（流域）尺度上，主要进行宏观规划和管理，识别诊断问题、制定总体目标、系统考虑方案实施的外部效应，确定保护修复单元和工程子项目布局；在生态系统尺度上，主要进行保护修复单元问题诊断、定位重点保护修复地区，制定实施指标体系和标准，确定保护修复模式、项目资金安排等；在场地尺度上，主要进行项目施工设计实施、管理维护、监测评估等[801]。同时，要综合考虑多尺度间的协同效应，实现整体系统性效益最优。

### 4）保护提升生物多样性和生态系统完整性

NbS全球标准指出，生物多样性和生态系统完整性是维系整体景观健康和稳定的关键，而这种稳定是由生态位结构、营养结构等功能结构自组织形成和维持的[802,803]。因此，国土空间生态修复要切实保护提升生物多样性和生态系统完整性，才能从整体上实现景观的健康可持续。首先，制定合理的生物多样性和生态系统完整性指标，包括从遗传到物种到生态系统的多层级指标，以及不同生态系统的连通性指标；其次，通过相应措施，保护和构建自然植被生境，连通各种类型的自然生境，为不同生物提供有效的生境和安全的迁徙路径；再次，关注和监测生物多样性、生态系统状态和变化趋势，并进行阶段性评估和适应性管理。

### 5）推行动态适应性管理

适应性管理是指针对某管理事项的不确定性进行系统的、迭代的决策过程，以求随着时间推移而减少其不确定性[804]。社会-生态复合系统具有动态演替和演化的特征，在不同时空尺度上都发生着复杂的变化；相应地，人类对它们的认知水平也在不断发展。因此，国土空间生态修复的实施过程中应纳入适应性管理机制，对社会-生态系统变化情况进行长期监测和评估，不断反馈调整优化实践措施，实现全生命周期、动态的适应性管理。

### 6）加强科技创新以提高国土空间修复实践科学性

当前我国国土空间生态修复对科技创新的需求十分迫切。首先，需结合NbS相关理论标准框架，制定和完善适合我国的生态保护修复等有关标准体系。根据实际情况分类别和分级补充完善保护修复指标，特别是能反映不同生态系统服务功能和不同空间过程耦合的评价指标，适应精准进行自然资源管理和生态保护修复的要求。其次，需构建综合的社会-生态监控系统。对生态和社会过程进行动态监测，评估和核实各种收益或损失，综合运用不同领域的知识来验证和解释。在此基础上，对保护修复实践进行不断反馈和调整优化。再次，针对不同的目标和挑战，开发基于机制与过程的保护修复模拟模型，优化保护修复微观工程设计施工、创新修复新技术、研制投产新材料等。通过以上科技创新，尽可能降低国土空间修复实践的不确定性，并不断提高其科学性。

## 6.3.3.2 NbS支持国土空间生态修复案例

当前，NbS支持我国国土空间生态修复的相关案例较多。整体来说，可以从国家尺度、区域（流域）尺度、生态系统尺度和场地尺度来进行阐述。

### 1）国家尺度

在国家尺度，我国2020年发布的《全国重要生态系统保护和修复重大工程总体规划（2021—2035年）》提出了以下内容。

我国到2035年推进自然生态系统保护和修复工作的主要目标：森林覆盖率达到26%，森林蓄积量达到210亿m³，天然林面积保有量稳定在2亿hm²左右；草原综合植被盖度达到60%；确保湿地面积不减少，湿地保护率提高到60%；新增水土流失综合治理面积5 640万 hm²，75%以上的可治理沙化土地得到治理；海洋生态恶化的状况得到全面扭转，自然海岸线保有率不低于35%；以国家公园为主体的自然保护地占陆域国土面积18%以上，濒危野生动植物及其栖息地得到全面保护。

我国山水林田湖草一体化保护和修复的重要生态系统保护和修复重大工程"三区四带"总体布局：青藏高原生态屏障区、黄河重点生态区（含黄土高原生态屏障）、长江重点生态区（含川滇生态屏障）、东北森林带、北方防沙带、南方丘陵山地带和海岸带。

到2035年，实施47项重要生态系统保护和修复重大工程。

此外，总体规划中还指出了相应的组织领导、法规制度、政策支持和社会保障措施等内容[777]。该规划是NbS支持我国国家层面国土空间生态修复的重要成果，是当前和今后一段时期内推进我国国土空间生态修复的指导性规划，为编制和实施有关国土空间生态修复重大工程建设规划提供主要依据。

### 2）区域（流域）尺度与生态系统尺度

在区域（流域）尺度、生态系统尺度，近年来我国国土空间生态修复实践工作取得了重要进展，构建了陆海统筹、系统修复的综合治理体系，初步形成生态修复新格局。2021年自然资源部与IUCN开展合作，结合我国生态保护和修复重大工程与实践，在全国范围内选取了10个代表性案例，形成了中国实践典型案例。这10个案例分别是：官厅水库流域山水林田湖草系统治理、贺兰山生态保护修复工程、云南抚仙湖流域山水林田湖草系统治理、内蒙古乌梁素海流域生态保护修复工程、钱塘江源头区域山水林田湖草生态保护修复工程、江西婺源巡检司基于自然的乡村振兴实践、基于自然的黑土地保护性利用、重庆基于自然的城市更新、广西北海基于自然的陆海统筹生态修复和深圳湾红树林湿地修复。这些案例涉及自然、农业、城市等生态系类型和国土空间主体功能，对我国乃至全球NbS在区域（流域）尺度、生态系统尺度的本地化应用具有示范和借鉴作用。

本部分以云南抚仙湖流域山水林田湖草系统治理为例进行具体阐述。

抚仙湖地处云贵高原，是维系珠江源头及西南生态安全的重要屏障，也是区域协调发展和滇中城市群建设的重要保障。同时，抚仙湖是我国蓄水量最大、水质最好的贫营养深水型淡水湖泊，抚仙湖水资源总量占全国湖泊淡水资源总量的9.16%，长期保持I类水质，是我国重要的战略备用水源。由于抚仙湖属高原断陷湖泊，径流区陆地面积仅为水域面积的2倍，汇水面积小且无外流域补水，其换水周期理论值超过200年，生态系统十分脆弱，湖水一旦污染，极难恢复。

然而，在抚仙湖山区，矿山开采、高坡耕种等活动造成山区森林植被覆盖率下降，磷矿山污染及水土流失；在坝区，高耗水、高耗肥的耕作方式导致农业面源污染严重，耕地复种指数高达400%；在环湖带，鱼塘、耕地等挤占湖滨缓冲带，湿地过滤功能降低；此外，外来物种入侵及天然产卵场所遭到人为活动影响，抚仙湖土著鱼类资源枯竭，威胁生物多样性。

为此，抚仙湖生态系统生态修复的主要目标是：降低环境污染风险，确保抚仙湖 I 类水质。

抚仙湖生态系统生态保护修复以完整的流域为对象进行生态保护修复总体规划，在优化流域生态、农业、城镇空间布局的基础上，开展农村居民点和工矿企业搬迁、畜禽养殖场关停、污水管网污水处理厂建设、入湖河流污染治理等先导工程。在此基础上，考虑入湖污染源的实际情况，在山上、坝区、湖滨带和水体四个保护修复治理单元部署了41个子项目，进行分类保护治理措施。

一是山上水源涵养及水土保持区修山扩林。为强化山区水源涵养与水土保持功能，因地制宜采取必要措施进行修复，包括退耕还林、石漠化治理、矿山生态修复等措施。

二是坝区水污染重点防控区调整农业产业结构。为有效削减农业面源污染，开展抚仙湖径流区耕地休耕轮作和产业结构调整，流转大水大肥蔬菜种植，种植烤烟等节肥节药型作物以及水稻等具有湿地净化功能的水生作物，发展绿色农业。

三是湖滨带水污染过滤区建设缓冲带。为提升湖滨缓冲带的污染过滤功能，在完成缓冲带内退田还湖和村庄搬迁的基础上开展缓冲带规模化生态修复工程、环湖低污染水净化工程和已建河口湿地与湖滨带优化工程，并开展鱼类保护区及鸟类栖息地建设、缓冲带功能展示区及宣传教育基地建设工程、湖滨清理及沙滩保护等工程。

　　四是湖体保护治理区开展保护治理。抚仙湖流域土著鱼种类数不断减少，外来鱼种类数不断增加。据调查，1983—2015年的土著鱼减少11种，降幅44%；外来鱼增加了17种，增幅167%。为此，抚仙湖流域湖体保护治理工作主要是生境保护与土著鱼类增殖放流。

　　在上述每个保护修复治理单元内细分不同场地的区位功能，整合不同子项目，制定具体工程设计方案，进行施工、管理维护和适应性管理。例如，对抚仙湖流域湖体保护治理时，开展生境保护与土著鱼类增殖放流。具体来说，首先是重点保护栖息地沉水植物，对栖息地遭到破坏的区域采用本土物种的沉水植物进行恢复；同时，通过设置碎石堆、沙砾区等方法模拟鱼类偏好的活动场所来恢复底质，并对鱼类产卵场的溶洞出水口进行保护，对底质破坏处进行底质修复；此外，在特有鱼类国家级水产种质资源保护区内划分小水域，每年投放一定数量的种鱼。

　　历时多年，抚仙湖生态系统生态修复取得了以下几个方面的进展。

　　第一，生态恶化风险降低，生态系统退化趋势扭转，生态系统循环趋于可持续。2016—2020年，抚仙湖水质稳定保持I类；水体透明度和溶解氧分别上升了19%、7%，国控、省控水质监测断面达标率保持100%。林业植被恢复74 km$^2$，治理水土流失面积6.73 km$^2$。抚仙湖流域森林覆盖率从36.95%提高到39.25%，林业蓄积量增加39%。

　　第二，生物多样性逐步恢复。抚仙湖湖体挺水植物增加到12种，消失20多年的鱇浪白鱼鱼汛重现抚仙湖。流域内已成为鸟类的栖息地和越冬场，动物种群丰富，生物多样性得到明显提升。

　　第三，加速产业融合升级，实现绿色高质量发展。抚仙湖流域严格按照农业产业规划布局和种植标准，发展生态苗木、荷藕、蓝莓、水稻、烤烟、小麦、油菜等节水节药节肥型高原特色生态绿色循环农业；工矿企业全部退出抚仙湖径流区，重新布局在径流区之外的工业园区，加快工业转型升级，稳定发展特色食品加工业和物流产业；打造集"医、学、研、康、养、旅"为一体的综合产业集群，推动生态文化旅游产业持续发展，群众生产生活方式从农业劳动向旅游服务转变。

　　第四，实现了NbS多层面主流化。在法律法规层面，为了加强抚仙湖的保护和管理，地方政府颁布了《云南省抚仙湖管理条例》《抚仙湖流域水环境保护与水污染防治规划（2008—2027年）》《抚仙湖流域禁止开发控制区规划修编（2013—2030年）》等法规和专项规划。在管理制度层面，全面落实河（湖）长制，制定由抚仙湖管理局、市河长办、流域行政区党委组成的联席会议制度，保证修复项目有序推进。在公众参与层面，将流域河道管理纳入沿湖乡镇、社区的村规民约，有效增加了群众参与度。

### 3）场地尺度

场地尺度的国土空间修复侧重修复性工程设计、工程技术运用、工程施工、管理维护和适应性管理。本部分以广东粤北南岭典型矿山废弃地单元（废土堆）生态修复工程为例进行具体阐述[805]。

广东粤北南岭山区地处国家生态安全格局"两屏三带"中的南方丘陵山地带的核心区，是华南地区的重要生态屏障，是关系到粤港澳大湾区可持续发展的关键区域。粤北南岭山区矿产资源丰富，早期盲目无序开发导致当地生态环境问题突出，特别是历史上的私挖乱采后留下大量的废土堆场，造成矿区水土流失、环境污染。近年来，韶关市高度重视生态文明建设，在粤北南岭山区持续开展大规模整顿和规范矿产资源开发秩序工作，先后关闭了一批生态环境问题突出的小型矿山，从源头上遏制生态环境恶化，并将粤北南岭山区作为矿山地质环境重点治理区和土壤污染综合防治先行区。2018年，广东粤北南岭山区山水林田湖草生态保护修复工程被列入国家第三批试点工程。

粤北南岭山区矿山及土壤生态修复区主要包括大宝山矿、凡口铅锌矿、乐昌铅锌矿等重点矿山及其周边区域，该区域矿山开采和冶炼活动较多，生态环境恶劣。总体来看，亟待解决的关键修复问题分为两部分。

一是矿山植被破坏和水土流失问题突出，地质灾害风险隐患较大。由于长期的有色金属矿产开采、选矿和冶炼等活动，尤其是一些民采矿山一度无序开采，遗留了大量的矿山地质环境问题。如占用与损毁土地资源、植被破坏、地下含水层破坏与污染、地形地貌景观破坏和水土流失等。粤北南岭山区地处广东省北部，丘陵山地多，地质构造较为复杂，地质环境脆弱，矿产资源的长期开采在破坏地质环境的同时也留下了大面积的采空区，存在较大的地质灾害风险。

二是矿山周边水土污染严重。来自矿石、废石堆和尾矿坑中的硫化物矿物，经氧化后形成的大量酸性矿山废水引起水体酸化及周围土壤、水体重金属污染，部分矿区周边废水、废渣等问题较为突出[806]。粤北南岭山区大宝山矿区水体、土壤均呈现酸性，pH值小于5，特别是采矿场和尾矿库[807]。土壤的营养元素含量普遍较低，其中有机质含量在各排土场中最低，一般不超过5 g/kg。粤北南岭山区地处珠江流域的北江和东江上游，采矿废石在堆放过程中风化和淋滤以及选矿、洗矿产生的含有镉、铜、锌、铅等数种严重超标的重金属污水对下游的珠江三角洲经济区农业生产灌溉和居民健康造成了巨大的威胁。

粤北南岭山区矿山开发和冶炼活动较多，生态环境污染严重，该区域的生态修复应以恢复自然生态功能、治理矿山和土壤污染以及防控环境风险等为主。实现粤北南岭山区生态修复的途径主要有以下三个方面。

第一，加快推进矿区环境污染综合整治，切实改善周边水土环境质量。以大宝山矿、凡口铅锌矿等矿山作为重点，从源头上预防、控制和消除矿山重金属、水污染隐患。

第二，推进土壤治理修复，建立生态修复示范工程，改善土壤环境质量。启动大宝山新山片区历史遗留民采集中区生态修复示范等工程，推进历史遗留典型地块治理与修复。根据韶关市遗留废弃或无主矿山、采选矿及冶炼点专项调查结果，选择典型地块开展修复示范工程。

第三，建立土壤污染综合防治先行区，做好先行示范引领。对污染治理修复项目进行分类管理，建立土壤污染修复责任主体认定指引，明确责任主体及责任范围。采用多元投资模式，带动更多社会资本参与土壤环保工程项目建设。鼓励科研院所、高等学校、重点企业等组建土壤先行保护联盟，促进先进技术示范推广。

遵循"'依山就势'重塑地形、'因势利导'疏导水流、'柔性防护'稳定边坡"的山水林田湖草系统共治原则，进行粤北南岭山区废土堆生态修复工程设计。根据粤北南岭山区新山片区历史遗留矿山生态恢复治理示范区中废土堆的特征，确定其修复技术模式为原状基质改良-直接立体植被配置。综合考虑平台、排水沟以及施工需要，对示范区域进行分区，最终获得6个区（见表6-5）。根据示范需求和研发的技术类型，结合不同分区pH值，以及实际工程施工及原状情况，分区采取不同的修复技术模式和参数。通过生态修复拟达到以下标准：建立免维护、不退化的植被系统，植被覆盖率达到90%以上、植物品种达到7种以上；严控土壤酸化，减少土壤中铅镉等主要重金属污染排放，土壤中重金属有效态含量降低50%。

表6-5 生态修复技术说明

| 生态修复技术 | | | 分区Ⅰ | 分区Ⅱ | 分区Ⅲ | 分区Ⅳ | 分区Ⅴ | 分区Ⅵ |
|---|---|---|---|---|---|---|---|---|
| 地貌重塑 | 场地修整 | | · | · | · | · | · | · |
| | 生态袋[1] | | | | | | · | · |
| | 清污分流 | | · | · | · | · | · | · |
| 土壤重构 | 土壤培肥改良 | 无机肥 | · | · | · | · | · | · |
| | | 微生物肥 | · | | · | · | · | |
| | | 土壤调理剂 | · | | · | · | · | |
| | 污染防控 | 零价铁负载生物炭 | · | · | · | · | · | · |
| | | 生石灰 | · | · | · | · | · | · |
| 植被设置 | 乔木 | 马尾松 | · | · | · | · | · | · |
| | | 樟树 | | · | · | | · | |
| | | 大叶女贞 | | | | · | · | |
| | | 泡桐 | · | | | · | | · |
| | 灌木 | 苎麻 | · | | · | | | · |
| | | 红麻 | | | · | | | · |
| | 草本 | 狗牙根 | · | | | | · | |
| | | 高羊茅 | | · | | · | | |
| | | 铺地黍 | | | | · | | · |
| | | 百喜草 | | | · | · | | |
| | | 象草 | | | | · | · | |
| | | 纤毛鸭嘴草 | | | · | | · | |
| | | 芒萁 | · | | | | | · |
| | | 五节芒 | | | · | · | · | |

资料来源：罗明，周妍，鞠正山，等.粤北南岭典型矿山生态修复工程技术模式与效益预评估——基于广东省山水林田湖草生态保护修复试点框架［J］.生态学报，2019，39（23）：8914.

注：1. 生态袋是一种由聚丙烯为原材料制成的袋子，近些年主要运用于边坡防护绿化，如荒山矿山修复、高速公路边坡绿化、河岸护坡等，其主要特点为耐腐蚀性强、微生物难分解、易于植物生长、抗紫外线、使用寿命长。

在粤北南岭山区新山片区历史遗留矿山的生态修复工程中使用了一系列关键技术手段。

一是场地平整。根据区域水文、地质、气候环境条件，结合边坡地形地貌特点、排水沟设置，原位整地。在确保施工安全的前提下，不大动土方，结合施工道路修建及场地排水沟设置需要，进行适当的地形整理；对于边坡而言，适当进行削坡降级，构筑缓冲平台；边坡修整优先采用人工"之"字道路及放射状条沟作业，辅助修坡，坡面修整只要能满足人工种植操作需要即可，尽量减少机械施工对坡体的负荷压力[808]。

由于无系统的截排水系统，受降雨及周围山水等因素影响，导致坡面部分区域出现冲沟，结合场地整理对沟谷进行就近挖方填方，适当回填并机械碾轧；大型泥石流冲沟就地取土填充生态袋安息角40°垒砌叠坎，采用生态袋就近填充坡面形成的松散土体来构筑沟谷两侧生态袋墙，柔性拦截坡面冲刷体，模拟自然山体、自然沟壑进行修整，并设置生态袋拦挡坝来防止松散土体冲刷至下部区域，保持边坡稳定性，以消除滑坡或泥石流地质灾害隐患。

二是清污分流。根据地形地貌、地质结构合理修筑截洪沟，将地表径流合理有序地导出；对泥石流的水源进行调节和分流，对形成泥石流的固体物源进行稳固，对泥石流在冲沟中的运动进行控制和消能。采用清污分流措施，在平台处修建清污分流排水沟，并提出3种排水沟设计。素混凝土水沟伸缩缝最大间距为10 m，缝宽为20 mm，缝内填塞涂沥青木丝板；水沟下部土方均需压实，防止雨水渗流导致水底沟掏空，造成水沟破坏；可以根据现场地形，适当调整梯形沟侧壁的斜坡率。

三是土壤改良。根据土壤检测分析结果适时适地选择配方。对于强酸性、高度产酸的样点区域，在施工过程中可采取浅层隔离或多次补给改良材料的方式，在后期维护过程中也应特别注意对这些点位进行观察，避免返酸现象的发生。在实际中，可以通过快速调节pH值、添加有机物改变氧化还原环境以抑制产酸微生物生长以及添加微生物菌剂等一系列手段来改善土壤的理化性质[809]。

对废土堆进行简单修整，无须覆土，既能避免二次环境损毁，亦可减少成本。修整后施加无机肥、微生物肥、土壤调理剂、零价铁负载生物炭（固化、稳定）和生石灰等，进行原状土壤基质的改良，具体常规施量如下：无机肥1 050 t/km²；微生物肥225 t/km²；土壤调理剂（天然的石灰石、白云石、含钾页岩）5 g/m²；土壤中零价铁负载生物炭2～3 g/100 g；生石灰3 000 t/km²；土壤改良基质12 000 t/km²。

四是边坡生态袋植生。生态袋植生步骤依次是坡面初步改良、生态袋准备与安装、铺草皮、挖穴种植营养袋植物、再覆盖土壤种子库、撒播草种、覆盖遮阴等。破碎的边坡应作加固处理；做到坡面整洁，坡面的松石、不稳定的土体要固定或清除；锐角物体要磨成钝角以免划破生态袋表面；坡面如有涌泉和浸水，则要做好导水盲沟。除了要保留的植被外，其他的植物要连根清理干净；坡顶要考虑截水沟，中间平台、坡脚设排水沟。生态袋铺设前，将区域内废弃土及混合改良基质、保水剂、生长剂等一些微生物菌剂、谷壳锯末等植物纤维材料掺合料转运至坡顶平台，混合堆沤成植生土。生态袋安装时应首先挂线，按设计距离0.8 m纵横挂线，纵横线之间的交点即为所有锚杆钻孔点。顺边坡放下未装植生土的生态袋，然后在边坡顶部填装植生土，当填充土至锚孔附近时，根据锚孔位置进行锚杆锚固，锚杆在边坡外保留一定长度，继续填充植生土，填充完生态袋后，锚杆打入设计的深度。对土质边坡可待生态袋填充布设好后再按设计间距和位置直接钉入锚杆锚固。生态袋应填充饱满（厚度约23～25 cm），填充安装后的袋体厚度、宽度应大体一致，大面平整、线形顺直、连接紧固。

五是立体植被配置。矿区废土堆植被的自然恢复相当缓慢。矿区植被恢复与重建工程可通过以下三条途径实现。第一，通过人为改善立地条件，使废土堆基本适应植物生长。第二，根据立地条件，选择引种对各种限制因子有耐力、能固土、固氮、根系发达、根蘗性强、枝叶繁茂，能长时间覆盖地面，有效地阻止风蚀和水蚀的植被。第三，优先选择乡土品种，播种栽培较容易、种子发芽力强、苗期抗逆性强、易成活的植物[810,811]。物种选择的依据包括：具有优良的水土保持作用；具有较强的适应脆弱环境和抗逆境的能力；生活能力强，有固氮能力，能形成稳定的植被群落；根系发达，能形成网状根固持土壤；播种或栽培较容易，成活率高并兼顾森林景观提升。植物种植方案主要采取种、播相结合，营养袋苗种植＋撒播种子的方法，形成"先锋植物、长期定居植物、短期植物、四季植物更替"的人工群落系统。实行草灌相结合，尽快形成能够覆盖表层土壤的植物群落[812-814]。根据上述物种选择原则，结合当地的气象气候条件，以及《造林技术规程》（GB/T 15776-2023）、《生态公益林建设技术规程》（GB/T 18337.3-2001），选择造林树种主要为马尾松、胡枝子、盐肤木、紫穗槐；草种主要以豆科草类为主，目的是利用豆科作物的固氮能力，改良土壤，主要选择大叶草、狗牙根。废土堆采用"乔—灌—草"立体配置模式，乔灌木栽植密度约为每平方米2株，乔木、灌木、草本比例为1∶3∶1，草种播种标准为50 g/m²。植被类型选择马尾松、樟树、大叶女贞、泡桐、苎麻、红麻、狗牙根等。具体施工时，按照不同植物地上地下部分的分层布局，充分利用多层次空间生态位，保证整个植被体系的稳定性。沿坡面等高线方向挖种植条沟，条沟间距为60 cm，条沟规格为30 cm（底宽）×30 ～ 40 cm（沟深）。一行种植草本植物，一行种植灌木植物，一行种植乔木植物，每三行一个循环。

截至2021年12月底，该项目试点绩效目标已全部达成，矿山地质环境治理恢复面积已完成3.782 km²，历史遗留的矿山地质环境治理率达到71.97%，矿区绿化覆盖率达到可绿化区域面积的77.03%，历史遗留工矿废弃地复垦利用面积达5.279 3 km²。

### 6.3.4　存在问题与趋势

#### 6.3.4.1　NbS具有局限性

NbS倡导以综合性的解决方案来应对多种社会–生态挑战，产生综合协同效应，这为我国国土空间规划和国土空间生态修复应对当前可持续发展的挑战、推进生态文明建设提供了新机遇。但是，我们应该以辩证的眼光来看待这一新兴概念，综合性解决方案不代表"万能方案"，其不同理念、技术、措施对应着特定的应用领域和适用时空尺度，并且存在一定局限[815,816]。因此，在借鉴应用NbS时，要理性判断其作用机理和适用性范围，避免盲目套用其理念措施而给研究与实践带来隐性风险。

#### 6.3.4.2　NbS本身尚需进一步完善

虽然NbS已被广泛运用于实践，但目前仍处于探索阶段，其本身的理论体系和实践模式尚不成熟，存在一定的发展制约和知识缺口，主要表现在三个方面。

首先，NbS概念内涵尚不成熟。目前，不同组织机构对NbS的定义和解读代表着各自的价值追求，尚未达成共识。因此，未来需要统一协调各方理念，构建共同的概念框架基础，有效地综合各方经验，实现NbS的发展并对我国的经验进行借鉴。

其次，范式转变有待成熟。NbS倡导自然和人类社会是统一的、动态发展的，应基于自然和人工综合的措施解决社会生态的综合挑战。因此，需要对我国国土空间规划和国土空间生态修复中的静态既定目标、认识逻辑、体制机制和实践范式等进行革新转变，并需要较长时间的成熟化过程。

最后，操作方法仍需完善。NbS倡导的综合性解决方案需要跨学科、跨部门、多方利益群体的共同参与，并需要对现有政策实施、方法技术创新联合、长期评估与适应性管理等多方面进行深入研究和实践检验。然而，在这方面NbS尚未形成可操作的、衡量有效的方法学，缺乏对现有政策、技术、要素等的"集成增加效应"，未来仍需要结合国土空间规划和国土空间生态修复实践进行不断探索。

### 6.3.4.3　NbS在中国本土化与中国经验全球化

NbS理念所强调的自然与人工相结合、综合系统性、尺度性、协同权衡和适应性管理等追求与我国生态文明思想高度契合，国土空间规划和国土空间生态修复是NbS在我国的生动实践。然而，NbS概念起源于欧美国家，与中国的生态环境、社会构成、运行方式存在差异。因此，将NbS运用于我国的国土空间规划和生态修复需结合中国的国情特征、话语体系、实际需求等进行转化对接，科学借鉴、取长补短，逐步建立起中国本土化的NbS理论和方法体系。同时，需将生态文明思想、人类命运共同体等中国理念、实践与NbS有机结合，将中国经验推广至全球，促进国际社会对中国的理解和支持，并在开放交流中不断优化和完善NbS的内涵。

## 本章小结

本章主要讨论了NbS、国土空间规划和国土空间生态修复的主要内容及它们之间的关系。

中国社会经济发展进入新阶段，为国土空间的保护利用带来机遇和挑战。国土空间规划体系可总结为"四梁八柱"，其中生态文明建设是核心价值观。国土空间规划旨在通过高水平的空间治理，推进生态文明建设，方法上贯彻生态导向。

国土空间生态修复是对国土空间社会-生态复合系统进行的整体保护、系统修复与综合治理的活动。其目标是提升人类生态福祉，通过协调社会系统与生态系统的耦合关系实现。运行程序包括调查、分析评估、规划调控、技术支撑、施工以及监测评估。但存在着理论方法技术滞后、过度依赖短期工程、管理与系统变化的矛盾等问题。

NbS、国土空间规划和国土空间生态修复的提出背景和目标追求具有高度一致性，它们都是协调人与自然关系的重要手段。

NbS对国土空间规划的启示主要在于动态协同与权衡，对国土空间生态修复的启示主要在于综合性策略、多维度利弊权衡、多尺度整体系统性、保护提升生物多样性及生态系统完整性和推行动态适应性管理等方面。

将NbS理论与实践体系应用于国土空间规划和国土空间生态修复是推进生态文明建设、实现人与自然和谐发展的重要途径。虽然已有相关实践并取得成果，但NbS仍需进一步完善，未来需要深入推进其在中国本土化与全球化的应用。

## 思考题

1. 在国土空间规划过程中，NbS相比传统方法有何优势？其挑战有哪些？

2. 在国土空间生态修复过程中，NbS相比传统方法有何优势？其挑战有哪些？

3. 从哪些方面提高NbS在国土空间生态修复中的支持程度？在此过程中，如何规避NbS自身的局限性？

# 第 7 章

## 基于自然的解决方案展望

　　NbS通过提供多种生态系统服务为人类带来诸多好处，同时应对多重挑战。近年来，尽管NbS获得了越来越多的关注，但仍存诸多争议[817]。NbS提供的生态系统服务及其收益，是各个生态系统组成部分和维度之间动态相互作用的结果，包括人、自然、技术、基础设施、经济、政治、司法和制度[818]。为解决这些问题，需要跨学科的研究人员、从业者和社区成员，通过交流不同的知识以促进NbS发展与主流化[819,820]。完成学科理论的整合后，NbS必须经历从概念到实践的过程，以解决社会挑战并提升人类福祉。与自然区域相比，NbS在城市区域的实施更具挑战。城市系统中社会、生态和技术层面的相互作用复杂性限制了NbS的规划、设计和实施[821]。必须深入理解并有效管理这种复杂性，以确保NbS的有效性、公平性和可持续性。有效管理和规划设计城市地区的NbS实施对于实现城市宜居性、公正性以及气候韧性等多重目标至关重要。本章将从跨学科和规划设计实施两个视角出发，阐述未来NbS可能面临的挑战，并展望NbS在利益相关方、资金渠道、规划和实施等方面的未来发展。

## 7.1　NbS挑战

### 7.1.1　理论挑战

　　NbS设计实施与效果评估均需要跨学科视角的理论基础，因此应从多学科角度探索NbS及其提供的生态系统服务，可能涉及的学科包括环境科学、气候科学、经济学、生态学、城市规划与景观建筑等。

### 7.1.1.1 实施基础

Christian Albert在NbS的三个标准中提出，NbS综合了工程设施、经济学、环境规划等多学科的知识和经验，比如工程中的蓝绿色基础设施，经济学中的自然资本和生态系统服务，环境规划中的景观功能[822]。因此，在设计与实施过程中，NbS项目通常需要多学科的理论支持，并包含多学科的技术与研究方法。

NbS设计实施需要充分的生态知识基础。以生态功能为例，从业者需要尽可能多地使用生态知识以抓住生态系统及其动态的本质，进而针对性地设计实施NbS并解决问题。在NbS设计过程中，应当综合考虑支撑生态功能持久性和生态系统对环境变化响应的关键特征，包括生态干扰、生态系统动态和临界点、种群活力、植被结构多样性、关键物种和功能群的作用、响应多样性、景观连通性等[823]。除了上述生态知识之外，结合景观尺度实验与多光谱遥感、大规模生态观测网络、扰动生态学和机械植被建模等最新进展，可以改进对生态系统稳定性风险的量化方法，从而推动NbS技术的发展[824]。

作为解决可持续发展挑战的综合途径，NbS侧重协调社会、经济、环境三者的关系。这就要求设计实施时不应仅仅掌握生态环境相关知识，还需要对社会、经济、人文等学科理论有深入的了解，包括减缓气候、水安全管理、韧性海岸建立、绿地管理、环境质量、城市更新、参与式规划和治理、社会公正与社会凝聚力、公共卫生和福祉以及新经济机会与绿色就业机会[825]。

NbS实施过程需要依托不同的利益群体以获得多样的资源保障，包括资金、土地、知识等[826]。因此，多利益主体也需要进行跨学科合作，NbS的团队往往呈现出一方主导、多方协同的合作形式。

综上所述，实施NbS需要研究人员（建模者或生态学家）、不同部门、政策和利益相关者之间的整合，通过与各利益相关者（如政策制定者、土地所有者和农民）合作，进而支持和改进NbS的设计实施。

### 7.1.1.2 多功能性

不仅NbS的设计和实施需要跨学科的视野和技术支持，NbS效益的多功能性也在各个学科领域得以体现。因此，通过多学科理论对NbS效益的多功能性进行权衡取舍，也是一个亟待解决的挑战。

在使用NbS解决相关问题时，往往会在不同挑战领域产生一系列协同效益。但是，由于并非所有的协同效益都可以同时最大化，甚至在某些情况下可能会产生损害，因此需要不同效益之间的权衡取舍[827,828]。例如，工业棕地的再利用是替代开垦空地的有效方法，但会使园丁暴露于高浓度的有毒化学物质中[829]。NbS通过提供生态系统服务起作用，因此最大化个体、社会、生态或技术领域的管理选择可以通过影响收益的数量、质量或空间和时间分布来修改生态系统服务束（ecosystem services bundle）[830]。然而，对权衡和协同作用的分析主要集中在生产性景观的生态领域内，主要是探讨供给和调节功能之间的平衡[831]，而通常没有考虑到其他NbS效益之间的权衡和协同作用。因此，为了避免采用单一视角的NbS评估方式，应该结合不同利益相关方和各种时空尺度，从多个领域对方案进行全面的效益评估。

以城市农场和花园食物供给为例，只有综合社会、生态和技术理论，才能更全面地了解食物供应的关键驱动因素以及与城市花园相关的危害，进而解决食物获取的不平等问题。城市花园生态系统常被视为解决城市中"食物沙漠"和营养不平等问题的方案[832]，为当地家庭和社区提供食物。但它同时也具备其他协同效益，如作为传粉媒介的栖息地、提供社区聚会的空间、创造凉爽的小气候等。然而，城市花园也可能增加水、化肥和杀虫剂的使用，并且可能排斥其他土地用途和使用者。这要求管理者基于各方面的理论，协调城市花园的多功能效益，以确保食物供应。在社会理论方面，花园管理及其社会制度特征（包括治理、决策能力、产权和分工等）对食物生产与供应至关重要。如果缺乏对社区园艺项目和环境效益的地方性知识，可能会导致城市花园被废弃[833]。除了生态系统管理和经营之外，多种形式的传统技术知识对于品种选择、生产力效益也很重要[834]，包括支撑粮食供应的物理基础设施技术（例如灌溉设施等），提高可达性并帮助培养社区和土地管理共同意识的道路规划技术[835]。

为了公平分配生态系统服务、利益和协同效益，有必要在粮食生产管理等NbS项目中评估所有学科领域产生的协同作用。因此，需要进行跨学科研究，以阐明不同维度和过程在NbS中的相对作用，从而改进最佳管理实践的决策，并恢复和扩大不同生态系统的服务生产[836]。

### 7.1.2　实践挑战

在复杂动态的城市系统中，管理、设计、规划和实施NbS以解决多重社会目标并提供生态系统服务存在多个交叉挑战。这些挑战包括评估NbS效益的多功能性，以及如何最大限度地发挥协同作用并限制权衡取舍；提高多元化NbS的估值和潜在可替代性；认识到空间和时间尺度在NbS的实施和管理中的重要性等[821]。为了充分应对这些核心挑战，需要采用更综合的系统方法，以提高生态系统针对城市化和气候变化不断扩大的挑战所提供的生态系统服务和NbS。

#### 7.1.2.1　估值挑战

在NbS实施过程中，生命周期成本估算与成果效益预算是必须考虑的内容。例如，在城市规划中，不可避免地需要对城市设计项目进行估值以判断实施的可行性，包括以货币或其他形式进行的经济评估，对其提供服务的生物物理能力的评估，或对其社会文化价值的理解[837]。但目前有关估值的研究通常侧重于已建成的基础设施解决方案，较少考虑城市生态系统服务的价值[80]。因此，需要更好地理解自然和人造资本的不同价值和可替代性，以充分了解维持生态系统服务收益、公平影响以及人们在生态系统服务长期管理和管理中的关键作用所需的全部投资成本。

例如，对绿色屋顶成本和收益的研究将绿色屋顶与反射"凉爽"屋顶替代品进行比较。其中成本包括安装、维护和更换成本，以及在一年中凉爽季节的供暖成本；而收益包括减少能源使用、减少雨水径流和空气污染、降低发病率和死亡率，以及冷却效应带来的其他健康益处[102]。在进行选择时，考虑环境背景是至关重要的。在气候较冷的地区，冷却屋顶可能会增加供暖成本；而在气候较干燥的地区，屋顶绿化可能会增加灌溉成本[102]。此外，NbS规划实施可以与其他方案相结合以提高成本效率。例如，城市地区降水强度、频率和持续时间的增加加剧了洪涝和河流泛滥。虽然使用生态基础设施是灰色基础设施的一种补充方法，可以帮助城市管理雨水和水质，但它并不太可能完全替代灰色基础设施。因此，许多城市普遍采用混合的灰色和绿色基础设施。这种混合生态技术解决方案包括雨水花园、生物洼地、生物滞留池、人工湿地和绿色屋顶等[838]，需要注意的是这些混合的城市生态基础设施需要积极的人工管理才能实现收益[839]。这些干预措施应结合社会、生态和技术方法，从初始设计到建筑和施工，再到运营和管理，以控制生态系统服务效益和雨水管理的价值。

这些示例为研究分析实施NbS以应对气候变化的成本和收益提供了经验。通过全面分析NbS相对于灰色（或非自然）替代方案的成本和收益（包括损害和共同收益）[99]，并在多学科维度进行成本效益平衡，能够帮助决策者将NbS纳入成本效益驱动的决策[821]。

### 7.1.2.2　规模挑战

NbS的设计与实施规模应当与气候变化造成的灾害和影响规模匹配[87]。具体到城市系统中，此类规模问题需要在各个城市背景下加以解决，比如它们的当地生物群落、气候和水文地质（例如地表水和地下水的来源）；预期气候变化危害的程度和类型（例如干旱、极端降雨、海平面上升）；特定的社会、生态、技术特征（例如风险的空间隔离，绿色和灰色基础设施的年限、类型和分布，以及实施NbS的社会障碍）；以及将绿色与灰色基础设施相结合的机会[80]。总的来看，最需要明确的是不同城市背景下，NbS规模在跨时空尺度上不同系统之间的关系。

NbS效果会随实施区域的扩展而发生变化，且NbS独立实施或与灰色基础设施结合的有效性取决于它们在景观中的物理位置[83]。例如，城市热岛效应的减少与屋顶绿化面积呈线性关系[840]；温度与树冠覆盖呈非线性关系，取决于不透水覆盖、空间尺度和一天中的时间变化（白天与夜间）[841]；绿色基础设施分散在整个景观中的布局比集群布置更能有效地减少所有风暴类型的洪水[94]。同时，若空间尺度上不匹配，NbS获得的收益与生态系统服务管理的有效性会降低[842,843]。例如，如果提供局部冷却的绿色屋顶没有在高热暴露社区广泛实施，那么局部冷却的好处可能是最小的。此外，由于植物的生长、基质（例如土壤和沉积物）的变化以及枯枝落叶或颗粒物的沉积，NbS功效可能会随着时间的推移减弱。因此，NbS的功效需要满足足够的开发时间，或仅在特定时间点提供[828,844]。例如，城市落叶树提供的降温服务仅在温暖的夏季提供遮荫，遵循季节性的降温需求。城市花园的粮食产量也随季节变化，夏季产量较高，冬季产量较低甚至无产量。因此，必须考虑不同尺度生态系统服务供需的变化，以确保在居民需要的时间和地点提供相应的NbS支撑的生态系统服务。

为确保NbS的可持续管理和生态系统服务供应，需要进一步采取跨尺度的工作。这包括确保地方尺度的规划与生态系统服务供应链中的区域尺度生产、运输和交付机制保持一致。例如，在规划城市植被和基础设施以减少城市热岛效应和热胁迫时，需要绿色基础设施、生态技术创新以及相关立法来解决地方和区域尺度上的气候调节问题。在地方尺度上，需要协调这些基础设施的生态维度需求，包括对优质土壤、充足有机质、健康土壤微生物、支持健康生态群落的物种群落，以及适应当地环境条件的物种特征的需求。在区域尺度上，其降温效益不仅取决于生态功能，还取决于大范围内的激励措施和法规。同时，还需要不同空间与组织规模的人力运营、机构管理以及商业交易，以保障在社会维度向受益者提供可持续的生态系统服务。此外，不同维度与尺度的需求会随时间发生变化，因此，在时间推移过程中保持并最大化这些基础设施的冷却效率和生态功能也非常重要[821]。

综上所述，孤立地研究、规划设计实施或管理NbS在城市生态系统中的各个维度从根本上忽略了影响多尺度生态系统服务生产的关键系统相互作用。只有通过处理尺度的复杂性，才能实现对城市自然的多重社会目标，以实现SDGs并提供人民需要的服务。但是，鉴于大多数城市空间有限，或者私人所有权使公共产品的使用变得复杂，以及预计气候变化的影响，以足够的规模和适当的配置实施NbS以实现有意义的适应难度极大。通过了解NbS在不同维度与其规模的相互作用，有助于支持并最大化跨时间和空间的NbS有效性。

### 7.1.3 社会挑战

NbS的社会挑战主要是公平正义上的挑战。城市的物理形态和社会系统的结构往往会导致NbS及其利益的分配不均等、不公平[845]，可能导致在城市内部和城市之间经历气候变化影响最大的人同时也成为获得NbS带来收益最少的人。随着世界各地城市对NbS投资不断扩大，城市的规划设计和管理不仅必须认识到这些战略的潜在负面影响，还要确保它们不会导致贫困，以及少数族裔社区收入与福利的进一步不平等。

在城市内部，较贫困的社区往往更容易受到气候变化危害的影响，因为他们的成员生活或工作在高暴露地区，且缺乏适应气候变化的资源（例如空调、足够的住所或排水系统）。伴随NbS的实施，绿色高档化现象会成为新的潜在挑战，公园等城市绿地更容易为富裕、身体健全的城市居民使用

[846]，树冠覆盖也通常集中在较富裕的社区[847]。此外，游憩服务作为多种文化生态系统服务的混合体，对于确保居民公平获取服务至关重要[830]。城市生态基础设施（包括城市公园、植被屋顶、树木覆盖、湿地、自然区域以及多样化的植被和野生动物）是创造充满活力的娱乐空间的关键。但是，在城市绿化项目中，当弱势群体被剥夺了参与或提出 NbS 规划和决策的权利，或者当项目有意吸引高收入人群到新建的绿地中而排斥弱势群体时，新的不公平现象就会出现[848,849]。

放眼全球城市，NbS 在最容易受到气候变化危害的城市中的效果更差。许多南半球城市位于赤道地区，气温上升可能超过居民的耐受阈值。此外，许多城市位于沿海低洼地区，容易受到风暴和海平面上升的影响。尽管全球南部的城市正在迅速发展，但许多城市缺乏资金进行关键基础设施建设，也难以通过建设足够的保护性基础设施，以及设计或保存绿色基础设施等手段来应对气候变化的影响[850,851]。如果不加快减缓气候变化的步伐，这些城市可能会变得不宜居住，而且任何规模的 NbS 都无法充分减少它们面临的危害。相对南部的城市来说，其他城市具有更充足的资金和更稳定的政治环境，受到的气候变化挑战较为简单，故而 NbS 能够在此成为一种加速改善生活条件的方法。

## 7.2　未来展望

### 7.2.1　跨学科合作与融合

未来 NbS 的进一步发展与实施迫切需要跨学科的合作与融合。例如，社会科学可以帮助了解 NbS 的潜力和风险，从而为 NbS 设计与实施提供有效信息，并提高对环境治理的总体理解。社会科学的研究可以深入了解不同选择的多方面影响，包括 NbS 的支持和实施、利益相关者的思考和授权[852]，以及相关的社会价值观与集体行动的识别[853]。以利益相关者的社会科学研究为例，生态系统服务领域在自然资源开发过程中可能出现经济外部性，即经济主体的开发行为直接影响到另一个相应的经济主体，却没有给予相应支付或补偿，这可以通过生态系统服务付费项目来解决[854]，其间还需评估自然带来的多种非货币形式的利益[855]。应多考虑这些方面的经验以更好地进行

NbS项目的设计与选择[856]。

又如，NbS的实施需要生态学和相关学科提供前沿的概念、框架、标准与工具，帮助NbS在实际行动与科学知识之间形成良性反馈机制，进而指导新的NbS改善与设计。一方面，开发高质量的衡量标准至关重要。基于这些标准，实施者可以理解生物多样性的多维性质，并探索NbS干预措施的社会成果。衡量获得的信息可以成为基准，例如NbS实施前后的生态数据、实际采取的措施以及相关的社会经济参数信息，从而反过来改进实施策略。另一方面，各个学科拥有许多复杂性和准确性各不相同的建模方法，这些方法可以帮助进行NbS的战略规划、设计、实施和评估。这些模型基于当地政策以及社会经济和文化背景，并充分考虑永久性和泄漏风险、生态系统之间的相互作用、可行性以及对生物多样性、当地人民和经济的影响[857]。

### 7.2.2 利益相关方的参与

任何社会议题都可能受到多种利益相关者的影响，因此利益相关者的参与对于NbS的有效实施和管理至关重要[28,858,859]。学者、管理人员、从业人员和企业在内的不同群体应当广泛参与NbS的设计、实施、管理和监测各个阶段[860]。

利益相关方的参与会为环境管理规划的过程带来三种好处[861]：一是实质性收益，指利益相关方的观点、条件和知识为规划提供信息并加以改进[862]；二是工具性收益，指该过程变得更好被利益相关者理解和接受，因此得到更好的支持[863]；三是规范性收益，指利益相关者的参与增加了过程的合法性[864]。这些好处可以转化为NbS的设计，但需要利益相关者通过NbS流程有意义地参与和授权[865]。

对于涉及重要权衡的NbS，参与过程至关重要。特别是当目标是将人们与当地自然资源更好地联系起来时，参与过程变得更加重要[866]。目前存在许多用于同时吸收利益相关者观点并促进协作的方法，如分析审议法[867]。尽管这些方法可能对时间和技能要求很高，但它们可以确保NbS的共同设计、创新、所有权和后期管理[868]。利益相关者的参与也能促进案例之间的知识学习和共享[869]。

传统上，大型项目的实施包括利益相关者参与和沟通两个阶段，将共同利益传达给不同层次的决策者和公民成为贯穿项目生命周期的横向活动[870]。当NbS需要通过一系列并行与重叠的自上而下和自下而上的流程来实现时，沟通是最有效的。因此，新的合作方式，例如公私伙伴关系、社会创新或不同利益相关者的对话平台，已经被用作创新沟通过程的方法[29]。协作和富有想象力的沟通方法不仅增加了对NbS的支持，而且通过反馈可以进一步推动共同利益的实现[871]。

### 7.2.3 多元化项目资金渠道

尽管人们普遍认识到气候变化对全球经济构成的严重威胁，但只有不到5%的气候资金用于应对气候影响，不到1%用于海岸保护、基础设施和灾害风险管理（包括NbS）[872]。虽然越来越多的证据表明，自然栖息地通过避免气候变化相关灾害造成的损失提供了重大的经济利益[84,100]并支持了每年价值125万亿美元的生态系统服务[617]，NbS资金仍严重不足[34]。这被广泛认为是在全球范围内实施和监测NbS的主要障碍之一[873]。因此，NbS的资金来源、类型和投融资方式的多元化亟须改善。

NbS的资金来自公共和私人、双边和多边、国家和国际基金（例如全球环境基金、绿色气候基金、适应基金）。林业项目的气候融资主要通过UNFCCC（绿色气候基金）下的生态系统服务计划或自愿市场（私人资金）提供。然而，生态系统服务计划能够在多大程度上带来社会和生态效益，仍然存在很大不确定性[874]。据UNEP发布的《自然融资状况报告》估算，到2050年为止，为实现应对气候变化、保护生物多样性和遏制土地退化的目标，全球需填补4.1万亿美元的自然融资缺口。虽然公共资金的增长可以补上部分缺口，但还应显著增加对NbS的私人投资[817]。同时，应对生物多样性相关金融风险是央行与监管机构的职责。许多国家的央行和金融监管部门已开始采取行动，例如中国人民银行和马来西亚央行等把生态友好项目纳入绿色金融目录，欧洲央行和英国央行等要求披露生物多样性相关金融风险，法国和意大利的央行投资支持生态友好资产。

资金的可用性通常是项目所需的触发因素[45]，尤其是当实施成本很高时。例如，为了创建潮间带栖息地以防洪，需要计划撤退并重新安置基础设施和人员[875]。然而，为此类干预筹集必要的资金非常复杂，融资工具可能难以申请或需要共同融资[876]。公共和私营部门决策的短期性质阻碍了NbS效益，同时也阻碍其持续提供所需的长期规划和维护[876]。一方面，与NbS

相关的许多好处不能被任何一方或组织利用，它们会影响许多不同群体的外部性，从而导致所有权问题。NbS的融资需要提供适当的风险分担，而在大多数情况下，投资是通过债务融资的，因此项目承担者负担了很大一部分风险。另一方面，传统金融区分了供给方（即金融机构和市场）和需求方（即企业和个人借款人），传统的供给方往往缺乏对项目的理解与对项目的参与。因此，对生态系统进行大规模长期投资的关键是建立多边财团，在公司、社区、地方政府、国家政府、非政府组织、地方金融机构以及国家和国际金融机构之间建立密切的伙伴关系[34]，从而提供多元化的项目资金渠道。

### 7.2.4 实施NbS自上而下与自下而上决策程序问题

NbS的决策规划程序可以分为自上而下与自下而上两种方法。

自上而下的规划程序通常由国家或地方当局决定应采用何种类型的NbS以及在何处实施，是根据选定的属性将利益相关者分类为不同的矩阵来完成的。谈判过程可以帮助当地社区了解NbS干预措施的长期积极影响，从而接受提议的解决方案。即使不可能在所有相关方之间完全获得一致意见，也必须达成某种形式的共识，才能将实施的解决方案构建为NbS。否则，治理过程将基于有限狭隘的观点，这可能会扩大受影响人群之间的社会或经济不平等[877]。自上而下的规划程序可以更加高效地推进城市或地区的发展，确保NbS规划方案具有连贯性和统一性，同时重点突出，并且在制定过程中可以充分利用专业性知识和技能。但是，实施该规划程序仍然需要加强自下而上的公众参与模式，尊重当地权利，在决策中考虑当地的声音、价值观和知识[878]。

自下而上的规划程序则是利益相关者主导的方法，利益相关者将自己分为更大的群体。例如，在应对气候变化领域，我国初步建立了国家应对气候变化及节能减排工作领导小组统一领导、生态环境部归口管理、有关部门和地方分工负责、全社会广泛参与的应对气候变化管理体制和工作机制[55]。因此，NbS的相关职能分散在各主管部门，各主管部门在领域内各自发力，自下而上地开展工作。同时，自下而上的规划程序可以充分考虑社区居民和利益相关方的意见和建议，以确保规划方案更加符合社区的需求和期望，也能够促进城市或地区的可持续发展和创新。然而，由于未展开自上而下统一的职责和管理机制，部门之间的横向沟通协调较差，缺乏高效统筹的管理机制。因此，要注意实施自下而上的规划程序时需要激励多方参与，并形成可测量、可报告、可核查的NbS监管程序。这包括开展NbS的标准化工作，实现从项目规划、执行到落地实施的系统化和标准化，有助于推动NbS的规模化推广[879]。

### 7.2.5　实施NbS的公平公正问题

无论城市内部还是城市之间，都应确保NbS获取和分配的公平性，并根据城市规划制定有效政策。例如，为了确保城市绿地规划中的环境公正，可以参考四项建议：绿地的分布确保公平使用；努力让所有人口，包括代表性不足的群体具备发言权；保证互动和社会交流是开放和安全的；考虑当地特点[880]。

更重要的是，NbS应将最弱势群体的需求和生计置于政策和实施的中心。例如，在NbS开始提供收益以前，社区可能需要财政支持；同时，相关社区必须充分参与决策进程，而不仅仅是被用作劳动力[881]。通过综合考虑社会差异（种族、阶级、性别等）以确保决策过程的公平公正，将分配（谁获利谁让步）、程序（谁为谁决定）和承认正义（理解多元价值概念）纳入问责制和监管框架，并通过定期社会审计（涉及当地社区）和第三方机构（包括司法机构）以确保监管过程的公平公正。

总之，决策者需要明确当前城市及其中弱势群体所面临的一系列挑战，并将不同价值观、规范、知识体系整合到规划和决策中，以提供一种更具包容性的解决方法。通过这种方式，NbS可以破坏不平等的权力系统，并为处于气候变化及其影响范围内的边缘化和弱势群体创造公平的未来。

## 本章小结

本章从理论、实践和社会三方面论述了NbS面临的挑战。NbS的理论挑战说明，充分的跨学科理论基础（如经济学、工程设施与城市规划）能够推动NbS的技术发展，并协调其在社会、经济与环境之间的关系，进而支持NbS的设计实施。同时，NbS在不同挑战领域产生的协同效益也需要跨学科的视野来进行权衡取舍。从理论到实践的过程中，需要从多个维度对NbS项目的经济效益、生态效益及社会文化价值等进行评估，通过权衡成本效益来为决策者提供直观且有效的建议；明确不同城市背景下NbS的规模在跨时空尺度上与不同系统之间的关系并掌握其匹配度与相互作用，最大化跨时空NbS的有效性。此外，NbS的社会挑战要求对其利益进行公平且均等的分配，既要保障受气候变化危害影响的弱势群体参与NbS规划和决策的权利，也要充分衡量NbS在不同城市中实施效果的差异及其实施的必要性。为应对这些挑战，需要灵活运用跨学科理论以形成实际行动与科学知识之间的良性反馈机制，进而指导新的NbS改善与设计；管束NbS项目的利益相关方及其参与阶段和全过程，并保障不同利益相关者在合作过程中能够有效沟通；筹备多元化的资金渠道（包括公共和私人、双边和多边、国家和国际基金）并保证资金可用性，以对NbS进行大规模的长期投资；兼用一系列自上而下与自下而上并行的NbS规划程序，在决策中加强公众参与，在执行中加强统筹管理；结合城市规划，综合考虑不同价值观、规范、知识体系和传统来制定有效政策，以保障NbS获取与分配的公平性。

## 思考题

1. 你认为NbS的实施过程还存在哪些潜在问题？
2. 你认为NbS未来发展还需考虑哪些方面的问题？

# 附录1

## IUCN基于自然的解决方案全球标准使用指南

### 准则1　NbS有效应对社会挑战

NbS的设计应该有效和高效地应对特定社会挑战。这些挑战包括减缓与适应气候变化、降低灾害风险、生态环境退化与生物多样性丧失、人类健康、社会经济发展、粮食安全和水安全。可以单独或组合使用三种主要的保护措施，来应对社会挑战，即保护、恢复和可持续管理。设计应以实现特定的成效，能够直接和明确应对社会挑战，在维持生态系统功能的同时为社会需求作出贡献为目标。

在干预措施开始前，需要了解主要的社会、经济和环境状况。这一点对于NbS很重要，这有助于正确评估和充分理解应对的挑战类型以及NbS实施方案的适宜性，并能够随之推进和不断地改善对于社会挑战的认识。除此之外，可以通过召集利益相关方、潜在受益方和政府、私营部门、当地气候变化及生态领域的专家学者，以及项目地点相关的行政部门举办咨询会议来获取基线信息。

虽然NbS聚焦于应对社会挑战，NbS的活动也应该以维持和加强生态系统服务，同时维持生态系统的结构、功能和组成为目的（参见准则3）。这一点确保了生态系统的完整性和稳定性，从而提高了NbS应对社会挑战的长期有效性。如果NbS简化生态系统结构、功能和组成会减弱生态系统恢复力，虽然可能带来短期的收益，但最终会造成生态系统崩溃。因此，长期全面的设计才能确保项目的成功。

## 1.1　优先考虑权利持有者和受益者面临的最迫切的社会挑战

虽然NbS可以对许多社会挑战产生多重效益，NbS干预措施需要对至少一项（或多项）特定的社会挑战做出响应。

必须通过透明的、包容的过程（准则5）识别社会挑战。这是因为外部利益相关方视为首要的挑战可能并不被当地人认为是最紧迫的，反之亦然。因此，应该在决策中使用准则5和准则7中所描述的过程。除此之外至关重要的是，我们需要理解和认识到，由于社会挑战对当地利益相关方的影响是相互联系的，解决一项社会挑战的同时可能需要应对其他社会挑战。举例来说，在一些社区中，如果社区缺少应对季节性灾害的能力，甚至不具有安全的生活场所，那么就不可能开展长期应对气候变化影响的工作。换言之，若没有很好地应对就业或土地权属这样的社会和文化挑战，就很难带来根本改变。使用变革理论的方法以确保转变可以实现代际传承。本标准将会随着更多的信息积累，提供变革理论应用开发的参考和工具。

## 1.2　清楚地理解并记录所处理的社会挑战

NbS干预措施需应对直接影响特定人群（例如，NbS以控制海岸侵蚀来保证城市安全）或间接影响整个社会的挑战（例如，NbS固碳作为缓解气候变化的选择）。但是，围绕一个特定的社会挑战实施NbS干预措施通常会产生多种社会效益，例如创造就业机会与其他经济效益，因此在适当的情况下，应该对这些额外效益所应对的社会挑战进行描述、记录和说明。

同样，并非所有的生态保护或恢复干预措施都可以称为NbS。尽管自然保护措施可以（直接或间接）产生辅助的社会效益，但许多保护措施并未明确设计或设法实现社会效益。为了将现有的保护措施扩大或转化为NbS，可以依据NbS的标准和目标，修订任务和管理计划，并提供必要的基准和说明。特别指出，标准7（适应性管理）会指导保护行动转变为NbS干预措施。

## 1.3　识别、设立基准并定期评估NbS所产生的人类福祉

需要针对人类福祉制定干预措施具体目标。这也是保护行动和NbS的区别（指标1.1）。理想情况下，应制定干预措施的实施和影响目标。因为NbS的全部影响可能在干预措施完成之后才得以显现，故项目需要设立指示性目标或里程碑。这样的指示性

目标或里程碑可以激励对NbS的长期投资，并且有助于干预措施的长期监测。

## 准则2　应根据尺度来设计NbS

良好的NbS设计会考虑景观在不同社会和生态尺度上的相互作用，例如，牧民社区的季节性流动或青年人季节性地从农村地区到城市务工，以及家庭成员之间的流动。如果在项目设计中未考虑到这些状况，这些因素可能导致项目实施者做出误判或错误行动，重复行动或带来冲突乃至项目最终失败。

重要的是要了解同一区域（景观）内不同的生态系统是如何相互作用的。由于生态系统通常会受到更大尺度的陆地和海洋生态系统的影响，且某些生态系统产品和服务是在景观尺度上产生的，因此NbS活动必须在更大的景观尺度上进行统筹部署。事实上，在景观尺度管理生态过程（例如营养物质的循环）可能与干预场地尺度做出的管理决定同样重要，尤其是提供生态系统服务是重要目标的情况下。

因此，对旨在造福于全社会生态系统的产品和服务（水，减缓和适应气候变化等）的长期评估、计划、实施和监测，需要景观尺度的方法并结合场地实施的监测。总之，在NbS开发和实施的每个阶段，都应考虑更大的景观尺度，以及在这些尺度上发生的各种社会和经济过程。

### 2.1　NbS的设计应认识到经济、社会和生态系统之间的相互作用并做出响应

所有干预措施，包括在单个场地或较小空间尺度上实施的干预措施，都应在景观规划的背景下制定，以确保活动具有战略意义，并最大程度地为人类和生态系统带来效益，尽量减少对邻近生态系统和周边人群的不利影响。小规模实施创新型NbS是向外扩展的基础，可以为景观尺度愿意尝试创新措施的利益相关方提供学习和示范。较大景观尺度包括生态、经济和社会文化视角。

景观尺度不是关注特定的生态系统或单一的利益相关方，而是考虑生态系统及其功能如何与不同利益相关方的价值、权利和利益相关联。NbS规划和决策应始终在考虑景观尺度的同时，理解景观尺度干预措施的含义。这些考虑可以帮助NbS工作人员将多样化的需求，不同的部门计划、项目和政策整合起来，支持采用传统的措施，在单一空间情景内权衡和选择。这种景观尺度的考虑不仅包括特定场地效果的测量，还包括对场地之间和多利益相关方之间累积的影响。

人与自然之间的相互作用是复杂且不确定的，因此可以在NbS的项目设计中采用参与式的方式使用简单定性的模型进行分析。通常，这将涉及识别利益相关方及其土地用途之间的相互作用，利益相关方与景观本身之间的相互作用以及景观与管辖政策和法规安排（包括国家法律和政策）之间的相互作用。这个简单的系统模型可以为未来情景的参与式发展提供基础，这些情景可以指导决策并实现与准则3、4、6和8有关问题的适当整合。

理解不同层级尺度（参与NbS的机构内部和机构之间）的交互影响，对于NbS的治理和考虑现有机构（正式和非正式的）是否支持NbS备选设计具有重要意义。

## 2.2 NbS应与其他相关措施互补，并联合不同部门产生协同作用

尽管NbS通常是包含应对其他类型社会挑战的解决方案（例如技术和工程解决方案、金融措施）的一部分，但也可以单独实施。在规划时，可以明确考虑NbS与其他解决方案的协同作用。重要的是，所有的贡献必须有扎实的科学基础，并在设计中纳入综合的监测方法。

识别出不同部门应对不同社会挑战措施之间的联系，有利于不同解决方案之间发挥协同作用。这种联合方法可以增加获得感，减少不良后果的风险，并促进将NbS纳入政策和行业的主流决策中。在规划NbS时，重要的是积极寻求可能有助于NbS不同部门（例如农业、林业、水、卫生等）的潜在协同作用来解决生计需求并改善环境质量。以下是一些和NbS结合的案例说明：

a）农业或作物保险部门，解决粮食安全问题；

b）卫生部门，解决城市的人类健康问题；

c）基础设施部门，（通过保护红树林和海堤）应对海岸线洪水带来的灾害风险。

## 2.3 NbS的设计应纳入干预场地以外区域的风险识别和风险管理

可信的设计过程需要评估社会和生态过程的影响，由于外部事件（例如自然灾害）的发生而导致系统发生变化的风险，以及这可能如何影响干预措施的预期成效。对于干预措施范围之外产生的负面影响尤其如此。

对于具有多种风险来源的NbS而言，这些风险源对基础生态系统服务的长期健康和完整性产生影响，因此需要通过风险评估考虑某些利益相关方脆弱性增加的可能。可以尽早采取行动设计一些干预措施，例如风险和影响评估以及主动的威胁管理。关

键问题可以通过脆弱性和恢复力评估来解决，例如：

a）是否存在可能与NbS社会–生态系统管理目标相互矛盾的国家、地方或区域性政策？

b）是否有提供支持NbS的社会–生态系统和服务的竞争性主张？

c）是否有可能降低NbS效力的特定相邻或上游土地利用实践？

d）NbS设计是否足够稳健以承载预期的经济、人口和气候的相关变化？

e）NbS本身是否会给生态系统带来潜在风险或额外压力（例如，引入或散播入侵物种的风险）？

## 准则3　NbS应带来生物多样性净增长和生态系统完整性

当前的生物多样性危机不仅威胁着濒临灭绝的珍稀物种，还严重破坏了各类生态系统，损害了地球健康和人类福祉。无论针对哪种社会挑战，所有NbS都必须对生物多样性产生积极影响；换句话说，作为NbS的直接结果，应该改善干预区及其周围地区的生物多样性和生态系统完整性。

NbS旨在保护或恢复生态系统完整性，并避免生态系统的进一步单一化（例如，用单一种植的人工林代替天然混交林）。尽管生物多样性是生态系统完整性的关键组成部分，但生态系统完整性还包括生态系统和景观的结构和功能，以及连通性。此外，NbS依赖于生态系统的支持功能，因此，NbS实践者应确保实施措施可以长期保持目标区域的生态完整性。重要的是，NbS支持者应就保护目标形成共识，将其纳入实施计划并进行监测，同时不要忽视NbS旨在应对的社会挑战。

谨慎的做法是，NbS实践者定期评估目标和周边生态系统的不利影响。NbS实施计划中应基于事实详细审查NbS主要行动对该地区生物多样性的潜在风险和影响。此外，NbS计划的第一阶段是了解目标景观的基线状况，包括其组成、结构、功能、连通性、生物多样性和外部威胁。该基线条件可提供有关退化程度的信息，用于确定NbS的特定目标，并作为评估效能和效果的基准。由于所有生态系统和景观（包括有很少退化的生态系统）都是动态的，因此不应基于历史的生态系统或景观来评估退化程度，而应基于该生态系统在未退化情况下当前可能处于的状态，这种状态可以通过基于现有参照场地或景观、理论和传统知识创建的模型来描述。尽管调查和数据收集可能需要很多资金，但使用基线来描述生态完整性的关键组成部分并确定持续的退化驱动因素仍是必要的。

## 3.1 NbS行动必须对基于证据的评估做出直接响应，评估内容包括生态系统的现状、退化及丧失的主要驱动力

调查和数据收集非常昂贵，因此始终存在着NbS实践者将基线评估局限于所关注的生态系统服务的风险（例如，通过改善泥炭地管理来固碳的项目只评估碳汇潜力）。然而，由于生态系统提供服务的基础是其本身的完整性和状态，而且NbS的吸引力之一是促进生物多样性保护，基线调查应足以在实施过程中指导这类管理决策。

基线的基本信息至少应包括：

a）结构信息，包括营养级动态和植被层及其在生态系统中的空间分布，相应尺度的关注区及其当前保护状态，景观中关键生态系统类型的空间布局和模式；

b）物种组成，包括分类学上的关键物种丰富度（例如维管植物、哺乳动物、鸟类和土壤微生物）和物种当前的保护状况（灭绝风险）；

c）关键生态系统功能的信息（例如生产率、水流和养分流以及生物间的相互作用）；

d）物理环境的关键方面（例如水量和水质，以及土壤和其他基质的理化性质）；

e）连通性，包括横跨景观的自然或半自然植被廊道，这些廊道将保护地和半保护地以及其他生物多样性避难所联系起来，使繁殖体、水和物质在生态系统之间进行交换；

f）根据IUCN受威胁物种红色名录和生态系统红色名录分别确定的生态系统或景观外部威胁以及生态系统崩溃风险；

g）现有或正在进行的针对景观中受威胁的物种和生态系统的保护措施。

应该实施基线评估来确定退化程度和设计项目目标，以及了解NbS随时间推移的变化，随后为管理目标提供信息，包括调整减少负面结果。为此，有必要使评估的变量和分析单位与基线调查保持相似或相同。定期监测对于评估生态系统完整性和改善提供所需服务的能力是必要的。

## 3.2 识别、设立基准并阶段性地评估清晰的、可测量的生物多样性保护成效

鉴于NbS依赖于生态系统的健康和状况，NbS实践者要确保实施措施在较长时间内至少维持、最好改善目标地区的生态完整性和物种多样性。此类措施的范围和选择取决于具体情况，特别是基于其他利益相关方同意，符合国家和地方政策要求以及可用资源条件。在某些情况下，NbS可能包括生态恢复活动，这些活动可以消除退化

并使系统恢复到之前的状态；NbS也有可能仅提高特定地点的物种组成多样性或仅改善部分关键生态系统功能。重要的是，要对生物多样性保护目标形成共识并将其纳入实施过程，而且要通过监测来确定其效能和效果（包括非预期后果），同时不要忽视NbS旨在应对的社会挑战。

对于与保护生物多样性和恢复生态系统完整性有关的每个管理目标，NbS至少应包括以下内容：

a）与管理目标有关的具体可衡量变量（例如物种数量/公顷和冠层盖度）；

b）行动（例如增加、减少、维持）；

c）量化（例如50%）；

d）时间周期（例如5年）。

## 3.3　监测并阶段性评估NbS可能对自然造成的不利影响

NbS方案制定应包括监测方案，以确定NbS的效能和效果（包括非预期的不良影响）。

生态系统是复杂且动态变化的。虽然完善的计划流程（准则2）将有助于预测和应对负面的次级影响，但自然系统和过程总会带来一些非预期后果。因此，谨慎的做法是NbS实践者定期评估NbS对目标生态系统及周边生态系统的不利影响。为此，应该在NbS实施方案中针对主要措施对该地区生物多样性产生的潜在风险和影响进行循证评价。这应该包括一定的监测频率和负面次级效应响应框架。

监测和评估方案必须包括以下内容：

a）监测方案各组成部分的资金预算和资金来源；

b）数据收集的设计，包括要评估的变量，数据收集的方法，不断重复确定管理干预效果的影响，监测的频率和持续时间；

c）用于评估管理效果的分析类型；

d）用于管理和创建永久数据存档的位置和规则；

e）分享经验教训的方式。

## 3.4　识别加强生态系统整体性与连通性的机会并整合到NbS策略中

生态系统连通性是指生态系统中生物（生命体）组成部分的双向流动，若无连通性，这些流动将在景观中被物理隔离。NbS可以相对容易地促进改善生态系统连通性。

规划中连通性的尺度取决于NbS措施设定的目标。

生态系统的连通性也有很强的社会意义。在这方面，最有潜力的NbS措施与城市绿色空间需求有关，这些绿色空间不仅满足休憩和户外教育的需求，而且满足公众对公共健康、削减大气颗粒物的需求。城市生态系统与城市腹地的连通是开发城市绿色空间的优秀范例。

NbS改善连通性的其他方式包括建设廊道，这些廊道可以连接小型生物多样性避难所，例如灌木篱、湿地和林地，以适应物种在景观中的迁移；或保护上游源头生态与城市地区之间的联系，以确保城市居民的供水。NbS必须设计、实施和监测生态系统连通性及对生态系统完整性的影响。

## 准则4　NbS具有经济可行性

如今很多NbS实践者面临着缺乏经济或财务规划和长期资源的挑战。许多干预措施都会把资金大量用于干预早期，而不考虑干预期之后的经济可行性。这不仅增加了NbS失败的风险，也不能为可持续经济发展创造机会。比如，可以将提供绿色就业和可持续生计纳入NbS干预措施范围，以进一步提升影响力。

NbS的可持续发展需要强有力的经济考量（可持续发展还有其他两大支柱：环境和社会）。否则，项目的执行就会受到项目周期（比如5年）的限制，项目结束后，解决方案及其带来的多种效益就会大打折扣，甚至使得景观比干预之前更糟。此外，就资金而言，NbS不能在真空中实施，因此必须使之与金融机构和激励机制相结合。为了确保NbS能够为自然和人提供全方位的效益，需要了解经济政策和金融机制是否互补。

自然通过为人类提供直接（例如食物、木材、纤维）和间接（例如养分循环、土壤形成、授粉）的服务来支撑经济与社会。自然资本向人类提供的产品和服务包括一系列社会和环境效益，如清洁的空气和水、减缓和适应气候变化、食物、能源、居住地、产品的原材料、休憩、灾害防范等。其中的一些效益可以通过市场进行交易和定价，但自然带来的许多效益是非市场的产品和服务，包括一些似乎能免费获得的效益。在评估NbS时，如何将其多重效益纳入共同的经济评价框架是关键挑战。

纳入经济考虑的主要方法包括成本有效性（cost-effectiveness）评估和成本效益（cost-benefit）评估。当成本有效时，与其他同等效果的方案相比，NbS实现预期成效（例如，二氧化碳吸收、防洪、净水和生物多样性保护）的成本相当或更低。成本有效性不要求效益货币化，而是通过物理量来整合货币和非货币效益点。成本有效性的评估不需要使用货币计量，这有助于统计非货币性效益，但限制了对不同效益成效的比较。多准则评估方法可以将不同的效益点汇聚到一个共同的评估决策框架中来，帮助补充成本有效性评估。

成本效益分析则是通过使用货币化的方法，整合私营部门及社会所获得的多重效益，使其具有可比性。当所有效益可以货币化时，成本效益分析比成本有效性分析法更好，因为它不仅可以评估实现特定效益的成本（成本有效性分析），而且还能率先确定NbS的投资水平（效益超过成本）。

## 4.1　确定和记录NbS项目的直接和间接成本及效益，包括谁承担成本以及谁受益

理解NbS经济方面最基本的要求包括确认和记录其所提供的所有类型的效益（包括财务和非财务；经济和非经济），谁得到这些效益、成本多少以及由谁来承担成本。效益和成本可以采用非经济评估（比如空气质量的提升）或经济评估（比如降低了公共健康的费用），或两者兼而有之。考虑NbS市场因素和非市场因素来分辨谁是支付者、谁是受益人以及谁是执行者，对于评估的完整至关重要。这将为考虑准则6（指标6.1）下的权衡提供信息。

## 4.2　提供成本有效性研究支持NbS的决策，包括相关法规和补贴可能带来的影响

分析框架可以是基本的成本有效性研究、成本效益评估或多准则分析。有一些方法和工具可以帮助进行成本有效性研究，尝试这样做将有助于为准则6提供有关权衡的信息。

## 4.3　NbS设计时与备选的方案比照其有效性，并充分考虑相关的外部效应

NbS的首要目标是以经济可行的方式有效应对一个以上的社会挑战。需要比较各种可供选择的解决方案，识别出其中最有效且可承受的方案。可供选择的解决方案可能是纯技术的、工程的、基建的（灰色解决方案），比较不同的解决方案让我们了解应对社会挑战的最有效方法。这一指标与指标4.2密切相关。

### 4.4　NbS设计应考虑市场、公共、自愿承诺等多种资金来源并保证资金使用合规

　　充足的资金来源是NbS可持续的必要条件。无论项目措施是营利性的还是非营利性的，情况都是如此。后者资金的首要来源可能是赠款，但应考虑在项目期之后未来的资金来源。当前，随着NbS需求的增长，资金来源的选择也在增加，特别是混合融资等创新金融机制。混合融资是战略性使用发展资金，调动促进发展中国家可持续发展的额外资金。为了使NbS能在各种情况下为社会挑战提供最有效的解决方案，应该考虑一系列的选择，包括循环经济、自愿承诺、税收优惠、绿色就业和公益金融。私营部门通过企业社会责任或慈善基金向NbS提供融资，也提供了一些可供选择的方案。

　　就NbS经济/财务的可行性和限制性，应该考虑制定一个长期的商业/金融方案。该方案将超越规划和拨款支持的实施初期。如果不进行长期的财务考虑，短期成本可能会超过长期效益。这种分析可能得出随着时间的推移期望的解决方案在经济上不可行的结论。所以方案既要考虑实施阶段，也要包含符合上述准则的一定程度的前瞻性。

### 准则5　NbS应基于包容、透明和赋权的治理过程

　　适当的治理过程对于确保NbS给人类和自然带来成效至关重要。一方面，公平参与、权力共享、认可和保障权利以及明确责任，将确保人与自然在短期和长期同时受益。NbS治理包括所有利益相关方参与识别、决策、监督、反馈以及申诉过程的机会。在识别和建立治理机制时，所有NbS都需要采取包容性的方法，在项目的整个生命周期甚至项目结束后，尽可能承认和尊重已有的文化习俗和土地利用。应该进行严格的利益相关方梳理，以确定哪些利益相关方会受到NbS的影响以及是何种影响。当做出NbS的相关决策时，所有利益相关方群体都应该有代表，并考虑他们在干预措施中的重大利益。这样做可以最大限度地降低边缘化甚至负面影响某个特定利益相关方群体的风险。另一方面，缺少这种包容性的方法将导致决策基于有限、曲解和狭隘的视角，这可能造成利益相关方之间的社会和经济不平等加剧。这也许会导致日后与未被征求意见而心怀不满的利益相关方发生冲突。尤其是在利益相关方之间固有的权力

差异或不对等时容易发生。此外，缺少包容性的方法可能会加剧指标2.3和指标3.3中所强调的风险（干预场地以外的不良变化和不利后果），并限制可实行适应性管理的程度。

透明性对于保证公平有效地利用资源（资金、人力和自然资源），造福所有利益相关方共同识别并认可的受益群体至关重要。推动干预措施的外部行动方需要有透明度，才能使当地利益相关方，尤其是当地社区了解NbS干预措施的近期和长期影响，无论是生态、经济还是社会方面的影响（特别是对文化、地方权利和习惯的潜在负面影响）。重要的是，所有利益相关方都应理解并有公平的机会参加决策过程，以了解他们将如何受到有关影响，包括在实施NbS时需要做出的任何权衡（准则6）。

NbS还需要帮助解决可能存在的结构、情感和治理上的不平等，特别是那些最边缘化群体无法获得决策权的问题。有效的治理有助于避免冲突和防止保护行动失败。使用自然资源治理框架等工具可以直接有助于实现准则5，因为它们旨在指导项目的设计和实施，以实现全面、一致、系统地考虑包容、公平和权利。

为了实现NbS治理的可参与、公平、透明和负责任，需要在项目初期就通过能力建设和知识分享，积极主动地赋能利益相关方，特别是那些贫困的、影响力较小或处于边缘地位的利益相关方。赋权可以让他们对干预措施有长期获得感，为干预措施实现自维持并最终实现可持续性及扩大规模奠定基础。

当受众的需求和文化得到认可和理解时，沟通以及参与就会更加有效。在相关情况下，确保多民族社区计划和分配资源用于翻译和解读特别重要，以便在场的所有人都能知道和理解每个人所说的话。

## 5.1　在实施NbS前，应与所有利益相关方商定和明确反馈与申诉机制

对现有国际法中关于保护活动的纠纷解决机制的回顾表明，符合具体情况的应对和纠正方法是很重要的。申诉机制应该是合法的、易接受的、可预测的、公平的、透明的、权利兼容的、适应性管理的、基于参与和对话的。

## 5.2　保证NbS的参与过程基于相互尊重和平等，不分性别、年龄和社会地位，并维护"原住民的自由，事前和知情同意权"

参与的目标应该是确保知识、技能和观点的多样性为干预措施的实施和发展提供

信息，从而使利益相关方能够对 NbS 有获得感，在干预措施结束后可以自发开展集体持续行动。全面参与对干预措施的成功至关重要。如果某些利益相关方仅仅被告知将要发生的事情或已经发生的事情，那么他们被动的参与将有损干预措施的稳健性。类似地，参与既不能通过一个或几个利益相关方进行信息提取，也不能以胁迫或物质收益激励为基础。在原住民受到影响的地方，NbS 的设计和实施过程中应尊重"原住民的自由，事前和知情同意权"，其他利益相关方团体也可以从该方法中受益。

## 5.3 应识别 NbS 直接和间接影响的所有利益相关方，并保证其能够参与 NbS 干预措施的全部过程

NbS 应允许干预措施开始到结束期间可能受到直接或间接影响的所有人积极参与。应用强大的利益相关方梳理工具，需要进行利益相关方分析，以识别出所有可能受到 NbS 影响的人，并使他们参与进来。这一过程还需要识别可能受到不利影响的利益相关方，并提供赋权的机会和纠正措施的机会，以避免他们由于 NbS 的实施被进一步边缘化。NbS 干预措施的决策和实施机制必须反映受影响的利益相关方群体的多样性和投入。

## 5.4 清楚记录决策过程并对所有参与和受影响的利益相关方权益的诉求做出响应

当利益相关方在权利、社会地位、文化或经济地位等方面受到不平等、不公正和边缘化的影响时，应了解其根本原因，并尽一切努力避免或减少这种不平等。这样做可以减少可能的冲突。存在潜在冲突的情况下，将通过相互尊重的协商来解决，应根据文化和社会背景承认利益相关方的权利，以及需要达成的协议，以减少失败的风险。这样做还将影响 NbS 干预措施的适应性管理，因为不可能仅仅通过规划过程来预见和减少干预措施的所有影响。此外，如果利益相关方之间的冲突不能得到解决，就需要使用申诉和纠纷解决机制。

## 5.5 当 NbS 的范围超过管辖区域时，应建立利益相关方联合决策机制

生态系统常常超越政治或行政界限。因此，在实施 NbS 时，采用确保超越地域范围的利益相关方和机构参与的整体方法尤为重要。建立合作组织和规则（或在现有规

则的基础上），对于涉及跨辖区（例如河流和迁徙物种）的干预措施非常重要。这些机构可以避免在属于同一生态系统的邻近管辖范围内设立相互冲突的管理目标。社会和生态尺度的不匹配会增加失败的风险，因此参与式治理方法需要明确承认这些联系（参见准则2）。

　　适当情况下，有效的NbS有时需要就跨界、跨境或区域合作进行协调。在这种情况下，需要在相关的国家主管部门之间达成合作协议，为NbS的规划、监测、共同决策和实施制定共同的愿景和一致的办法。在达成协议的同时，应进行法律审查，以确保遵守各自的国际合作安排（执行的国家主管部门有必要的授权，并有一个能够在发生任何争端或不可预见后果时使用的既定追索程序），以及各有关司法管辖区的法律和条例。通常可以要求政府间组织协作推动这一过程。

## 准则6　NbS应在首要目标和其他多种效益间公正地权衡

　　尽管单个NbS应优先应对多个特定社会挑战中的一个（准则1），生态系统将持续提供对社会重要的系列效益（准则3）。事实上，同时提供多种效益的能力是NbS的一个重要属性。某些情况下，关键效益的"叠加"（例如，水资源保护、固碳和通过休闲促进公共健康）是衡量NbS在经济上是否可行的重要决定因素（准则4）。

　　然而，生态系统的这一基本属性也为NbS实践者带来了挑战。任何从NbS中获得的多重效益最大化都有可能造成关键生态系统效益的相应减少，而生态系统效益是应对当前社会挑战的工具。反之，最大限度地提供关键的生态系统效益几乎肯定会导致其他生态系统效益质量和数量的减少。这种权衡往往是自然资源管理的一个固有特点，在某一特定生态系统服务被偏好或利益相关方偏好某种生态系统效益（如清洁饮用水）而牺牲另一种效益（如作物产量）时出现。另外，并不是所有的利益相关方都会受到同等的影响，NbS需要明确说明是谁的利益和谁的成本，一些权衡是经过深思熟虑的决策，而另一些则是在没有计划或不了解影响的情况下发生的。当多次重复同一选择时，就会出现一个主要问题，导致在整个景观中一系列重要的生态系统效益消失或以次优水平出现。

　　然而，如果最受影响的利益相关方对可能产生的结果进行了适当评估、充分公开并协商同意，就可以成功权衡。在潜在受影响的各方之间，就NbS造成的任何损失（包括生计的）进行公平、透明的权衡和补偿的协商，是NbS长期成功的基础。但是，权衡是有限度的，这意味着有必要采取保障措施，确保生态系统调节和支持服务的长期稳定性不被打破。最近有相关研究使用诸如生态系统服务和权衡投资的综合估值工具InVEST等。本指南将提供有用的案例研究和推荐工具汇编，作为补充。

## 6.1 明确NbS干预措施不同方案的权衡，以及潜在成本和效益，并告知相关的保障措施和改进措施

NbS实践者识别并记录NbS的效益和成本，以及受益方和支付方（准则4），这样的结果会为行动、利益相关方之间公平的效益分享和成本分担提供信息。在承认NbS干预措施可以长期实施的情况下，这种分析不应局限在规划阶段，应纳入NbS全生命周期，包括启动、规划、执行和结束。

权衡具有空间、时间和可逆性的维度。空间维度是指权衡效果可以在当地或远处实现；时间维度是指影响发生的相对快慢；可逆性表示当扰动事件停止时，一个被破坏的生态系统服务恢复到其原始状态的可能性。另外，必须建立商定的利益分享安排，以确保政策和投资的效益和权衡是公平和平衡的。

## 6.2 承认和尊重利益相关方在土地以及其他自然资源的权利与责任

需要维护脆弱和边缘化群体的法定及使用权利。必须在利益相关方分析或梳理结果的基础上，使用适当的工具分析和评估利益相关方的权利、利用、责任和义务。特别是在处理原住民和当地社区问题时，必须遵循"原住民的自由，事前和知情同意权"（符合指标5.2）。此外，并非所有的利益相关方都受到相同的影响，NbS需要建立机制，通过透明、激励的机制和可持续的替代方案来平衡各群体利益。

## 6.3 定期审查已建立的保障措施，以确保各方遵守商定的权衡界限，并且不会破坏NbS的整体稳定性

自然保护领域的许多相关政策都有明确的保障政策（例如，参见《联合国气候变化框架公约坎昆协议》附录1）。自愿碳市场项目通常遵循气候、社区和生物多样性标准（CCB1 Standards）。世界银行为投资制定了其他保障措施。这些保障系统可以预测并避免NbS的不利后果，并且可以用作符合当地实际情况的NbS保障的基础。

## 准则7　NbS应基于证据进行自适应管理

这一准则与指标2.3和指标3.3密切相关。

一方面，NbS利用生态系统服务，而生态系统具有复杂、动态和自组织性。对于NbS的干预，生态系统可能会以理想的方式作出反应。然而，这种干预也可能造成意想不到、不可预见和不受欢迎的后果。因此，NbS是试图影响生态系统，以满足长期社会需求所进行的改变，并不能被视为能够完全预测结果、绝对解决问题的干预措施。故NbS应基于变革理论，根据证据进行检验和调整。变革理论认可生态系统自组织性，并基于过程和功能的评估。关于系统性失败风险的关键假设必须用变革理论明确说明，并通过实验和证据来检验。

因此，适应性管理需要纳入NbS的实施过程。适应性管理被定义为："面对不确定性的结构化的、迭代的最优决策过程，旨在随时间推移减少不确定性。"此外，为了适应这种管理方法，有关各方必须不断学习整个系统的流程，并根据系统的改变调整NbS。这还包括考虑NbS所在地的长期可持续性影响，可能触发邻近或下游景观的变化，以及可能在时间和地理空间的更大尺度范围内发生的影响。

另一方面，来自邻近或下游景观和大型生态系统的不良影响可能超出利益相关方的掌控。这强调了在实施NbS时，进行适应性管理、灵活调整和迭代学习过程的必要性。这种学习和管理方法的基础是认识到在景观中整个系统的社会和生态组成部分之间的相互作用，以及在不同的社会和生态尺度上发生的相互作用。这方面的成功在很大程度上取决于准则5，即包容、透明和赋权的治理过程。适应性管理还有助于持久性地测量土壤、植被及其随时间变化的碳储量，以及生物多样性组成的变化。

### 7.1　制定NbS策略，并以此为基础开展定期监测和评估

在基于自然的解决方案中，变革理论不是静态的，而是动态的，承认生态经济系统（bio-economic systems）的不确定性和不断变化的情况。在变革理论中确定的假设和推动因素必须根据已建立的基线定期回顾。其他与之相关的新的社会、经济和生态证据，可以增强NbS的影响，并降低意外负面结果的风险，也应与基线一并考虑。监测和评估方案也将使NbS根据基线和其他新证据对干预措施进行系统审查成为可能。

## 7.2 制定监测与评估方案，并应用于NbS干预措施全生命周期

监测和评估方案最好是参与式的，可以让利益相关方参与结果验证和学习，确保NbS的干预是在正轨上进行实施和交付，并有助于管理正面和负面的长期影响。虽然它有时被视为一种管理负担，但它是了解NbS的干预是否有效解决社会挑战的一种强有力的方法。为了确保监测方面不因削减成本措施而受到影响，所有监测方案都应在执行之前制定。如果需要，监测和评估方案可以由独立的第三方执行。如果在内部审核或由执行方审核的情况下，强烈建议对监测方案进行外部评估，最好是在中期和结束的时间段进行。

如果做得好，监测和评估不仅可以帮助评估整个干预过程中的变化，还可以明确对自然和人们生活产生的即时和短期影响。它将在责任明确和合法合规等方面支持NbS干预措施。

当在准则7.1所述的变化条件下识别响应并管理由此产生的偏差时，监测和评估方案也同样具有重要性。这些响应将成为利益相关方群体采取的适应性管理行动。行动必须坚持准则5，以包容和参与的方式开展和执行。在尊重信息提供者的隐私和安全的同时，必须提供有关监测行动和行动执行过程的信息，并说明原因。适当的生态和社会尺度必须反映在监测和评估中，因为NbS可以在不同的尺度上产生影响，而行动可能需要在与NbS不同的尺度上进行。如果没有这种适应性管理的方法，这些行动就可能收效甚微甚至毫无作用。

## 7.3 建立迭代学习框架，使适应性管理在NbS干预措施全生命周期中不断改进

学习是在证据的基础上不断理解的过程，适应是根据新的信息对管理进行调整。基于证据的学习应该推动NbS的管理。此外，为了对影响NbS干预的因素作出反应，迭代的学习—应用—学习在进行适应性管理的行动方面必不可少。在这一准则中，指标7.1和7.2提供了一个学习和适应NbS干预措施的持续反馈循环。这种反馈过程可以作为干预措施的监测和评价方案的一部分，从而为重复分析提供一致的时间框架。来自传统知识和科学知识的进一步证据也可以纳入迭代学习过程。考虑到生态系统所经历的气候变化的影响，这一点尤其重要。理想情况下，迭代学习应该制度化，这样即使在NbS干预措施实施之后，它也能继续进行。

## 准则8　NbS应具可持续性，并在适当的辖区内主流化

鉴于NbS是一个较新的概念，有关NbS的信息必须自由、公开地传播，以增加NbS的需求和供给。允许人们从中吸取教训，并确定是否需要调整以及如何调整NbS流程。一旦更广为人知，应该考虑如何规模化和复制单个NbS的经验。规模化和复制将为NbS的方法增加证据和提高理解，进一步使设计更有效、可负担和可持续的NbS成为可能。

NbS的设计和管理是对制度结构、政策、规划、法律、法规和周边干预措施的补充（分别见准则2根据尺度设计和准则7适应性管理）。然而，虽然NbS干预措施是有时间限制的（例如，种植红树林等具体行动被限制在5年之内），但整个NbS，包括由此产生的框架和影响，将在这些限制之外延续。这一准则的目的是确保NbS能够被纳入主流，并一直持续下去。

为了支持NbS的利用、规模化及在干预期后继续产生影响，NbS实践者应该确保其具有一个跨越几十年的长期轨迹。NbS主流化的方法多种多样，但都依赖于战略沟通和推广。考虑的对象包括个人（公众、学者）、机构（国家政府、初创企业、非政府组织）和全球网络（可持续发展目标、《巴黎协定》）。

### 8.1　分享和交流NbS在实施、规划中的经验教训，以此带来更多积极的改变

要使NbS向上扩展（政策或纲领性主流化）、向外扩展（在地域或部门层面上扩大）或复制，重要的是相关个人、直接受影响的利益相关方或极有兴趣复制者能够了解到设计和实施过程以及经验教训。传播受众包括NbS潜在行业的决策者、投资者、来自公共和私营部门的用户和公众。可采用的方式包括总结经验教训的简报、建立伙伴关系的新闻稿、设计或实施能力培训、政策简报和游说。经验教训包括积极和消极的（包括非预期的）后果，以及在未来克服它们的可能方法。

要使这些交流无障碍，就必须考虑到可能遇到技术、文化或社会经济背景障碍的受众。NbS实践者可以通过公开形式来发布结果。此外，还可以考虑通过广告牌和标语等针对特定地点的可见性宣传来增强意识。

### 8.2　以NbS促进政策和法规的完善，有助于NbS的应用和主流化

NbS受到一系列既存政策、规划、法律和法规的约束或支持。NbS需要针对当前

政策、规划、法律和法规所提供的背景并与之兼容，以便它们能够充分实现预期的结果（按准则2根据尺度设计），或提出确保其成功实施所需的新政策和法规。如果不这样做，就可能威胁到NbS的延续性和可行性，例如，采取与既定的土地使用战略政策和做法相抵触或不相容的行动或干预措施，也可能存在与现有土地使用政策相互冲突，从而对NbS的执行带来额外挑战的情况。在这种情况下，NbS可以提供机会，向政策制定者强调这些不兼容性，并作为一个契机来提议对法规进行修改，以确保NbS的可持续性和延续性。

也可能会遇到不同土地使用或部门政策的目标或要求之间的矛盾，从而降低NbS执行工作的效率。为了监测目的和供决策者考虑，这些措施应连同解决或克服任何此类障碍的备选办法一起充分记录下来。为了改进未来NbS的设计并促进有效的政策协调，监测和评估结果以及其他形式的经验教训，应保持并使其在公共领域内易于获取。

## 8.3　NbS有助于实现全球及国家层面在增进人类福祉、应对气候变化、保护生物多样性和保障人权等方面的目标，包括《联合国原住民权利宣言》

NbS的目标是应对全球社会挑战。单个NbS以这一目标为基础，记录其在增进人类福祉（包括健康、财富等）和应对气候与生物多样性危机方面取得的进展。如果NbS的影响有助于实现相关的国家和全球目标（根据准则2梳理出），应向负责这些目标的机构提供信息，以便将其影响记录下来。考虑的目标包括：

　　a）国家和地区的政策、法规和法律；

　　b）联合国可持续发展目标；

　　c）联合国生态系统恢复十年计划；

　　d）《联合国防治荒漠化公约》的土地退化零增长等目标；

　　e）针对社会挑战的具体目标（《巴黎协定》、世界卫生组织全球营养目标、仙台减灾框架）；

　　f）针对生物多样性危机的具体目标（"爱知目标"或其后续目标，《获取和惠益分享名古屋议定书》，国家生物多样性战略和行动计划）。

可以通过知识转移、政策简报、与决策者的会议或向不同的政策机构报告，向负责这些目标的机构通报情况。

# 附录 2

# 中英对照表

| 缩写 | 全称 | 中文 |
|------|------|------|
| COP26 | 26th UN Climate Change Conference of the Parties | 第26届联合国气候变化大会 |
| | A Framework for Assessing and Implementing the Co-benefits of Nature-based Solutions in Urban Areas | 《评估和实施基于自然解决方案综合效益的框架》 |
| AGB | aboveground biomass | 地上生物量 |
| | agroforestry systems | 农林复合系统 |
| | Aichi Biodiversity Targets | 《爱知生物多样性目标》 |
| APTI | air pollution tolerance index | 大气污染忍耐指数 |
| | alley cropping | 间作 |
| | animal-based Food | 动物性食物 |
| ARRI | Appalachian Regional Reforestation Initiative | 《阿巴拉契亚地区重新造林倡议》 |
| ADHD | attention deficit and hyperactivity disorder | 注意缺陷多动障碍 |
| ASD | Autism spectrum disorder | 孤独症谱系障碍 |
| | BCA Green Mark Scheme | 新加坡建筑业监督管理局绿色建筑认证 |
| BMP | best management practices | 最佳管理实践 |
| | Biodiversity, Climate Change and Adaptation: Nature-Based Solutions from the World Bank Portfolio | 《生物多样性、气候变化和适应：世界银行投资中的基于自然的解决方案》 |
| BVOCs | biological volatile organic compounds | 生物源挥发性有机化合物 |
| | The Bonn Challenge | "波恩挑战" |

| 缩写 | 全称 | 中文 |
|---|---|---|
| | Brundtland Commission | 联合国布伦特兰委员会 |
| BRI | building related illness | 建筑物相关疾病 |
| CCUS | carbon capture, utility, and storage | 碳捕捉、利用和封存技术 |
| CIFOR | Center for International Forestry Research | 国际林业研究中心 |
| CAZ | central activity zone | 中央活力区 |
| CPI | Climate Policy Initiative | 气候政策倡议 |
| | climate-smart agriculture | 气候智能型农业 |
| | conservation agriculture | 保护性农业 |
| CI | Conservation International | 保护国际基金会 |
| | COST Action Circular City | "COST 循环城市行动" |
| CEQ | Council on Environmental Quality | 美国白宫环境质量委员会 |
| DFI | development finance institutions | 发展金融机构 |
| | direct/active exposures | 直接暴露/主动暴露 |
| DOM, COM | dissolved and colloidal organic matters | 溶解和胶体有机物 |
| DOC | dissolved organic carbon | 溶解有机碳 |
| DWF | dry weather flow | 旱季水流 |
| DLEM-Ag | Dynamic Land Ecosystem Model-Agriculture | 基于农业生态系统过程的模型 |
| EKW | East Kolkata Wetlands | 印度东加尔各答湿地 |
| | eco-asset strategy | 生态资产战略 |
| | ecological drivers | 生态驱动力 |
| | ecological footprint | 生态足迹 |
| | ecosystem approach | 生态系统进路 |
| EAFM | ecosystem approach to fisheries management | 生态系统的渔业方法 |
| | Ecosystem Restoration Playbook: A Practical Guide to Healing the Planet | 《生态系统修复手册：治愈地球的实用指南》 |
| ESS | ecosystem services | 生态系统服务 |
| | ecosystem services bundle | 生态系统服务束 |
| EbA | ecosystem-based adaption | 基于生态系统的适应 |
| EBFM | ecosystem-based fisheries management | 基于生态系统的渔业管理 |
| EbM | ecosystem-based mitigation | 基于生态系统的减缓 |

续表

| 缩写 | 全称 | 中文 |
|------|------|------|
| ESP | electrostatic precipitation | 静电沉淀 |
| | endosphere | 内生 |
| | EU Biodiversity Strategy | 《欧盟生物多样性战略》 |
| | EU Green Infrastructure Strategy | 《欧盟绿色基础设施战略》 |
| EC | European Commission | 欧盟委员会 |
| | European Economic Area | 欧洲经济区 |
| | European Environment Agency | 欧洲环境署 |
| | Fenchurch Street | 芬丘奇街 |
| | financial instrument | 金融工具 |
| FAO | Food and Agriculture Organization of the United Nations | 联合国粮食及农业组织 |
| FRA | forestry reclamation approach | 森林复垦法 |
| | Global Assessment Report on Biodiversity and Ecosystem Services | 《关于生物多样性和生态系统服务的全球评估报告》 |
| GLA | Greater London Authority | 大伦敦市 |
| | green and blue infrastructures | 蓝绿基础设施 |
| GI | green infrastructure | 绿色基础设施 |
| GnPR | green plot ratio | 绿化比率 |
| | Green Public Procurement | 《绿色公共采购》 |
| GSI | green stormwater infrastructure | 绿色雨水基础设施 |
| GPP | gross primary productivity | 总初级生产力 |
| | Guidance for using the IUCN Global Standard for Nature-based Solutions | 《IUCN基于自然的解决方案全球标准使用指南》 |
| | Guidelines for Designing, Implementing and Monitoring Nature-based Solutions for Adaptation | 《设计、实施和监测气候适应NbS的指南》 |
| HECO | Heritage Colombia | 哥伦比亚遗产计划 |
| | integrated multi-trophic aquaculture | 综合多营养水产养殖 |
| IPCC | Intergovernmental Panel on Climate Change | 政府间气候变化专门委员会 |
| IPBES | Intergovernmental Science-Policy Platform on Biodiversity and Ecosystem Services | 政府间生物多样性和生态系统服务科学政策平台 |

| 缩写 | 全称 | 中文 |
|---|---|---|
| IARC | International Agency for Research on Cancer | 国际癌症研究机构 |
| IEA | International Energy Agency | 国际能源署 |
|  | International Good Practice Principles for Sustainable Infrastructure | 《可持续基础设施的国际良好实践原则》 |
| ISO | International Organization for Standardization | 国际标准化组织 |
| IUCN | International Union for Conservation of Nature | 世界自然保护联盟 |
|  | IUCN Global Ecosystem Typology 2.0: Descriptive Profiles for Biomes and Ecosystem Functional Groups | 《IUCN全球生态系统分类体系2.0》 |
|  | IUCN Global Standard for Nature-based Solutions | 《IUCN基于自然的解决方案全球标准》 |
|  | Kulti River | 库尔蒂河 |
|  | Landscape Replacement Policy | 新加坡景观替代政策 |
| LAI | leaf area index | 叶面积指数 |
|  | Living Planet Index | 地球生命力指数 |
|  | Living Roofs and Walls Policy | 绿色屋顶和立体绿化政策 |
|  | London Wildlife Trust | 伦敦野生动物基金会 |
| LID | low impact development | 低影响开发 |
| MEA | Millennium Ecosystem Assessment | 《千年生态系统评估》 |
| MODIS | moderate resolution imaging spectroradiometer | 中分辨率成像光谱仪 |
|  | modern biomass | 现代生物质 |
| NASA | National Aeronautics and Space Administration | 美国宇航局 |
|  | national determined contribution | 国家自主贡献 |
| NCS | natural climate solutions | 基于自然的气候变化解决方案 |
| NbS | nature-based solutions | 基于自然的解决方案 |
|  | Nature-based Solutions and Re-Naturing Cities | 《基于自然的解决方案与重新"自然化"城市》 |
|  | nature-based therapeutic setting | 具有明确疗愈目标的空间环境 |
| NEP | net ecosystem productivity | 净生态系统生产力 |
| NMVOCs | non-methane volatile organic compounds | 非甲烷挥发性有机化合物 |
| NE | non-renewable energy | 不可再生能源 |
| ODA | official development assistance | 政府发展援助 |

| 缩写 | 全称 | 中文 |
|---|---|---|
| | organic agriculture | 有机农业 |
| PIM | particulate inorganic matter | 颗粒状无机物 |
| PM | particulate matter | 颗粒物 |
| POC | particulate organic carbon | 颗粒有机碳 |
| POM | particulate organic matter | 颗粒状有机物 |
| PES | payments for ecosystem services | 基于生态服务补偿 |
| PCO | photocatalytic oxidation | 光催化氧化 |
| | phyllosphere | 叶际 |
| PAHs | polycyclic aromatic hydrocarbons | 多环芳烃 |
| | potential/passive exposures | 潜在暴露/被动暴露 |
| PFP | project finance for permanence | 永久的项目融资 |
| | regenerative agriculture | 再生农业 |
| RE | renewable energy | 可再生能源 |
| | restorative aquaculture | 恢复性水产养殖 |
| RAOI | restorative aquaculture opportunity index | 恢复性水产养殖机会指数 |
| | rhizosphere | 根际 |
| | Secretariat of the Convention on Biological Diversity 2009 | 2009年《生物多样性公约》秘书处的文件 |
| SBS | sick building syndrome | 病态建筑综合征 |
| | Singapore Master Plan | 《新加坡总体规划》 |
| SES | socioeconomic status | 社会经济地位 |
| SOC | soil organic carbon | 土壤有机碳 |
| SWF | storm weather flow | 雨水流 |
| | sustainable development | 可持续发展 |
| SDGs | sustainable development goals | 联合国可持续发展目标 |
| | sustainable intensification | 可持续集约化 |
| SUDS | sustainable urban drainage systems | 可持续城市排水系统 |
| TCFD | Task Force on Climate-related Financial Disclosures | 气候相关金融信息披露工作组 |
| | The European Strategy on Adaptation to Climate Change & Action Plan on the Sendai Framework | 《欧洲适应气候变化战略》&《仙台框架行动计划》 |

| 缩写 | 全称 | 中文 |
|---|---|---|
| | The London Plan 2008 | 《2008年伦敦发展计划》 |
| TNC | The Nature Conservancy | 大自然保护协会 |
| | The Roadmap to a Resource Efficient Europe | 《资源高效的欧洲路线图》 |
| RCP | Royal College of Physician | 英国皇家内科医师学会 |
| UV | ultraviolet | 紫外线 |
| | United Nations Decade on Biodiversity | "联合国生物多样性十年" |
| UNEP | United Nations Environment Programme | 联合国环境规划署 |
| UNFCCC | United Nations Framework Convention on Climate Change | 《联合国气候变化框架公约》 |
| USDA | United States Department of Agriculture | 美国农业部 |
| USEPA | United States Environmental Protection Agency | 美国环境保护署 |
| | urban circular economy | 城市循环经济 |
| VGS | vertical greening system | 垂直绿化系统 |
| VOCs | volatile organic compounds | 挥发性有机化合物 |
| WSUD | water sensitive urban design | 水敏感型城市设计 |
| | World Bank | 世界银行 |
| WHO | World Health Organization | 世界卫生组织 |
| WWF | World Wide Fund for Nature | 世界自然基金会 |

# 附录 3

## 单位表

| 物理量 | 单位名称 | 单位符号 |
|---|---|---|
| 面积 | 公顷 | $hm^2$ |
| 面积 | 平方千米 | $km^2$ |
| 能量 | 千瓦时 | $kW \cdot h$ |
| 时间 | 秒 | $s$ |
| 时间 | 年 | $a^{-1}$ |
| 体积 | 立方米 | $m^3$ |
| 温度 | 摄氏度 | ℃ |
| 物质的量 | 摩尔 | mol |
| 质量 | 千克 | kg |
| 质量 | 吨 | t |
| 质量 | 兆克碳 | MgC |
| 质量 | 10亿吨碳 | GtC |
| 质量 | 10亿吨二氧化碳当量 | $Gt\ CO_{2eq}$ |
| 质量 | 10亿吨二氧化碳 | $Gt\ CO_2$ |

## 科学计数

| 符号 | 英文 | 科学计数 |
| --- | --- | --- |
| P | peta- | $10^{15}$ |
| T | tera- | $10^{12}$ |
| G | giga- | $10^{9}$ |
| M | mega- | $10^{6}$ |
| k | kilo- | $10^{3}$ |
| c | centi- | $10^{-2}$ |
| m | milli- | $10^{-3}$ |

# 参考文献

[1] GRISCOM B W, ADAMS J, ELLIS P W, et al. Natural climate solutions[J]. Proceedings of the National Academy of Sciences of the United States of America, 2017, 114(44): 11645–11650.

[2] MACKINNON K, SOBREVILA C, HICKEY V. Biodiversity, climate change, and adaptation: nature-based solutions from the World Bank portfolio[R]. Washington DC: The World Bank, 2008.

[3] IPCC. Summary for Policymakers. In: Global Warming of 1.5℃. An IPCC Special Report on the impacts of global warming of 1.5℃ above pre-industrial levels and related global greenhouse gas emission pathways, in the context of strengthening the global response to the threat of climate change, sustainable development, and efforts to eradicate poverty[R]. Cambridge, UK: Cambridge University Press, 2018.

[4] WATSON R, BASTE I, LARIGAUDERIE A, et al. Summary for policymakers of the global assessment report on biodiversity and ecosystem services of the Intergovernmental Science-Policy Platform on Biodiversity and Ecosystem Services[R]. Bonn, Germany: IPBES Secretariat, 2019: 22–47.

[5] IUCN. IUCN基于自然的解决方案全球标准使用指南：基于自然的解决方案的审核、设计和推广框架：第一版[M]. Gland, Switzerland: IUCN, 2021.

[6] PÖRTNER H O, ROBERTS D C, ADAMS H, et al. Climate change 2022: impacts, adaptation and vulnerability[R] Geneva: IPCC, 2022.

[7] REID W V, MOONEY H A, Cropper A, et al. Ecosystems and human well-being-synthesis: a report of the millennium ecosystem assessment[M]. Washington DC: Island Press, 2005.

[8] PAULEIT S, ZÖLCH T, HANSEN R, et al. Nature-based solutions and climate change–four shades of green[M]// KABISCH N, KORN H, STADLER J, et al. Nature-based solutions to climate change adaptation in urban areas: linkages between science, policy and practice. Switzerland: Springer Cham, 2017: 29–49.

[9] SMITH L M, CASE J L, SMITH H M, et al. Relating ecoystem services to domains of human well-being: foundation for a US index[J]. Ecological Indicators, 2013, 28: 79–90.

[10] REDCLIFT M. Sustainable development (1987–2005): an oxymoron comes of age[J]. Sustainable Development, 2005, 13(4):212–227.

[11] WILSON E O. The current state of biological diversity[C]//WILSON E O, PETER F M. Biodiversity. Washington, D.C.: National Academy Press, 1988: 3–18.

[12] COSTANZA R, DALY H E. Natural capital and sustainable development[J]. Conservation Biology, 1992, 6(1): 37−46.

[13] DAILY G C. Introduction: what are ecosystem services[J]. Nature's Services: Societal Dependence on Natural Ecosystems, 1997, 1(1): 1−5.

[14] GRANT G. Ecosystem services come to town: greening cities by working with nature[M]. Chichester, West Sussex, UK: John Wiley & Sons, 2012.

[15] BENYUS J M. Biomimicry: Innovation inspired by nature[M]. New York: Morrow, 1997.

[16] SINGH R A, KIM H J, KIM J, et al. A biomimetic approach for effective reduction in micro-scale friction by direct replication of topography of natural water-repellent surfaces[J]. Journal of Applied Sciences, 2007, 21(4): 624−629.

[17] GUO Z, XIAO X, LI D. An assessment of ecosystem services: water flow regulation and hydroelectric power production[J]. Ecological Applications, 2000, 10(3): 925−936.

[18] BLESH J M, BARRETT G W. Farmers' attitudes regarding agrolandscape ecology: A regional comparison[J]. Journal of Sustainable Agriculture, 2006, 28(3): 121−143.

[19] KAYSER K, KUNST S. Decentralised wastewater treatment-wastewater treatment in rural areas[M]// KAYSER K, KUNST S. Sustainable water and soil management. Berlin: Springer, 2002: 137−182.

[20] DUDLEY N, STOLTON S, BELOKUROV A, et al. Natural solutions: protected areas helping people cope with climate change[M]. Ljubljana, Slovenia: IUCN/WCPA "Parks for Life" Coordination Office, 2010.

[21] BALIAN E, EGGERMONT H, LE ROUX X. Outputs of the strategic foresight workshop "nature-based solutions in a BiodivERsA context"[C]. Brussels: BiodivERsA Workshop Report, 2014.

[22] IUCN. WCC-2016-Res-069-EN defining nature-based solutions[EB/OL]. (2016−09−10)[2022−10−30]. https://portals.iucn.org/library/sites/library/files/resrecfiles/WCC_2016_RES_069_EN.pdf.

[23] RAYMOND C M, FRANTZESKAKI N, KABISCH N, et al. A framework for assessing and implementing the co-benefits of nature-based solutions in urban areas[J]. Environmental Science & Policy, 2017, 77: 15−24.

[24] COHEN-SHACHAM E, WALTERS G, JANZEN C, MAGINNIS S. Nature-based solutions to address global societal challenges[M]. Gland, Switzerland: IUCN, 2016.

[25] EGGERMONT H, BALIAN E, AZEVEDO J M N, et al. Nature-based solutions: new influence for environmental management and research in Europe[J]. AIA-Ecological Perspectives for Science and Society, 2015, 24(4): 243−248.

[26] MAES J, JACOBS S. Nature-based solutions for Europe's sustainable development[J]. Conservation Letters, 2017, 10(1): 121−124.

[27] WILHELM K, BERRY P, BAUDUCEAU N, et al. Towards an EU research and innovation policy agenda for nature-based solutions & re-naturing cities: Final report of the Horizon 2020 expert group on nature-based solutions and re-naturing cities[M]. Luxembourg: Publication Office of the European Union, Directorate-General for Research and Innovation, European Commission, 2015: 1−70.

[28] DUMITRU A, FRANTZESKAKI N, COLLIER M. Identifying principles for the design of robust impact evaluation frameworks for nature-based solutions in cities[J]. Environmental Science and Policy, 2020, 112: 107−116.

[29] RAYMOND C M, BREIL M, NITA M, et al. An impact evaluation framework to support planning and evaluation of nature-based solutions projects[M]. Wallingford: Centre for Ecology and Hydrology, 2017.

[30] HERZOG C P, ROZADO C A. The EU-Brazil sector dialogue on nature-based solutions: contribution to a Brazilian roadmap on nature-based solutions for resilient cities[M]. Brussels: Publications Office of the

European Union, 2019.

[31]  ANDRADE A, COHEN-SHACHAM E, DALTON J, et al. IUCN Global Standard for Nature-Based Solutions[R] Gland, Switzerland: IUCN, 2020.

[32]  International Union for Conservation of Nature (IUCN). Guidance for Using the IUCN Global Standard for Nature-Based Solutions[M]. Gland, Switzerland: IUCN, 2020.

[33]  林伟斌, 孙一民. 基于自然解决方案对我国城市适应性转型发展的启示[J]. 国际城市规划, 2020, 35(2): 62–72.

[34]  SEDDON N, CHAUSSON A, BERRY P, et al. Understanding the value and limits of nature-based solutions to climate change and other global challenges[J]. Philosophical Transactions of the Royal Society B: Biological Sciences, 2020, 375(1794): 20190120.

[35]  KRAUZE K, WAGNER I. From classical water-ecosystem theories to nature-based solutions–Contextualizing nature-based solutions for sustainable city[J]. Science of the Total Environment, 2019, 655: 697–706.

[36]  COLLS A, ASH N, IKKALA N. Ecosystem-based adaptation: a natural response to climate change[M]. Gland, Switzerland: IUCN, 2009: 1–16.

[37]  WAMSLER C, LUEDERITZ C, BRINK E. Local levers for change: mainstreaming ecosystem-based adaptation into municipal planning to foster sustainability transitions[J]. Global Environmental Change, 2014, 29: 189–201.

[38]  CHONG J. Ecosystem-based approaches to climate change adaptation: progress and challenges[J]. International Environmental Agreements: Politics, Law and Economics, 2014, 14(4):391–405.

[39]  DOSWALD N, MUNROE R, ROE D, et al. Effectiveness of ecosystem-based approaches for adaptation: review of the evidence-base[J]. Climate and Development, 2014, 6(2): 185–201.

[40]  VIGNOLA R, LOCATELLI B, MARTINEZ C, et al. Ecosystem-based adaptation to climate change: what role for policy-makers, society and scientists?[J]. Mitigation and Adaptation Strategies for Global Change, 2009, 14(8): 691–696.

[41]  BRINK E, AALDERS T, ÁDÁM D, et al. Cascades of green: A review of ecosystem-based adaptation in urban areas[J]. Global Environmental Change, 2016, 36: 111–123.

[42]  DOSWALD N, OSTI M. Ecosystem-based approaches to adaptation and mitigation: good practice examples and lessons learned in Europe[M]. Bonn, Germany: Bundesamt für Naturschutz, 2011.

[43]  ZANDERSEN M, JENSEN A, TERMANSEN M, et al. Ecosystem based approaches to climate adaptation–urban prospects and barriers[R] Aarhus: Danish Centre for Environment and Energy, Aarhus University, 2014:94.

[44]  GENELETTI D, ZARDO L. Ecosystem-based adaptation in cities: An analysis of European urban climate adaptation plans[J]. Land Use Policy, 2016, 50: 38–47.

[45]  WAMSLER C. Mainstreaming ecosystem-based adaptation: transformation toward sustainability in urban governance and planning[J]. Ecology and Society, 2015, 20(2): 30–48.

[46]  WALMSLEY A. Greenways: multiplying and diversifying in the 21st century[J]. Landscape and Urban Planning, 2006, 76(1–4): 252–290.

[47]  BENEDICT M A, MCMAHON E T. Green infrastructure: smart conservation for the 21st century[J]. Renewable Resources Journal, 2002, 20(3): 12–17.

[48]  JONGMAN R H. The context and concept of ecological networks[M]//JONGMAN RHG, PUNGETTI G. Ecological networks and greenways: concept, design, implementation. Cambridge: Cambridge University

Press, 2004: 7−33.

[49] FLETCHER R. Orchestrating consent: Post-politics and intensification of Nature™ Inc. at the 2012 World Conservation Congress[J]. Conservation and Society, 2014, 12(3): 329−342.

[50] Mell I C. Can green infrastructure promote urban sustainability?[J]. Proceedings of the Institution of Civil Engineers-Engineering Sustainability, 2009, 162(1): 23−34.

[51] NAUMANN S, ANZALDUA G, BERRY P, et al. Assessment of the potential of ecosystem-based approaches to climate change adaptation and mitigation in Europe[R]. Brussels: DG Environment, European Commission; Oxford: Environmental Change Institute, Oxford University Centre for the Environment; Berlin: Ecologic Institute, 2011.

[52] OJEA E. Challenges for mainstreaming ecosystem-based adaptation into the international climate agenda[J]. Current Opinion in Environmental Sustainability, 2015, 14:41−48.

[53] HECHT A D, TIRPAK D. Framework agreement on climate change: a scientific and policy history[J]. Climatic Change, 1995, 29(4):371−402.

[54] BREIDENICH C, MAGRAW D, ROWLEY A, et al. The Kyoto protocol to the United Nations framework convention on climate change[J]. American Journal of International Law, 1998, 92(2):315−331.

[55] 安岩, 顾佰和, 王毅, 等. 基于自然的解决方案：中国应对气候变化领域的政策进展、问题与对策[J]. 气候变化研究进展, 2021, 17(2):184−194.

[56] International Union for Conservation of Nature and Natural Resource. No time to lose−Make full use of nature−based solutions in the post−2012 climate change regime[C]. Position Paper on the Fifteenth Session of the Conference of the Parties to the United Nations Framework Convention on Climate Change (COP 15), 2009:1−5.

[57] International Union for Conservation of Nature and Natural Resource. The IUCN programme 2013−2016[R]. Gland, Swizerland: IUCN, 2012.

[58] 张小全, 谢茜, 曾楠. 基于自然的气候变化解决方案[J]. 气候变化研究进展, 2020, 16(3):336−344.

[59] Intergovernmental Panel on Climate Change. AR5 climate change 2014: mitigation of climate change[R] IPCC, 2014.

[60] SHUKLA P R, SKEG J, BUENDIA E C, et al. Climate change and land[R]. IPCC, 2019:1−864.

[61] ZHONGMING Z, LINONG L, WANGQIANG Z, et al. Climate change and land-an IPCC special report on climate change, desertification, land degradation, sustainable land management, food security, and greenhouse gas fluxes in terrestrial ecosystems[R]. IPCC, 2019.

[62] ERB K-H, KASTNER T, PLUTZAR C, et al. Unexpectedly large impact of forest management and grazing on global vegetation biomass[J]. Nature, 2018, 553(7686):73−76.

[63] LE QUéRé C, ANDREW R M, FRIEDLINGSTEIN P, et al. Global carbon budget 2018[J]. Earth System Science Data, 2018, 10(4):2141−2194.

[64] CANADELL J G, SCHULZE E D. Global potential of biospheric carbon management for climate mitigation[J]. Nature Communications, 2014, 5(1):1−12.

[65] GRACE J, MITCHARD E, GLOOR E. Perturbations in the carbon budget of the tropics[J]. Global Change Biology, 2014, 20(10):3238−3255.

[66] HOUGHTON R A, BYERS B, NASSIKAS A A. A role for tropical forests in stabilizing atmospheric $CO_2$[J]. Nature Climate Change, 2015, 5(12):1022−1023.

[67] GRISCOM B W, BUSCH J, COOK-PATTON S C, et al. National mitigation potential from natural climate solutions in the tropics[J]. Philosophical Transactions of the Royal Society B, 2020, 375(1794):20190126.

[68] IUCN. Nature-based solutions for climate change mitigation[R]. Gland, Swizerland: United Nations Environment Programme (UNEP), Nairobi and International Union for Conservation of Nature (IUCN), 2021:42.

[69] EPPLE C, GARCÍA RANGEL S, JENKINS M, et al. Managing ecosystems in the context of climate change mitigation: a review of current knowledge and recommendations to support ecosystem-based mitigation actions that look beyond terrestrial forests[R]. Montreal: Secretariat of the Convention on Biological Diversity, 2016:5.

[70] EKSTROM J, BENNUN L, MITCHELL R. A cross-sector guide for implementing the Mitigation Hierarchy[R]. Cambridge: Ipieca, 2015.

[71] SANDERMAN J, HENGL T, FISKE G, et al. A global map of mangrove forest soil carbon at 30 m spatial resolution[J]. Environmental Research Letters, 2018, 13(5):055002.

[72] ROE S, STRECK C, OBERSTEINER M, et al. Contribution of the land sector to a 1.5 C world[J]. Nature Climate Change, 2019, 9(11):817−828.

[73] GIRARDIN C A, JENKINS S, SEDDON N, et al. Nature-based solutions can help cool the planet—if we act now[J]. Nature, 2021, 593(7858):191−194.

[74] JONES H P, HOLE D G, ZAVALETA E S. Harnessing nature to help people adapt to climate change[J]. Nature Climate Change, 2012, 2(7):504−509.

[75] HUQ N, BRUNS A, RIBBE L, et al. Mainstreaming ecosystem services based climate change adaptation (EbA) in Bangladesh: status, challenges and opportunities[J]. Sustainability, 2017, 9(6):926.

[76] BATKER D K. Supplemental ecological services study[R]. Seattle: Seattle Public Utilities, 2005.

[77] HILLEN M M, JONKMAN S N, KANNING W, et al. Coastal defence cost estimates: case study of the Netherlands, New Orleans and Vietnam[R]. Communications on Hydraulic and Geotechnical Engineering, 2010.

[78] Global Center on Adaptation. Adapt now: A global call for leadership on climate resilience[R]. World Resources Institute, 2019.

[79] KOOY M, FURLONG K, LAMB V. Nature based solutions for urban water management in Asian cities: integrating vulnerability into sustainable design[J]. International Development Planning Review, 2020, 42(3):381−390.

[80] HOBBIE S E, GRIMM N B. Nature-based approaches to managing climate change impacts in cities[J]. Philosophical Transactions of the Royal Society B, 2020, 375(1794):20190124.

[81] ARKEMA K K, GUANNEL G, VERUTES G, et al. Coastal habitats shield people and property from sea-level rise and storms[J]. Nature Climate Change, 2013, 3(10):913−918.

[82] SPALDING M D, MCIVOR A L, BECK M W, et al. Coastal ecosystems: a critical element of risk reduction[J]. Conservation Letters, 2014, 7(3):293−301.

[83] SUTTON-GRIER A E, WOWK K, BAMFORD H. Future of our coasts: the potential for natural and hybrid infrastructure to enhance the resilience of our coastal communities, economies and ecosystems[J]. Environmental Science & Policy, 2015, 51:137−148.

[84] NARAYAN S, BECK M W, REGUERO B G, et al. The effectiveness, costs and coastal protection benefits of natural and nature-based defences[J]. PLoS One, 2016, 11(5):e0154735.

[85] BOWLER D E, BUYUNG-ALI L, KNIGHT T M, et al. Urban greening to cool towns and cities: a systematic review of the empirical evidence[J]. Landscape and Urban Planning, 2010, 97(3):147−155.

[86] HALE M. Green space as a heat wave adaptation strategy: a health impact assessment for San Diego

county[D]. San Diego: University of California, 2020.

[87] KABISCH N, KORN H, STADLER J, et al. Nature-based solutions to climate change adaptation in urban areas: Linkages between science, policy and practice[M]. Switzerland: Springer Cham, 2017.

[88] JENERETTE G D, HARLAN S L, STEFANOV W L, et al. Ecosystem services and urban heat riskscape moderation: water, green spaces, and social inequality in Phoenix, USA[J]. Ecological Applications, 2011, 21(7):2637−2651.

[89] GEORGESCU M, MOREFIELD P E, BIERWAGEN B G, et al. Urban adaptation can roll back warming of emerging megapolitan regions[J]. Proceedings of the National Academy of Sciences, 2014, 111(8):2909−2914.

[90] STONE JR B, VARGO J, LIU P, et al. Avoided heat-related mortality through climate adaptation strategies in three US cities[J]. PLoS One, 2014, 9(6):e100852.

[91] XING Y, JONES P. In-situ monitoring of energetic and hydrological performance of a semi-intensive green roof and a white roof during a heatwave event in the UK[J]. Indoor and Built Environment, 2021, 30(1):56−69.

[92] DEMUZERE M, ORRU K, HEIDRICH O, et al. Mitigating and adapting to climate change: multi-functional and multi-scale assessment of green urban infrastructure[J]. Journal of Environmental Management, 2014, 146:107−115.

[93] PENNINO M J, MCDONALD R I, JAFFE P R. Watershed-scale impacts of stormwater green infrastructure on hydrology, nutrient fluxes, and combined sewer overflows in the mid-Atlantic region[J]. Science of the Total Environment, 2016, 565:1044−1053.

[94] ZELLNER M, MASSEY D, MINOR E, et al. Exploring the effects of green infrastructure placement on neighborhood-level flooding via spatially explicit simulations[J]. Computers, Environment and Urban Systems, 2016, 59:116−128.

[95] EMILSSON T, SANG Å O. Impacts of climate change on urban areas and nature-based solutions for adaptation[M]//KABISCH N, KORN H, STADLER J, et al. Nature-based solutions to climate change adaptation in urban areas: linkages between science, policy and practice. Switzerland: Springer Cham, 2017:15−27.

[96] MCPHEARSON P T, FELLER M, FELSON A, et al. Assessing the effects of the urban forest restoration effort of MillionTreesNYC on the structure and functioning of New York City ecosystems[J]. Cities and the Environment, 2017, 3(1):283−304.

[97] KUEHLER E, HATHAWAY J, TIRPAK A. Quantifying the benefits of urban forest systems as a component of the green infrastructure stormwater treatment network[J]. Ecohydrology, 2017, 10(3):e1813.

[98] COLLENTINE D, FUTTER M N. Realising the potential of natural water retention measures in catchment flood management: trade−offs and matching interests[J]. Journal of Flood Risk Management, 2018, 11(1):76−84.

[99] KEELER B L, HAMEL P, MCPHEARSON T, et al. Social-ecological and technological factors moderate the value of urban nature[J]. Nature Sustainability, 2019, 2(1):29−38.

[100] BECK M, LOSADA I, MENÉNDEZ P, et al. The global flood protection savings provided by coral reefs[J]. Nature Communications, 2018, 9(1):2186.

[101] COSTANZA R, PéREZ-MAQUEO O, MARTINEZ M L, et al. The value of coastal wetlands for hurricane protection[J]. AMBIO: A Journal of the Human Environment, 2008, 37(4):241−248.

[102] WILLIAM R, GOODWELL A, RICHARDSON M, et al. An environmental cost-benefit analysis of

alternative green roofing strategies[J]. Ecological Engineering, 2016, 95:1−9.

[103] CLARK C, ADRIAENS P, TALBOT F B. Green roof valuation: a probabilistic economic analysis of environmental benefits[J]. Environmental Science & Technology, 2008, 42(6):2155−2161.

[104] KONDO M C, FLUEHR J M, MCKEON T, et al. Urban green space and its impact on human health[J]. International Journal of Environmental Research and Public Health, 2018, 15(3):445.

[105] HARTIG T, MITCHELL R, DE VRIES S, et al. Nature and health[J]. Annual Review of Public Health, 2014, 35:207−228.

[106] BOGAR S, BEYER K M. Green space, violence, and crime: a systematic review[J]. Trauma, Violence, & Abuse, 2016, 17(2):160−171.

[107] MUREITHI S M, VERDOODT A, NJOKA J T, et al. Benefits derived from rehabilitating a degraded semi−arid rangeland in communal enclosures, Kenya[J]. Land Degradation & Development, 2016, 27(8):1853−1862.

[108] LUNGA W, MUSARURWA C. Exploiting indigenous knowledge commonwealth to mitigate disasters: from the archives of vulnerable communities in Zimbabwe[J]. Indian Journal of Traditional Knowledge, 2016, 15(1):22−29.

[109] QUANDT A, NEUFELDT H, MCCABE J T. The role of agroforestry in building livelihood resilience to floods and drought in semiarid Kenya[J]. Ecology and Society, 2017, 22(3):10.

[110] ZHANG W, RICKETTS T H, KREMEN C, et al. Ecosystem services and dis-services to agriculture[J]. Ecological Economics, 2007, 64(2):253−260.

[111] CAO S. Why large-scale afforestation efforts in China have failed to solve the desertification problem[J]. Environmental Science & Technology, 2008, 42(6):1826−1831.

[112] XI Y, PENG S, LIU G, et al. Trade-off between tree planting and wetland conservation in China[J]. Nature Communications, 2022, 13(1):1−11.

[113] ANDERSON C M, DEFRIES R S, LITTERMAN R, et al. Natural climate solutions are not enough[J]. Science, 2019, 363(6430):933−934.

[114] AKTER H A, DWIVEDI P, MASUM M F H, et al. Does intercropping carinata with loblolly pine for sustainable aviation fuel production save carbon? A case study from the southern United States[J]. Bioenergy Research, 2022, 15(3):1427−1438.

[115] PUGH T A, LINDESKOG M, SMITH B, et al. Role of forest regrowth in global carbon sink dynamics[J]. Proceedings of the National Academy of Sciences, 2019, 116(10):4382−4387.

[116] LE QUÉRÉ C, RAUPACH M R, CANADELL J G, et al. Trends in the sources and sinks of carbon dioxide[J]. Nature Geoscience, 2009, 2(12):831−836.

[117] SEDDON N, SMITH A, SMITH P, et al. Getting the message right on nature-based solutions to climate change[J]. Global Change Biology, 2021, 27(8):1518−1546.

[118] Intergovernmental Panel on Climate Change. Climate change 2021: the physical science basis[R]. New York: IPCC, 2021.

[119] FRIEDLINGSTEIN P, O'SULLIVAN M, JONES M W, et al. Global carbon budget 2022[J]. Earth System Science Data, 2022, 14(11): 4811−4900.

[120] United Nations Environment Programme. Emissions gap report 2022: the closing window−climate crisis calls for rapid transformation of societies−executive summary[R]. Nairobi: UNEP, 2022.

[121] MALLAPATY S. How China could be carbon neutral by mid-century[J]. Nature, 2020, 586(7830):482−484.

[122] FANG J-Y. Ecological perspectives of carbon neutrality[J]. Chinese Journal of Plant Ecology, 2021, 45(11):1173−1176.

[123] LAL R, SMITH P, JUNGKUNST H F, et al. The carbon sequestration potential of terrestrial ecosystems[J]. Journal of Soil and Water Conservation, 2018, 73(6):145A−152A.

[124] BRILLI F, FARES S, GHIRARDO A, et al. Plants for sustainable improvement of indoor air quality[J]. Trends Plant Science, 2018, 23(6):507−512.

[125] WANG J, FENG L, PALMER P I, et al. Large Chinese land carbon sink estimated from atmospheric carbon dioxide data[J]. Nature, 2020, 586(7831):720−723.

[126] TANG X, ZHAO X, BAI Y, et al. Carbon pools in China's terrestrial ecosystems: new estimates based on an intensive field survey[J]. Proceedings of the National Academy of Sciences, 2018, 115(16):4021−4026.

[127] SHA Z, LI R, LI J, et al. Estimating carbon sequestration potential in vegetation by distance-constrained zonal analysis[J]. IEEE Geoscience and Remote Sensing Letters, 2021, 18(8):1352−1356.

[128] PAN Y D, BIRDSEY R A, FANG J Y, et al. A large and persistent carbon sink in the world's forests[J]. Science, 2011, 333(6045):988−993.

[129] SCHWALM C R, WILLIAMS C A, SCHAEFER K, et al. A model-data intercomparison of $CO_2$ exchange across North America: results from the North American Carbon Program site synthesis[J]. Journal of Geophysical Research: Biogeosciences, 2010, 115(G3).

[130] FEI X, JIN Y, ZHANG Y, et al. Eddy covariance and biometric measurements show that a savanna ecosystem in Southwest China is a carbon sink[J]. Scientific Reports, 2017, 7(1):41025.

[131] TAGESSON T, SCHURGERS G, HORION S, et al. Recent divergence in the contributions of tropical and boreal forests to the terrestrial carbon sink[J]. Nature Ecology & Evolution, 2020, 4(2):202−209.

[132] GATTI L V, BASSO L S, MILLER J B, et al. Amazonia as a carbon source linked to deforestation and climate change[J]. Nature, 2021, 595(7867):388−393.

[133] ROWLAND L, DA COSTA A C, OLIVEIRA R S, et al. The response of carbon assimilation and storage to long−term drought in tropical trees is dependent on light availability[J]. Functional Ecology, 2021, 35(1):43−53.

[134] CHANG J, CIAIS P, GASSER T, et al. Climate warming from managed grasslands cancels the cooling effect of carbon sinks in sparsely grazed and natural grasslands[J]. Nature Communications, 2021, 12(1):118.

[135] HUBAU W, LEWIS S L, PHILLIPS O L, et al. Asynchronous carbon sink saturation in African and Amazonian tropical forests[J]. Nature, 2020, 579(7797):80−87.

[136] BARDGETT R D, BULLOCK J M, LAVOREL S, et al. Combatting global grassland degradation[J]. Nature Reviews Earth & Environment, 2021, 2(10):720−735.

[137] YANG Y, TILMAN D, FUREY G, et al. Soil carbon sequestration accelerated by restoration of grassland biodiversity[J]. Nature Communications, 2019, 10(1):718.

[138] YANG Y, SHI Y, SUN W, et al. Terrestrial carbon sinks in China and around the world and their contribution to carbon neutrality[J]. Science China Life Sciences, 2022, 65(5):861−895.

[139] LIANG W, ZHANG W, JIN Z, et al. Estimation of global grassland net ecosystem carbon exchange using a model tree ensemble approach[J]. Journal of Geophysical Research: Biogeosciences, 2020, 125(1):e2019JG005034.

[140] LIU Y Y, VAN DIJK A I J M, DE JEU R A M, et al. Recent reversal in loss of global terrestrial biomass[J]. Nature Climate Change, 2015, 5(5):470−474.

[141] 草原具有碳库重要功能——国家林业和草原局草原管理司有关负责人阐释草原"四库"功能[EB/OL]. (2022−06−19)[2024−05−23]. http://www.forestry.gov.cn/c/xby/sjjs/349921.jhtml.

[142] SHA Z, BAI Y, LI R, et al. The global carbon sink potential of terrestrial vegetation can be increased

substantially by optimal land management[J]. Communications Earth & Environment, 2022, 3(1):8.

[143] BANSAL S, TANGEN B, FINOCCHIARO R. Temperature and hydrology affect methane emissions from prairie pothole wetlands[J]. Wetlands, 2016, 36(2):371−381.

[144] OLSON D, GRIFFIS T, NOORMETS A, et al. Interannual, seasonal, and retrospective analysis of the methane and carbon dioxide budgets of a temperate peatland[J]. Journal of Geophysical Research: Biogeosciences, 2013, 118(1):226−238.

[145] DAVIDSON N C, FLUET-CHOUINARD E, FINLAYSON C M. Global extent and distribution of wetlands: trends and issues[J]. Marine and Freshwater Research, 2018, 69(4):620−627.

[146] POULTER B, FLUET−CHOUINARD E, HUGELIUS G, et al. A review of global wetland carbon stocks and management challenges[J]. Wetland Carbon and Environmental Management, 2021:1−20.

[147] United Nations Environment Programme. Global peatlands assessment−the state of the world's peatlands: evidence for action toward the conservation, restoration, and sustainable management of peatlands[R]. Nairobi: UNEP, 2022.

[148] HUANG Y, CIAIS P, LUO Y, et al. Tradeoff of $CO_2$ and $CH_4$ emissions from global peatlands under water-table drawdown[J]. Nature Climate Change, 2021, 11(7):618−622.

[149] POTAPOV P, TURUBANOVA S, HANSEN M C, et al. Global maps of cropland extent and change show accelerated cropland expansion in the twenty-first century[J]. Nature Food, 2022, 3(1):19−28.

[150] SCHARLEMANN J P W, TANNER E V J, HIEDERER R, et al. Global soil carbon: understanding and managing the largest terrestrial carbon pool[J]. Carbon Management, 2014, 5(1):81−91.

[151] REN W, BANGER K, TAO B, et al. Global pattern and change of cropland soil organic carbon during 1901−2010: roles of climate, atmospheric chemistry, land use and management[J]. Geography and Sustainability, 2020, 1(1):59−69.

[152] ZOMER R J, BOSSIO D A, SOMMER R, et al. Global sequestration potential of increased organic carbon in cropland soils[J]. Scientific Reports, 2017, 7(1):15554.

[153] BLANCO-CANQUI H, RUIS S J. No-tillage and soil physical environment[J]. Geoderma, 2018, 326:164−200.

[154] TIEFENBACHER A, SANDéN T, HASLMAYR H-P, et al. Optimizing carbon sequestration in croplands: a synthesis[J]. Agronomy, 2021, 11(5):882.

[155] FREIBAUER A, ROUNSEVELL M D, SMITH P, et al. Carbon sequestration in the agricultural soils of Europe[J]. Geoderma, 2004, 122(1):1−23.

[156] Intergovernmental Panel on Climate Change. Summary for policymakers[R]//IPCC special report on the ocean and cryosphere in a changing climate. Hamish Pritchard: IPCC, 2019.

[157] Global Mangrove Alliance. The state of the world's mangroves 2022[R]. GMA, 2022.

[158] TAILLARDAT P, FRIESS D A, LUPASCU M. Mangrove blue carbon strategies for climate change mitigation are most effective at the national scale[J]. Biology Letters, 2018, 14(10):20180251.

[159] BOUILLON S, BORGES A V, CASTANEDA-MOYA E, et al. Mangrove production and carbon sinks: a revision of global budget estimates[J]. Global Biogeochemical Cycles, 2008, 22(2).

[160] DONATO D C, KAUFFMAN J B, MURDIYARSO D, et al. Mangroves among the most carbon-rich forests in the tropics[J]. Nature geoscience, 2011, 4(5):293−297.

[161] SPIVAK A C, SANDERMAN J, BOWEN J L, et al. Global-change controls on soil-carbon accumulation and loss in coastal vegetated ecosystems[J]. Nature Geoscience, 2019, 12(9):685−692.

[162] MCKENZIE L J, NORDLUND L M, JONES B L, et al. The global distribution of seagrass meadows[J]. Environmental Research Letters, 2020, 15(7):074041.

[163] FOURQUREAN J W, DUARTE C M, KENNEDY H, et al. Seagrass ecosystems as a globally significant carbon stock[J]. Nature Geoscience, 2012, 5(7):505−509.

[164] WAYCOTT M, DUARTE C M, CARRUTHERS T J B, et al. Accelerating loss of seagrasses across the globe threatens coastal ecosystems[J]. Proceedings of the National Academy of Sciences, 2009, 106(30):12377−12381.

[165] 赵鹏, 姜书, 石建斌.《气候变化中的海洋与冰冻圈特别报告》的蓝碳内容及其影响[J]. 海洋科学, 2021, 45(2): 137−143.

[166] MUDD S M, D'ALPAOS A, MORRIS J T. How does vegetation affect sedimentation on tidal marshes? Investigating particle capture and hydrodynamic controls on biologically mediated sedimentation[J]. Journal of Geophysical Research: Earth Surface, 2010, 115(F3).

[167] MURRAY N J, WORTHINGTON T A, BUNTING P, et al. High-resolution mapping of losses and gains of Earth's tidal wetlands[J]. Science, 2022, 376(6594):744−749.

[168] WANG F, SANDERS C J, SANTOS I R, et al. Global blue carbon accumulation in tidal wetlands increases with climate change[J]. National Science Review, 2021, 8(9).

[169] 于贵瑞, 朱剑兴, 徐丽, 等. 中国生态系统碳汇功能提升的技术途径: 基于自然解决方案[J]. 中国科学院院刊, 2022, 37(4):490−501.

[170] CURTIS P G, SLAY C M, HARRIS N L, et al. Classifying drivers of global forest loss[J]. Science, 2018, 361(6407):1108−1111.

[171] NOON M L, GOLDSTEIN A, LEDEZMA J C, et al. Mapping the irrecoverable carbon in Earth's ecosystems[J]. Nature Sustainability, 2022, 5(1):37−46.

[172] KEENAN R J, REAMS G A, ACHARD F, et al. Dynamics of global forest area: Results from the FAO Global Forest Resources Assessment 2015[J]. Forest Ecology and Management, 2015, 352:9−20.

[173] RITCHIE M E. Plant compensation to grazing and soil carbon dynamics in a tropical grassland[J]. PeerJ, 2014, 2:e233.

[174] 孙悦, 徐兴亮. 根际激发效应的发生机制及其生态重要性[J]. 植物生态学报, 2014, 38(1): 62−75.

[175] ASHTON M S, GUNATILLEKE C, GUNATILLEKE I, et al. Restoration of rain forest beneath pine plantations: a relay floristic model with special application to tropical South Asia[J]. Forest Ecology and Management, 2014, 329:351−359.

[176] VAN CON T, THANG N T, KHIEM C C, et al. Relationship between aboveground biomass and measures of structure and species diversity in tropical forests of Vietnam[J]. Forest Ecology and Management, 2013, 310:213−218.

[177] POORTER L, BONGERS F, AIDE T M, et al. Biomass resilience of Neotropical secondary forests[J]. Nature, 2016, 530(7589):211−214.

[178] 国家林业和草原局. 中国退耕还林还草二十年（1999—2019）[R/OL]. (2020−06−30)[2024−05−23]. https://www.forestry.gov.cn/html/main/main_195/20200630085813736477881/file/202006300904289 99877621.pdf.

[179] CHEN C, PARK T, WANG X, et al. China and India lead in greening of the world through land-use management[J]. Nature Sustainability, 2019, 2(2):122−129.

[180] KREIER F. Tropical forests have big climate benefits beyond carbon storage[EB/OL]. (2022−04−01)[2024−05−30]. https://www.nature.com/articles/d41586-022-00934-6.

[181] 肖登攀, 陶福禄, MOIWO J P. 全球变化下地表反照率研究进展[J]. 地球科学进展, 2011, 26 (11):1217−1224.

[182] CAO S, ZHANG J, CHEN L, et al. Ecosystem water imbalances created during ecological restoration by afforestation in China, and lessons for other developing countries[J]. Journal of Environmental Management, 2016, 183:843-849.

[183] ZHAO M, RUNNING S W. Drought-induced reduction in global terrestrial net primary production from 2000 through 2009[J]. Science, 2010, 329(5994):940-943.

[184] TEMPERTON V M, BUCHMANN N, BUISSON E, et al. Step back from the forest and step up to the Bonn Challenge: how a broad ecological perspective can promote successful landscape restoration[J]. Restoration Ecology, 2019, 27(4):705-719.

[185] TAKACS D. The idea of biodiversity: philosophies of paradise[M]. Baltimore: Johns Hopkins University Press, 1996.

[186] VELLEND M, GEBER M A. Connections between species diversity and genetic diversity[J]. Ecology Letters, 2005, 8(7):767-781.

[187] DES ROCHES S, POST D M, TURLEY N E, et al. The ecological importance of intraspecific variation[J]. Nature Ecology & Evolution, 2018, 2(1):57-64.

[188] TURNEY C, AUSSEIL A G, BROADHURST L. Urgent need for an integrated policy framework for biodiversity loss and climate change[J]. Nature Ecology & Evolution, 2020, 4(8): 996.

[189] SMITH A C, HARRISON P A, PÉREZ SOBA M, et al. How natural capital delivers ecosystem services: a typology derived from a systematic review[J]. Ecosystem Services, 2017, 26, 111-126.

[190] ISBELL F, GONZALEZ A, LOREAU M, et al. Linking the influence and dependence of people on biodiversity across scales[J]. Nature, 2017, 546(7656):65-72.

[191] MACLAURIN J, STERELNY K. What is biodiversity?[M]. Chicago: University of Chicago Press, 2008.

[192] PHILANDER S G. Encyclopedia of global warming and climate change: AE[M]. Vol. 1. Los Angeles: SAGE, 2008.

[193] 苏玲. 生态系统多样性[J]. 世界环境, 1994(4): 22-25.

[194] ALMOND R E, GROOTEN M, PETERSON T. Living planet report 2020-bending the curve of biodiversity loss[M]. Gland, Switzerland: World Wildlife Fund, 2020.

[195] 王献溥, 刘韶杰. "中国生物多样性保护战略与行动计划（2011—2030）"的实施途径[J]. 绿叶, 2011(9): 32-36.

[196] ARAÚJO M B, RAHBEK C. How does climate change affect biodiversity?[J]. Science, 2006, 313(5792): 1396-1397.

[197] LU Y, YANG Y, SUN B, et al. Spatial variation in biodiversity loss across China under multiple environmental stressors[J]. Science Advances, 2020, 6(47): eabd0952.

[198] DUSHKOVA D, HAASE D. Not simply green: nature-based solutions as a concept and practical approach for sustainability studies and planning agendas in cities[J]. Land, 2020, 9(1): 19.

[199] HOBBS R J, HALLETT L M, EHRLICH P R, et al. Intervention ecology: applying ecological science in the twenty-first century[J]. BioScience, 2011, 61(6):442-450.

[200] UNEP-WCMC, IUCN, NGS. Protected planet report 2018[M]. Cambridge: UNEP-WCMC; Gland: IUCN; Washington, D.C.: NGS, 2018.

[201] SCHULZE K, KNIGHTS K, COAD L, et al. An assessment of threats to terrestrial protected areas[J]. Conservation Letters, 2018, 11(3):e12435.

[202] MYERS N. The biodiversity challenge: expanded hot-spots analysis[J]. Environmentalist, 1990, 10(4):243-256.

[203] MYERS N. Threatened biotas: "hot spots" in tropical forests[J]. Environmentalist, 1988, 8(3):187–208.

[204] RAFFERTY J P. Biodiversity loss[M]//Encyclopedia Britannica. Chicago: Encyclopedia Britannica, Inc., 2019.

[205] LARJAVAARA M, DAVENPORT T R, GANGGA A, et al. Payments for adding ecosystem carbon are mostly beneficial to biodiversity[J]. Environmental Research Letters, 2019, 14(5):054001.

[206] ACHISO Z. Biodiversity and human livelihoods in protected areas: worldwide perspective–a review[J]. SSR Institute International Journal of Life Sciences, 2020, 6: 2565–2578.

[207] MA Z, CHEN Y, MELVILLE D S, et al. Changes in area and number of nature reserves in China[J]. Conservation Biology, 2019, 33(5):1066–1075.

[208] TANG X. Analysis of the current situation of China's nature reserve network and a draft plan for its optimization[J]. Biodiversity Science, 2005, 13(1):81.

[209] XU J, ZHANG Z, LIU W, et al. A review and assessment of nature reserve policy in China: advances, challenges and opportunities[J]. Oryx, 2012, 46(4):554–562.

[210] 任海, 彭少麟, 陆宏芳. 退化生态系统恢复与恢复生态学[J]. 生态学报, 2004, 24(8): 1756–1764.

[211] 白降丽, 彭道黎, 庾晓红. 退化生态系统恢复与重建的研究进展[J]. 浙江林学院学报, 2005(4):464–468.

[212] 任海, 彭少麟. 恢复生态学导论[M]. 北京: 科学出版社, 2001.

[213] 章家恩, 徐琪. 恢复生态学研究的一些基本问题探讨[J]. 应用生态学报, 1999(1):109–113.

[214] DUDLEY N, ALEXANDER S. Agriculture and biodiversity: a review[J]. Biodiversity, 2017, 18(2–3):45–49.

[215] EEA. State of nature in the EU report. Final report[R]. Copenhagen: European Environment Agency, 2020.

[216] HLPE. Agroecological and other innovative approaches for sustainable agriculture and food systems that enhance food security and nutrition[R]. Rome: FAO, 2019.

[217] 潘懋, 李铁锋. 环境地质学（修订版）[M]. 北京: 高等教育出版社, 2003.

[218] BORYSIAK J, MIZGAJSKI A, SPEAK A. Floral biodiversity of allotment gardens and its contribution to urban green infrastructure[J]. Urban Ecosystems, 2017, 20(2):323–335.

[219] CORREA AYRAM C A, MENDOZA M E, ETTER A, et al. Habitat connectivity in biodiversity conservation: a review of recent studies and applications[J]. Progress in Physical Geography, 2016, 40(1):7–37.

[220] POTTS S G, PETANIDOU T, ROBERTS S, et al. Plant-pollinator biodiversity and pollination services in a complex Mediterranean landscape[J]. Biological Conservation, 2006, 129(4):519–529.

[221] MILLARD J, OUTHWAITE C L, KINNERSLEY R, et al. Global effects of land-use intensity on local pollinator biodiversity[J]. Nature Communications, 2021, 12(1):1–11.

[222] SCHAUBROECK T. Nature-based solutions: sustainable?[J]. Nature, 2017, 543(7645):315–315.

[223] LAFORTEZZA R, CHEN J, VAN DEN BOSCH C K, et al. Nature-based solutions for resilient landscapes and cities[J]. Environmental Research, 2018, 165:431–441.

[224] LAFORTEZZA R, SANESI G. Nature-based solutions: settling the issue of sustainable urbanization[J]. Environmental Research, 2019, 172:394–398.

[225] SEDDON N, DANIELS E, DAVIS R, et al. Global recognition of the importance of nature-based solutions to the impacts of climate change[J]. Global Sustainability, 2020, 3: e15.

[226] XIE L, BULKELEY H. Nature-based solutions for urban biodiversity governance[J]. Environmental Science & Policy, 2020, 110:77–87.

[227] SOLAN M, BENNETT E M, MUMBY P J, et al. Benthic-based contributions to climate change mitigation and adaptation[J]. Philosophical Transactions of the Royal Society B, 2020, 375(1794):20190107.

[228] ADDISON P F, BULL J W, MILNER–GULLAND E. Using conservation science to advance corporate

biodiversity accountability[J]. Conservation Biology, 2019, 33(2):307−318.

[229] COETZEE B W, GASTON K J, CHOWN S L. Local scale comparisons of biodiversity as a test for global protected area ecological performance: a meta-analysis[J]. PLoS One, 2014, 9(8):e105824.

[230] DÍAZ S, SETTELE J, BRONDÍZIO E S, et al. The global assessment report on biodiversity and ecosystem services: Summary for policy makers[R]. Bonn: Intergovernmental Science-Policy Platform on Biodiversity and Ecosystem Services, 2019: 56.

[231] BRANCALION P H S, AMAZONAS N T, CHAZDON R L, et al. Exotic eucalypts: from demonized trees to allies of tropical forest restoration?[J]. Journal of Applied Ecology, 2020, 57(1):55−66.

[232] LAESTADIUS L, MAGINNIS S, MINNEMEYER S, et al. Mapping opportunities for forest landscape restoration[J]. Unasylva (English ed.), 2011, 62(238): 47−48.

[233] VELDMAN J W, ALEMAN J C, ALVARADO S T, et al. Comment on "The global tree restoration potential" [J]. Science, 2019, 366(6463): eaay7976.

[234] DAVE R, MAGINNIS S, CROUZEILLES R. Forests: many benefits of the Bonn Challenge[J]. Nature, 2019, 570(7760): 164−165.

[235] HEILMAYR R, ECHEVERRÍA C, LAMBIN E F. Impacts of Chilean forest subsidies on forest cover, carbon and biodiversity[J]. Nature Sustainability, 2020, 3(9): 701−709.

[236] LEWIS S L, WHEELER C E, MITCHARD E T A, et al. Restoring natural forests is the best way to remove atmospheric carbon[J]. Nature, 2019, 568(7750):25−28.

[237] SRIVASTAVA S, MEHTA L. The social life of mangroves: resource complexes and contestations on the industrial coastline of Kutch, India[R]. Brighton, UK: ESRC STEPS Centre, 2018.

[238] SINGH H. Mangroves and their environment: with emphasis on mangroves in Gujarat[M]. Gujarat: Gujarat Forest Department, 2006.

[239] MEKURIA W, LANGAN S, JOHNSTON R, et al. Restoring aboveground carbon and biodiversity: a case study from the Nile basin, Ethiopia[J]. Forest Science and Technology, 2015, 11(2):86−96.

[240] Air quality: ISO 4225:2020[S/OL]. [2022−12−30]. https://www.iso.org/standard/72525.html.

[241] MENON J S, SHARMA R. Nature-based solutions for co-mitigation of air pollution and urban heat in Indian cities[J]. Frontiers in Sustainable Cities, 2021, 3: 705185.

[242] World Health Organization. Ambient air pollution: a global assessment of exposure and burden of disease[EB/OL]. [2022−10−30]. https://apps.who.int/iris/handle/10665/250141.

[243] European Environment Agency, GONZÁLEZ ORTIZ A, GUERREIRO C, et al. Air quality in Europe: 2020 report[M]. Luxembourg: Publications Office of the European Union, 2020.

[244] OKE T R, CHRISTEN A, VOOGT J A. Urban climates[M]. Cambridge: Cambridge University Press, 2017.

[245] SICARD P, LESNE O, ALEXANDRE N, et al. Air quality trends and potential health effects−development of an aggregate risk index[J]. Atmospheric Environment, 2011, 45(5):1145−1153.

[246] International Agency for Research on Cancer. Outdoor air pollution a leading environmental cause of cancer deaths[EB/OL]. [2022−10−30]. http://www.iarc.fr/en/publications/books/sp161/index.php.

[247] HOLGATE S T. Every breath we take: the lifelong impact of air pollution−a call for action[J]. Clinical Medicine (London), 2017, 17(1): 8−12.

[248] QIU Y, ZUO S, YU Z, et al. Discovering the effects of integrated green space air regulation on human health: a bibliometric and meta-analysis[J]. Ecological Indicators, 2021, 132:108292.

[249] AGARWAL P, SARKAR M, CHAKRABORTY B, et al. Chapter 7−phytoremediation of air pollutants: prospects and challenges[M]//PANDEY V C, BAUDDH K. Phytomanagement of polluted sites.

Amsterdam: elsevier, 2019: 221-241.

[250] LEE B X Y, HADIBARATA T, YUNIARTO A. Phytoremediation mechanisms in air pollution control: a review[J]. Water, Air, and Soil Pollution, 2020, 231(8): 437.

[251] GOPALAKRISHNAN V, ZIV G, HIRABAYASHI S, et al. Nature-based solutions can compete with technology for mitigating air emissions across the United States[J]. Environmental Science & Technology, 2019, 53(22): 13228-13237.

[252] MULLANEY J, LUCKE T, TRUEMAN S J. A review of benefits and challenges in growing street trees in paved urban environments[J]. Landscape and Urban Planning, 2015, 134:157-166.

[253] NOWAK D J, HIRABAYASHI S, BODINE A, et al. Tree and forest effects on air quality and human health in the United States[J]. Environmental Pollution, 2014, 193: 119-129.

[254] SCARTAZZA A, MANCINI M L, PROIETTI S, et al. Caring local biodiversity in a healing garden: Therapeutic benefits in young subjects with autism[J]. Urban Forestry & Urban Greening, 2020, 47: 126511.

[255] AMOLY E, DADVAND P, FORNS J, et al. Green and blue spaces and behavioral development in Barcelona schoolchildren: the BREATHE project[J]. Environmental Health Perspectives, 2014, 122(12): 1351-1358.

[256] WOLFE M K, MENNIS J. Does vegetation encourage or suppress urban crime? Evidence from Philadelphia, PA[J]. Landscape and Urban Planning, 2012, 108(2-4): 112-122.

[257] MCPHERSON E G. Chicago's urban forest ecosystem: results of the Chicago Urban Forest Climate Project[M]. Upper Darby, PA:US Department of Agriculture, Forest Service, Northeastern Forest Experiment Station, 1994.

[258] SOARES A L, REGO F C, MCPHERSON E G, et al. Benefits and costs of street trees in Lisbon, Portugal[J]. Urban Forestry & Urban Greening, 2011, 10(2):69-78.

[259] YU Z, XU S, ZHANG Y, et al. Strong contributions of local background climate to the cooling effect of urban green vegetation[J]. Scientific Reports, 2018, 8(1): 6798.

[260] NOWAK D J, HIRABAYASHI S, DOYLE M, et al. Air pollution removal by urban forests in Canada and its effect on air quality and human health[J]. Urban Forestry & Urban Greening, 2018, 29:40-48.

[261] CURRIE B A, BASS B. Estimates of air pollution mitigation with green plants and green roofs using the UFORE model[J]. Urban Ecosystems, 2008, 11(4):409-422.

[262] WEYENS N, THIJS S, POPEK R, et al. The role of plant-microbe interactions and their exploitation for phytoremediation of air pollutants[J]. International Journal of Molecular Sciences, 2015, 16(10):25576-25604.

[263] WEI X, LYU S, YU Y, et al. Phyllo remediation of air pollutants: exploiting the potential of plant leaves and leaf-associated microbes[J]. Frontiers in Plant Science, 2017, 8:1318.

[264] SICARD P, AGATHOKLEOUS E, ARAMINIENE V, et al. Should we see urban trees as effective solutions to reduce increasing ozone levels in cities?[J]. Environmental Pollution, 2018, 243(Pt A):163-176.

[265] PANDEY A K, PANDEY M, TRIPATHI B D. Air pollution tolerance index of climber plant species to develop vertical greenery systems in a polluted tropical city[J]. Landscape and Urban Planning, 2015, 144:119-127.

[266] BUSTAMI R A, BELUSKO M, WARD J, et al. Vertical greenery systems: a systematic review of research trends[J]. Building and Environment, 2018, 146:226-237.

[267] PÉREZ G, COMA J, MARTORELL I, et al. Vertical greenery systems (VGS) for energy saving in buildings: a review[J]. Renewable and Sustainable Energy Reviews, 2014, 39:139-165.

[268] VIJAYARAGHAVAN K. Green roofs: a critical review on the role of components, benefits, limitations and trends[J]. Renewable and Sustainable Energy Reviews, 2016, 57:740−752.

[269] ABHIJITH K V, KUMAR P, GALLAGHER J, et al. Air pollution abatement performances of green infrastructure in open road and built-up street canyon environments−a review[J]. Atmospheric Environment, 2017, 162:71−86.

[270] YANG J, YU Q, GONG P. Quantifying air pollution removal by green roofs in Chicago[J]. Atmospheric Environment, 2008, 42(31):7266−7273.

[271] LI J-F, WAI O W H, LI Y S, et al. Effect of green roof on ambient $CO_2$ concentration[J]. Building and Environment, 2010, 45(12):2644−2651.

[272] U.S. ENVIRONMENTAL PROTECTION AGENCY (USEPA). Incorporating emerging and voluntary measures in a state implementation plan (SIP)[EB/OL]. [2022−10−30]. http://www.epa.gov/ttn/oarpg/tl/memoranda/evm_ievm_g.pdf.

[273] ALBERTINE J M, MANNING W J, DACOSTA M, et al. Projected carbon dioxide to increase grass pollen and allergen exposure despite higher ozone levels[J]. PLoS One, 2014, 9(11):e111712.

[274] CARIÑANOS P, CASARES-PORCEL M. Urban green zones and related pollen allergy: a review. Some guidelines for designing spaces with low allergy impact[J]. Landscape and Urban Planning, 2011, 101(3):205−214.

[275] CARINANOS P, ADINOLFI C, DIAZ DE LA GUARDIA C, et al. Characterization of allergen emission sources in urban areas[J]. Journal of Environmental Quality, 2016, 45(1): 244−252.

[276] CALFAPIETRA C, FARES S, MANES F, et al. Role of biogenic volatile organic compounds (BVOC) emitted by urban trees on ozone concentration in cities: a review[J]. Environmental Pollution, 2013, 183: 71−80.

[277] BAUMGARDNER D, VARELA S, ESCOBEDO F J, et al. The role of a peri-urban forest on air quality improvement in the Mexico City megalopolis[J]. Environmental Pollution, 2012, 163: 174−183.

[278] AMORIM J H, RODRIGUES V, TAVARES R, et al. CFD modelling of the aerodynamic effect of trees on urban air pollution dispersion[J]. Science of the Total Environment, 2013, 461: 541−551.

[279] 许亦竣. 街谷绿化空间设计对污染物扩散影响建模分析[J]. 福建茶叶, 2019, 41(12):176−177.

[280] RAYMOND C, BREIL M, NITA M, et al. An impact evaluation framework to support planning and evaluation of nature-based solutions projects: an EKLIPS Expert Working Group report[M]. Wallingford: Centre for Ecology and Hydrology, 2017.

[281] MCDONALD A G, BEALEY W J, FOWLER D, et al. Quantifying the effect of urban tree planting on concentrations and depositions of $PM_{10}$ in two UK conurbations[J]. Atmospheric Environment, 2007, 41(38):8455−8467.

[282] MANSO M, CASTRO-GOMES J. Green wall systems: a review of their characteristics[J]. Renewable and Sustainable Energy Reviews, 2015, 41:863−871.

[283] PAPAZIAN S, BLANDE J D. Dynamics of plant responses to combinations of air pollutants[J]. Plant Biology (Stuttgart), 2020, 22(1):68−83.

[284] MAGDZIAK Z, GĄSECKA M, GOLIŃSKI P, et al. Phytoremediation and Environmental Factors[M]// ANSARI A A, GILL S S, GILL R, et al. Phytoremediation: management of environmental coutaminants, volume 1. Cham: Springer International Publishing, 2015: 45−55.

[285] ZHAO M, ESCOBEDO F J, WANG R, et al. Woody vegetation composition and structure in peri-urban Chongming Island, China[J]. Environmental Management, 2013, 51(5):999−1011.

[286] Euriopeall Commission, Directorate-Geueral for Research and Innovation, CALFAPIETRA C. Nature-

based solutions for microclimate regulation and air quality: analysis of EU-funded projects[M]. Luxembourg: Publications Office of the European Union, 2020.

[287] SINGH S K, RAO D N. Evaluation of plants for their tolerance to air pollution[C]// Proceedings of symposium on air pollution control. 1983, 1(1): 218−224.

[288] HIRABAYASHI S, KROLL C N, NOWAK D J. Development of a distributed air pollutant dry deposition modeling framework[J]. Environmental Pollution, 2012, 171:9−17.

[289] TIWARY A, SINNETT D, PEACHEY C, et al. An integrated tool to assess the role of new planting in $PM_{10}$ capture and the human health benefits: a case study in London[J]. Environmental Pollution, 2009, 157(10):2645−2653.

[290] ESCOBEDO F J, NOWAK D J. Spatial heterogeneity and air pollution removal by an urban forest[J]. Landscape and Urban Planning, 2009, 90(3−4):102−110.

[291] CARIÑANOS P, CASARES-PORCEL M, QUESADA-RUBIO J-M. Estimating the allergenic potential of urban green spaces: a case-study in Granada, Spain[J]. Landscape and Urban Planning, 2014, 123:134−144.

[292] NOWAK D J, CRANE D E, STEVENS J C, et al. Brooklyn's urban forest[M]. Washington, DC: USDA Forest Service, 2002.

[293] COOK C, BAKKER K. Water security: debating an emerging paradigm[J]. Global Environmental Change, 2012, 22(1):94−102.

[294] ESCAP U. Water security & the global water agenda: a UN-Water analytical brief[M]. Tokyo: United Nations University (UNU), 2013.

[295] VÖRÖSMARTY C J, RODRÍGUEZ OSUNA V, CAK A D, et al. Ecosystem-based water security and the sustainable development goals (SDGs)[J]. Ecohydrology & Hydrobiology, 2018, 18(4):317−333.

[296] VOROSMARTY C J, MCINTYRE P B, GESSNER M O, et al. Global threats to human water security and river biodiversity[J]. Nature, 2010, 467(7315):555−561.

[297] BUREK P, SATOH Y, FISCHER G, et al. Water futures and solution−fast track initiative (final report)[R]. Laxenburg, Austria: International Institute for Applied Systems Analysis (IIASA), 2016.

[298] OECD. OECD environmental outlook to 2050[M]. Paris: OECD Publishing, 2012.

[299] FLÖRKE M, SCHNEIDER C, MCDONALD R I. Water competition between cities and agriculture driven by climate change and urban growth[J]. Nature Sustainability, 2018, 1(1):51−58.

[300] UN Water. 2018 UN world water development report, nature-based solutions for water[R]. Paris: United Nations, 2018.

[301] DALIN C, WADA Y, KASTNER T, et al. Groundwater depletion embedded in international food trade[J]. Nature, 2017, 543(7647):700−704.

[302] RASKIN P, GLEICK P, KIRSHEN P, et al. Water futures: assessment of long-range patterns and problems. Comprehensive assessment of the freshwater resources of the world[M]. Stockholm: Stockholm Environment Institute (SEI), 1997.

[303] CORCORAN E. Sick water?: the central role of wastewater management in sustainable development: a rapid response assessment[M]. Stevenage: UNEP/Earthprint, 2010.

[304] UNEP. A snapshot of the world's water quality: towards a global assessment[EB/OL]. [2022−10−30]. https://globewq.info/assets/policy_brief_unep_wwqa_web.pdf.

[305] VEOLIA. The murky future of global water quality: new global study projects rapid deterioration in water quality[R]. Paris: Veolia Institute, 2015.

[306] COUTTS A M, TAPPER N J, BERINGER J, et al. Watering our cities: The capacity for Water Sensitive

Urban Design to support urban cooling and improve human thermal comfort in the Australian context[J]. Progress in Physical Geography, 2013, 37(1):2−28.

[307] HERRING S C, HOERLING M P, KOSSIN J P, et al. Explaining extreme events of 2014 from a climate perspective[J]. Bulletin of the American Meteorological Society, 2015, 96(12):S1−S172.

[308] KITAMORI K, MANDERS T, DELLINK R, et al. OECD environmental outlook to 2050: the consequences of inaction[R]. Paris: OECD Publishing, 2012.

[309] BOYER J, BYRNE P, CASSMAN K, et al. The US drought of 2012 in perspective: a call to action[J]. Global Food Security, 2013, 2(3):139−143.

[310] ORLOWSKY B, SENEVIRATNE S I. Elusive drought: uncertainty in observed trends and short-and long-term CMIP5 projections[J]. Hydrology and Earth System Sciences, 2013, 17(5):1765−1781.

[311] JEHANZAIB M, KIM T-W. Exploring the influence of climate change-induced drought propagation on wetlands[J]. Ecological Engineering, 2020, 149:105799.

[312] KUMAR P, DEBELE S E, SAHANI J, et al. Towards an operationalisation of nature-based solutions for natural hazards[J]. Science of the Total Environment, 2020, 731:138855.

[313] NAVARRO F A R, GESUALDO G C, FERREIRA R G, et al. A novel multistage risk management applied to water-related disaster using diversity of measures: a theoretical approach[J]. Ecohydrology & Hydrobiology, 2021, 21(3):443−453.

[314] WEBSTER P, TOMA V E, KIM H M. Were the 2010 Pakistan floods predictable?[J]. Geophysical Research Letters, 2011, 38(4), L04806.

[315] KRUGMAN P. Droughts, floods and food[J]. The New York Times, 2011: A23(L).

[316] DE LIMA G N, LOMBARDO M A, MAGAÑA V. Urban water supply and the changes in the precipitation patterns in the metropolitan area of São Paulo−Brazil[J]. Applied Geography, 2018, 94:223−229.

[317] WORLD ECONOMIC FORUM. Global risks 2015[R]. Geneva: World Economic Forum, 2015.

[318] IPCC. Climate Change 2013: The physical science basis[R]. Cambridge: Cambridge University Press, 2013: 3−29.

[319] MARENGO J A, AMBRIZZI T, DA ROCHA R P, et al. Future change of climate in South America in the late twenty-first century: intercomparison of scenarios from three regional climate models[J]. Climate Dynamics, 2010, 35(6):1073−1097.

[320] STOCKER T F, QIN D, PLATTNER G-K, et al. Summary for policymakers[M]//STOCKER T F, QIN D, PLATTNER G-K, et al. Climate change 2013: the physical science basis. Contribution of working group I to the fifth assessment report of the intergovernmental panel on climate change. Cambridge, UK: Cambridge University Press, 2014: 3−29.

[321] BARBOSA C C, CALIJURI M D C, DOS SANTOS A C A, et al. Future projections of water level and thermal regime changes of a multipurpose subtropical reservoir (Sao Paulo, Brazil)[J]. Science of the Total Environment, 2021, 770:144741.

[322] WANTZEN K M, ROTHHAUPT K-O, MÖRTL M, et al. Ecological effects of water-level fluctuations in lakes: an urgent issue[M]// LEIRA M, CANTONATI M. Ecological effects of water-level fluctuations in lakes. Berlin: Springer, 2008: 1−4.

[323] MOSS B, KOSTEN S, MEERHOFF M, et al. Allied attack: climate change and eutrophication[J]. Inland Waters, 2011, 1(2):101−105.

[324] SINHA E, MICHALAK A, BALAJI V. Eutrophication will increase during the 21st century as a result of precipitation changes[J]. Science, 2017, 357(6349):405−408.

[325] YU S, WU Q, LI Q, et al. Anthropogenic land uses elevate metal levels in stream water in an urbanizing watershed[J]. Science of the Total Environment, 2014, 488:61−69.

[326] YU S, YU G, LIU Y, et al. Urbanization impairs surface water quality: eutrophication and metal stress in the Grand Canal of China[J]. River Research and Applications, 2012, 28(8):1135−1148.

[327] CHEN X, TIAN C, MENG X, et al. Analyzing the effect of urbanization on flood characteristics at catchment levels[J]. Proceedings of the International Association of Hydrological Sciences, 2015, 370:33−38.

[328] WAGHWALA R K, AGNIHOTRI P G. Flood risk assessment and resilience strategies for flood risk management: a case study of Surat City[J]. International Journal of Disaster Risk Reduction, 2019, 40:101155.

[329] ZOPE P, ELDHO T, JOTHIPRAKASH V. Impacts of urbanization on flooding of a coastal urban catchment: a case study of Mumbai City, India[J]. Natural Hazards, 2015, 75(1):887−908.

[330] ROSE S, PETERS N E. Effects of urbanization on streamflow in the Atlanta area (Georgia, USA): a comparative hydrological approach[J]. Hydrological Processes, 2001, 15(8):1441−1457.

[331] LIU L, JENSEN M B. Climate resilience strategies of Beijing and Copenhagen and their links to sustainability[J]. Water Policy, 2017, 19(6):997−1013.

[332] GREENWAY M. Stormwater wetlands for the enhancement of environmental ecosystem services: case studies for two retrofit wetlands in Brisbane, Australia[J]. Journal of Cleaner Production, 2017, 163:S91−S100.

[333] HRKIĆ ILIĆ Z, KAPOVIĆ SOLOMUN M, ŠUMATIĆ N, et al. The role of plants in water regulation and pollution control[M]// FERREIRA C S S, KALANTARI Z, HARTMANN T PEREIRA P. Nature-based solutions for flood mitigation. Cham: Springer International Publishing, 2021: 159−185.

[334] CHEN L, WANG J, WEI W, et al. Effects of landscape restoration on soil water storage and water use in the Loess Plateau Region, China[J]. Forest Ecology and Management, 2010, 259(7):1291−1298.

[335] MALTBY E. Wetland management goals: wise use and conservation[J]. Landscape and Urban Planning, 1991, 20(1−3):9−18.

[336] VAN WESENBEECK B K, IJFF S, JONGMAN B, et al. Implementing nature based flood protection: principles and implementation guidance[R]. Washington, DC: World Bank Group, 2017.

[337] MCCARTNEY M, SMAKHTIN V. Water storage in an era of climate change: addressing the challenge of increasing rainfall variability[R]. Colombo, Sri Lanka: International Water Management Institute (IWMI), 2010.

[338] MARTTILA H, KLØVE B. Managing runoff, water quality and erosion in peatland forestry by peak runoff control[J]. Ecological Engineering, 2010, 36(7):900−911.

[339] NARAYAN S, BECK M, WILSON P, et al. The value of coastal wetlands for flood damage reduction in the Northeastern USA[J]. Scientific Reports, 2017, 7: 9463.

[340] BAUTISTA D, PEÑA-GUZMÁN C. Simulating the hydrological impact of Green roof use and an increase in Green areas in an urban catchment with i-tree: a case study with the town of Fontibón in Bogotá, Colombia[J]. Resources, 2019, 8(2):68.

[341] KEESSTRA S, NUNES J, NOVARA A, et al. The superior effect of nature based solutions in land management for enhancing ecosystem services[J]. Science of the Total Environment, 2018, 610:997−1009.

[342] MAROIS D E, MITSCH W J. Coastal protection from tsunamis and cyclones provided by mangrove wetlands−a review[J]. International Journal of Biodiversity Science, Ecosystem Services & Management, 2015, 11(1):71−83.

[343] ANDERSON M E, MCKEE SMITH J, MCKAY S K. Wave dissipation by vegetation[R]. Vicksburg, MS: US Army Corps of Engineers, 2011.

[344] OZMENT S, DIFRANCESCO K, GARTNER T. The role of natural infrastructure in the water, energy and food nexus[R]. Gland, Switzerland: IUCN, 2015.

[345] OZMENT S, ELLISON G, JONGMAN B. Nature-based solutions for disaster risk management: booklet[R]. Gland, Switzerland: IUCN, 2022.

[346] BAIG S P, RIZVI A, JOSELLA M, et al. Cost and benefits of ecosystem based adaptation: the case of the Philippines[R]. Gland, Switzerland: IUCN, 2015.

[347] GREY D, GARRICK D, BLACKMORE D, et al. Water security in one blue planet: twenty-first century policy challenges for science[J]. Philosophical Transactions of the Royal Society A: Mathematical, Physical and Engineering Sciences, 2013, 371(2002):20120406.

[348] DURHAM E, BAKER H, SMITH M, et al. The BiodivERsA stakeholder engagement handbook[R]. Paris: BiodivERsA, 2014.

[349] FORMAN R T T. Urban ecology: science of cities[M]. Cambridge: Cambridge University Press, 2014:193−194.

[350] GRIMMOND S. Urbanization and global environmental change: local effects of urban warming[J]. The Geographical Journal, 2007, 173(1):83−88.

[351] 方创琳, 周成虎, 顾朝林, 等. 特大城市群地区城镇化与生态环境交互耦合效应解析的理论框架及技术路径[J]. 地理学报, 2016, 71(4):531−550.

[352] FRUMKIN H, HAINES A. Global environmental change and noncommunicable disease risks[J]. Annual Review of Public Health, 2019, 40:261−282.

[353] UN. World urbanization prospects: the 2014 revision[M]. New York, NY: United Nations Department of Economics and Social Affairs, Population Division, 2015.

[354] AKPINAR A, BARBOSA-LEIKER C, BROOKS K. Does green space matter? Exploring relationships between green space type and health indicators[J]. Urban Forestry Urban Greening, 2016, 20:407−418.

[355] ZHANG J, YU Z, CHENG Y, et al. Evaluating the disparities in urban green space provision in communities with diverse built environments: The case of a rapidly urbanizing Chinese city[J]. Building and Environment, 2020, 183:107170.

[356] GASCON M, TRIGUERO-MAS M, MARTINEZ D, et al. Residential green spaces and mortality: a systematic review[J]. Environment International, 2016, 86:60−67.

[357] BRATMAN G N, ANDERSON C B, BERMAN M G, et al. Nature and mental health: an ecosystem service perspective[J]. Sci Adv, 2019, 5(7):eaax0903.

[358] ZHANG J, YU Z, ZHAO B, et al. Links between green space and public health: a bibliometric review of global research trends and future prospects from 1901 to 2019[J]. Environmental Research Letters, 2020, 15(6):063001.

[359] MARKEVYCH I, SCHOIERER J, HARTIG T, et al. Exploring pathways linking greenspace to health: theoretical and methodological guidance[J]. Environmental Research, 2017, 158:301−317.

[360] World Health Organization. Constitution of the World Health Organization[M]. Geneva: World Health Organization, 1946.

[361] YU Z, YANG G, ZUO S, et al. Critical review on the cooling effect of urban blue-green space: a threshold-size perspective[J]. Urban Forestry & Urban Greening, 2020, 49:126630.

[362] BOUCHAMA A, KNOCHEL J P. Heat stroke[J]. The New England journal of medicine, 2002, 346(25):1978−1988.

[363] RUOKOLAINEN L, HERTZEN L, FYHRQUIST N, et al. Green areas around homes reduce atopic sensitization in children[J]. Allergy, 2014, 70(2):195−202.

[364] FULLER R A, IRVINE K N, DEVINE-WRIGHT P, et al. Psychological benefits of greenspace increase with biodiversity[J]. Biology Letters, 2007, 3(4):390–394.

[365] GAO J, YU Z W, WANG L, et al. Suitability of regional development based on ecosystem service benefits and losses: a case study of the Yangtze River Delta urban agglomeration, China[J]. Ecological Indicators, 2019, 107: 105579.

[366] BRATMAN G, HAMILTON J, DAILY G. The impacts of nature experience on human cognitive function and mental health[J]. Annals of the New York Academy of Sciences, 2012, 1249:118–136.

[367] JACKSON L E, DANIEL J, MCCORKLE B, et al. Linking ecosystem services and human health: the eco-health relationship browser[J]. International Journal of Public Health, 2013, 58(5):747–755.

[368] DE JESUS CRESPO R, FULFORD R. Eco-Health linkages: assessing the role of ecosystem goods and services on human health using causal criteria analysis[J]. International Journal of Public Health, 2018, 63(1):81–92.

[369] IUCN. IUCN global standard for nature-based solutions: a user-friendly framework for the verification, design and scaling up of NbS[M]. Gland, Switzerland: IUCN, 2020.

[370] VAN DEN BOSCH M, ODE SANG Å. Urban natural environments as Nnture based solutions for improved public health–a systematic review of reviews[J]. Journal of Transport & Health, 2017, 5:S79.

[371] COON J T, BODDY K, STEIN K, et al. Does participating in physical activity in outdoor natural environments have a greater effect on physical and mental wellbeing than physical activity indoors? A systematic review[J]. Environmental Science & Technology, 2011, 45(5):1761–1772.

[372] BRAUBACH M, EGOROV A, MUDU P, et al. Effects of urban green space on environmental health, equity and resilience[M]// KABISCH N, KORN H, STADLER J, et al. Nature-based solutions to climate change adaptation in urban areas: linkages between science, policy and practice. Switzerland: Springer Cham, 2017: 187–205.

[373] KONDRASHOVA A, SEISKARI T, ILONEN J, et al. The 'hygiene hypothesis' and the sharp gradient in the incidence of autoimmune and allergic diseases between Russian Karelia and Finland[J]. Apmis, 2013, 121(6):478–493.

[374] BARTON J, BRAGG R, WOOD C, et al. Green exercise linking nature, health and well-being[M]. London: Routledge, 2016.

[375] DZHAMBOV A, DIMITROVA D, DIMITRAKOVA E. Association between residential greenness and birth weight: systematic review and meta-analysis[J]. Urban Forestry & Urban Greening, 2014, 13:621–629.

[376] MITCHELL R, POPHAM F. Effect of exposure to natural environment on health inequalities: an observational population study[J]. Lancet, 2008, 372(9650):1655–1660.

[377] VILLENEUVE P J, JERRETT M, SU J G, et al. A cohort study relating urban green space with mortality in Ontario, Canada[J]. Environmental Research, 2012, 115:51–58.

[378] HU Z, LIEBENS J, RAO K R. Linking stroke mortality with air pollution, income, and greenness in northwest Florida: an ecological geographical study[J]. International Journal of Health Geographics, 2008, 7(1):20.

[379] WILKER E H, WU C D, MCNEELY E, et al. Green space and mortality following ischemic stroke[J]. Environmental Research, 2014, 133:42–48.

[380] TAKANO T, NAKAMURA K, WATANABE M. Urban residential environments and senior citizens' longevity in megacity areas: the importance of walkable green spaces[J]. Journal of Epidemiology & Community Health 2002, 56(12):913–918.

[381] MITCHELL R, POPHAM F. Greenspace, urbanity and health: relationships in England[J]. Journal of Epidemiology & Community Health, 2007, 61(8):681−683.

[382] RICHARDSON EA, MITCHELL R, et al. Green cities and health: a question of scale?[J]. Journal of Epidemiology & Community Health, 2012, 66(2): 160−165.

[383] MARTINEZ-JUAREZ P, CHIABAI A, TAYLOR T, et al. The impact of ecosystems on human health and well-being: a critical review[J]. Journal of Outdoor Recreation and Tourism, 2015, 10:63−69.

[384] CHIABAI A, QUIROGA S, MARTINEZ-JUAREZ P, et al. The nexus between climate change, ecosystem services and human health: towards a conceptual framework[J]. Science of The Total Environment, 2018, 635:1191−1204.

[385] SHARIFI F, LEVIN I, M.STONE W, et al. Green space and subjective well-being in the Just City: a scoping review[J]. Environmental Science & Policy, 2021, 120:118−126.

[386] Roth G A, Mensah G A, Johnson C O, et al. Global burden of cardiovascular diseases and risk factors, 1990−2019: update from the GBD 2019 study[J]. Journal of the American College of Cardiology, 2020,76(25):2982−3021.

[387] VIENNEAU D, DE HOOGH K, FAEH D, et al. More than clean air and tranquility: residential green is independently associated with decreasing mortality[J]. Environment International, 2017, 108:176−184.

[388] PORCHERIE M, LEJEUNE M, GAUDEL M, et al. Urban green spaces and cancer: a protocol for a scoping review[J]. BMJ Open, 2018, 8(2): e018851.

[389] GHIMIRE R, FERREIRA S, GREEN G T, et al. Green space and adult obesity in the united states[J]. Ecological Economics, 2017, 136:201−212.

[390] GRAZULEVICIENE R, LUKSIENE D, DEDELE A, et al. Accessibility and use of urban green spaces, and cardiovascular health: findings from a Kaunas cohort study[J]. Environmental Health: A Global Access Science Source, 2014, 13:20.

[391] AFSHIN A, FOROUZANFAR M H, REITSMA M B, et al. Health effects of overweight and obesity in 195 countries over 25 years[J]. The New England Journal of Medicine, 2017, 377(1):13−27.

[392] LACHOWYCZ K, JONES A P. Greenspace and obesity: a systematic review of the evidence[J]. Obesity Reviews, 2011, 12(5): e183−9.

[393] ULRICH R S. View through a window may influence recovery from surgery[J]. Science, 1984, 224(4647): 420−421.

[394] ASTELL-BURT T, FENG X. Urban green space, tree canopy and prevention of cardiometabolic diseases: a multilevel longitudinal study of 46 786 Australians[J]. International Journal of Epidemiology, 2019, 49(3):926−933.

[395] SCHUYLER D. The new urban landscape: the redefinition of city form in nineteenth-century America[M]. Baltimore: Johns Hopkins University Press, 1988.

[396] 杨高原, 余兆武, 张金光, 等. 暴露生态学视角下绿地暴露健康效益研究进展与展望[J/OL].生态学报, 2024(14): 1−11[2024−07−26]. https://doi.org/10.20103/j.stxb.202401190162.

[397] WHO. Urban green spaces and health: a review of evidence (2016)[M]. Copenhagen: WHO Regional Office for Europe, 2016.

[398] LÕHMUS M, BALBUS J. Making green infrastructure healthier infrastructure[J]. Infection Ecology & Epidemiology, 2015, 5:30082.

[399] MITCHELL R, ASTELL-BURT T, RICHARDSON E A. A comparison of green space indicators for epidemiological research[J]. Journal of Epidemiol Community Health, 2011, 65(10):853−858.

[400] WONG G K L, JIM C Y. Urban-microclimate effect on vector mosquito abundance of tropical green roofs[J]. Building and Environment, 2017, 112:63−76.

[401] 王兰, 贾颖慧, 李潇天, 等. 针对传染性疾病防控的城市空间干预策略[J]. 城市规划, 2020,44(8):13−20, 32.

[402] VAN DEN BERG M, WENDEL-VOS W, VAN POPPEL M, et al. Health benefits of green spaces in the living environment: a systematic review of epidemiological studies[J]. Urban Forestry & Urban Greening, 2015, 14(4):806−816.

[403] The Economic Times. New York races to build makeshift hospitals to ward off Covid-19 outbreak[EB/OL]. (2020−04−03)[2024−07−22]. https://economictimes.indiatimes.com/news/international/world-news/new-york-races-to-build-makeshift-hospitals-to-ward-off-covid-19-outbreak/will-the-massive-effort-be-enough/slideshow/74964906.cms.

[404] DDON笛东. 笛东观点 | COVID-19下的健康景观规划设计思考与应用[EB/OL]. (2021−02−24)[2024−06−03]. https://baijiahao.baidu.com/s?id=1692542543460536849.

[405] GRIMA N, CORCORAN W, HILL-JAMES C, et al. The importance of urban natural areas and urban ecosystem services during the COVID-19 pandemic[J]. PLoS One, 2020, 15(12):e0243344.

[406] MA A T H, LAM T W L, CHEUNG L T O, et al. Protected areas as a space for pandemic disease adaptation: a case of COVID-19 in Hong Kong[J]. Landscape and Urban Planning, 2021, 207:103994.

[407] ULRICH R S, SIMONS R F, LOSITO B D, et al. Stress recovery during exposure to natural and urban environments[J]. Journal of Environmental Psychology, 1991, 11(3):201−230.

[408] DE VRIES S. Nearby nature and human health: looking at the mechanisms and their implications[M]// Thompson CW, Aspinall P, Bell S. Innovative approaches to researching landscape and health. London: Routledge, 2010.

[409] TRIGUERO-MAS M, DADVAND P, CIRACH M, et al. Natural outdoor environments and mental and physical health: Relationships and mechanisms[J]. Environment International, 2015, 77(apr.):35−41.

[410] BRATMAN G N, HAMILTON J P, HAHN K S, et al. Nature experience reduces rumination and subgenual prefrontal cortex activation[J]. Proceedings of the National Academy of Sciences of the United States of America, 2015, 112(28):8567−8572.

[411] KIRSTEN B, ANDREA K, ANIKO S, et al. Exposure to neighborhood green space and mental health: evidence from the survey of the health of Wisconsin[J]. International Journal of Environmental Research and Public Health, 2014, 11(3):3453−3472.

[412] POPE D, TISDALL R, MIDDLETON J, et al. Quality of and access to green space in relation to psychological distress: results from a population-based cross-sectional study as part of the EURO-URHIS 2 project[J]. European Journal of Public Health, 2015, 28(1):35−38.

[413] REKLAITIENE R, GRAZULEVICIENE R, DEDELE A, et al. The relationship of green space, depressive symptoms and perceived general health in urban population[J]. Scandinavian Journal of Public Health, 2014, 42(7):669−676.

[414] GRIGSBY-TOUSSAINT D S, TURI K N, KRUPA M, et al. Sleep insufficiency and the natural environment: results from the US behavioral risk factor surveillance system survey[J]. Preventive Medicine, 2015, 78:78−84.

[415] PETER, ASPINALL, PANAGIOTIS, et al. The urban brain: analysing outdoor physical activity with mobile EEG[J]. British Journal of Sports Medicine, 2015, 49(4):272−276.

[416] HAMMEN C. Stress and depression[J]. Annual Review of Clinical Psychology, 2005, 1(1):293−319.

[417] TESTER-JONES M, WHITE M P, ELLIOTT L R, et al. Results from an 18 country cross-sectional study

examining experiences of nature for people with common mental health disorders[J]. Scientific Reports, 2020, 10(1):19408.

[418] WANG D, MACMILLAN T. The benefits of gardening for older adults: a systematic review of the literature[J]. Activities Adaptation Aging, 2013, 37(2):153–181.

[419] GAGLIARDI C, PICCININI F. The use of nature–based activities for the well-being of older people: an integrative literature review[J]. Archives of Gerontology and Geriatrics, 2019, 83:315–327.

[420] YEO N L, ELLIOTT L R, BETHEL A, et al. Indoor nature interventions for health and wellbeing of older adults in residential settings: a systematic review[J]. Gerontologist, 2020, 60(3): E184–E199.

[421] 李树华. 园艺疗法概论[M]. 北京: 中国林业出版社, 2011.

[422] TAYLOR A F, KUO F E. Is contact with nature important for healthy child development? State of the evidence[M]//TAYLOR A F, KUO F E. Children and their environments: learning, using and designing spaces. Cambridge: Cambridge University Press, 2006: 124–140.

[423] RIOS R, AIKEN L S, ZAUTRA A J. Neighborhood contexts and the mediating role of neighborhood social cohesion on health and psychological distress among hispanic and non-hispanic residents[J]. Annals of Behavioral Medicine, 2012, 43(1):50–61.

[424] KIM J, KAPLAN R. Physical and psychological factors in sense of community[J]. Environment Behavior, 2016,36(3):313–340.

[425] LIU Y, ZHANG F, LIU Y, et al. The effect of neighbourhood social ties on migrants' subjective wellbeing in Chinese cities[J]. Habitat International, 2017, 66:86–94.

[426] DE VRIES S, VAN DILLEN S M, GROENEWEGEN P P, et al. Streetscape greenery and health: stress, social cohesion and physical activity as mediators[J]. Social Science & Medicine, 2013, 94:26–33.

[427] KUO F E, SULLIVAN W C, COLEY R L, et al. Fertile ground for community: inner-city neighborhood common spaces[J]. American Journal of Community Psychology, 1998, 26(6): 823–851.

[428] HOULDEN V, WEICH S, PORTO ALBUQUERQUE, et al. The relationship between greenspace and the mental wellbeing of adults: a systematic review[J]. PLoS One, 2018,13(9):e0203000.

[429] VINIECE J, LINCOLN L, YUN J. Advancing sustainability through urban green space: cultural ecosystem services, equity, and social determinants of health[J]. International Journal of Environmental Research and Public Health, 2016, 13(2):196.

[430] MAAS J, SPREEUWENBERG P, WINSUM-WESTRA M V, et al. Is green space in the living environment associated with people's feelings of social safety?[J]. Environmental and Planning A, 2009, 41(7):1763–1777.

[431] KUO F E, SULLIVAN W C. Environment and crime in the inner city: does vegetation reduce crime?[J]. Environment and Behavior, 2001, 33(3):343–367.

[432] DONOVAN G H, PRESTEMON J P. The effect of trees on crime in Portland, Oregon[J]. Environment and Behavior, 2010,44(1):3–30.

[433] CATTELL V, DINES N, GESLER W, et al. Mingling, observing, and lingering: Everyday public spaces and their implications for well-being and social relations[J]. Health & Place, 2008, 14(3):544–561.

[434] CAMPBELL L K, SVENDSEN E S, SONTI N F, et al. A social assessment of urban parkland: Analyzing park use and meaning to inform management and resilience planning[J]. Environmental Science & Policy, 2016, 62:34–44.

[435] SUGIYAMA T, LESLIE E, GILES-CORTI B, et al. Associations of neighbourhood greenness with physical and mental health: do walking, social coherence and local social interaction explain the relationships?[J].

Journal of Epidemiology & Community Health, 2008, 62(5):e9.

[436] HALL C R, KNUTH M J. An update of the literature supporting the well-being benefits of plants: part 3-social benefits[J]. Journal of Environmental Horticulture, 2019, 37(4):136–142.

[437] FONE D, WHITE J, FAREWELL D, et al. Effect of neighbourhood deprivation and social cohesion on mental health inequality: a multilevel population-based longitudinal study[J]. Psychological Medicine, 2014, 44(11):2449–2460.

[438] KENIGER L, GASTON K, IRVINE K, et al. What are the benefits of interacting with nature?[J]. International Journal of Environmental Research and Public Health, 2013, 10(3):913–935.

[439] KABISCH N, KORN H, STADLER J, et al. Nature-based solutions to climate change adaptation in urban areas-linkages between science, policy and practice[M]//KABISCH N, KORN H, STADLER J, et al. Nature-based solutions to climate change adaptation in urban areas: linkages between science, policy and practice. Switzerland: Springer Cham, 2017: 1–11.

[440] SENEVIRATNE S I, LÜTHI D, LITSCHI M, et al. Land–atmosphere coupling and climate change in Europe[J]. Nature, 2006,443(7108):205–209.

[441] WARD K, LAUF S, KLEINSCHMIT B, et al. Heat waves and urban heat islands in Europe: A review of relevant drivers[J]. Science of The Total Environment, 2016, 569–570:527–539.

[442] KANG Y, TANG H, ZHANG L, et al. Long-term temperature variability and the incidence of cardiovascular diseases: a large, representative cohort study in China[J]. Environmental Pollution, 2021, 278:116831.

[443] BASAGAÑA X, SARTINI C, BARRERA-GÓMEZ J, et al. Heat waves and cause-specific mortality at all ages[J]. Epidemiology, 2011, 22(6):765–772.

[444] ZHOU D, BONAFONI S, ZHANG L, et al. Remote sensing of the urban heat island effect in a highly populated urban agglomeration area in East China[J]. Science of the Total Environment, 2018, 628–629:415–429.

[445] AKBARI H, DAVIS S, HUANG J, et al. Cooling our communities. A guidebook on tree planting and light-colored surfacing[M]. Berkeley: Lawrence Berkeley National Laboratory, 1992.

[446] CHEN A, YAO X A, SUN R, et al. Effect of urban green patterns on surface urban cool islands and its seasonal variations[J]. Urban Forestry & Urban Greening, 2014, 13(4):646–654.

[447] BURKART K, MEIER F, SCHNEIDER A, et al. Modification of heat-related mortality in an elderly urban population by vegetation (urban green) and proximity to water (urban blue): evidence from Lisbon, Portugal[J]. Environmental Health Perspectives, 2016, 124:927–934.

[448] GEORGIOU M, MORISON G, SMITH N, et al. Mechanisms of impact of blue spaces on human health: a systematic literature review and meta-analysis[J]. International Journal of Environmental Research and Public Health, 2021, 18(5):2486.

[449] DERKZEN M, TEEFFELEN A, VERBURG P. Quantifying urban ecosystem services based on high-resolution data of urban green space: an assessment for Rotterdam, the Netherlands[J]. Journal of Applied Ecology, 2015, 52(4):1020–1032.

[450] CAMERON R, TIJANA B. Green infrastructure and ecosystem services-is the devil in the detail?[J]. Annals of Botany, 2016(3):377–391.

[451] KESKITALO E C H, GEORGI B, ISOARD S, et al. Urban adaptation to climate change in Europe: challenges and opportunities for cities together with supportive national and European policies[R]. Luxembourg: EEA, 2012.

[452] HAASE D, LARONDELLE N, ANDERSSON E, et al. A quantitative review of urban ecosystem service

assessments: concepts, models, and implementation[J]. AMBIO: A Journal of the Human Environment, 2014, 43(4):413−433.

[453] WEI H, MA B, HAUER R J, et al. Relationship between environmental factors and facial expressions of visitors during the urban forest experience[J]. Urban Forestry & Urban Greening, 2020, 53:126699.

[454] JANECZKO E, BIELINIS E, WOJCIK R, et al. When urban environment is restorative: the effect of walking in suburbs and forests on psychological and physiological relaxation of young Polish adults[J]. Forests, 2020, 11(591):1−17.

[455] ELSADEK M, SUN M, SUGIYAMA R, et al. Cross-cultural comparison of physiological and psychological responses to different garden styles[J]. Urban Forestry & Urban Greening, 2019, 38:74−83.

[456] DADVAND P, BARTOLL X, BASAGAÑA X, et al. Green spaces and general health: roles of mental health status, social support, and physical activity[J]. Environment International, 2016, 91:161−167.

[457] VAN D, POPPEL M V, KAMP I V, et al. Do physical activity, social cohesion, and loneliness mediate the association between time spent visiting green space and mental health?[J]. Environment and Behavior, 2019,51(2):144−166.

[458] THOMPSON P D, BUCHNER D, PINA I L, et al. Exercise and physical activity in the prevention and treatment of atherosclerotic cardiovascular disease: a statement from the council on clinical cardiology (subcommittee on exercise, rehabilitation, and prevention) and the council on nutrition, physical activity, and metabolism (subcommittee on physical activity)[J]. Circulation, 2003, 107(24):3109−3116.

[459] KUO M. How might contact with nature promote human health? Promising mechanisms and a possible central pathway[J]. Frontiers in Psychology, 2015, 6:1093.

[460] HARTIG T. Three steps to understanding restorative environments as health resources[M] // THOMPSON C W, TRAVLOU P. Open space: people space. Abingdon: Taylor & Francis, 2007.

[461] KAPLAN S. The restorative benefits of nature−toward an integrative framework[J]. Journal of Environmental Psychology, 1995, 15(3):169−182.

[462] KAPLAN S. Meditation, restoration, and the management of mental fatigue[J]. Environment and Behavior, 2001, 33(4):480−506.

[463] 张金光, 余兆武, 赵兵, 等. 城市绿地促进人群健康的作用途径: 理论框架与实践启示[J]. 景观设计学, 2020,8(4):104−113.

[464] ORBAN E, SUTCLIFFER, DRAGANC N, et al. Residential surrounding greenness, self-rated health and interrelations with aspects of neighborhood environment and social relations[J]. Journal of Urban Health Bulletin of the New York Academy of Medicine, 2017(2):158−169.

[465] O'BRIEN L, BURLS A, TOWNSEND M, et al. Volunteering in nature as a way of enabling people to reintegrate into society[J]. Perspectives in Public Health, 2011,131(2):71−81.

[466] JENNINGS V, BAMKOLE O. The relationship between social cohesion and urban green space: an avenue for health promotion[J]. International Journal of Environmental Research Public Health, 2019, 16(3):452.

[467] STIGSDOTTER U K, CORAZON S S, SIDENIUS U, et al. Forest design for mental health promotion— using perceived sensory dimensions to elicit restorative responses[J]. Landscape and Urban Planning, 2017, 160:1−15.

[468] ZHANG G, POULSEN D V, LYGUM V L, et al. Health-promoting nature access for people with mobility impairments: a systematic review[J]. International Journal of Environmental Research & Public Health, 2017, 14(7):703.

[469] LACHOWYCZ K, JONES A. Towards a better understanding of the relationship between greenspace and

health: development of a theoretical framework[J]. Landscape and Urban Planning, 2013, 118:62−69.

[470] SUGIYAMA T, VILLANUEVA K, KNUIMAN M, et al. Can neighborhood green space mitigate health inequalities? A study of socio-economic status and mental health[J]. Health & Place, 2016,38:16−21.

[471] BARÓ F, CHAPARRO L, GÓMEZ-BAGGETHUN E, et al. Contribution of ecosystem services to air quality and climate change mitigation policies: the case of urban forests in Barcelona, Spain[J]. AMBIO: A Journal of the Human Environment, 2014, 43(4):466−479.

[472] VOS P, MAIHEU B, VANKERKOM J, et al. Improving local air quality in cities: to tree or not to tree?[J]. Environmental Pollution, 2013, 183(4):113−122.

[473] BRUSSONI M, GIBBONS R, GRAY C, et al. What is the relationship between risky outdoor play and health in children? A systematic review[J]. International Journal of Environmental Research & Public Health, 2015, 12(6):6423−6454.

[474] BORTOLINI L, CIVIDINO S R, GUBIANI R, et al. Urban green spaces activities: a preparatory groundwork for a safety management system[J]. Journal of Safety Research, 2016, 56:75−82.

[475] KIMPTON A, CORCORAN J, WICKES R. Greenspace and crime: an analysis of greenspace types, neighboring composition, and the temporal dimensions of crime[J]. Journal of Research in Crime and Delinquency, 2016, 54(3):303−337.

[476] United Nations. Concepts and methods in energy statistics, with special reference to energy accounts and balances: a technical report[EB/OL]. [2024−05−21]. https://digitallibrary.un.org/record/44415?v=pdf.

[477] 国网能源研究院. 全球能源分析与展望2021[M]. 北京: 中国电力出版社, 2021:1−12.

[478] BP Company. Statistical review of world energy BP global 2021[EB/OL]. [2024−05−21]. https://www.bp.com/content/dam/bp/business-sites/en/global/corporate/pdfs/energy-economics/statistical-review/bp-stats-review-2021-full-report.pdf.

[479] 邹才能, 何东博, 贾成业, 等. 世界能源转型内涵、路径及其对碳中和的意义[J]. 石油学报, 2021, 42(2):233−247.

[480] LIU Y-J, LI B, FENG Y, et al. Consolidated bio-saccharification: leading lignocellulose bioconversion into the real world[J]. Biotechnology Advances, 2020, 40:107535.

[481] LIU Y, CRUZ-MORALES P, ZARGAR A, et al. Biofuels for a sustainable future[J]. Cell, 2021, 184(6):1636−1647.

[482] REID W V, ALI M K, FIELD C B. The future of bioenergy[J]. Global Change Biology, 2020, 26(1):274−286.

[483] FULTON L M, LYND L R, KÖRNER A, et al. The need for biofuels as part of a low carbon energy future[J]. Biofuels, Bioproducts and Biorefining, 2015, 9(5):476−483.

[484] ROBAK K, BALCEREK M. Current state-of-the-art in ethanol production from lignocellulosic feedstocks[J]. Microbiological Research, 2020, 240:126534.

[485] PRETTY J. Agricultural sustainability: concepts, principles and evidence[J]. Philosophical Transactions of the Royal Society B: Biological Sciences, 2008, 363(1491):447−465.

[486] BUTTEL F H. Internalizing the societal costs of agricultural production[J]. Plant Physiology, 2003, 133(4):1656−1665.

[487] PRETTY J N, NOBLE A D, BOSSIO D, et al. Resource-conserving agriculture increases yields in developing countries[J]. Environmental Science & Technology, 2006, 40(4):1114−1119.

[488] HALOG A, ANIEKE S. A review of circular economy studies in developed countries and its potential adoption in developing countries[J]. Circular Economy and Sustainability, 2021, 1(1):209−230.

[489] NIKOLAOU I E, JONES N, STEFANAKIS A. Circular economy and sustainability: the past, the present and the future directions[J]. Circular Economy and Sustainability, 2021, 1(1):1–20.

[490] AUBRY C, KEBIR L. Shortening food supply chains: a means for maintaining agriculture close to urban areas? The case of the French metropolitan area of Paris[J]. Food Policy, 2013, 41:85–93.

[491] PÖLLING B, MERGENTHALER M. The location matters: determinants for "deepening" and "broadening" diversification strategies in Ruhr metropolis' urban farming[J]. Sustainability, 2017, 9(7):1168.

[492] SONG S, GOH J C L, TAN H T W. Is food security an illusion for cities? A system dynamics approach to assess disturbance in the urban food supply chain during pandemics[J]. Agricultural Systems, 2021, 189:103045.

[493] BRINSON A. The circular economy: international case studies and best practices[J]. Journal and Proceedings of the Royal Society of New South Wales, 2019, 152(471/472):82–93.

[494] LANGERGRABER G, PUCHER B, SIMPERLER L, et al. Implementing nature-based solutions for creating a resourceful circular city[J]. Blue-Green Systems, 2020, 2(1):173–185.

[495] CANET-MARTÍ A, PINEDA-MARTOS R, JUNGE R, et al. Nature-based solutions for agriculture in circular cities: challenges, gaps, and opportunities[J]. Water, 2021, 13(18):2565.

[496] PINEDA-MARTOS R, CALHEIROS C S C. Nature-based solutions in cities—contribution of the Portuguese national association of green roofs to urban circularity[J]. Circular Economy and Sustainability, 2021, 1(3):1019–1035.

[497] SKAR S L G, PINEDA-MARTOS R, TIMPE A, et al. Urban agriculture as a keystone contribution towards securing sustainable and healthy development for cities in the future[J]. Blue-Green Systems, 2019, 2(1):1–27.

[498] OKE T R, JOHNSON G T, STEYN D G, et al. Simulation of surface urban heat islands under "ideal" conditions at night part 2: Diagnosis of causation[J]. Boundary-Layer Meteorology, 1991, 56(4):339–358.

[499] SCOTT M, LENNON M, HAASE D, et al. Nature-based solutions for the contemporary city/Re-naturing the city/Reflections on urban landscapes, ecosystems services and nature-based solutions in cities/Multifunctional green infrastructure and climate change adaptation: brownfield greening as an adaptation strategy for vulnerable communities?/Delivering green infrastructure through planning: insights from practice in Fingal, Ireland/Planning for biophilic cities: from theory to practice[J]. Planning Theory & Practice, 2016, 17(2):267–300.

[500] WANG Y, BAKKER F, DE GROOT R, et al. Effect of ecosystem services provided by urban green infrastructure on indoor environment: a literature review[J]. Building and Environment, 2014, 77:88–100.

[501] TAKEBAYASHI H, MORIYAMA M. Surface heat budget on green roof and high reflection roof for mitigation of urban heat island[J]. Building and Environment, 2007, 42(8):2971–2979.

[502] HOYANO A. Climatological uses of plants for solar control and the effects on the thermal environment of a building[J]. Energy and Buildings, 1988, 11(1–3):181–199.

[503] AKBARI H. Shade trees reduce building energy use and $CO_2$ emissions from power plants[J]. Environmental Pollution, 2002, 116:119–126.

[504] ARMSON D, STRINGER P, ENNOS A R. The effect of tree shade and grass on surface and globe temperatures in an urban area[J]. Urban Forestry & Urban Greening, 2012, 11(3):245–255.

[505] CARTER J G, CAVAN G, CONNELLY A, et al. Climate change and the city: building capacity for urban adaptation[J]. Progress in Planning, 2015, 95:1–66.

[506] GILL S E, HANDLEY J F, ENNOS A R, et al. Adapting cities for climate change: the role of the green infrastructure[J]. Built Environment, 2007, 33(1):115–133.

[507] AKBARI H, KURN D M, BRETZ S E, et al. Peak power and cooling energy savings of shade trees[J].

Energy and Buildings, 1997, 25(2):139–148.

[508] LABAND D, SOPHOCLEUS J. An experimental analysis of the impact of tree shade on electricity consumption[J]. Arboriculture & Urban Forestry, 2009, 35(4):197–202.

[509] WONG N H, TAN C L, KOLOKOTSA D D, et al. Greenery as a mitigation and adaptation strategy to urban heat[J]. Nature Reviews Earth & Environment, 2021, 2(3):166–181.

[510] TAN C L, WONG N H, TAN P Y, et al. Impact of plant evapotranspiration rate and shrub albedo on temperature reduction in the tropical outdoor environment[J]. Building and Environment, 2015, 94:206–217.

[511] WONG N H, CHEN Y, ONG C L, et al. Investigation of thermal benefits of rooftop garden in the tropical environment[J]. Building and Environment, 2003, 38(2):261–270.

[512] BESIR A B, CUCE E. Green roofs and facades: a comprehensive review[J]. Renewable and Sustainable Energy Reviews, 2018, 82:915–939.

[513] TAN C L, WONG N H, JUSUF S K. Effects of vertical greenery on mean radiant temperature in the tropical urban environment[J]. Landscape and Urban Planning, 2014, 127:52–64.

[514] WONG N H, KWANG TAN A Y, CHEN Y, et al. Thermal evaluation of vertical greenery systems for building walls[J]. Building and Environment, 2010, 45(3):663–672.

[515] ONG B L. Green plot ratio: an ecological measure for architecture and urban planning[J]. Landscape and Urban Planning, 2003, 63(4):197–211.

[516] FANTOZZI F, BIBBIANI C, GARGARI C, et al. Do green roofs really provide significant energy saving in a Mediterranean climate? Critical evaluation based on different case studies[J]. Frontiers of Architectural Research, 2021, 10(2):447–465

[517] BEVILACQUA P, BRUNO R, ARCURI N. Green roofs in a Mediterranean climate: energy performances based on in-situ experimental data[J]. Renewable Energy, 2020, 152:1414–1430.

[518] JAFFAL I, OULDBOUKHITINE S-E, BELARBI R. A comprehensive study of the impact of green roofs on building energy performance[J]. Renewable Energy, 2012, 43:157–164.

[519] SFAKIANAKI A, PAGALOU E, PAVLOU K, et al. Theoretical and experimental analysis of the thermal behaviour of a green roof system installed in two residential buildings in Athens, Greece[J]. International Journal of Energy Research, 2009, 33(12):1059–1069.

[520] ZINZI M, AGNOLI S. Cool and green roofs. An energy and comfort comparison between passive cooling and mitigation urban heat island techniques for residential buildings in the Mediterranean region[J]. Energy and Buildings, 2012, 55:66–76.

[521] HE Y, YU H, OZAKI A, et al. An investigation on the thermal and energy performance of living wall system in Shanghai area[J]. Energy and Buildings, 2017, 140:324–335.

[522] OTTELÉ M, PERINI K. Comparative experimental approach to investigate the thermal behaviour of vertical greened façades of buildings[J]. Ecological Engineering, 2017, 108:152–161.

[523] PERINI K, BAZZOCCHI F, CROCI L, et al. The use of vertical greening systems to reduce the energy demand for air conditioning. Field monitoring in Mediterranean climate[J]. Energy and Buildings, 2017, 143:35–42.

[524] AFSHIN A. A new model of urban cooling demand and heat island—application to vertical greenery systems(VGS)[J]. Energy and Buildings, 2017, 157:204–217.

[525] WONG I, BALDWIN A N. Investigating the potential of applying vertical green walls to high-rise residential buildings for energy-saving in sub-tropical region[J]. Building and Environment, 2016, 97:34–39.

[526] NIACHOU A, PAPAKONSTANTINOU K, SANTAMOURIS M, et al. Analysis of the green roof thermal

properties and investigation of its energy performance[J]. Energy and Buildings, 2001, 33(7):719-729.

[527] MATHIEU R, FREEMAN C, ARYAL J. Mapping private gardens in urban areas using object-oriented techniques and very high-resolution satellite imagery[J]. Landscape and Urban Planning, 2007, 81(3):179-192.

[528] BARTESAGHI KOC C, OSMOND P, PETERS A. Evaluating the cooling effects of green infrastructure: a systematic review of methods, indicators and data sources[J]. Solar Energy, 2018, 166:486-508.

[529] GUNAWARDENA K R, WELLS M J, KERSHAW T. Utilising green and bluespace to mitigate urban heat island intensity[J]. Science of The Total Environment, 2017, 584-585:1040-1055.

[530] OKE T R. Boundary layer climates[M]. Oxford: Routledge, 2002.

[531] VÖLKER S, BAUMEISTER H, CLAßEN T, et al. Evidence for the temperature-mitigating capacity of urban blue space-a health geographic perspective[J]. Erdkunde, 2013, 67(4):355-371.

[532] YE H, HU X, REN Q, et al. Effect of urban micro-climatic regulation ability on public building energy usage carbon emission[J]. Energy and Buildings, 2017, 154(1):553-559.

[533] 张媛媛, 王钦宏. 合成生物能源的发展状况与趋势[J]. 生命科学, 2021, 33(12):1502-1509.

[534] ZHANG J, CHEN Y, FU L, et al. Accelerating strain engineering in biofuel research via build and test automation of synthetic biology[J]. Current Opinion in Biotechnology, 2021, 67:88-98.

[535] BRANDON A G, SCHELLER H V. Engineering of bioenergy crops: dominant genetic approaches to improve polysaccharide properties and composition in biomass[J]. Frontiers in Plant Science, 2020, 11:282.

[536] CONTRERAS F, PRAMANIK S, M. ROZHKOVA A, et al. Engineering robust cellulases for tailored lignocellulosic degradation cocktails[J]. International Journal of Molecular Sciences, 2020, 21(5):1589-1604.

[537] GAMBACORTA F V, DIETRICH J J, YAN Q, et al. Rewiring yeast metabolism to synthesize products beyond ethanol[J]. Current Opinion in Chemical Biology, 2020, 59:182-192.

[538] KOTSIRIS G, NEKTARIOS P A, NTOULAS N, et al. An adaptive approach to intensive green roofs in the Mediterranean climatic region[J]. Urban Forestry & Urban Greening, 2013, 12(3):380-392.

[539] SKINNER C J. Urban density, meteorology and rooftops[J]. Urban Policy and Research, 2006, 24(3):355-367.

[540] JIM C Y, TSANG S W. Biophysical properties and thermal performance of an intensive green roof[J]. Building and Environment, 2011, 46(6):1263-1274.

[541] WONG N H, TAN A Y K, TAN P Y, et al. Energy simulation of vertical greenery systems[J]. Energy and Buildings, 2009, 41(12):1401-1408.

[542] HOHMANN-MARRIOTT M F, BLANKENSHIP R E. Evolution of photosynthesis[J]. Annual Review of Plant Biology, 2011, 62(1):515-548.

[543] PÉREZ G, COMA J, SOL S, et al. Green facade for energy savings in buildings: the influence of leaf area index and facade orientation on the shadow effect[J]. Applied Energy, 2017, 187:424-437.

[544] SAADATIAN O, SOPIAN K, SALLEH E, et al. A review of energy aspects of green roofs[J]. Renewable and Sustainable Energy Reviews, 2013, 23:155-168.

[545] SAILOR D J, ELLEY T B, GIBSON M. Exploring the building energy impacts of green roof design decisions-a modeling study of buildings in four distinct climates[J]. Journal of Building Physics, 2012, 35(4):372-391.

[546] VAZ MONTEIRO M, BLANUŠA T, VERHOEF A, et al. Functional green roofs: Importance of plant choice in maximising summertime environmental cooling and substrate insulation potential[J]. Energy and

Buildings, 2017, 141:56−68.

[547] AKBARI H, ROSE L S. Urban surfaces and heat island mitigation potentials[J]. Journal of the Human-Environment System, 2008, 11(2):85−101.

[548] WILKINSON S J, REED R. Green roof retrofit potential in the central business district[J]. Property Management, 2009, 27(5):284−301.

[549] STOVIN V, DUNNETT N, HALLAM A. Green roofs—getting sustainable drainage off the ground[C]// BRELOT E. Novatech 2007—6ème Conférence sur les techniques et stratégies durables pour la gestion des eaux urbaines par temps de pluie / Sixth international conference on sustainable techniques and strategies in urban water management. Lyon, France: GRAIE, 2007: 11−18.

[550] Food and Agriculture Organization of the United Nations, International Fund for Agricultural Development, United Nations Children's Fund, et al. The state of food security and nutrition in the world 2021: Transforming food systems for food security, improved nutrition and affordable healthy diets for all[EB/OL]. [2024−5−21]. https://openknowledge.fao.org/handle/20.500.14283/cb4474en.

[551] Food and Agriculture Organization of the United Nations, International Fund for Agricultural Development, United Nations Children's Fund, et al. The state of food security and nutrition in the world 2020: Transforming food systems for affordable healthy diets[EB/OL]. [2024−05−21]. https://openknowledge.fao.org/handle/20.500.14283/ca9692en.

[552] IIZUMI T, SHIOGAMA H, IMADA Y, et al. Crop production losses associated with anthropogenic climate change for 1981−2010 compared with preindustrial levels[J]. International Journal of Climatology, 2018, 38(14):5405−5417.

[553] REISE J, SIEMONS A, BÖTTCHER H, et al. Nature-based solutions and global climate protection[M]. Dessau-Roßlau: Umweltbundesamt, 2022.

[554] KELEMAN SAXENA A, CADIMA FUENTES X, GONZALES HERBAS R, et al. Indigenous food systems and climate change: impacts of climatic shifts on the production and processing of native and traditional crops in the bolivian andes[J]. Frontiers in Public Health, 2016, 4:20.

[555] KETIEM P, MAKENI P M, MARANGA E K, et al. Integration of climate change information into drylands crop production practices for enhanced food security: a case study of Lower Tana Basin in Kenya[J]. African Journal of Agricultural Research, 2017, 12(20):1763−1771.

[556] THOMPSON H E, BERRANG-FORD L, FORD J D. Climate change and food security in Sub-Saharan Africa: a systematic literature review[J]. Sustainability, 2010, 2(8):2719−2733.

[557] HUSSAIN A, RASUL G, MAHAPATRA B, et al. Household food security in the face of climate change in the Hindu-Kush Himalayan region[J]. Food Security, 2016, 8(5):921−937.

[558] WHITE R. Pilot analysis of global ecosystems: grassland ecosystems[EB/OL]. [2024−5−21]. https://www.wri.org/research/pilot-analysis-global-ecosystems-grassland-ecosystems.

[559] ROJAS-DOWNING M M, NEJADHASHEMI A P, HARRIGAN T, et al. Climate change and livestock: impacts, adaptation, and mitigation[J]. Climate Risk Management, 2017, 16:145−163.

[560] FROEHLICH H E, RUNGE C A, GENTRY R R, et al. Comparative terrestrial feed and land use of an aquaculture-dominant world[J]. Proceedings of the National Academy of Sciences, 2018, 115(20):5295−5300.

[561] KLINGER D H, LEVIN S A, WATSON J R. The growth of finfish in global open-ocean aquaculture under climate change[J]. Proceedings of the Royal Society B: Biological Sciences, 2017, 284(1864):28978724.

[562] BRITTEN G, DOWD M, WORM B. Changing recruitment capacity in global fish stocks[J]. Proceedings of the National Academy of Sciences of the United States of America, 2015, 113(1):134−139.

[563] FREE C M, THORSON J T, PINSKY M L, et al. Impacts of historical warming on marine fisheries production[J]. Science, 2019, 363(6430):979−983.

[564] MONLLOR-HURTADO A, PENNINO M G, SANCHEZ-LIZASO J L. Shift in tuna catches due to ocean warming[J]. PLoS One, 2017, 12(6):178−196.

[565] Food and Agriculture Organization of the United Nations. The future of food and agriculture−alternative pathways to 2050[EB/OL]. [2024−5−21]. https://openknowledge.fao.org/server/api/core/bitstreams/2c6b d7b4-181e-4117-a90d-32a1bda8b27c/content.

[566] BAR-ON Y M, PHILLIPS R, MILO R. The biomass distribution on Earth[J]. Proceedings of the National Academy of Sciences, 2018, 115(25):6506−6511.

[567] Intergovernmental Science-Policy Platform on Biodiversity and Ecosystem Services. Global assessment report on biodiversity and ecosystem services.[EB/OL]. [2024−5−21]. https://zenodo.org/records/6417333.

[568] RITCHIE H, ROSER M. Environmental impacts of food production[EB/OL]. [2024−5−21]. https:// ourworldindata.org/environmental-impacts-of-food.

[569] STURIALE L, SCUDERI A. The role of green infrastructures in urban planning for climate change adaptation[J]. Climate, 2019, 7(10):119.

[570] Intergovernmental Science-Policy Platform on Biodiversity and Ecosystem Services. The IPBES assessment report on land degradation and restoration.[EB/OL]. [2024−5−21]. https://www.ipbes.net/ assessment-reports/ldr.

[571] 白甲林, 刘军省, 杨博宇. 碳中和背景下湿地生态系统恢复重建及碳汇效益评价[J]. 化工矿产地质, 2022, 44(3):243−249.

[572] GODFRAY H J C. The debate over sustainable intensification[J]. Food Security, 2015, 7(2):199−208.

[573] ARE K S, OSHUNSANYA S O, OLUWATOSIN G A. Changes in soil physical health indicators of an eroded land as influenced by integrated use of narrow grass strips and mulch[J]. Soil and Tillage Research, 2018, 184:269−280.

[574] AGUIAR JR T R, RASERA K, PARRON L M, et al. Nutrient removal effectiveness by riparian buffer zones in rural temperate watersheds: the impact of no-till crops practices[J]. Agricultural Water Management, 2015, 149:74−80.

[575] ALFEN N K V. Encyclopedia of agriculture and food systems[M]. Cambridge: Academic Press, Elsevier Science & Technology, 2014.

[576] PHILLIPS R E, THOMAS G W, BLEVINS R L, et al. No-tillage agriculture[J]. Science, 1980, 208(4448): 1108−1113.

[577] DERPSCH R, FRIEDRICH T, KASSAM A, et al. Current status of adoption of no-till farming in the world and some of its main benefits[J]. International Journal of Agricultural and Biological Engineering, 2010, 3(1):1−25.

[578] HUANG Z, OSHUNSANYA S O, LI Y, et al. Vetiver grass hedgerows significantly trap P but little N from sloping land: evidenced from a 10-year field observation[J]. Agriculture, Ecosystems & Environment, 2019, 281:72−80.

[579] NOVARA A, MINACAPILLI M, SANTORO A, et al. Real cover crops contribution to soil organic carbon sequestration in sloping vineyard[J]. Science of The Total Environment, 2019, 652:300−306.

[580] ZUAZO V H D, PLEGUEZUELO C R R, PEINADO F J M, et al. Environmental impact of introducing plant covers in the taluses of terraces: implications for mitigating agricultural soil erosion and runoff[J]. CATENA, 2011, 84(1):79−88.

[581] HAITAO L, LI Y, CHAOWEN L, et al. 18-year grass hedge effect on soil water loss and soil productivity on sloping cropland[J]. Soil and Tillage Research, 2018, 177:12–18.

[582] LENKA N K, SATAPATHY K K, LAL R, et al. Weed strip management for minimizing soil erosion and enhancing productivity in the sloping lands of north-eastern India[J]. Soil and Tillage Research, 2017, 170:104–113.

[583] WOLZ K J, DELUCIA E H. Alley cropping: global patterns of species composition and function[J]. Agriculture, Ecosystems & Environment, 2018, 252:61–68.

[584] CARDINAEL R, MAO Z, PRIETO I, et al. Competition with winter crops induces deeper rooting of walnut trees in a Mediterranean alley cropping agroforestry system[J]. Plant and Soil, 2015, 391(1):219–235.

[585] DUPRAZ C, TALBOT G, MARROU H, et al. To mix or not to mix: evidences for the unexpected high productivity of new complex agrivoltaic and agroforestry systems[C]// Resilient food systems for a changing world: proceedings of the 5th world congress on conservation agriculture incorporating 3rd farming systems design conference 25. Brisbane, Australia: WCCA/FSD Local Organising Committee, 2011: 203–204.

[586] BRANDLE J R, HODGES L, ZHOU X H. Windbreaks in North American agricultural systems[M]// BRANDLE J R, HODGES L, ZHOU X H. New vistas in agroforestry: a compendium for 1st World Congress of Agroforestry, 2004. Dordrecht: Springer Netherlands, 2004: 65–78.

[587] KALLENBACH R L, KERLEY M S, BISHOP-HURLEY G J. Cumulative forage production, forage quality and livestock performance from an annual ryegrass and cereal rye mixture in a pine walnut silvopasture[J]. Agroforestry Systems, 2006, 66(1):43–53.

[588] Food and Agriculture Organization of the United Nations. World livestock 2011—livestock in food security[M]. Rome: FAO, 2011.

[589] TEAGUE W R, DOWHOWER S L, BAKER S A, et al. Grazing management impacts on vegetation, soil biota and soil chemical, physical and hydrological properties in tall grass prairie[J]. Agriculture, Ecosystems & Environment, 2011, 141(3):310–322.

[590] SCHILS R L M, ERIKSEN J, LEDGARD S F, et al. Strategies to mitigate nitrous oxide emissions from herbivore production systems[J]. Animal, 2013, 7:29–40.

[591] GHISELLINI P, CIALANI C, ULGIATI S. A review on circular economy: the expected transition to a balanced interplay of environmental and economic systems[J]. Journal of Cleaner Production, 2016, 114:11–32.

[592] JURGILEVICH A, BIRGE T, KENTALA-LEHTONEN J, et al. Transition towards circular economy in the food system[J]. Sustainability, 2016, 8(1):69.

[593] VAN ZANTEN H H E, HERRERO M, VAN HAL O, et al. Defining a land boundary for sustainable livestock consumption[J]. Global Change Biology, 2018, 24(9):4185–4194.

[594] HILBORN R, AMOROSO R O, ANDERSON C M, et al. Effective fisheries management instrumental in improving fish stock status[J]. Proceedings of the National Academy of Sciences, 2020, 117(4):2218–2224.

[595] DONG S, DONG Y-W, VERRETH J, et al. Holistically assessing and improving the sustainability of aquaculture development in China[EB/OL].(2020–10–01)[2024–05–21]. https://www.researchsquare.com/article/rs-75225/v1.

[596] GENTRY R R, ALLEWAY H K, BISHOP M J, et al. Exploring the potential for marine aquaculture to contribute to ecosystem services[J]. Reviews in Aquaculture, 2020, 12(2):499–512.

[597] MONGIN M, BAIRD M E, HADLEY S, et al. Optimising reef-scale $CO_2$ removal by seaweed to buffer

ocean acidification[J]. Environmental Research Letters, 2016, 11(3):23–34.

[598] SCHRÖDER T, STANK J, SCHERNEWSKI G, et al. The impact of a mussel farm on water transparency in the Kiel Fjord[J]. Ocean & Coastal Management, 2014, 101:42–52.

[599] ROSE J M, BRICKER S B, FERREIRA J G. Comparative analysis of modeled nitrogen removal by shellfish farms[J]. Marine Pollution Bulletin, 2015, 91(1):185–190.

[600] CERCO C F, NOEL M R. Can oyster restoration reverse cultural eutrophication in Chesapeake Bay?[J]. Estuaries and Coasts, 2007, 30(2):331–343.

[601] KELLOGG M, TURNER J, DREYER J, et al. Environmental and ecological benefits and impacts of oyster aquaculture: Addendum[EB/OL].(2018–10–15)[2024–05–21]. https://www.nature.org/content/dam/tnc/nature/en/documents/TNC-Aquaculture-Final-Addendum_102718.pdf.

[602] POWERS M J, PETERSON C, SUMMERSON H C, et al. Macroalgal growth on bivalve aquaculture netting enhances nursery habitat for mobile invertebrates and juvenile fishes[J]. Marine Ecology Progress Series, 2007, 339:109–122.

[603] TALLMAN J C, FORRESTER G E. Oyster grow-out cages function as artificial reefs for temperate fishes[J]. Transactions of the American Fisheries Society, 2007, 136(3):790–799.

[604] KRAUFVELIN P, R DÍAZ E. Sediment macrofauna communities at a small mussel farm in the northern Baltic proper[J]. Boreal Environment Research, 2015, 20(3):378–390.

[605] THEUERKAUF S J, JR J A M, WATERS T J, et al. A global spatial analysis reveals where marine aquaculture can benefit nature and people[J]. PLoS One, 2019, 14(10):222–282.

[606] Food and Agriculture Organization of the United Nations. The state of world fisheries and aquaculture 2020: sustainability in action[M]. Rome: FAO, 2020.

[607] SUMAILA U R, TAI T C. End overfishing and increase the resilience of the ocean to climate change[J]. Frontiers in Marine Science, 2020, 7:523.

[608] HILBORN R, COSTELLO C. The potential for blue growth in marine fish yield, profit and abundance of fish in the ocean[J]. Marine Policy, 2018, 87:350–355.

[609] FROEHLICH H E, JACOBSEN N S, ESSINGTON T E, et al. Avoiding the ecological limits of forage fish for fed aquaculture[J]. Nature Sustainability, 2018, 1(6):298–303.

[610] QUINN C E, QUINN J E, HALFACRE A C. Digging deeper: a case study of farmer conceptualization of ecosystem services in the American south[J]. Environmental Management, 2015, 56(4):802–813.

[611] SAPKOTA A, SAPKOTA A R, KUCHARSKI M, et al. Aquaculture practices and potential human health risks: current knowledge and future priorities[J]. Environment International, 2008, 34(8):1215–1226.

[612] EVERS S, YULE C M, PADFIELD R, et al. Keep wetlands wet: the myth of sustainable development of tropical peatlands–implications for policies and management[J]. Global Change Biology, 2017, 23(2):534–549.

[613] WARREN M, HERGOUALC'H K, KAUFFMAN J B, et al. An appraisal of Indonesia's immense peat carbon stock using national peatland maps: uncertainties and potential losses from conversion[J]. Carbon Balance and Management, 2017, 12(1):12.

[614] FIELD R D, VAN DER WERF G R, FANIN T, et al. Indonesian fire activity and smoke pollution in 2015 show persistent nonlinear sensitivity to El Niño-induced drought[J]. Proceedings of the National Academy of Sciences, 2016, 113(33):9204–9209.

[615] FERRARIO F, BECK M W, STORLAZZI C D, et al. The effectiveness of coral reefs for coastal hazard risk reduction and adaptation[J]. Nature communications, 2014, 5(1):1–9.

[616] KINSEY D, HOPLEY D. The significance of coral reefs as global carbon sinks–response to greenhouse[J].

Palaeogeography, Palaeoclimatology, Palaeoecology, 1991, 89(4):363-377.

[617] COSTANZA R, DE GROOT R, SUTTON P, et al. Changes in the global value of ecosystem services[J]. Global Environmental Change, 2014, 26:152-158.

[618] HOEGH-GULDBERG O. Reviving the ocean economy: the case for action-2015[R]. Gland, Swizerland: World Wide Fund, 2015.

[619] HUGHES T P, BAIRD A H, BELLWOOD D R, et al. Climate change, human impacts, and the resilience of coral reefs[J]. Science, 2003, 301(5635):929-933.

[620] United States Environmental Protection Agency. Greenhouse gas emissions and sinks: 1990-2018[R]. Washington, DC: EPA USA, 2020.

[621] DOMKE GRANT M, OSWALT SONJA N, WALTERS BRIAN F, et al. Tree planting has the potential to increase carbon sequestration capacity of forests in the United States[J]. Proceedings of the National Academy of Sciences, 2020, 117(40):24649-24651.

[622] FARGIONE JOSEPH E, BASSETT S, BOUCHER T, et al. Natural climate solutions for the United States[J]. Science Advances, 2018, 4(11):eaat1869.

[623] ZIPPER C E, SKOUSEN J. Coal's legacy in Appalachia: lands, waters, and people[J]. The Extractive Industries and Society, 2021, 8(4):100990.

[624] FOX J F, ACTON P, CAMPBELL J E. Carbon and mountaintop mining[J]. BioScience, 2014, 64(2):81.

[625] FOX J F, CAMPBELL J E, ACTON P M. Carbon sequestration by reforesting legacy grasslands on coal mining sites[J]. Energies, 2020, 13(23):6340.

[626] U.S. Department of the Interior Office of Surface Mining Reclamation and Enforcement. Appalachian regional reforestation initiative: goals and objectives[EB/OL]. [2020-05-15]. https://www.osmre.gov/programs/arri.html.

[627] WANG S, FAN J, ZHONG H, et al. A multi-factor weighted regression approach for estimating the spatial distribution of soil organic carbon in grasslands[J]. Catena, 2019, 174:248-258.

[628] WALLACE B, BULMER C, HOPE G, et al. Soil compaction and organic matter removal effects on soil properties and tree growth in the Interior Douglas-fir zone of southern British Columbia[J]. Forest Ecology and Management, 2021, 494:119268.

[629] BORIŠEV M, PAJEVIĆ S, NIKOLIĆ N, et al. Bio-geotechnologies for mine site rehabilitation[M]. Elsevier, 2018.

[630] TANG X, ZHANG C, YU Y, et al. Intercropping legumes and cereals increases phosphorus use efficiency; a meta-analysis[J]. Plant and Soil, 2021, 460(1):89-104.

[631] LIU G, YAN G, CHANG M, et al. Long-term nitrogen addition further increased carbon sequestration in a boreal forest[J]. European Journal of Forest Research, 2021, 140(5):1113-1126.

[632] ZIPPER C E, BURGER J A, SKOUSEN J G, et al. Restoring forests and associated ecosystem services on Appalachian coal surface mines[J]. Environmental Management, 2011, 47(5):751-765.

[633] HOWARD J, SUTTON-GRIER A, HERR D, et al. Clarifying the role of coastal and marine systems in climate mitigation[J]. Frontiers in Ecology and the Environment, 2017, 15(1):42-50.

[634] RÖHR M E, HOLMER M, BAUM J K, et al. Blue carbon storage capacity of temperate eelgrass (Zostera marina) meadows[J]. Global Biogeochemical Cycles, 2018, 32(10):1457-1475.

[635] GREEN A, CHADWICK M A, JONES P J. Variability of UK seagrass sediment carbon: implications for blue carbon estimates and marine conservation management[J]. PLoS One, 2018, 13(9):e0204431.

[636] FRASER M W, KENDRICK G A. Belowground stressors and long-term seagrass declines in a historically

degraded seagrass ecosystem after improved water quality[J]. Scientific Reports, 2017, 7(1):14469.

[637] SAUNDERS M I, LEON J, PHINN S R, et al. Coastal retreat and improved water quality mitigate losses of seagrass from sea level rise[J]. Global Change Biology, 2013, 19(8):2569−2583.

[638] MAZARRASA I, SAMPER-VILLARREAL J, SERRANO O, et al. Habitat characteristics provide insights of carbon storage in seagrass meadows[J]. Marine Pollution Bulletin, 2018, 134:106−117.

[639] GREEN A E, UNSWORTH R K F, CHADWICK M A, et al. Historical analysis exposes catastrophic seagrass loss for the United Kingdom[J]. Frontiers in Plant Science, 2021, 12:629962.

[640] PAULO D, CUNHA A H, BOAVIDA J, et al. Open coast seagrass restoration. Can we do it? Large scale seagrass transplants[J]. Frontiers in Marine Science, 2019, 6:52.

[641] CULLEN-UNSWORTH L C, NORDLUND L M, PADDOCK J, et al. Seagrass meadows globally as a coupled social−ecological system: implications for human wellbeing[J]. Marine Pollution Bulletin, 2014, 83(2): 387−397.

[642] VAN KATWIJK M M, THORHAUG A, MARBÀ N, et al. Global analysis of seagrass restoration: the importance of large−scale planting[J]. Journal of Applied Ecology, 2016, 53(2):567−578.

[643] UNSWORTH R K F, BERTELLI C M, CULLEN-UNSWORTH L C, et al. Sowing the seeds of seagrass recovery using hessian bags[J]. Frontiers in Ecology and Evolution, 2019, 7:311.

[644] SOUSA A I, VALDEMARSEN T, LILLEBØ A I, et al. A new marine measure enhancing Zostera marina seed germination and seedling survival[J]. Ecological Engineering, 2017, 104:131−140.

[645] DUARTE C M, SINTES T, MARBÀ N. Assessing the $CO_2$ capture potential of seagrass restoration projects[J]. Journal of Applied Ecology, 2013, 50(6):1341−1349.

[646] MENG Y, BAI J, GOU R, et al. Relationships between above−and below-ground carbon stocks in mangrove forests facilitate better estimation of total mangrove blue carbon[J]. Carbon Balance and Management, 2021, 16(1):8.

[647] ZHENG X, GUO J, SONG W, et al. Methane emission from mangrove wetland soils is marginal but can be stimulated significantly by anthropogenic activities[J]. Forests, 2018, 9(12):738.

[648] RAHMAN A F, DRAGONI D, DIDAN K, et al. Detecting large scale conversion of mangroves to aquaculture with change point and mixed-pixel analyses of high-fidelity MODIS data[J]. Remote Sensing of Environment, 2013, 130:96−107.

[649] CHEN B, XIAO X, LI X, et al. A mangrove forest map of China in 2015: analysis of time series Landsat 7/8 and Sentinel-1A imagery in google earth engine cloud computing platform[J]. ISPRS Journal of Photogrammetry and Remote Sensing, 2017, 131:104−120.

[650] PHAM L T, BRABYN L. Monitoring mangrove biomass change in Vietnam using SPOT images and an object-based approach combined with machine learning algorithms[J]. ISPRS Journal of Photogrammetry and Remote Sensing, 2017, 128:86−97.

[651] WANG D, WAN B, QIU P, et al. Mapping height and aboveground biomass of mangrove forests on Hainan island using UAV-LiDAR sampling[J]. Remote Sensing, 2019, 11(18):2156.

[652] WANG C, WANG G, DAI L, et al. Diverse usage of waterbird habitats and spatial management in Yancheng coastal wetlands[J]. Ecological Indicators, 2020, 117:106583.

[653] 李征浩, 陈国远, 赵永强, 等. 鸟类自动识别技术在盐城珍禽自然保护区鸟类调查中的应用[J]. 江苏林业科技, 2022, 49(2):39−42.

[654] 王欣, 葛小平, 吴志伟, 等. 生态保护红线区域生态环境质量研究——以盐城湿地珍禽国家级自然保护区为例[J]. 环境科学与管理, 2020, 45(8):139−144.

[655] 王立波, 姜慧, 任义军, 等. 江苏盐城段黄海湿地建立国家公园可行性思考[J]. 林业资源管理, 2019(5): 18−22.

[656] BASNOU C, BARó F, LANGEMEYER J, et al. Advancing the green infrastructure approach in the Province of Barcelona: integrating biodiversity, ecosystem functions and services into landscape planning[J]. Urban Forestry & Urban Greening, 2020, 55:126797.

[657] PARÉS M, DE BIODIVERSITAT C D P, RULL C, et al. Spain: Developing the Barcelona green infrastructure and biodiversity plan[M]//COHEN-SHACHAM E, WALTERS G, JANZEN C, et al. Nature-based solutions to address global societal challenges. Gland, Switzerland: IUCN, 2016: 72−75.

[658] ZHANG S, MUÑOZ RAMÍREZ F. Assessing and mapping ecosystem services to support urban green infrastructure: the case of Barcelona, Spain[J]. Cities, 2019, 92:59−70.

[659] 张思凝. 巴塞罗那城市公园发展历程与特征研究[J]. 广东园林, 2021, 43(2): 29−35.

[660] LEE H, JUN Z, ZAHRA Z. Phytoremediation: The sustainable strategy for improving indoor and outdoor air quality[J]. Environments, 2021, 8(11):118.

[661] PRIBADI M A, SEPTINA A D, LUGINA M, et al. Vertical forest: green open space alternative in urban area development[J]. IOP Conference Series: Earth and Environmental Science, 2021, 909(1): 012012.

[662] STUDIO B. Bosco verticale[EB/OL].(2015−12−01)[2022−10−30]. https://www.archdaily.cn/cn/778006/bosco-verticale-boeri-studio.

[663] ISHWEEN A. Grays to greens: a place where humans and nature coexist a case study of Bosco verticale, Milan, Italy[J]. Descriptio, 2021, 3(1).

[664] CONTARDO T, VANNINI A, SHARMA K, et al. Disentangling sources of trace element air pollution in complex urban areas by lichen biomonitoring. A case study in Milan (Italy)[J]. Chemosphere, 2020, 256:127155.

[665] VIGNATI E, BERKOWICZ R, HERTEL O. Comparison of air quality in streets of Copenhagen and Milan, in view of the climatological conditions[J]. Science of The Total Environment, 1996, 189:467−473.

[666] BARRY C. Plant a tree: Milan's ambitious plans to be cleaner, greener[N/OL]. AP News, 2018−12−09[2022−12−30]. https://apnews.com/general-news-fashion-weather-travel-78f2ceb8bdeb4c6b80bc514418a10eae.

[667] KUCHEROVA A, NARVAEZ H. Urban forest revolution[J]. E3S Web Conf., 2018, 33:01013.

[668] ANDREUCCI M B. Boeri studio: Bosco verticale = vertical forest[M]. Roma: Gangemi, 2017.

[669] GOUD R, CHAUHAN N K, LOKHANDE H, et al. Vertical forest in multistory residential cum commercial to eliminate pollution by hydroponic method[J]. International Journal of Engineering Research and Advanced Technology, 2018, 4:72−78.

[670] BOERI S. Towards a Forest City[C/OL]//Council on tall buildings and urban habitat, 2016.[2022−12−30]. https://global.ctbuh.org/resources/papers/download/2861-towards-a-forest-city.pdf.

[671] VAN DORN A. Urban planning and respiratory health[J]. The Lancet Respiratory Medicine, 2017, 5(10):781−782.

[672] PĄCZEK A. Vertical gardens as a means of dealing with air pollution in China. A case of Nanjing[J]. Topiarius. Studia krajobrazowe, 2017, 4:11−25.

[673] ORGANIZATION W H. Air pollution[EB/OL]. [2022−10−30]. https://www.who.int/health-topics/air-pollution#tab=tab_1.

[674] AGENCY E E. Healthy environment, healthy lives: how the environment influences health and well-being in Europe[R]. Copenhagen: European Environment Agency, 2020.

[675] Moran C. Using plants in conjunction with permaculture design principles to provide an effective and

affordable way to address air pollution in urban areas[C]//Proceedings of the 1st International Conference on Sustainable Energy and Climate in African Municipalities (SECAM 2019), October 22−25, 2019. Yaoundé, Cameroon: ENSTP, 2019: 22−25.

[676] Green City Solutions. Weltpremiere in Berlin: green city solutions launcht den ersten serienreifen CityTree[EB/OL]. (2020−12−03)[2022−10−30]. https://www.presseportal.de/pm/142367/4544977.

[677] FLADE A. Natur in der Stadt[J]. Zurück zur Natur? Erkenntnisse und Konzepte der Naturpsychologie, 2018: 187−229.

[678] SARFRAZ M. Green technologies to combat air pollution[M]//Sarfraz M. Air pollution and its complications. Cham: Springer International Publishing, 2021: 143−161.

[679] JIANG Y, FAN M, HU R, et al. Mosses are better than leaves of vascular plants in monitoring atmospheric heavy metal pollution in urban areas[J]. International Journal of Environmental Research and Public Health, 2018, 15(6):1105.

[680] JULINOVA P, BECKOVSKY D. Perspectives of moss species in urban ecosystems and vertical living-architecture: a review.[M]//Advances in Engineering Materials, Structures and Systems: Innovations, Mechanics and Applications. Leiden:CRC Press, 2019: 2370−2375.

[681] DONATEO A, RINALDI M, PAGLIONE M, et al. An evaluation of the performance of a green panel in improving air quality, the case study in a street canyon in Modena, Italy[J]. Atmospheric Environment, 2021, 247:118189.

[682] SÄNGER P, SPLITTGERBER V. The CityTree: a vertical plant filter for enhanced temperature management[M]//SÄNGER P, SPLITTGERBER V. Innovation in climate change adaptation. Cham: Springer International Publishing, 2016: 75−85.

[683] VILLANI M G, RUSSO F, ADANI M, et al. Evaluating the impact of a wall-type green infrastructure on $PM_{10}$ and $NO_x$ concentrations in an urban street environment[J]. Atmosphere, 2021, 12(7):839.

[684] NITOSLAWSKI S A, GALLE N J, VAN DEN BOSCH C K, et al. Smarter ecosystems for smarter cities? A review of trends, technologies, and turning points for smart urban forestry[J]. Sustainable Cities and Society, 2019, 51:101770.

[685] POLICY S F E. The solution is in nature. Future brief 24[R]. Bristol, UK: Science Communication Unit, UWE Bristol for the European Commission DG Environment, 2021.

[686] 付征垚, 韩玮, 王强, 等. 哥本哈根暴雨管理规划实践与启示[EB/OL]. (2021−07−20)[2022−10−30]. https://www.sohu.com/a/478573117_121123713.

[687] 清华同衡规划播报.【他山之石】丹麦哥本哈根行之有效的排水防涝规划[EB/OL]. (2017−07−17) [2022−10−30]. https://www.sohu.com/a/157763764_466952.

[688] 徐雪晴. 几年前哥本哈根被大暴雨淹了，它的解决方案如今得奖了[EB/OL]. [2022−10−30]. http://www.qdaily.com/cooperation/articles/mip/33708.html.

[689] DREISEITL R A R S. The Copenhagen cloudburst formula: a strategic process for planning and designing blue-green interventions[EB/OL]. [2022−10−30]. https://www.asla.org/2016awards/171784.html.

[690] GOMEZ MARTIN E, GIORDANO R, PAGANO A, et al. Using a system thinking approach to assess the contribution of nature based solutions to sustainable development goals[J]. Science of the Total Environment, 2020, 738:139693.

[691] NADELLA A, SEN D. Evolution of the urban wastewater bio-treatment and reuse system of East Kolkata Wetlands, India: an appraisal[J]. Wetlands, 2021, 41(8):1−18.

[692] CROSS K, TONDERA K, RIZZO A, et al. Nature-based solutions for wastewater treatment[M]. London:

IWA Publishing, 2021.

[693] DAS GUPTA A, SARKAR S, SINGH J, et al. Metabolic dynamics of soil microorganisms of the aquatic ecosystem is a key component for efficient sewage purification in single pond natural treatment wetlands at East Kolkata Wetland[J]. Waste and Biomass Valorization, 2022, 13(11):4611−4624.

[694] SAHA S. Sewage management to fish culture-an age old eco-practice at East Kolkata Wetlands[J]. Environmental Issues: Approaches and Practices, 2019, 1:10−19.

[695] CEMPD. Management action plan for East Kolkata Bheries. Final report[EB/OL]. [2022−10−30]. https://www.cempd.com.

[696] KUNDU N, CHAKRABORTY A. Dependence on ecosystem goods and services: a case study on East Kolkata Wetlands, West Bengal, India[M]//KUNDU N, CHAKRABORTY A. Wetland science. New Delhi: Springer India, 2017: 381−405.

[697] DAS GUPTA A, SARKAR S, GHOSH P, et al. Phosphorous dynamics of the aquatic system constitutes an important axis for waste water purification in natural treatment pond(s) in East Kolkata Wetlands[J]. Ecological Engineering, 2016, 90:63−67.

[698] 孙文尧, 王兰, 赵钢, 等. 健康社区规划理念与实践初探——以成都市中和旧城更新规划为例[J]. 上海城市规划, 2017(3):44−49.

[699] 乌尔莉卡·K·斯蒂多特, 乌尔里克·西德尼斯. 实现设计目标——如何打造有益健康的城市绿地[J]. 肖杰, 王颖, 译. 景观设计学. 2020, 8(3): 78−89.

[700] 王勤. 森林疗愈园区的作用原理与设计要义[EB/OL]. (2018−04−17)[2024−07−24]. https://mp.weixin.qq.com/s/34wnSiiT1MoDIDP-fsZbxA.

[701] STIGSDOTTER U K, SIDENIUS U. Keeping promises—How to attain the goal of designing health-supporting urban green space[J]. Landscape Architecture Frontiers, 2020, 8(3):78−89.

[702] CASSON A, MULIASTRA Y I K D, OBIDZINSKI K. Large-scale plantations, bioenergy developments and land use change in Indonesia[M]. Bogor, Indonesia: Center for International Forestry Research (CIFOR), 2014.

[703] RAMAN S. Biofuels and the role of space in sustainable innovation journeys[J]. Journal of Cleaner Production, 2014, 65: 224−233.

[704] HOOKE R L, MARTÍN-DUQUE J F. Land transformation by humans: a review[J]. GSA Today, 2012, 12(12):4−10.

[705] BORCHARD N, BULUSU M, HARTWIG A−M, et al. Screening potential bioenergy production of tree species in degraded and marginal land in the tropics[J]. Forests, 2018, 9(10):594.

[706] BABIGUMIRA R, ANGELSEN A, BUIS M, et al. Forest clearing in rural livelihoods: household-level global-comparative evidence[J]. World Development, 2014, 64:67−79.

[707] MAIMUNAH S, RAHMAN S A, SAMSUDIN Y B, et al. Assessment of suitability of tree species for bioenergy production on burned and degraded peatlands in Central Kalimantan, Indonesia[J]. Land, 2018, 7(4):115.

[708] RAHMAN S A, BARAL H. Nature-based solution for balancing the food, energy, and environment trilemma: lessons from Indonesia[M]//RAHMAN S A, BARAL H. Nature-based solutions for resilient ecosystems and societies. Singapore: Springer, 2020: 69−82.

[709] JAUNG W, WIRAGUNA E, OKARDA B, et al. Spatial assessment of degraded lands for biofuel production in Indonesia[J]. Sustainability, 2018, 10(12):45−95.

[710] RAHMAN S A, BARAL H, SHARMA R, et al. Integrating bioenergy and food production on degraded landscapes in Indonesia for improved socioeconomic and environmental outcomes[J]. Food and Energy

Security, 2019, 8(3):e00165.

[711] OKE T R. The energetic basis of the urban heat island[J]. Quarterly Journal of the Royal Meteorological Society, 1982, 108(455):1–24.

[712] LABORATORY BIOCLIMATIC A, ENVIRONMENT F O A, URBAN PLANNING U O C A, et al. Quantifying the impact of green-roofs on urban heat island mitigation[J]. International Journal of Environmental Science and Development, 2017, 8(2):116–123.

[713] Greater London Authority. The London plan 2008 (consolidated with alterations since 2004)[M/OL]. London: Greater London Authority, 2008[2024–07–22]. https://www.london.gov.uk/media/2040/download? attachment.

[714] MEES H-L P, DRIESSEN P P J. Adaptation to climate change in urban areas: climate-greening London, Rotterdam, and Toronto[J]. Climate Law, 2011, 2(2):251–280.

[715] AZKORRA Z, PéREZ G, COMA J, et al. Evaluation of green walls as a passive acoustic insulation system for buildings[J]. Applied Acoustics, 2015, 89:46–56.

[716] FRANCIS R A, LORIMER J. Urban reconciliation ecology: the potential of living roofs and walls[J]. Journal of Environmental Management, 2011, 92(6):1429–1437.

[717] WHITE E V, GATERSLEBEN B. Greenery on residential buildings: does it affect preferences and perceptions of beauty?[J]. Journal of Environmental Psychology, 2011, 31(1):89–98.

[718] TALEGHANI M. Outdoor thermal comfort by different heat mitigation strategies–a review[J]. Renewable and Sustainable Energy Reviews, 2018, 81:2011–2018.

[719] PEZZOPANE J R M, BOSI C, NICODEMO M L F, et al. Microclimate and soil moisture in a silvopastoral system in southeastern Brazil[J]. Bragantia, 2015, 74:110–119.

[720] CASALS P, BAIGES T, BOTA G, et al. Silvopastoral systems in the Northeastern Iberian Peninsula: a multifunctional perspective[M]//CASALS P, BAIGES T, BOTA G, et al. Agroforestry in Europe: current status and future prospects. Dordrecht: Springer Netherlands, 2009: 161–181.

[721] NAIR P K R. Agroforestry systems and environmental quality: introduction[J]. Journal of Environmental Quality, 2011, 40(3):784–790.

[722] CHARÁ J, RIVERA J, BARAHONA R, et al. Intensive silvopastoral systems: economics and contribution to climate change mitigation and public policies[M]//CHARÁ J, RIVERA J, BARAHONA R, et al. Integrating landscapes: agroforestry for biodiversity conservation and food sovereignty. Cham: Springer International Publishing, 2017: 395–416.

[723] AMBIENTAL F N, COLOMBIA F E S E. Colombia País de bosques[M]. Bogotá: Alpha Editorial, 2022.

[724] CHARÁ J R E. Silvopastoral systems and their contribution to improved resource use and sustainable development goals (SDG): evidence from Latin America[M]. Cali, Colombia: FAO, CIPAV and Agri Benchmark, 2019.

[725] MURGUEITIO E, CALLE Z, URIBE F, et al. Native trees and shrubs for the productive rehabilitation of tropical cattle ranching lands[J]. Forest Ecology and Management, 2011, 261(10):1654–1663.

[726] RIBEIRO R S, TERRY S A, SACRAMENTO J P, et al. Tithonia diversifolia as a supple-mentary feed for dairy cows[J]. PLoS One, 2016, 11(12):165–751.

[727] MONTAGNINI F, NAIR P K R. Carbon sequestration: an underexploited environmental benefit of agroforestry systems[J]. Agroforestry Systems, 2004, 61(1):281.

[728] HARVEY C A, MEDINA A, SÁNCHEZ D M, et al. Patterns of animal diversity in different forms of tree cover in agricultural landscapes[J]. Ecological Applications: A Publication of the Ecological Society of

America, 2006, 16(5):1986-1999.

[729] MORENO G, PULIDO F J. The functioning, management and persistence of dehesas[M]//MORENO G, PULIDO F J. Agroforestry in Europe: current status and future prospects. Dordrecht: Springer Netherlands, 2009: 127-160.

[730] 大自然保护协会. 中国牡蛎礁栖息地保护与修复研究报告[R]. 北京: 中国大自然保护协会, 2022.

[731] 杨心愿. 祥云湾海洋牧场人工牡蛎礁群落特征及其生态效应[D]. 青岛: 中国科学院大学（中国科学院海洋研究所）, 2019.

[732] 叶敏, 崔晨, 张秀文, 等. 唐山祥云湾海洋牧场水质的变化规律与评价[J]. 河北渔业, 2021(2):28-32.

[733] 田军河, 路雪燕. 海上塞罕坝——记唐山祥云湾国家级海洋牧场示范区[J]. 河北农业, 2021(4):44-45.

[734] IUCN. IUCN Global standard for nature-based solutions: First edition[R]. Gland, Switzerland: IUCN, 2020.

[735] 罗明, 杨崇曜, 周妍. NbS自评估工具在国土空间生态保护修复中的应用路径[J]. 中国土地, 2021(11):4-8.

[736] 王静. 国土空间生态保护和修复研究路径：科学到决策[J]. 中国土地科学, 2021, 35(6):1-10.

[737] IUCN. Ecosystem restoration playbook: a practical guide to healing the planet[R]. Gland, Switzerland: IUCN, 2020.

[738] IUCN. IUCN Global ecosystem typology 2.0: descriptive profiles for biomes and ecosystem functional groups[R]. Gland, Switzerland: IUCN, 2021.

[739] CHOGUILL C L. Ten steps to sustainable infrastructure[J]. Habitat International, 1996, 20(3):389-404.

[740] UNEP. International good practice principles for sustainable infrastructure[R]. Nairobi: UNEP, 2021.

[741] THACKER S. Infrastructure: underpinning sustainable development[M]. Copenhagen: UNOPS, 2018.

[742] BEAZLEY K F, HUM J D, LEMIEUX C J. Enabling a national program for ecological corridors in Canada in support of biodiversity conservation, climate change adaptation, and Indigenous leadership[J]. Biological Conservation, 2023, 286: 110286.

[743] 徐爱霞, 邓卓智. 基于自然解决方案在永定河生态修复中的应用简析[J]. 水利规划与设计, 2019(3):4-6.

[744] EDDON N, SENGUPTA S, GARCÍA-ESPINOSA M, et al. Nature-based solutions in nationally determined contributions[R]. Gland, Switzerland: IUCN, 2019.

[745] PETTORELLI N, GRAHAM N A, SEDDON N, et al. Time to integrate global climate change and biodiversity science-policy agendas[J]. Journal of Applied Ecology, 2021, 58(11):2384-2393.

[746] BUCHNER B, FALCONER A, HERVÉ-MIGNUCCI M, et al. The landscape of climate finance 2012[R]. San Francisco: Climate Policy Initiative, 2012.

[747] World Bank. Mobilizing private finance for nature[R]. Washington, DC: World Bank, 2020.

[748] The Food and Land Use Coalition. Accelerating the 10 critical transitions: positive tipping points for food and land use systems transformation[R]. Washington: FOLU, 2021:6-11.

[749] SEDDON N, SENGUPTA S, GARCIA-ESPINOSA M, et al. Nature-based solutions in nationally determined contributions: Synthesis and recommendations for enhancing climate ambition and action by 2020[R]. Gland, Switzerland: IUCN, 2019.

[750] Green Climate Fund. Green climate fund's private sector facility[R]. Incheon, Korea: GCF, 2019.

[751] United Nations Environment Programme. State of finance for nature 2022. Time to act: doubling investment by 2025 and eliminating nature-negative finance flows[R]. Nairobi: UNEP, 2022.

[752] United Nations Environment Programme. The state of finance for nature in the G20[R]. Nairobi: UNEP, 2022.

[753] Climate Policy Initiative. Preview: global landscape of climate finance 2021[R]. New York: CPI, 2021.

[754] United Nations Environment Programme. State of finance for nature 2021[R]. Nairobi: UNEP, 2021.

[755] BUSINESS WIRE. Amazon announces investment in nature-based carbon removal solutions in Brazil with The Nature Conservancy[EB/OL]. (2021−09−02)[2024−06−05]. https://www.businesswire.com/news/home/20210902005314/en/.

[756] World Bank. Seychelles launches world's first sovereign blue bond[R]. Washington: World Bank, 2018.

[757] Bloomberg. Plant-based foods market to hit $162 billion in next decade, projects Bloomberg Intelligence [EB/OL]. (2021−08−11)[2024−06−05]. https://www.bloomberg.com/company/press/plant-based-foods-market-to-hit-162-billion-in-next-decade-projects-bloomberg-intelligence/.

[758] DEUTZ A, HEAL G M, NIU R, et al. Financing nature: closing the global biodiversity financing gap[R]. The Paulson Institute, The Nature Conservancy, and the Cornell Atkinson Center for Sustainability, 2020.

[759] 中国人民银行研究局课题组. 气候相关金融风险——基于央行职能的分析[R]. 北京: 中国人民银行, 2020.

[760] G20 Sustainable Finance Working Group. G20 sustainable finance roadmap[R]. Rome: SFWG, 2021.

[761] Central Banks and Supervisors. Statement on nature-related financial risks[R]. Paris: NGFS, 2022.

[762] World Meteorological Organization. State of the global climate 2021: WMO provisional report[R]. Geneva: WMO, 2021.

[763] BATTEN S, SOWERBUTTS R TANAKA M. Let's talk about the weather: the impact of climate change on central banks[EB/OL]. (2016−05−20)[2024−06−05]. https://www.bankofengland.co.uk/working-paper/2016/lets-talk-about-the-weather-the-impact-of-climate-change-on-central-banks.

[764] International Association of Insurance Supervisor. Insurance and financial stability[R]. IAIS, 2015.

[765] International Monetary Fund. Global financial stability report: lower for longer[R]. Washington, DC: IMF, 2019.

[766] Carbon Tracker Initiative. 2020 Vision: why you should see the fossil fuel peak coming[R]. CTI, 2018.

[767] 桂荷发 郭苑. 绿色金融信息披露存在的问题与对策研究[J]. 金融与经济, 2018(6):73−77.

[768] Task Force on Climate-Related Financial Disclosures. Recommendations of the task force on climate-related financial disclosures[R]. Basel: TCFD, 2017.

[769] 李晓萍, 张亿军, 江飞涛. 绿色产业政策: 理论演进与中国实践[J]. 财经研究, 2019, 45(8):4−27.

[770] 许晨晨, 刘文濠, 穆林娟. 绿色债券与投融资期限错配研究[J]. 国际会计前沿, 2022, 11(2): 57−65.

[771] G20绿色金融研究小组. G20绿色金融综合报告[R/OL]. (2016−09−05)[2024−06−05]. https://unepinquiry.org/wp-content/uploads/2016/09/Synthesis_Report_Full_CH.pdf.

[772] United Nations, Inter-agency Task Force on Financing for Development. Financing for sustainable development report 2022[R] New York: UN, 2022.

[773] 杨保军, 陈鹏, 董珂, 等. 生态文明背景下的国土空间规划体系构建[J]. 城市规划学刊, 2019(4):16−23.

[774] 彭建, 吕丹娜, 董建权, 等. 过程耦合与空间集成: 国土空间生态修复的景观生态学认知[J]. 自然资源学报, 2020, 35(1):3−13.

[775] 白中科, 周伟, 王金满, 等. 试论国土空间整体保护, 系统修复与综合治理[J]. 中国土地科学, 2019,33(2):1−11.

[776] 许闽胜, 刘伟, 宋伟, 等. 差异化开展国土空间生态修复的思考[J]. 自然资源学报, 2021, 36(2): 384−394.

[777] 国家发展改革委, 自然资源部.《全国重要生态系统保护和修复重大工程总体规划（2021—2035年）》: 发改农经〔2020〕837号[A/OL]. (2020−06−03)[2024−06−05]. https://www.gov.cn/zhengce/zhengceku/2020-06/12/5518982/files/ba61c7b9c2b3444a9765a248b0bc334f.pdf.

[778] 中华人民共和国国务院. 国务院关于印发全国国土规划纲要（2016—2030年）的通知: 国发〔2017〕3号[A/OL]. (2017−02−04)[2024−06−05]. https://www.gov.cn/zhengce/content/2017-02/04/

content_5165309.htm.

[779] 吴次芳. 国土空间规划"破"与"立"[J]. 资源导刊, 2019(16):24–25.

[780] 甄峰, 张姗琪, 秦萧, 等. 从信息化赋能到综合赋能：智慧国土空间规划思路探索[J]. 自然资源学报, 2019, 34(10): 2060–2072.

[781] 中共中央办公厅. 中共中央、国务院关于建立国土空间规划体系并监督实施的若干意见: 中发〔2019〕18号[A/OL]. (2019–05–10)[2024–06–05]. https://zrzyt.zj.gov.cn/module/download/downfile.jsp?cl assid=0&filename=e44fc42c9e4c435a991f10028f1973fe.pdf.

[782] 潘海霞, 赵民. 国土空间规划体系构建历程, 基本内涵及主要特点[J]. 城乡规划, 2019(5):4–10.

[783] 庄少勤. 新时代的空间规划逻辑[J]. 中国土地, 2019(1):4–8.

[784] 吴次芳, 潘文灿. 国土资源的理论与方法[M]. 北京: 科学出版社, 2011.

[785] 吴启焰, 何挺. 国土规划、空间规划和土地利用规划的概念及功能分析[J]. 中国土地, 2018(4):16–18.

[786] 陈磊, 姜海. 国土空间规划：发展历程、治理现状与管制策略[J]. 中国农业资源与区划, 2021, 42(2):61–68.

[787] 彭震伟, 张立, 董舒婷, 等. 乡镇级国土空间总体规划的必要性、定位与重点内容[J]. 城市规划学刊, 2020(1): 31–36.

[788] 刘树铎, 潘岳. 生态文明是社会文明体系的基础[N]. 中国国情国力, 2006–09–18(1).

[789] 陈秉钊. 国土空间规划与生态文明——9月29日"全国国土空间规划修编工作视频会议"有感[J]. 城乡规划, 2020(5): 1–11, 28.

[790] 岳文泽, 王田雨, 甄延临. "三区三线"为核心的统一国土空间用途管制分区[J]. 中国土地科学, 2020, 34(5): 52–59, 68.

[791] 彭建, 李冰, 董建权, 等. 论国土空间生态修复基本逻辑[J]. 中国土地科学, 2020, 34(5): 18–26.

[792] GANN G D, MCDONALD T, WALDER B, et al. International principles and standards for the practice of ecological restoration. Second edition[J]. Restoration Ecology, 2019, 27(S1):S1–S46.

[793] 曹宇, 王嘉怡, 李国煜. 国土空间生态修复：概念思辨与理论认知[J]. 中国土地科学, 2019, 33(7):1–10.

[794] 吴次芳, 肖武, 曹宇. 国土空间生态修复[M]. 北京:地质出版社, 2019.

[795] 王聪, 伍星, 傅伯杰, 等. 重点脆弱生态区生态恢复模式现状与发展方向[J]. 生态学报, 2019, 39(20):733–743.

[796] 联合国环境规划署. 生态系统修复手册：治愈地球的实用指南[R/OL]. [2024–06–05]. https://wedocs. unep.org/bitstream/handle/20.500.11822/35858/ERP_CH.pdf?sequence=5&isAllowed=y.

[797] 王夏晖, 张箫, 牟雪洁, 等. 国土空间生态修复规划编制方法探析[J]. 环境保护, 2019, 47(5):36–38.

[798] 高世昌. 国土空间生态修复的理论与方法[J]. 中国土地, 2018(12):40–43.

[799] 王遥, 王文翰, 王文蔚, 等. 以多元基金模式破解我国生态保护修复资金困境[J]. 环境保护, 2020, 48(12): 12–17.

[800] 郧文聚, 靳全斌, 杨新民. 多种创新手段促进土地开发高质量发展——对河南省资源统筹开发的调查分析[J]. 中国土地, 2019(7):45–48.

[801] 朱玉洁, 翁羽西, 黄钰麟, 等. 近20年国内植物色彩与人体响应的关系[J]. 中国城市林业, 2020, 18(5):29–34.

[802] DUFFY J E, LEFCHECK J S, STUART-SMITH R D, et al. Biodiversity enhances reef fish biomass and resistance to climate change[J]. Proceedings of the National Academy of Sciences of the United States of America, 2016, 113(22):6230–6235.

[803] PROVOST G L, BADENHAUSSER I, BAGOUSSE-PINGUET Y L, et al. Land-use history impacts functional diversity across multiple trophic groups[J]. Proceedings of the National Academy of Sciences of

the United States of America, 2020, 117(3):1573-1579.

[804] BORMANN B T HAYNES R W, MARTIN J R. Adaptive management of forest ecosystems: did Some Rubber Hit the Road?[J]. Bioscience, 2007, 57(2):186-191.

[805] 罗明, 周妍, 鞠正山, 等. 粤北南岭典型矿山生态修复工程技术模式与效益预评估——基于广东省山水林田湖草生态保护修复试点框架[J]. 生态学报, 2019, 39(23):8911-8919.

[806] 林初夏, 黄少伟, 童晓立, 等. 大宝山矿水外排的环境影响:Ⅲ.综合治理对策[J]. 生态环境, 2005(2):173-177.

[807] 丘英华, 吴林芳, 廖凌娟, 等. 广东大宝山矿区周边植被现状及矿区植被恢复重建[J]. 广东林业科技, 2010, 26(5):22-27.

[808] 陈波. 矿山排土场生态恢复实践——以德兴铜矿水龙山为例[J]. 江西建材, 2017(22):278-279.

[809] 向慧昌, 廖伯营, 丁凤玲, 等. 大宝山矿区生态恢复的基本思路与途径[J]. 安徽农学通报, 2013, 19(22):80-81, 107.

[810] 谭文雄. 广东矿区生态环境问题及生态恢复的探讨[J]. 黑龙江生态工程职业学院学报, 2008(4):1-2.

[811] 曾辉. 试谈矿山生态治理中植被的选择与配置[J]. 防护林科技, 2013(3):37, 53.

[812] 谷金锋, 蔡体久, 肖洋, 等. 工矿区废弃地的植被恢复[J]. 东北林业大学学报, 2004(3):19-22.

[813] IZQUIERDO I, CARAVACA F, ALGUACIL M, et al. Use of microbiological indicators for evaluating success in soil restoration after revegetation of a mining area under subtropical condition[J]. Applied Soil Ecology, 2005, 30(1):3-10.

[814] 陈影, 张利, 董加强, 等. 废弃矿山边坡生态修复中植物群落配置设计——以太行山北段为例[J]. 水土保持研究, 2014, 21(4): 154-157, 162.

[815] FERNANDES J P, GUIOMAR N. Nature-based solutions: the need to increase the knowledge on their potentialities and limits[J]. Degradation & Development, 2018, 29(4):841-846.

[816] EGGERMONT H, BALIAN E, AZEVEDO J M N, et al. Nature based solutions: new influence for environmental management and research in Europe[J]. GAIA-Ecological Perspectives for Science and Society, 2015, 24(4):243-248.

[817] 白雪. 基于自然的解决方案：内涵边界需厘清, 资金筹备待多元[N]. 中国经济导报, 2022-06-14(9).

[818] GRABOWSKI Z, MATSLER A, THIEL C, et al. Infrastructures as socio-eco-technical systems: five considerations for interdisciplinary dialogue[J]. Journal of Infrastructure Systems, 2017, 23(4):02517002.

[819] FRANTZESKAKI N, KABISCH N. Designing a knowledge co-production operating space for urban environmental governance-lessons from Rotterdam, Netherlands and Berlin, Germany[J]. Environmental Science & Policy, 2016, 62:90-98.

[820] MCPHEARSON T, M RAYMOND C, GULSRUD N, et al. Radical changes are needed for transformations to a good anthropocene[J]. NPJ Urban Sustainability, 2021, 1(1):1-13.

[821] MCPHEARSON T, COOK E M, BERBÉS-BLÁZQUEZ M, et al. A social-ecological-technological systems framework for urban ecosystem services[J]. One Earth, 2022, 5(5):505-518.

[822] ALBERT C, SPANGENBERG J H, SCHRÖTER B. Nature-based solutions: criteria[J]. Nature, 2017, 543(7645):315.

[823] LAVOREL S, COLLOFF M J, MCINTYRE S, et al. Ecological mechanisms underpinning climate adaptation services[J]. Global Change Biology, 2015, 21(1):12-31.

[824] ANDEREGG W R, TRUGMAN A T, BADGLEY G, et al. Climate-driven risks to the climate mitigation potential of forests[J]. Science, 2020, 368(6497):eaaz7005.

[825] 陈梦芸, 林广思. 推动基于自然的解决方案的实施：多类型案例综合研究[C]//中国风景园林学会. 中

国风景园林学会2018年会论文集. 北京: 中国建筑工业出版社, 2018: 7.

[826] VAN DER JAGT A P N, SZARAZ L R, DELSHAMMAR T, et al. Cultivating nature-based solutions: the governance of communal urban gardens in the European Union[J]. Environment Research, 2017, 159:264–275.

[827] MCPHILLIPS L, WALTER M T. Hydrologic conditions drive denitrification and greenhouse gas emissions in stormwater detention basins[J]. Ecological Engineering, 2015, 85:67–75.

[828] ANDERSSON E, MCPHEARSON T, KREMER P, et al. Scale and context dependence of ecosystem service providing units[J]. Ecosystem Services, 2015, 12:157–164.

[829] BARRIO-PARRA F, IZQUIERDO-DÍAZ M, DOMINGUEZ-CASTILLO A, et al. Human-health probabilistic risk assessment: the role of exposure factors in an urban garden scenario[J]. Landscape and Urban Planning, 2019, 185:191–199.

[830] JONES L, NORTON L, AUSTIN Z, et al. Stocks and flows of natural and human-derived capital in ecosystem services[J]. Land Use Policy, 2016, 52:151–162.

[831] RODRÍGUEZ J P, BEARD JR T D, BENNETT E M, et al. Trade-offs across space, time, and ecosystem services[J]. Ecology and Society, 2006, 11(1):28.

[832] MCPHEARSON T, HAASE D, KABISCH N, et al. Advancing understanding of the complex nature of urban systems[J]. Ecological Indicators, 2016, 70:566–573.

[833] BLEASDALE T, CROUCH C, HARLAN S L. Community gardening in disadvantaged neighborhoods in Phoenix, Arizona: aligning programs with perceptions[J]. Journal of Agriculture, Food Systems, and Community Development, 2011, 1(3):99–114.

[834] LANGEMEYER J, CAMPS-CALVET M, CALVET-MIR L, et al. Stewardship of urban ecosystem services: understanding the value(s) of urban gardens in Barcelona[J]. Landscape and Urban Planning, 2018, 170:79–89.

[835] BADAMI M G, RAMANKUTTY N. Urban agriculture and food security: a critique based on an assessment of urban land constraints[J]. Global Food Security, 2015, 4:8–15.

[836] KABISCH N. Transformation of urban brownfields through co-creation: the multi-functional Lene-Voigt Park in Leipzig as a case in point[J]. Urban Transformations, 2019, 1(1):1–12.

[837] TAN P Y, ZHANG J, MASOUDI M, et al. A conceptual framework to untangle the concept of urban ecosystem services[J]. Landscape and Urban Planning, 2020, 200:103837.

[838] DEPIETRI Y, MCPHEARSON T. Integrating the grey, green, and blue in cities: nature-based solutions for climate change adaptation and risk reduction[M]//KABISCH N, KORN H, STADLER J, et al. Nature-based solutions to climate change adaptation in urban areas. Switzerland: Springer Cham, 2017:91–109.

[839] BAKER A, BRENNEMAN E, CHANG H, et al. Spatial analysis of landscape and sociodemographic factors associated with green stormwater infrastructure distribution in Baltimore, Maryland and Portland, Oregon[J]. Science of the Total Environment, 2019, 664:461–473.

[840] SUN T, GRIMMOND C, NI G H. How do green roofs mitigate urban thermal stress under heat waves?[J]. Journal of Geophysical Research: Atmospheres, 2016, 121(10):5320–5335.

[841] ZITER C D, PEDERSEN E J, KUCHARIK C J, et al. Scale-dependent interactions between tree canopy cover and impervious surfaces reduce daytime urban heat during summer[J]. Proceedings of the National Academy of Sciences, 2019, 116(15):7575–7580.

[842] FOLKE C, PRITCHARD JR L, BERKES F, et al. The problem of fit between ecosystems and institutions: ten years later[J]. Ecology and Society, 2007, 12(1):38.

[843] BAI X, MCALLISTER R R, BEATY R M, et al. Urban policy and governance in a global environment: complex

systems, scale mismatches and public participation[J]. Current Opinion in Environmental Sustainability, 2010, 2(3):129−135.

[844] HAWKINS N, PRICKETT G. The case for green infrastructure[J]. Turbulence: A Corporate Perspective on Collaborating for Resilience, 2016:87−99.

[845] GROVE M, OGDEN L, PICKETT S, et al. The legacy effect: understanding how segregation and environmental injustice unfold over time in Baltimore[J]. Annals of the American Association of Geographers, 2018, 108(2):524−537.

[846] WOLCH J R, BYRNE J, NEWELL J P. Urban green space, public health, and environmental justice: The challenge of making cities 'just green enough'[J]. Landscape and Urban Planning, 2014, 125:234−244.

[847] SCHWARZ K, FRAGKIAS M, BOONE C G, et al. Trees grow on money: urban tree canopy cover and environmental justice[J]. PLoS One, 2015, 10(4):e0122051.

[848] LOCKE D H, GROVE J M. Doing the hard work where it's easiest? Examining the relationships between urban greening programs and social and ecological characteristics[J]. Applied Spatial Analysis and Policy, 2016, 9(1):77−96.

[849] ANGUELOVSKI I, CONNOLLY J J, GARCIA-LAMARCA M, et al. New scholarly pathways on green gentrification: what does the urban 'green turn' mean and where is it going?[J]. Progress in Human Geography, 2019, 43(6):1064−1086.

[850] CHESTER M V, ALLENBY B. Toward adaptive infrastructure: flexibility and agility in a non-stationarity age[J]. Sustainable and Resilient Infrastructure, 2019, 4(4):173−191.

[851] GRIMM N, SCHINDLER S. Rethinking environmentalism: linking justice, sustainability, and diversity[M]. Cambridge: The MIT Press, 2018:99.

[852] REED M S. Stakeholder participation for environmental management: a literature review[J]. Biological Conservation, 2008, 141(10):2417−2431.

[853] KENTER J O, REED M S, IRVINE K N, et al. UK national ecosystem assessment follow-on. Work package report 6: shared, plural and cultural values of ecosystems[R]. UK National Ecosystem Assessment, 2014.

[854] CARO-BORRERO A, CORBERA E, NEITZEL K C, et al. "We are the city lungs": payments for ecosystem services in the outskirts of Mexico City[J]. Land Use Policy, 2015, 43:138−148.

[855] DÍAZ S, DEMISSEW S, CARABIAS J, et al. The IPBES conceptual framework−Connecting nature and people[J]. Current Opinion in Environmental Sustainability, 2015, 14:1−16.

[856] SANTANGELI A, ARROYO B, DICKS L V, et al. Voluntary non-monetary approaches for implementing conservation[J]. Biological Conservation, 2016, 197:209−214.

[857] ROE S, STRECK C, BEACH R, et al. Land−based measures to mitigate climate change: Potential and feasibility by country[J]. Global Change Biology, 2021, 27(23):6025−6058.

[858] CHAUSSON A, TURNER B, SEDDON D, et al. Mapping the effectiveness of nature−based solutions for climate change adaptation[J]. Global Change Biology, 2020, 26(11):6134−6155.

[859] FERREIRA V, BARREIRA A P, LOURES L, et al. Stakeholders' engagement on nature-based solutions: a systematic literature review[J]. Sustainability, 2020, 12(2):640.

[860] SOWIŃSKA-ŚWIERKOSZ B, GARCÍA J. A new evaluation framework for nature-based solutions (NbS) projects based on the application of performance questions and indicators approach[J]. Science of The Total Environment, 2021, 787:147615.

[861] BLACKSTOCK K L, RICHARDS C. Evaluating stakeholder involvement in river basin planning: a Scottish case study[J]. Water Policy, 2007, 9(5):493−512.

[862] VAN DEN HOVE S. Participatory approaches to environmental policy-making: the European Commission Climate Policy Process as a case study[J]. Ecological Economics, 2000, 33(3):457–472.

[863] PARKINS J R, MITCHELL R E. Public participation as public debate: a deliberative turn in natural resource management[J]. Society and Natural Resources, 2005, 18(6):529–540.

[864] SCHULTZ L, DUIT A, FOLKE C. Participation, adaptive co-management, and management performance in the world network of biosphere reserves[J]. World Development, 2011, 39(4):662–671.

[865] WAYLEN K A, BLACKSTOCK K L, HOLSTEAD K L. How does legacy create sticking points for environmental management? Insights from challenges to implementation of the ecosystem approach[J]. Ecology and Society, 2015, 20(2):13.

[866] NESSHÖVER C, ASSMUTH T, IRVINE K N, et al. The science, policy and practice of nature-based solutions: an interdisciplinary perspective[J]. Science of The Total Environment, 2017, 579:1215–1227.

[867] KEUNE H, DENDONCKER N. Negotiated complexity in ecosystem services science and policy making[M]. Amsterdam: Elsevier, 2013: 167–180.

[868] ARMITAGE D, BERKES F, DOUBLEDAY N. Adaptive co-management: collaboration, learning, and multi-level governance[M]. Vancouver: UBC Press, 2010.

[869] KEUNE H, DENDONCKER N, POPA F, et al. Emerging ecosystem services governance issues in the Belgium ecosystem services community of practice[J]. Ecosystem Services, 2015, 16:212–219.

[870] BRAGANÇA L, VIEIRA S M, ANDRADE J B. Early stage design decisions: the way to achieve sustainable buildings at lower costs[J]. The Scientific World Journal, 2014, 2014:365364.

[871] JONES S, SOMPER C. The role of green infrastructure in climate change adaptation in London[J]. The Geographical Journal, 2014, 180(2):191–196.

[872] EKINS P, GUPTA J, BOILEAU P. Global environment outlook-GEO-6: summary for policymakers[M]. Cambridge: Cambridge University Press, 2019.

[873] FAIVRE N, FRITZ M, FREITAS T, et al. Nature-based solutions in the EU: innovating with nature to address social, economic and environmental challenges[J]. Environmental Research, 2017, 159:509–518.

[874] CHAN K M, ANDERSON E, CHAPMAN M, et al. Payments for ecosystem services: rife with problems and potential–for transformation towards sustainability[J]. Ecological Economics, 2017, 140:110–122.

[875] HARMAN B P, HEYENGA S, TAYLOR B M, et al. Global lessons for adapting coastal communities to protect against storm surge inundation[J]. Journal of Coastal Research, 2015, 31(4):790–801.

[876] KABISCH N, FRANTZESKAKI N, PAULEIT S, et al. Nature-based solutions to climate change mitigation and adaptation in urban areas: perspectives on indicators, knowledge gaps, barriers, and opportunities for action[J]. Ecology and Society, 2016, 21(2):15.

[877] International Union for Conservation of Nature. Global standard for nature–based solutions: A user–friendly framework for the verification, design and scaling up of NbS[M]. Gland, Switzerland: IUCN, 2020.

[878] SEDDON N. Harnessing the potential of nature-based solutions for mitigating and adapting to climate change[J]. Science, 2022, 376(6600):1410–1416.

[879] 曾楠. 基于自然的解决方案助力碳中和[J]. 世界环境, 2021, 191:16–20.

[880] KABISCH N, HAASE D. Green justice or just green? Provision of urban green spaces in Berlin, Germany[J]. Landscape and Urban Planning, 2014(4):129–139.

[881] FAIRHEAD J, LEACH M, SCOONES I. Green grabbing: a new appropriation of nature?[J]. Journal of Peasant Studies, 2012, 39(2):237–261.

**图书在版编目(CIP)数据**

基于自然的解决方案：基本原理与应用/余兆武等著. —上海：复旦大学出版社,2024.8
ISBN 978-7-309-17487-8

Ⅰ.①基… Ⅱ.①余… Ⅲ.①生态环境-研究 Ⅳ.①X171.1

中国国家版本馆 CIP 数据核字(2024)第 111025 号

基于自然的解决方案：基本原理与应用
JIYU ZIRAN DE JIEJUE FANGAN：JIBEN YUANLI YU YINGYONG
余兆武 王 军 吝 涛 杨高原 赵 斌 著
责任编辑/张 鑫

复旦大学出版社有限公司出版发行
上海市国权路 579 号 邮编：200433
网址：fupnet@ fudanpress. com http://www. fudanpress. com
门市零售：86-21-65102580 团体订购：86-21-65104505
出版部电话：86-21-65642845
上海华业装潢印刷厂有限公司

开本 787 毫米×1092 毫米 1/16 印张 22.5 字数 439 千字
2024 年 8 月第 1 版
2024 年 8 月第 1 版第 1 次印刷

ISBN 978-7-309-17487-8/X · 53
定价：78.00 元